# L'OXYDORÉDUCTION

## concepts et expériences

*à l'usage*

*DES ÉTUDIANTS DU PREMIER CYCLE*
*DE L'ENSEIGNEMENT SUPÉRIEUR (UNIVERSITÉS ET CLASSES PRÉPARATOIRES)*
*DES CANDIDATS AUX CONCOURS*
*DE RECRUTEMENT DES PROFESSEURS DES ENSEIGNEMENTS DE SECOND DEGRÉ*
*(C.A.P.E.S. ET AGRÉGATIONS DE SCIENCES PHYSIQUES)*
*DE LA FORMATION CONTINUE*
*DES ENSEIGNANTS ET DES INGÉNIEURS*



**J. SARRAZIN**
Professeur à l'Université de Montpellier
(Sciences et techniques du Languedoc)

**M. VERDAGUER**
Professeur à l'Université P. et M. Curie
(Paris VI)

ellipses

***Illustration de couverture*** *: Corrosion d'un clou de fer au contact d'une lame de cuivre. L'expérience illustre les effets d'une pile de corrosion sur un clou : la couleur bleue (formation de bleu de Prusse) met en évidence les zones d'attaque sur le clou ; la couleur rouge (phénolphtaléine en milieu basique) met en évidence les zones de réduction rapide de l'oxygène et/ou de l'eau sur le cuivre.*
*L'expérience a été réalisée en suivant le mode opératoire des expériences 5.2/4 et 5.2/10 proposées en pages 290 et 296, dont elle constitue une variante.*

Réalisation : F. Villain. Photographie : B. Chauveau.



EDITION MARKETING
EDITEUR DES PREPARATIONS
GRANDES ECOLES MEDECINE
**32, rue Bargue 75015 PARIS**

ISBN 2-7298-9122-6

# PRÉFACE

L'oxydoréduction, et plus particulièrement l'oxydoréduction en phase aqueuse, constitue une partie importante de la chimie enseignée dans les classes secondaires des lycées et collèges, ainsi que dans le premier cycle de l'enseignement supérieur (université et classes préparatoires).

C'est une partie qui « plaît » généralement aux lycéens et aux étudiants, car elle allie heureusement la théorie et l'expérience. Au point de vue théorique, les modèles qui leur sont proposés, associant thermodynamique et cinétique, peuvent être d'abord très simples, puis compliqués et améliorés au cours de la progression des études. Au point de vue expérimental, les expériences sont nombreuses, beaucoup d'entre elles sont faciles à réaliser, spectaculaires et en accord avec la théorie qu'elles suggèrent ou qu'elles justifient.

Cette facilité apparente est dangereuse. Le résultat d'une expérience « simple » n'est souvent qu'une concordance très approximative, ou est même en désaccord total avec le résultat escompté. Il arrive fréquemment que l'expérimentateur malheureux, étudiant ou enseignant, ne puisse justifier l'écart et ne puisse fournir comme seule conclusion « la réaction ne marche pas ou marche mal ». Deux raisons principales peuvent être cause de cet échec apparent. La première est qu'une expérience d'électrochimie, quantitative ou qualitative, nécessite beaucoup de soin : rien ne doit être laissé au hasard, pureté, état physique, concentration des réactifs, impédance, temps de réponse des appareils de mesure, température... La seconde raison est que le modèle interprétatif choisi est parfois trop simpliste et qu'il faut faire appel à une théorie plus élaborée pour pouvoir rendre compte correctement des résultats expérimentaux.

L'ouvrage de Messieurs J. Sarrazin et M. Verdaguer est bâti sur la dualité théorie, expérience. Chaque chapitre, en fait, est double. La première partie présente les explication théoriques, d'abord simples, puis complexes mais toujours très claires, avec les références indispensables pour qui veut approfondir certains points particuliers dans les domaines en développement. La seconde est consacrée aux expériences correspondantes ; celles-ci sont décrites avec minutie et livrées « clef en main », avec les justifications théoriques, les conditions expérimentales et l'indication des précautions à prendre pour éviter tout écueil.

Un tel ouvrage me paraît donc être particulièrement utile aux enseignants, jeunes ou moins jeunes, débutants ou chevronnés. Il fournit aux uns et aux autres un grand nombre d'expériences déjà mises au point ; il leur donne la possibilité de les adapter suivant leur sensibilité pédagogique, le matériel dont ils disposent, le type d'élèves auxquels ils s'adressent ; il les incite à en rechercher d'autres ; il leur permet de comprendre les causes de leurs échecs éventuels et leur offre les moyens d'y remédier.

Je souhaite que beaucoup d'étudiants et d'enseignants profitent de ce livre, de la haute compétence scientifique et pédagogique de ses auteurs pour approfondir leurs connaissances théoriques et leur savoir-faire expérimental concernant l'oxydoréduction afin de mieux aimer la chimie et mieux la faire aimer.

MARCEL BURIE

# AVANT-PROPOS

La chimie est, dit-on, une science expérimentale. Si l'on s'en tient à sa définition de science de transformation de la matière, et à son utilisation dans la vie de chaque jour, l'affirmation est indéniable. Si l'on s'intéresse à la manière dont cette science est enseignée dans les collèges, dans les lycées ou dans les universités, la chose devient moins évidente. Même si programmes des classes et commentaires, répètent à l'envi qu'une science expérimentale doit s'enseigner par l'expérience, les moyens manquent souvent sur le terrain pour faire passer dans les faits les déclarations de bonnes intentions.

Les moyens, ce sont évidemment les laboratoires, les produits et le matériel nécessaires, les crédits. Ce sont aussi, dans notre esprit au moins des enseignants bien formés à l'enseignement expérimental. Ce type de formation ne s'improvise pas et coûte cher.

Nous avons eu la chance, étudiants, de bénéficier du système de formation des Ecoles normales supérieures, puis d'y participer comme conférencier ou enseignant. Nous y avons trouvé des laboratoires bien équipés et souvent libres d'accès, des personnels techniques compétents, des étudiants vifs, prompts à la question ou à la critique, des collègues ouverts à la discussion et à l'échange, passant volontiers du bécher au tableau noir, de la pratique à la théorie, pour mieux revenir ensuite à l'expérience. Quelques pôles de qualité existent également dans certaines universités, mais il serait indispensable d'en créer dans de nombreux autres centres universitaires.

C'est à ce besoin de formation en chimie, science pour laquelle théorie et expérience sont indissociables, que répondent la parution et la conception de ce livre sur l'oxydoréduction en phase aqueuse. Ce sujet touche des aspects extrêmement importants de l'activité scientifique, technique et sociale (recherche, industries de base, production d'énergie, écologie), dans des contextes extrêmement variés (chimie, physique, biologie, géologie, astronomie...), dans un domaine et à une époque où très souvent l'observation expérimentale peut donner lieu à une interprétation théorique sûre et où une idée fondamentale peut être illustrée simplement par l'expérience. La chimie a suffisamment évolué aujourd'hui, non seulement pour interpréter une grande partie des phénomènes chimiques "naturels", mais pour prévoir à l'aide de modèles, efficaces et évolutifs, les expériences à mettre en œuvre pour obtenir les matériaux, les réactions ou les dispositifs pratiques répondant aux besoins du scientifique et de la société.

Notre objectif est de décrire de manière soignée des expériences réalisables et convaincantes, et de donner simultanément les explications nécessaires, à l'aide des modèles les mieux adaptés.

Le livre comporte donc des modes opératoires, qui sont des "recettes" sûres, fondées sur la pratique des deux auteurs, et les éléments indispensables pour comprendre et les résultats obtenus et la méthode qui permet de les obtenir. L'expérimentateur peut ainsi atteindre la maîtrise du système qu'il étudie pour manipuler avec assurance et en toute sécurité, et pour obtenir des observations et des résultats fiables et de meilleure qualité. Il peut alors varier les paramètres, jouer sur la réalité expérimentale pour mieux illustrer ses démonstrations : la "recette", disséquée et bien comprise, peut ainsi ouvrir la voie à la recherche d'expériences inédites, et au renouvellement de l'enseignement expérimental.

Cela nécessite des mises au point sur des aspects théoriques en évolution, parfois un peu délicats. Aussi, chaque chapitre est-il introduit par une étude théorique qui s'efforce d'être une mise au point sur l'état actuel des connaissances, des modèles, des définitions et des conventions utilisés. Le lecteur y trouvera les éléments utiles au support de ses expériences et à l'analyse de ses résultats. Il ne s'agit pas d'un "cours", exhaustif ou linéaire. C'est l'occasion de regrouper dans un cadre général des éléments souvent dispersés ou d'expliciter quelques points particuliers peu développés dans les ouvrages destinés aux étudiants.

La bibliographie renvoit le lecteur soit à des manuels, soit aux articles originaux de la littérature primaire. Parfois, elle est une invitation à la poursuite d'une étude qui serait sortie du cadre que nous nous étions fixé. Nous y avons inclus des articles présentant parfois des points de vue contradictoires, en souhaitant que cette ouverture permette au lecteur de forger lui-même son opinion.

Cette démarche implique des choix : nous nous sommes volontairement limités à l'oxydoréduction en milieu aqueux. Il s'agit déjà d'un ensemble considérable, qui permet de poser et de contribuer à résoudre bien des problèmes fondamentaux de thermodynamique et de cinétique chimiques et électrochimiques.

L'ouvrage comporte une introduction générale (chapitre 0), quatre chapitres consacrés aux phénomènes fondamentaux : thermodynamique, chimique (chapitre 1) ou électrochimique (chapitre 2) et cinétique : chimique (chapitre 3) ou électrochimique (chapitre 4) et un cinquième chapitre, dévolu à quelques applications. Les annexes regroupent la liste des symboles et des abréviations utilisés, une table de potentiels standard d'oxydoréduction de couples redox courants....

Un chapitre comporte une partie théorique suivi d'une partie expérimentale. La partie expérimentale, repérée par la lettre E, est divisée en paragraphes, eux-mêmes divisés en sections numérotées. Une section est constituée de plusieurs expériences, suivies d'une discussion générale.

La description d'une expérience comporte le titre, la liste du matériel et des produits nécessaires, le mode opératoire détaillé et certaines variantes possibles (expérience de cours, travaux pratiques..). On s'est efforcé de ne rien oublier d'essentiel dans les ingrédients nécessaires à la réalisation d'une manipulation. On comprendra cependant que la liste n'en soit pas exhaustive : nous n'avons pas cru devoir répéter la liste du petit matériel courant, rencontré dans l'environnement normal d'un laboratoire de chimie. Une expérience est repérée par le numéro de sa section, suivi du rang de l'expérience dans la section. Ainsi, l'expérience 2.2/5 d'un chapitre est l'expérience 5 de la section 2.2 de ce chapitre. La discussion, en fin de section comporte les résultats expérimentaux sous forme de graphiques quand cela est nécessaire, les explications et les commentaires utiles, et des suggestions pour aller plus loin. Une bibliographie souvent abondante, même si elle n'est pas exhaustive, renvoie à la littérature pour chaque chapitre : manuels, articles de revues, littérature originale, primaire ou didactique. Nous avons fait ici une large place aux articles du *Bulletin de l'Union des Physiciens*, et du *Journal of Chemical Education.*

Un sommaire détaillé, un index alphabétique fourni, la liste des expériences, devraient permettre au lecteur qui ne souhaite pas avoir une approche linéaire, ce qui est le plus souvent le cas quand on est au laboratoire, de retrouver rapidement le sujet qui l'intéresse. Le livre a d'ailleurs été conçu pour cela.

Nous nous sommes efforcés d'utiliser un vocabulaire, des grandeurs et des unités à la fois précis, clairs et conformes aux usages en cours. C'est souvent le vocabulaire préconisé par les instances internationales, sauf lorsqu'il s'avère que son usage alourdit texte et raisonnement. D'une manière générale, nous nous sommes efforcés d'expliciter les idées qui se cachent derrière les mots : plutôt que de nous attacher au verbe, nous avons préféré user d'un vocabulaire connu, en explicitant les concepts qui le sous-tendent. Les illustrations, nombreuses, s'efforcent de clarifier démonstrations ou montages expérimentaux, chaque fois que cela est apparu nécessaire.

Nous souhaitons qu'au total ce travail soit susceptible d'intéresser à la fois les étudiants débutants qui trouveront, rassemblés de manière compacte, de nombreux éléments indispensables à une approche de l'oxydoréduction en milieu aqueux et ingénieurs, enseignants et formateurs moins débutants, qui pourront y trouver matière à rafraichir et à approfondir des connaissances acquises par le passé et à y puiser des idées nouvelles pour l'avenir.

Un tel livre n'aurait pas été posssible sans un nombre considérable d'heures de travail expérimental au laboratoire de chimie, non seulement de la part des deux auteurs, mais aussi de ceux qui ont été leurs collègues, ou leurs étudiants, à Rennes ou à Saint-Cloud : c'est par un lent processus progressif d'essais et d'erreurs, de succès maitrisés et d'échecs surmontés, que le contenu du livre est devenu ce qu'il est. Nous savons ce que nous devons à chacun et chacune, qui sauront se reconnaitre ici ou là, et nous en sommes reconnaissants à tous. Dans le même état d'esprit, nous accueillerons avec plaisir toute remarque, critique ou suggestion, destinée à améliorer un ensemble que nous souhaitons évolutif et que nous savons très perfectible.

Nos femmes et nos enfants (Marie-Thérèse et Anne, Jacqueline, Pierre, Laura et Marion) savent ce que l'entreprise a coûté de soirées et de vacances volées. Nous ne leur saurons jamais assez gré de leur patience. Notre lectrice la plus affectueusement critique nous a récemment quittés, non sans avoir gentiment souri du zèle néophyte qui l'a privée d'un plaisir qu'elle eût savouré comme un verre de vin vieux. Le lecteur comprendra que ces pages, qui sont désormais les siennes, puissent être aussi les leurs.

Bédarieux, Cesson-Sévigné, Cordon, Montpellier et Palaiseau,

*Mai 1987 - Janvier 1991*

J. SARRAZIN, M. VERDAGUER

# TABLE DES MATIERES

# DEFINITIONS DES SYMBOLES UTILISES

Dans toute la mesure du possible, les symboles utilisés sont conformes aux recommandations de l'U.I.C.P.A.[1] et de la commission Electrochimie[2].

## INDICES STANDARDS

| | |
|---|---|
| a | anodique |
| c | cathodique |
| d | de diffusion |
| eq | à l'équilibre |
| Ox | relatif à l'espèce oxydée |
| p | pic |
| R | relative à l'espèce réduite |

## SYMBOLES ROMAINS

| | |
|---|---|
| a | activité d'une substance |
| C | capacité |
| $C_i$ | concentration en espèce i = [i] |
| c | célérité de la lumière |
| $D_i$ | coefficient de diffusion de l'espèce i |
| E | F.e.m d'une pile |
| E° | potentiel standard d'oxydoréduction |
| $E°_{Ox/R}$ | potentiel standard d'oxydoréduction du couple Ox/R |
| ΔE° | différence des potentiels standard de deux couples d'oxydoréduction |
| $E_A$ | Energie d'activation d'une réaction |
| $E_F$ | Niveau de Fermi |
| $E_i$ | potentiel initial |
| $E_j$ | potentiel de jonction |
| $E_m$ | potentiel de membrane |
| $E_{1/2}$ | potentiel de demi-vague en polarographie |
| e | charge élémentaire de l'électron |
| $e^-$ | électron échangé dans une réaction redox |
| F | Faraday, charge d'une mole d'électrons<br>Energie libre |
| *g* | accélération de la pesanteur<br>facteur g en R.P.E. |
| G | Enthalpie libre de Gibbs |
| $\Delta_r G$ | Enthalpie libre de réaction |
| $\Delta_r G°$ | Enthalpie libre standard de réaction |
| H | Enthalpie |
| $\Delta_r H$ | Enthalpie de réaction |
| $\Delta_r H°$ | Enthalpie standard de réaction |
| *h* | constante de Planck |
| h | heure |
| Hz | Herz |
| i, I | intensité |
| I | force ionique |
| j, J | densité de courant |
| J | Joule |
| k | constante de Boltzmann |
| k | constante de vitesse |
| kg | kilogramme |
| l | litre |
| m | masse |
| m | mètre |
| m | molalité |
| min | minute |
| mol | mole |
| M | masse molaire |
| n | quantité de matière |
| n | nombre d'électrons échangés |
| $N_A$ | Constante d'Avogadro |
| pH | pH |
| P | puissance |
| Pa | Pascal |
| Q | charge électrique |
| rad | radian |
| R | résistance |
| R | constante des gaz |
| s | seconde |
| S | Siemens |
| S | surface |
| t | temps |
| T | température thermodynamique |
| u | mobilité électrique |
| U | différence de potentiel |
| U | énergie interne |
| v | vitesse de réaction |
| V | potentiel |
| V | Volt |
| V | Volume |
| w,W | travail |
| W | Watt |
| x,y | fraction molaire |
| $z_A$ | charge électrique d'un ion A |
| Z | fonction de partition |
| Z | impédance |
| Z | nombre atomique |

## SYMBOLES GRECS

| | |
|---|---|
| α | coefficient de transfert |
| γ | coefficient d'activité |
| δ | changement infinitésimal |
| Δ | changement fini |
| ε | coefficient d'absorption molaire |
| $\varepsilon_0$ | permittivité du vide |
| ζ | potentiel électrocinétique |
| η | surtension |
| θ | température |
| κ | constante de vitesse |
| λ | longueur d'onde |
| λ, Λ | conductivité ionique |
| μ | potentiel chimique |
| μ | mobilité électrique |
| μ | micron |
| $\mu_0$ | perméabilité du vide |
| ν | fréquence |
| $\nu_B$ | coefficient stœchiométrique |
| ξ | avancement de la réaction |
| π | rapport circonférence / diamètre |
| ρ | résistivité |
| σ | conductivité électrique |
| φ | potentiel électrique |
| φ | potentiel électrique interne |
| χ | potentiel électrique de surface |
| ψ,Ψ | fonction d'onde |
| ω,Ω | angle solide |
| Ω | ohm |

(1) IUPAC, Quantities, units and symbols in physical chemistry, Blackwell, Oxford, 1988
(2) R. Parsons et alii, Electrochemical nomenclature, *Pure Appl. Chem.* **1974**, 37, 503

CHAPITRE 0

# INTRODUCTION

Historiquement, le terme « oxydation », tel qu'il fut employé par Lavoisier, a d'abord signifié « réaction avec l'oxygène ». Lorsque l'on fait brûler du sodium dans le dioxygène, selon ($4\ Na + O_2 \longrightarrow 2\ Na_2O$), on réalise l'oxydation du sodium.

Par la suite, la notion d'oxydoréduction s'est introduite, correspondant au transfert d'oxygène d'une espèce chimique à une autre. Lors de la réaction du dihydrogène et de l'oxyde cuivrique ($H_2 + CuO \longrightarrow H_2O + Cu$), l'hydrogène « enlève l'oxygène » à l'oxyde de cuivre qui est réduit, et fixe cet oxygène : l'hydrogène est oxydé.

Puis cette notion a été étendue à d'autres cas que le transfert d'oxygène et différentes définitions furent proposées. Par exemple l'oxydation et la réduction ont également été associées à la perte et à la fixation d'hydrogène ; de même, la réaction avec un corps comme le chlore a été très tôt considérée comme une oxydation.

Cependant, ce n'est qu'au vingtième siècle, après la découverte de l'électron (J. J. Thomson, 1897) et l'introduction du modèle atomique de Bohr (1913) que les réactions chimiques ont été réexaminées à la lumière de ces nouveaux modèles et que les similitudes observées permirent de dégager progressivement le concept actuel d'oxydoréduction qui s'exprime en termes de transferts d'électrons.

## 1. NOTION D'OXYDOREDUCTION

### 1.1. OXYDATION, REDUCTION

Dans ce qui suit, nous appellerons **oxydation** d'un élément la **perte d'électrons** par cet élément, et **réduction** d'un élément le **gain d'électrons** par cet élément.

Lorsque l'on veut réaliser l'oxydation d'un élément, il faut pouvoir lui enlever des électrons ; on peut utiliser à cette fin une substance chimique capable de les prendre ; c'est ce qu'on appelle un oxydant.

Nous appellerons **oxydant** une substance susceptible de **fixer des électrons**, et **réducteur** une substance susceptible de **céder des électrons**.

Ces définitions sont particulièrement bien adaptées aux cas des réactions en solution et des réactions aux électrodes ; le transfert d'électron peut alors avoir une signification physique. En revanche, il n'en va pas de même pour les réactions solide-solide ou solide-gaz telle que ($C + O_2 \longrightarrow CO_2$), pour lesquelles il n'y a pas à proprement parler transfert d'électron. On peut alors proposer une définition plus formelle : l'**oxydation** est une **augmentation du degré d'oxydation**, et la **réduction** est une **diminution du degré d'oxydation** (cf. § 2).

### 1.2. COUPLE OXYDOREDUCTEUR

Une espèce (oxydant) qui gagne des électrons est réduite ; inversement, une espèce (réducteur) qui perd des électrons est oxydée. On est ainsi conduit à considérer la notion de couple oxydoréducteur (également appelé couple d'oxydo-réduction ou encore couple rédox) qui met en jeu un oxydant et un réducteur conjugués, c'est-à-dire deux espèces chimiques dans lesquelles un élément donné ne présente pas le même degré d'oxydation. Le passage d'une espèce à l'autre du couple peut être représenté par une demi-équation électronique (dite aussi « équation de demi-réaction ») :

$$\text{Forme oxydée} + n\,e^- \rightleftharpoons \text{Forme réduite}$$

ou

$$Ox + n\,e^- \rightleftharpoons R$$

Cette notion de couple oxydoréducteur est parallèle à la notion de couple acide et base conjugués, dans la conception de Brönsted-Lowry, dans laquelle la particule échangée est le proton :

$$\text{Forme basique} + H^+ \rightleftharpoons \text{Forme acide}$$

par exemple :

$$A^- + H^+ \rightleftharpoons HA$$

■ Remarque : Le vocabulaire « forme oxydée » / « forme réduite » ou « oxydant » / « réducteur » est relatif à un couple oxydoréducteur donné et ne préjuge en rien de la réactivité des espèces considérées. Chacune de ces espèces peut éventuellement intervenir dans d'autres couples ou donner des réactions qui ne sont pas celles que laisserait prévoir ce vocabulaire. Par exemple, $Cl_2$, qui est la forme réduite ou le réducteur du couple HClO / $Cl_2$, est surtout connu pour ses propriétés oxydantes qui font appel au couple $Cl_2$ / $Cl^-$. De même, un aldéhyde, « oxydant » dans le couple aldéhyde / alcool, se comporte le plus souvent comme réducteur et intervient généralement dans le couple acide carboxylique / aldéhyde.

## 1.3. REACTION D'OXYDOREDUCTION

S'agissant de transferts d'électrons entre espèces chimiques, il n'est pas possible de réaliser l'oxydation d'une espèce sans la réduction simultanée d'une autre espèce : une réaction d'oxydoréduction fait intervenir deux couples oxydoréducteurs et son équation chimique peut être considérée comme la superposition de deux demi-équations électroniques :

$$Ox_1 + n_1\,e^- \rightleftharpoons R_1$$
$$R_2 \rightleftharpoons Ox_2 + n_2\,e^-$$
$$n_2\,Ox_1 + n_1\,R_2 \rightleftharpoons n_1\,Ox_2 + n_2\,R_1$$

Le transfert d'électrons d'une espèce à l'autre peut se faire par contact « direct » entre les réactifs en solution, ou par acheminement des électrons par l'intermédiaire d'un conducteur métallique : dans ce dernier cas, on a affaire à une réaction électrochimique. Ceci se produit lorsqu'une pile débite ou au cours d'une électrolyse. Le nombre d'électrons cédés par la cathode est égal au nombre d'électrons captés par l'anode ; dans le cas d'une électrolyse, le générateur ne « fournit » pas les électrons mais son rôle consiste à permettre le passage des électrons de l'anode à la cathode.

## 1.4. OXYDOREDUCTION, ELECTRONEGATIVITE ET ENERGIE DES ORBITALES

Entendue comme un transfert d'électron, une réaction d'oxydoréduction apparait ainsi comme la réaction la plus simple que l'on puisse concevoir : l'électron est la particule élémentaire la plus simple que l'on puisse arracher ou apporter à une espèce ou échanger entre deux espèces chimiques. C'est cependant une évolution qui modifie à la fois la charge électrique et le spin de l'espèce chimique, ce qui n'est pas négligeable.

Comme ce sont les électrons de valence qui sont généralement impliqués, il est tentant de vouloir corréler propriétés d'oxydoréduction et structure électronique des espèces étudiées.

Dans le cas le plus simple, celui d'un atome à l'état gazeux, le phénomène d'oxydoréduction le plus élémentaire, même si on ne le définit généralement pas ainsi, est le départ ou l'arrivée d'un électron de l'atome :

(1) $A \longrightarrow A^+ + e^-$ $E_I$ : énergie d'ionisation

(2) $A + e^- \longrightarrow A^-$ $A_E$ : affinité électronique

La première équation représente le processus de première ionisation de A. Il s'agit du départ de l'électron du niveau occupé d'énergie le plus élevé, décrit par la plus haute orbitale occupée de A (HO). L'ionisation d'un atome est toujours endothermique et les valeurs de $E_I$ sont positives, de même que celles de la variation d'énergie interne $\Delta_rU$ (et d'enthalpie $\Delta_rH$) au cours de la « réaction » correspondante, conformément à la convention thermodynamique. Pour une définition de ces grandeurs, de leurs relations et leurs valeurs dans diverses unités, on peut consulter par exemple les références 1 et 37.

La seconde équation traduit le processus de première fixation électronique sur l'atome A. Elle représente l'arrivée d'un électron sur le premier niveau d'énergie accessible, décrit par l'orbitale vacante ou partiellement vacante de plus basse énergie de A (BV). L'affinité électronique $A_E$ a conventionnellement été définie comme l'énergie libérée par l'atome lorsque un électron est ainsi ajouté à sa couche de valence. Elle peut être positive, et le processus est exothermique ($A_E > 0 \Leftrightarrow \Delta_rH < 0$), ou négative, le processus est alors endothermique ($A_E < 0 \Leftrightarrow \Delta_rH > 0$).

Ces grandeurs varient avec la structure électronique des atomes, comme le montre la figure 0.1a. Elles caractérisent la facilité avec laquelle on peut enlever ou ajouter un électron à l'atome. Cette capacité d'un atome à attirer les électrons, lorsqu'il est engagé dans une combinaison chimique est appelée **électronégativité.**

Cette définition qualitative peut être étayée par une définition quantitative, en vue de l'établissement d'une **échelle d'électronégativité** (2-3). Dans la mesure où l'électronégativité influe sur de très nombreuses propriétés physiques ou chimiques, plusieurs définitions sont possibles. Nous en citerons trois. L'électronégativité $\chi$ d'un atome est définie par MULLIKEN (2) à partir de mesures effectuées sur les atomes à l'état gazeux, comme la demi-somme de $E_I$ et $A_E$ :

$$\chi_M = 1/2\ (E_I + A_E)$$

Cette échelle repose donc sur des données énergétiques, définies pour l'élément. Elle a été modifiée par HINZE et JAFFE pour pouvoir être comparée aux autres échelles, et pour tenir compte de la charge partielle de l'atome (1) sous la forme :

$$\chi'_M = \chi_M + b \cdot q$$

L'électronégativité $\chi$ d'un atome, selon PAULING (3), repose sur des données thermodynamiques relatives aux énergies de liaison des molécules AA, BB, AB :

Si $E_{AA}$, $E_{BB}$ et $E_{AB}$ sont les énergies de liaison des atomes dans les molécules A-A, B-B et A-B, la différence des électronégativités $\chi_A$ de A et $\chi_B$ de B est reliée à l'écart entre $E_{AB}$ et la moyenne de $E_{AA}$ et $E_{BB}$. Deux définitions quantitatives ont été proposées :

$$\lambda(\chi_A - \chi_B) = E_{AB} - 1/2(E_{AA} + E_{BB})$$

ou

$$\lambda(\chi_A - \chi_B) = E_{AB} - (E_{AA} \times E_{BB})^{1/2}$$

La constante de proportionnalité $\lambda$, est fonction des unités choisies pour exprimer les énergies de liaison ($\lambda = 1$ si les énergies sont exprimées en eV/molécule ; $\lambda = 96{,}4$ s'il s'agit de kJ mol$^{-1}$). La valeur 2,1 est attribuée arbitrairement à l'hydrogène ($\chi_H = 2{,}1$).

**Tableau 0.1 : Classification périodique et électronégativité des éléments [a]**

| 1[b] | 2 | 3 | 4 | 5 | 6 | 7 | 8 | 9 | 10 | 11 | 12 | 13 | 14 | 15 | 16 | 17 | 18 |
|---|---|---|---|---|---|---|---|---|---|---|---|---|---|---|---|---|---|
| (1)[b] | (2) | (3) | (4) | (2) | (2) | (2) | (2) | (2) | (2) | (1) | (2) | (3) | (4) | (3) | (2) | (1) | |
| H | | | | | | | | | | | | | | | | | He |
| **2,20**[c] | | | | | | | | | | | | | | | | | |
| Li | Be | | | | | | | | | | | B | C | N | O | F | Ne |
| **0,97** | **1,47** | | | | | | | | | | | **2,01** | **2,50** | **3,07** | **3,50** | **4,10** | |
| *0,98*[d] | *1,57* | | | | | | | | | | | *2,04* | *2,55* | *3,04* | *3,44* | *3,98* | |
| 0,94[e] | 1,46 | | | | | | | | | | | 2,01 | 2,63 | 2,33 | 3,17 | 3,91 | |
| Na | Mg | | | | | | | | | | | Al | Si | P | S | Cl | Ar |
| **1,01** | **1,23** | | | | | | | | | | | **1,47** | **1,74** | **2,06** | **2,44** | **2,83** | |
| *0,93* | *1,31* | | | | | | | | | | | *1,61* | *1,90* | *2,19* | *2,58* | *3,16* | |
| 0,93 | 1,32 | | | | | | | | | | | 1,81 | 2,44 | 1,81 | 2,41 | 3,00 | |
| K | Ca | Sc | Ti | V | Cr | Mn | Fe | Co | Ni | Cu | Zn | Ga | Ge | As | Se | Br | Kr |
| **0,91** | **1,04** | **1,20** | **1,32** | **1,45** | **1,56** | **1,60** | **1,64** | **1,70** | **1,75** | **1,75** | **1,66** | **1,82** | **2,02** | **2,20** | **2,48** | **2,74** | |
| *0,82* | *1,00* | *1,36* | *1,54* | *1,63* | *1,66* | *1,55* | *1,83* | *1,88* | *1,91* | *1,90* | *1,65* | *1,81* | *2,01* | *2.18* | *2,55* | *2,96* | |
| 0.80 | | | | | | | | | | 1,36 | 1,49 | 1,95 | | 1,75 | 2,23 | 2,76 | |
| Rb | Sr | Y | Zr | Nb | Mo | Tc | Ru | Rh | Pd | Ag | Cd | In | Sn | Sb | Te | I | Xe |
| **0,89** | **0,97** | **1,11** | **1,22** | **1,23** | **1,30** | **1,36** | **1,42** | **1,45** | **1,35** | **1,42** | **1,46** | **1,49** | **1,72** | **1,82** | **2,01** | **2,21** | |
| *0,82* | *0,95* | *1,22* | *1,33* | | *2,16* | | | *2,28* | *2,20* | *1,93* | *1,69* | *1,78* | *1,96* | *2,05* | | *2,66* | |
| | | | | | | | | | | 1,36 | 1,4 | 1,80 | | 1,65 | 2,10 | 2,56 | |
| Cs | Ba | La | Hf | Ta | W | Re | Os | Ir | Pt | Au | Hg | Tl | Pb | Bi | Po | At | Rn |
| **0,86** | **0,97** | **1,08** | **1,23** | **1,33** | **1,40** | **1,46** | **1,52** | **1,55** | **1,44** | **1,42** | **1,44** | **1,44** | **1,55** | **1,67** | **1,76** | **1,96** | |
| *0,79* | *0,89* | | | | *2,36* | | | *2,20* | *2,28* | *2,54* | *2,00* | *2,04* | *2,33* | *2,02* | | | |
| Fr | Ra | Ac | Unq | Unp | Unh | Uns | | | | | | | | | | | |
| **0,86** | **0,97** | | | | | | | | | | | | | | | | |
| Lanthanides | | | La | Ce | Pr | Nd | Pm | Sm | Eu | Gd | Tb | Dy | Ho | Er | Tm | Yb | Lu |
| | | | **1,08** | **1,06** | **1,07** | **1,07** | **1,07** | **1,07** | **1,01** | **1,11** | **1,10** | **1,10** | **1,10** | **1,11** | **1,11** | **1,06** | **1,14** |
| | | | 1,10 | 1,12 | 1,13 | 1,14 | | 1,17 | | 1,20 | | 1,22 | 1,23 | 1,24 | 1,25 | | 1,27 |
| Actinides | | | Ac | Th | Pa | U | Np | Pu | Am | Cm | Bk | Cf | Es | Fm | Md | No | Lr |
| | | | **1,00** | **1,11** | **1,14** | **1,22** | **1,22** | **1,22** | **1,2** | **1,2** | **1,2** | **1,2** | **1,2** | **1,2** | **1,2** | | |
| | | | | | | 1,38 | 1,36 | 1,28 | | | | | | | | | |

[a] d'après Cotton et Wilkinson, Advanced Inorganic Chemistry, 2ème édition, Wiley, New York, 1966 ;

[b] la première ligne correspond au numéro de la colonne dans la présentation de la classification périodique recommandée par l'U.I.C.P.A. ; la deuxième ligne, entre parenthèses, correspond au degré d'oxydation utilisé pour déterminer les valeurs de l'échelle de Pauling ;

[c] valeurs de Allred-Rochow, A.L. Allred, Rochow, *J. Inorg. Nucl. Chem.*, 1958, **5**, 264 ;

[d] échelle de Pauling, A.L. Allred, *J. Inorg. Nucl. Chem.* , 1961, **17**, 215 ; [e] échelle de Mulliken, d'après H.O. Prichard, H.A. Skinner, *Chem. Rev.* ,1955, **55**,745.

L'électronégativité $\chi$ d'un atome, selon ALLRED ET ROCHOW [4], est définie comme une force électrostatique attirant un électron de valence supplémentaire situé à la distance du rayon covalent, $r_{cov}$ :

$$\chi \propto e^2 Z^{eff} / r^2_{cov}$$

$|eZ^{eff}|$ est la charge nucléaire effective de l'atome de numéro atomique Z, compte tenu des effets d'écran exercés par les autres électrons. $Z^{eff}$, numéro atomique effectif, peut être calculé à l'aide de règles établies par SLATER [5], notamment. Les coefficients de proportionnalité ont été ajustés pour que les valeurs soient comparables à l'échelle de Pauling. Les diverses échelles donnent des valeurs trés proches les unes des autres, comme on peut le constater sur le tableau comparatif des électronégativités des éléments (Tableau 0.1). La figure 0.1b représente les valeurs de l'électronégativité de Pauling en fonction du numéro atomique Z.

Dans un atome, l'électronégativité est ainsi directement liée aux niveaux d'énergie des orbitales atomiques de valence : en première approximation, plus ces niveaux sont profonds, plus l'atome est électronégatif. Parallèlement, plus l'atome a tendance à attirer à lui les électrons, plus il peut être considéré comme oxydant : le caesium, dont l'électronégativité est faible, 0,79 dans l'échelle d'électronégativité de Pauling, est un remarquable réducteur tandis que le fluor, d'électronégativité 3,98 dans la même échelle, est l'oxydant le plus puissant.

La figure 0.1 regroupe les évolutions en fonction de Z de quelques unes des propriétés définies ci-dessus : l'énergie de première ionisation (a), l'électronégativité de Pauling (b), le numéro atomique effectif (c), l'énergie des orbitales les plus hautes occupées (d) (1s pour H et He, 2s pour Li et Be, 2p de B à Ne, 3s pour Na et Mg, 3p de Al à Ar, 4s de K à Zn, 4p de Ga à Kr). La corrélation de ces

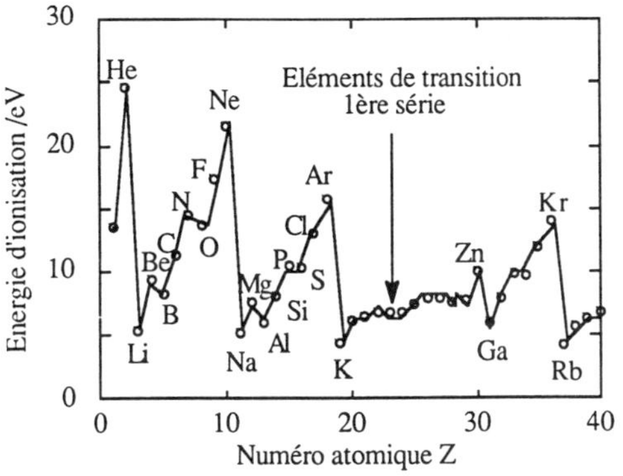


Figure 0.1 (a) : Energie d'ionisation

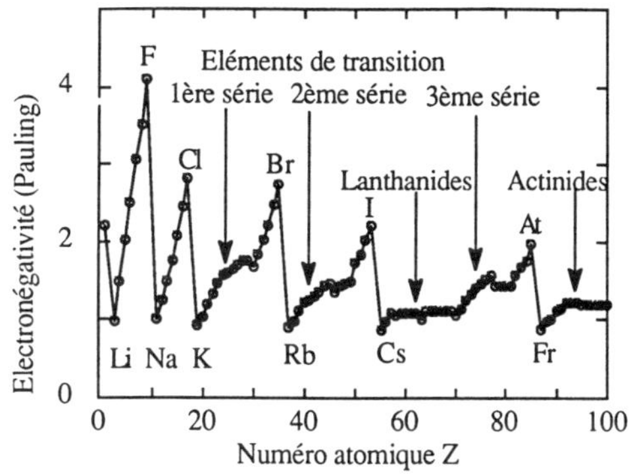


Figure 0.1 (b) : Electronégativité

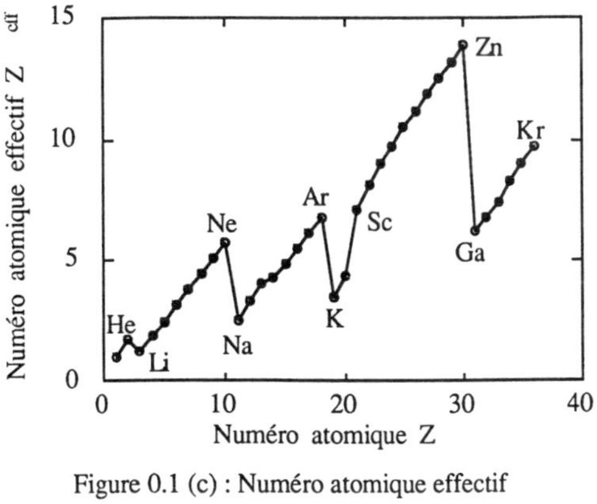


Figure 0.1 (c) : Numéro atomique effectif

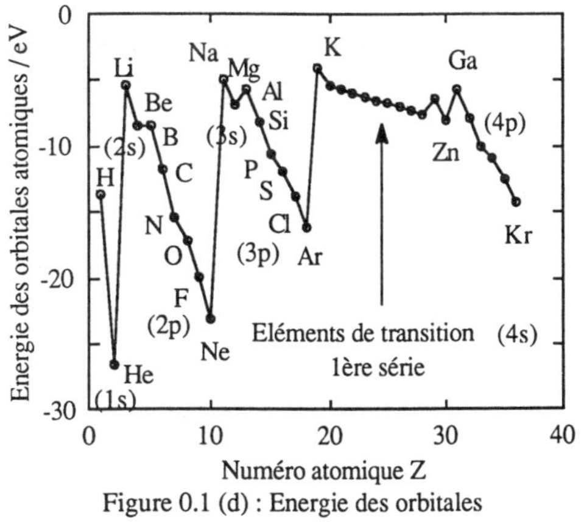


Figure 0.1 (d) : Energie des orbitales

propriétés est remarquable. La figure 0.2 montre la corrélation entre l'électronégativité (échelle d'Allred et Rochow) et les potentiels normaux E° de différents couples redox impliquant un métal M° et un de ses ions $M^{n+}$ (n=1,2,3) (la définition du potentiel normal E° est donnée au chapitre 1, § 2). La corrélation est manifeste, même si elle n'est pas parfaite (cf. remarque 2 ci-dessous).

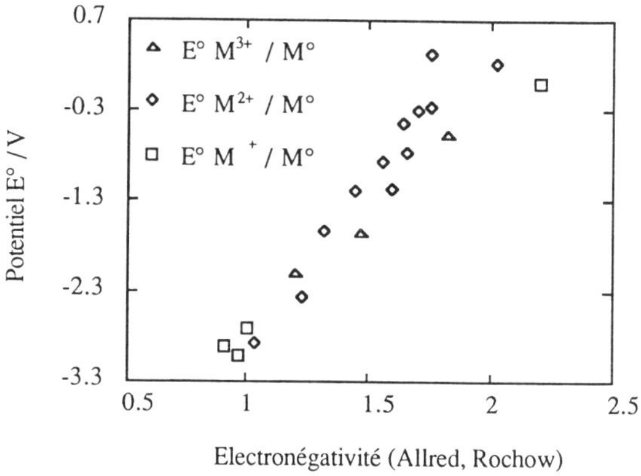


Figure 0.2

Prenons maintenant l'exemple de la liaison entre deux atomes A et B d'électronégativités respectives $\chi_A$ et $\chi_B$. Par combinaison linéaire des orbitales atomiques de A et B simplement occupées, il se forme deux orbitales moléculaires (O.M.), l'une liante, l'autre antiliante, dont l'énergie et la composition sont fonction, toutes choses égales par ailleurs (distance, symétrie, recouvrement des orbitales atomiques) de l'énergie des orbitales atomiques et donc de l'électronégativité relative de A et B

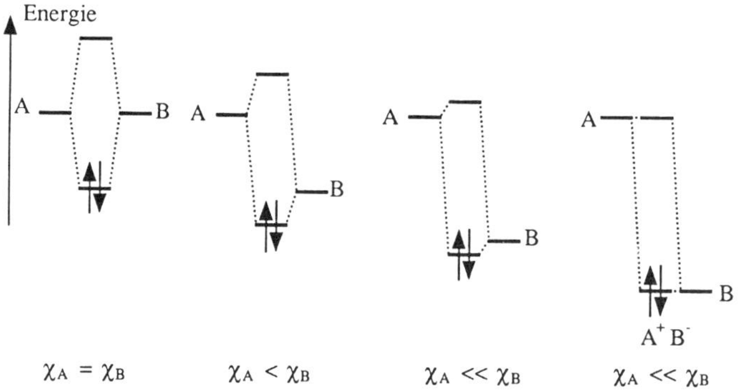


Figure 0.3

(cf. figure 0.3). Si A ≡ B, la liaison est une liaison covalente, symétrique. Si B ≠ A (B plus électronégatif que A), le niveau d'énergie de l'O.M. liante est d'autant plus proche du niveau atomique le plus profond, et la composition de l'orbitale moléculaire liante comporte une participation d'autant plus importante de l'atome B, atome le plus électronégatif, que la différence d'électronégativité entre les deux atomes est plus importante. Lors de la formation de la liaison A-B, B étant plus électronégatif que A « attire » à lui les électrons. En d'autres termes, il « oxyde » A, ou il est « réduit » par A. Ceci est particulièrement clair lorsque la différence d'électronégativité entre A et B est trés importante. L'électron de A est pratiquement transféré sur B pour donner $A^+B^-$ (NaCl), le doublet d'électrons de la liaison est décrit par une orbitale « moléculaire » qui est pratiquement une orbitale de B. La liaison est ionique. Dans les cas intermédiaires (halogénures d'hydrogène HX par exemple), le transfert électron est partiel et la liaison est partiellement ionique $A^{+\delta}B^{-\delta}$.

Ces considérations peuvent être étendues au cas où A et B ne sont plus des atomes mais des espèces moléculaires ou des fragments, chacun engagé dans un couple redox $Ox + e^- \rightleftharpoons R$, ($A^+/A$ et $B/B^-$). La figure 0.4a montre l'analogie entre les deux couples redox $Na^+/Na^{\bullet}$ et $TCNQ/TCNQ^{-\bullet}$, l'un atomique, l'autre moléculaire, où la forme oxydée est diamagnétique (état singulet, spin S= 0), et où la forme réduite est radicalaire ($TCNQ^{-\bullet}$ est un anion radical, état doublet, S=1/2). De même, la figure 04.b montre l'analogie entre les couples redox $Cl^{\bullet}/Cl^-$ et $TTF^{+\bullet}/TTF$. Ici c'est la forme oxydée qui est radicalaire ($TTF^{+\bullet}$ est un cation radical), tandis que la forme réduite est diamagnétique. La formule des molécules tétracyanoquinodiméthane, TCNQ, et tétrathiofulvalène, TTF, est indiquée en figures 0.5 et 0.6. La représentation des niveaux d'énergie des orbitales atomiques

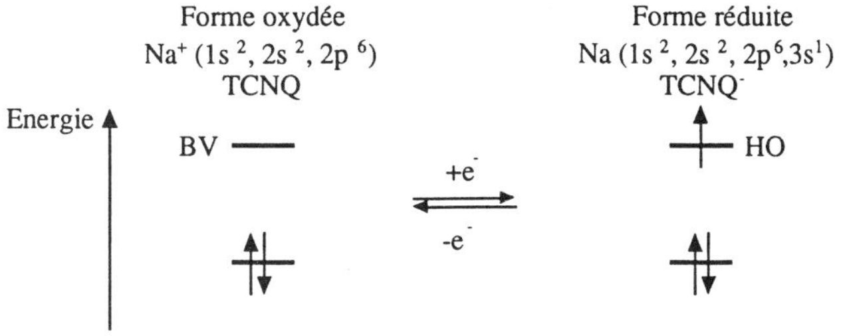


Figure 0.4 (a) : occupation des orbitales atomiques dans les espèces du couple $Na^+/Na$ et des orbitales moléculaires dans les espèces du couple $TCNQ/TCNQ^-$

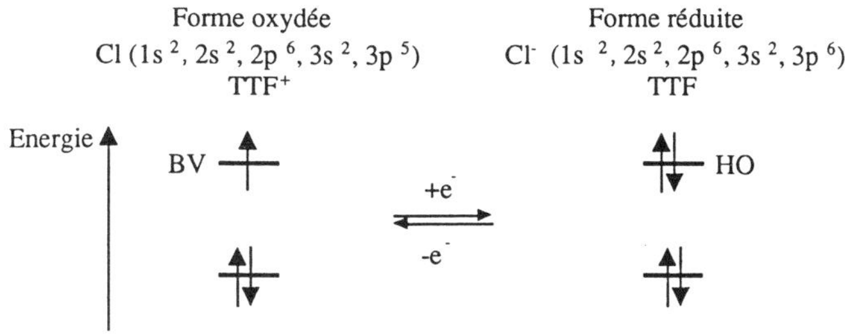


Figure 0.4 (b) : occupation des orbitales atomiques dans les espèces du couple $Cl/Cl^-$ et des orbitales moléculaires dans les espèces du couple $TTF^+/TTF$.

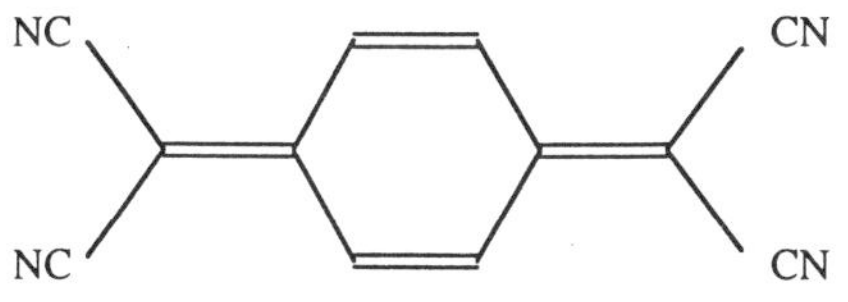


Figure 0.5 : TCNQ

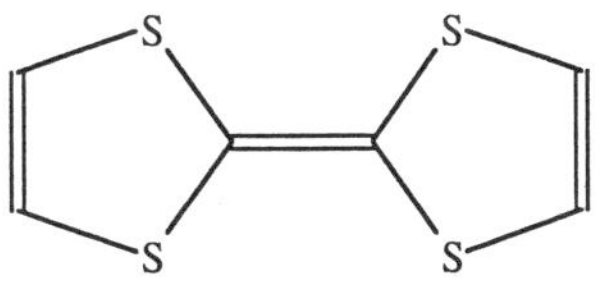


Figure 0.6 : TTF

ou moléculaires impliquées dans le transfert d'électron néglige les interactions interélectroniques. On y considère que l'orbitale vacante ou partiellement vacante la plus basse (BV) de la forme oxydée Ox et l'orbitale occupée la plus haute (HO) de la forme réduite R sont de même énergie (cf. remarque 1 ci-dessous). On peut alors schématiser une réaction d'oxydoréduction simple :

$$Ox_1 + R_2 \longrightarrow R_1 + Ox_2$$

par le transfert de l'électron de l'orbitale occupée la plus haute (HO) du réducteur $R_2$ vers l'orbitale vacante la plus basse (BV) de l'oxydant $Ox_1$ (cf. figure 0.7).

Dans cette hypothèse, la possibilité de réaction dépend notamment de l'énergie relative de l'orbitale HO du réducteur et de l'orbitale BV de l'oxydant.

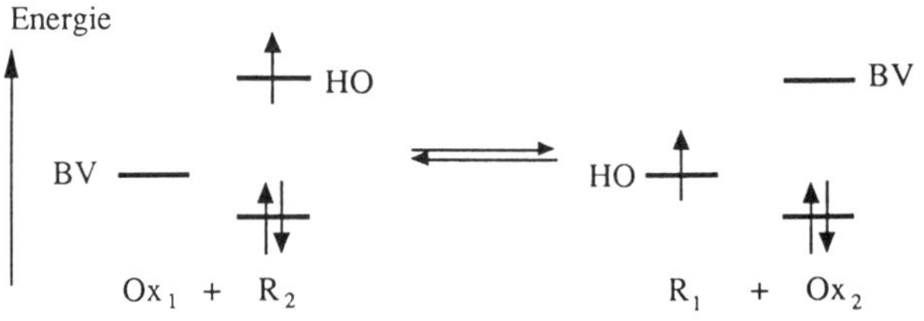


Figure 0.7

De façon semblable, on peut schématiquement relier la possibilité de réaliser l'oxydation anodique ou la réduction cathodique d'une espèce A à l'énergie de l'électron dans l'électrode, qui dépend du potentiel de cette électrode, ainsi qu'aux énergies de l'orbitale moléculaire vacante la plus basse BV et de l'orbitale moléculaire occupée la plus haute HO de A. La charge de l'électron est négative ; il en résulte que lorsque l'on augmente le potentiel de l'électrode, on stabilise l'électron dans l'électrode en abaissant son niveau d'énergie :

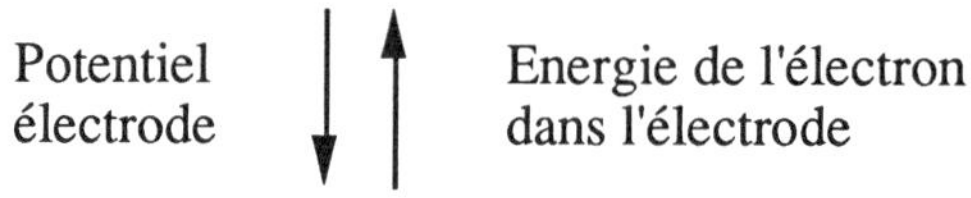


Si le potentiel de l'électrode est suffisamment élevé pour que l'énergie de l'électron dans l'électrode soit inférieure à celle de l'orbitale HO ($E > E_1$, figure 0.8, schéma a), on observe le transfert de l'électron de l'orbitale HO de A vers l'électrode, c'est à dire l'oxydation de A. De même, si le potentiel de l'électrode est suffisamment « bas » ($E < E_2$, figure 0.8, schéma b) pour que l'énergie de l'électron dans l'électrode soit supérieure à celle de l'orbitale BV de A, il y a transfert de l'électron de l'électrode vers l'orbitale BV de A, c'est à dire réduction de A.

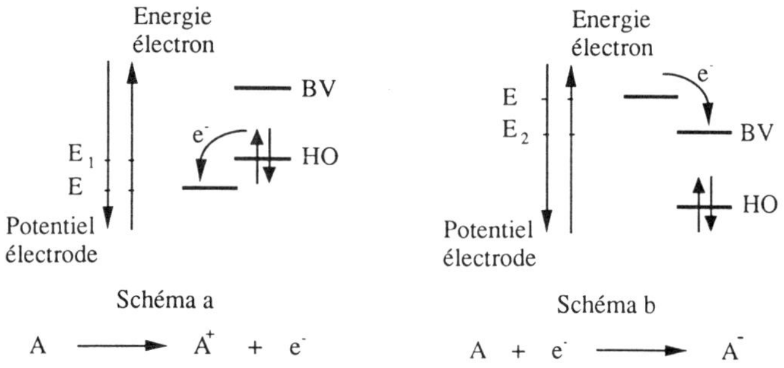


Figure 0.8

■ Remarques :

1) Les schémas et les commentaires qui les accompagnent simplifient les phénomènes à l'extrême. Les niveaux d'énergie d'un système, ou d'un électron dans le système, dépendent du potentiel dans lequel évolue l'électron, donc de l'ensemble des termes nucléaires et des interactions interélectroniques que nous avons volontairement négligées par souci de simplification. Les exemples de l'ion hydrure, de l'hélium et de la molécule de dihydrogène $H_2$ permettent de donner quelques ordres de grandeur. Le tableau ci-dessous donne, pour les trois espèces, les énergies de première ionisation $E_I(1s^2)$ et de deuxième ionisation, $E_I(1s^1)$. Pour le dihydrogène, il s'agit de l'orbitale liante $1\sigma$ ; la première ionisation (ou « oxydation ») à l'état d'ion moléculaire $H_2^+(g)$ s'accompagne du départ d'un électron de l'orbitale liante ; la deuxième ionisation conduit à l'espèce $H_2^{2+}(g)$. Les grandeurs reportées correspondent à une distance $d_{H-H}$ de 74,2 pm entre les noyaux d'hydrogène. Pour $H^-$, l'énergie de deuxième ionisation $E_I(1s^1)$ est l'énergie de l'électron dans l'atome neutre, changée de signe. La moyenne des énergies d'ionisation correspond à l'énergie, changée de signe, d'un électron dans l'atome ou dans la molécule. L'énergie de répulsion entre les électrons dans l'orbitale atomique ou moléculaire est simplement égale à $E_I(1s^1) - E_I(1s^2)$.

| Quantité / $kJ.mol^{-1}$ | $E_I(1s^2)$ | $E_I(1s^1)$ | $E_I(1s^2) + E_I(1s^1) / 2$ | Erépulsion |
|---|---|---|---|---|
| Ion $H^-$ | 73 | 1312 | 693 | 1239 |
| He | 2372 | 5250 | 3811 | 2878 |
| $H_2(1\sigma)$ | 1539 | 3389 | 2464 | 1850 |

On constate que l'énergie de répulsion interélectronique est loin d'être négligeable, notamment si on la compare à l'énergie de dissociation de la molécule de dihydrogène à l'état de 2 H(g), 432 $kJ.mol^{-1}$. Elle varie avec le système. Dans un atome, elle augmente pratiquement linéairement avec Z, car l'orbitale atomique se contracte quand Z croit, et les électrons sont d'autant plus proches les uns des autres que Z est grand. A charge nucléaire comparable, dans un système à deux protons, l'énergie de répulsion diminue de l'hélium au dihydrogène, car les électrons sont plus éloignés dans l'orbitale moléculaire que dans l'orbitale atomique. Dans les systèmes moléculaires trés délocalisés (TTF, TCNQ), cette énergie de répulsion diminue fortement, et peut atteindre des valeurs de l'ordre de 400 kJ $mol^{-1}$. Dans le cas du dihydrogène, en outre, l'ionisation à l'état de $H_2^+(g)$ conduit à une augmentation de la distance d'équilibre $d_{H-H}$ (de 74 à 106 pm) qui conduit à une diminution de $E_I(1\sigma^2)$ à 1488 $kJ.mol^{-1}$ ($\Delta E$ = - 51 kJ $mol^{-1}$). A cette distance, $E_I(1\sigma^1)$ = 2878 kJ $mol^{-1}$, qui, changée de signe, est l'énergie de l'électron dans l'ion moléculaire.

Pour approfondir ces questions, on peut se reporter à un article récent de WILLIS [6] et aux références qu'il cite.

2) La corrélation entre l'électronégativité d'un élément M et les propriétés redox, définies par le potentiel normal E° d'oxydoréduction du couple $M/M^{n+}$, n'est pas parfaite (figure 0.2). Ceci est aisément compréhensible lorsque l'on sait (cf. chapitre 1) que le potentiel normal E° est relié à l'enthalpie libre standard de réaction $\Delta_rG°$ pour $M^{n+} + n/2\ H_2 \longrightarrow M + n\ H^+$. L'enthalpie libre de réaction dépend de la structure électronique de l'élément (énergie d'ionisation) mais aussi d'autres termes enthalpiques (énergie de liaison dans les molécules ou dans le cristal, enthalpie de solvatation...) et entropiques (solvatation...) relatifs à l'état des réactifs et des produits. Ces autres termes peuvent être du même ordre de grandeur que ceux relatifs à l'élément. La comparaison ne devient donc significative que dans des séries où la valeur des termes extraatomiques est constante ou évolue de manière monotone.

3) Nous avons vu que le transfert d'électron peut être pratiquement total et conduire à des composés ioniques (NaCl), ou partiel (liaison à caractère plus ou moins ionique dans les halogènures d'hydrogène HX). Les propriétés de transfert de charge sont particulièrement importantes dans les composés TTF / TCNQ ou $(TMTSF)_2PF_6$ (TTF = tétrathiofulvalène, TCNQ = tétracyanoquinodiméthane, TMTSF = tétraméthyltétraselenofulvalène). En effet, ils interviennent dans des composés où l'énergie de répulsion interélectronique sur une molécule est faible. Ils peuvent mener dans le cas de transfert partiel, à la mobilité des charges le long d'empilements moléculaires ou entre empilements, d'où des propriétés de conductivité voire de supraconductivité dans le solide moléculaire. Pour approfondir ce sujet, on peut consulter le livre de MULLIKEN *Molecular Complexes* ou une mise au point récente de TORRANCE [7] et les références qui y sont citées.

4) L'électronégativité, ses diverses définitions et ses relations avec les propriétés chimiques des éléments et de leurs composés (oxydo-réduction ou acido-basicité par exemple) sont sûrement parmi les sujets les plus discutés en chimie et en enseignement de la chimie. Ces discussions sont alimentées par l'introduction de nouveaux concepts, la disponibilité de données expérimentales plus fiables et de nouvelles propositions pour l'enseignement de ces notions. Pour approfondir ce sujet, outre les articles originaux [2-4] on peut consulter la mise au point de HUHEEY [8] et les articles récents et parfois polémiques de SANDERSON, de BRATSCH et de PAULING, et les (trés nombreuses) références qui y sont citées [9].

Nous illustrons ci-dessous comment l'approche orbitalaire peut être utilisée pour expliquer simplement une expérience de luminescence, où le transfert d'élecron d'une électrode à une molécule organique et inversement, conduit à la création d'un état excité dont la désactivation s'accompagne d'émission lumineuse (électroluminescence).

## ■ EXPERIENCE 0/1

### Electroluminescence

#### Produits et matériel

*– solution de rubrène $10^{-3}$ $mol.l^{-1}$ dans du diméthylformamide contenant du perchlorate de tétrabutylammonium 0,17 $mol.l^{-1}$.*

*– bécher ; électrodes : grilles de platine.*

*– alimentation courant alternatif 50 Hz, 3 à 10 V (alternostat ou dispositif potentiométrique branché sur le secteur).*

**Mode opératoire**

*Placer le dispositif dans l'obscurité. Electrolyser la solution de rubrène avec du courant alternatif (50 Hz). Une luminescence rouge peut être observée sur les électrodes lorsque l'intensité atteint quelques ampères.*

□ DISCUSSION

Le rubrène, symbolisé par Ar dans les équations chimiques ci-dessous, est un composé aromatique dont la formule est donnée sur la figure 0.9. Dans son état

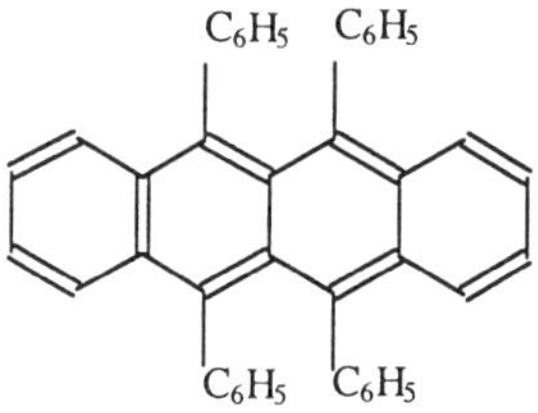


Figure 0.9 : rubrène

fondamental, la molécule est dans un état singulet et l'orbitale moléculaire occupée de plus haute énergie contient deux électrons appariés, ce que l'on peut schématiser ainsi :

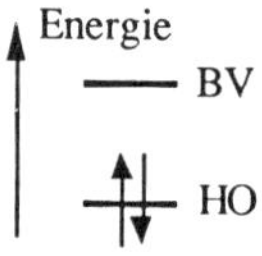


L'électroréduction du rubrène, qui intervient pendant que l'électrode est portée à un potentiel suffisamment bas, conduit à la formation d'un radical-anion $A^{-\bullet}$ par l'arrivée d'un électron décrit par l'orbitale BV du rubrène (état doublet) :

$$Ar + e^- \longrightarrow Ar^{\bullet -}$$

Inversement, l'oxydation du rubrène, qui se produit pendant que le potentiel de l'électrode est suffisamment élevé, conduit à la formation d'un radical-cation $A^{+\bullet}$ par arrachement d'un électron décrit par l'orbitale HO du rubrène(état doublet) :

$$Ar \longrightarrow Ar^{\bullet +} + e^-$$

La réaction des deux espèces, produites sur la même électrode, peut donner une molécule de rubrène excité à l'état singulet $Ar^*$ qui se désactive par émission lumineuse fluorescente :

$$Ar^{\bullet +} + Ar^{\bullet -} \longrightarrow Ar + Ar^*$$

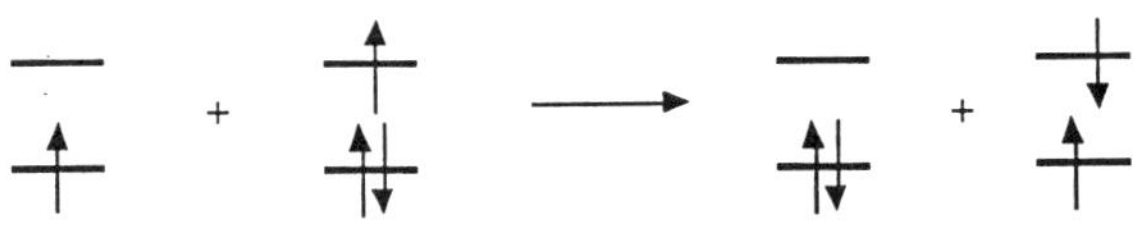

$$Ar^* \longrightarrow Ar + h\nu$$

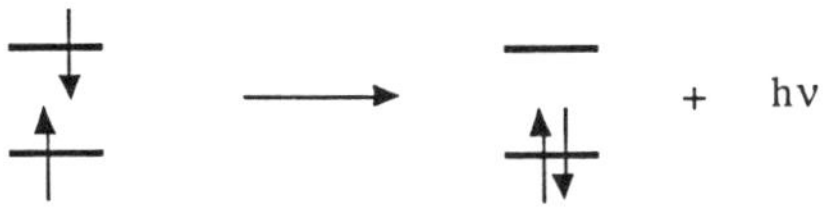


L'interprétation du processus d'oxydoréduction en termes de niveaux énergétiques orbitalaires peut apparaitre ainsi à la fois simple et séduisante. Elle est insuffisante, comme nous l'avons vu précédemment : (i) le modèle orbitalaire lui-même, monoélectronique, a des limites théoriques bien établies ; (ii) le transfert électronique n'est qu'une étape de la réaction d'oxydation ou de réduction ; il s'accompagne d'une réorganisation de l'ensemble du système qui se traduit par l'existence de termes enthalpiques et entropiques dans la description de la réaction chimique, thermodynamique (jusqu'où va la réaction ?) et cinétique (comment y va-t-elle ?). Les termes électroniques, les termes nucléaires des composés impliqués dans la réaction (changement des distances internucléaires lors de la réorganisation structurale des électrons et des noyaux au cours du passage des réactifs aux produits), les termes d'interaction avec le solvant (solvatation des réactifs, du complexe activé, des produits, réorganisation du solvant...) sont progressivement intégrés dans les modèles décrivant la réaction chimique [(10)], pour tenter de rendre compte de l'ensemble des phénomènes. Nous y revenons au chapitre 3, en nous appuyant notamment sur les travaux de Marcus [(11)].

## 2. DEGRE D'OXYDATION

L'un des concepts les plus utilisés en chimie, avec celui d'électronégativité, est celui de degré d'oxydation. Une partie de la nomenclature en chimie inorganique est fondée sur ce concept [(12)]. Pourtant, sa détermination n'est pas aussi immédiate qu'il y parait. Ainsi, lorsque l'on réalise la combustion du sodium dans le dichlore ou le dioxygène, les produits obtenus sont essentiellement ioniques, et il n'y a pas de problème majeur pour savoir comment sont répartis les électrons entre les deux éléments dans le produit de la réaction. En revanche, dans de nombreux composés, la liaison entre atomes est partiellement covalente ; les électrons de liaison sont seulement partiellement déplacés vers l'atome de plus forte électronégativité et la caractérisation de l'état d'oxydation des divers éléments devient plus formelle.

On convient que l'état d'oxydation d'un élément dans un composé peut être caractérisé par un « nombre d'oxydation » ou « degré d'oxydation ». Ces nombres permettent une attribution formelle des électrons dans le composé. Ils peuvent être très utiles, en particulier pour équilibrer les équations des réactions d'oxydo-réduction.

L'U.I.C.P.A. affirme que « *le concept de nombre d'oxydation qui est un concept empirique, n'est pas synonyme du nombre de liens aboutissant à un atome* ». C'est « *la charge qui serait présente sur un atome si tous les électrons dans chaque liaison aboutissant à cet atome étaient attribués à l'atome le plus électronégatif* » (règle 0.1) [(12)].

Plusieurs conventions peuvent être mises en œuvre pour déterminer les nombres d'oxydation. Celle qui est généralement adoptée en chimie inorganique repose sur les règles empiriques suivantes :

**Règle 1** : Pour toute substance élémentaire (corps simple) le nombre d'oxydation de l'élément est zéro ($H_2$, $Cl_2$, $O_2$, Zn, Hg...).

**Règle 2** : A l'état d'ion monoatomique, le nombre d'oxydation de l'élément est égal à la charge de l'ion (+I dans $Na^+$, +III dans $Fe^{3+}$, -I dans $Cl^-$, -II dans $O^{2-}$).

**Règle 3** : Dans un ion polyatomique, la somme des nombres d'oxydation des éléments est égale à la charge de l'ion ; pour une molécule neutre, la somme est nulle.

**Règle 4** : Dans un composé covalent, le nombre d'oxydation de chaque élément est la charge restant sur chaque atome lorsque chaque paire d'électrons liants est attribuée à l'atome le plus électronégatif des deux atomes participant à la liaison.

En pratique, les règles précédentes conduisent à l'attribution suivante des nombres d'oxydation à quelques éléments qui interviennent couramment en chimie inorganique :

a) Pour l'hydrogène, le nombre d'oxydation dans un corps composé est +I, à l'exception du cas des hydrures métalliques pour lesquels il vaut -I (ion $H^-$).

b) Pour l'oxygène dans un composé, le nombre d'oxydation est -II, à l'exception des peroxydes, qui contiennent l'ion $O_2^{2-}$ ou la structure covalente -O-O-, où le degré d'oxydation est -I. Dans $OF_2$, le difluorure d'oxygène, l'oxygène est au degré d'oxydation +II, puisque le fluor est le seul élément plus électronégatif que l'oxygène.

c) Dans les composés, les éléments du groupe 1 (ex IA, alcalins) sont pratiquement toujours au degré d'oxydation +I, ceux du groupe 2 (ex IIA, beryllium, magnésium, alcalino-terreux) sont au degré d'oxydation +II ; ceux du groupe 13 (ex IIIA : B, Al ...) sont presque toujours au degré +III.

Cela ne va pas sans discussions [(13)], d'ailleurs prévues dès l'énoncé de la règle (« *des difficultés dans le calcul des nombres d'oxydation peuvent surgir si les éléments constituant un composé ont des électronégativités comparables, ex. dans* $NCl_3$ *et* $S_4N_4$ » [(12)]).

APPLICATIONS

Pour déterminer le degré d'oxydation d'un élément dans une espèce chimique donnée, il est nécessaire de connaître l'essentiel de la structure de l'espèce, pour pouvoir tracer les schémas de LEWIS.

**Exemple** : $CrO_5$

La structure est $CrO(O_2)_2$, avec un « ion » oxyde $O^{2-}$ et deux « ions » peroxyde $O_2^{2-}$ ; le degré d'oxydation du chrome est donc +VI.

## ■ EXPERIENCE 0/2

**Produits et matériel**

*– bichromate de potassium ; acide sulfurique ; éther ; peroxyde d'hydrogène.*

*– tube à essai.*

**Mode opératoire**

*On place un peu d'éther au dessus d'une solution acidifiée de bichromate de potassium, orange, puis on ajoute de l'eau oxygénée. On agite. L'éther prend une coloration bleue due à la présence de l'espèce* $CrO_5$*, instable en milieu aqueux.*

□ DISCUSSION

La réaction dont l'équation peut être écrite :

$$Cr_2O_7^{2-} + 2\,H^+ + 4\,H_2O_2 \longrightarrow 2\,CrO_5 + 5\,H_2O$$

n'est pas une réaction d'oxydoréduction, mais doit être considérée comme une réaction d'échange de ligands du chrome, accompagnée d'une réaction acidobasique du peroxyde d'hydrogène.

**Exemple** : peroxodisulfate $S_2O_8^{2-}$

L'ion peroxodisulfate, de structure $(O_3S\text{-}O\text{-}O\text{-}SO_3)^{2-}$ comporte un (et un seul) pont peroxo. Les deux atomes de soufre jouent le même rôle dans la structure de l'ion et il en résulte que le degré d'oxydation du soufre est +VI.

**Exemple** : thiosulfate $S_2O_3^{2-}$

Cet ion, couramment mis en œuvre en iodométrie, montre la limite de l'intérêt de l'attribution d'un nombre d'oxydation pour chaque atome de l'espèce. La somme des nombres d'oxydation des deux atomes de soufre vaut 4, et l'on peut considérer globalement que le degré d'oxydation moyen du soufre est +II. En fait, les deux atomes de soufre ne jouent pas un rôle symétrique dans l'ion car la structure est celle de l'ion sulfate dans laquelle on remplace un atome d'oxygène par un atome de soufre. L'application des règles précédentes conduit à attribuer un degré d'oxydation (0) à l'atome de soufre périphérique et (+IV) à l'atome de soufre central, ce qui n'est pas d'une grande utilité pour équilibrer les équations. Ce point, entre autres, est discuté par BERNARD [14].

### Exemples en chimie inorganique

Le tableau 0.2 indique le degré d'oxydation des éléments dans des espèces chimiques couramment rencontrées. Nous en avons exclu les degrés d'oxydation moins fréquents, mais qui n'en sont pas pour autant « exotiques » (fer(VI), cuivre(III), etc...)

**Tableau 0.2 : degré d'oxydation des éléments dans quelques espèces inorganiques (classement par Z croissant)**

N....$NH_3$, $NH_4^+$ ammonium (-III) ; $H_2NNH_2$ hydrazine (-II) ; $NH_2OH$ hydroxylamine (-I) ; $NO_2^-$ nitrite (+III) ; $NO_3^-$ (+V).
O....$H_2O$, $O^{2-}$ ion oxyde (-II) ; $H_2O_2$, $O_2^{\,2-}$ ion peroxyde (-I) ; $O_2^-$ radical anion superoxyde (milieu non aqueux) (-0,5)
F, X Halogènes ; $X^-$ halogénure (-I) ; HOX, $XO^-$ hypohalogénite (+I) ; $XO_3^-$ halogénate (+V) ; $XO_4^-$ perhalogénate (+VII)
Al...$Al^{3+}$, $Al_2O_3$ (+III)
P....$H_3P$ phosphine (-III) ; $H_3PO_3$ acide phosphoreux (+III) ; $H_3PO_4$ acide phosphorique, $PO_4^{3-}$ phosphate (+V)
S.....$H_2S$, $S^{2-}$ sulfure (-II) ; $S_2O_3^{2-}$ thiosulfate (+II) ; $S_4O_6^{2-}$ tétrathionate (+II,+III) ; $SO_3^{2-}$ sulfite (+IV) ; $SO_4^{2-}$ sulfate (+VI)
Cr...$Cr^{2+}$ (+II) ; $Cr^{3+}$, $Cr(OH)_3$, $CrO_2^-$ (+III) ; $Cr_2O_7^{2-}$, $CrO_4^-$ (+VI)
Mn..$Mn^{2+}$, $Mn(OH)_2$ (+II) ; $MnO_2$ (+IV) ; $MnO_4^{2-}$ manganate(+VI) ; $MnO_4^-$ permanganate(+VII)
Fe...$Fe^{2+}$, $Fe(OH)_2$ (+II) ; $Fe^{3+}$, $Fe_2O_3$, $Fe(OH)_3$ (+III)
Co..$Co^{2+}$ (+II), $Co^{3+}$ (+III)
Cu..$Cu^+$, $Cu_2O$, CuCl, $CuCl_2^-$, $Cu(NH_3)_2^+$ (+I) ; $Cu^{2+}$, CuO, $Cu(NH_3)_4^{2+}$(+II)
Ag..$Ag^+$, AgCl, AgBr, AgI, $Ag(NH_3)_2^+$ (+I)
Sn...$Sn^{2+}$ (+II) ; $Sn^{4+}$ (+IV)
Ce...$Ce^{3+}$ (+III) ; $Ce^{4+}$ (+IV)
Pt...$Pt(NH_3)_4^{2+}$ (+II) ; $PtCl_6^{2-}$ (+IV)
Au..$Au^+$ (+I) ; $Au^{3+}$, $Au(CN)_4^-$ (+III)
Hg..$Hg_2^{2+}$, $Hg_2Cl_2$, calomel, $Hg_2SO_4$ sulfate mercureux (+I) ; $Hg^{2+}$, HgO (+II)
Pb...$Pb^{2+}$ (+II) ; $PbO_2$ (+IV)
U....$UO_2^+$(+V) ; $UO_2^{2+}$ (+VI)

### Exemples en chimie organométallique

Le tableau 0.3 indique le degré d'oxydation de l'élément métallique dans quelques espèces organométalliques. Les degrés d'oxydation faibles sont favorisés par des ligands qui sont à la fois $\sigma$ donneurs et $\pi$ accepteurs, monoxyde de carbone, phosphine, ligands organiques insaturés. Nous avons choisi quelques exemples particulièrement remarquables pris parmi les métaux-carbonyles, les métaux-sandwichs et les catalyseurs organométalliques.

**Tableau 0.3 : degré d'oxydation de l'élément métallique dans quelques espèces organométalliques (classement par Z croissant).**

| | |
|---|---|
| Cr | $Cr(0)(C_6H_6)_2$ ; $Cr(0)(\eta^6\text{-}C_6H_6)(CO)_3$ |
| Mn | $[Mn(\text{-}I)(CO)_5]^-$ ; $Mn_2(CO)_{10}$ ; $CH_3Mn(I)(CO)_5$ |
| Fe | $[Fe(\text{-}II)(CO)_4]^{2-}$, réactif de Collman ; $Fe(0)(CO)_5$ ; $Fe(II)(\eta^5\text{-}C_5H_5)_2$, ferrocène |
| Co | $Co_2(0)(CO)_9$ ; $HCo(I)(CO)_4$ |
| Ni | $Ni(0)(CO)_4$ |
| Ru | $[Ru(II)(NH_3)_5(N_2)]^{2+}$ |
| Rh | $Rh(I)Cl(P\phi_3)_3$, catalyseur de Wilkinson ; $Rh(III)(H_2)(CO)(COCH_2CH_2R)(P\phi_3)_2$ |
| Ir | $Ir(I)Cl(CO)(P\phi_3)_3$, complexe de Vaska |
| Pt | $K[Pt(II)(\eta^2\text{-}C_2H_4)Cl_3]$, sel de Zeise |

## Exemples en chimie organique

En chimie organique, l'oxydation se traduit souvent par la perte d'hydrogène et/ou par l'addition d'un hétéroatome dans la formule du produit. Inversement, la réduction correspond souvent à l'addition d'hydrogène et/ou à la perte d'hétéroatomes. Les règles énoncées ci-dessus sont encore valables, mais difficiles à appliquer. En effet, dans une molécule, les différents atomes de carbone ne sont pas le plus souvent dans le même état d'oxydation. On peut alors définir un nombre d'oxydation pour chaque atome moyennant des conventions sur le nombre d'oxydation des groupements fixés sur cet atome, mais il y a peu à gagner dans cette démarche. En pratique, on est surtout amené à comparer les états d'oxydation d'une partie de la molécule, d'un groupement fonctionnel, le reste du squelette demeurant inchangé. Pour les groupements fonctionnels simples, il est possible de proposer une classification par ordre d'oxydation croissant. L'oxydation est le passage d'un groupe fonctionnel d'une des catégories ainsi définies à la catégorie supérieure. Le passage d'une catégorie à une catégorie voisine correspond à une variation de deux unités du nombre d'oxydation du carbone portant le groupement. Le tableau 0.4 indique les degrés d'oxydation correspondant au carbone dans quelques groupements fonctionnels organiques et introduit la notion de nombre d'oxydation relatif du carbone dans le groupement fonctionnel, lorsque l'on considère que le degré d'oxydation du carbone dans les alcanes est uniformément égal à -IV.

**Tableau 0.4 : Nombre d'oxydation en chimie organique**

**a : Nombre d'oxydation du carbone dans les dérivés du méthane**

| -IV | -III | -II | -I | 0 | +I | +II | +III | +IV |
|---|---|---|---|---|---|---|---|---|
| $CH_4$ | | $CH_3OH$ | | HCHO | | $HCO_2H$ | | $CO_2$ |
| | | $CH_3Cl$ | | $CH_2Cl_2$ | | $CHCl_3$ | | $CCl_4$ |

**b : Nombre d'oxydation du carbone dans un groupement fonctionnel**

| -IV | -III | -II | -I | 0 | +I | +II | +III | +IV |
|---|---|---|---|---|---|---|---|---|
| | $R\text{-}CH_3$ | | $R\text{-}CH_2OH$ | | R-CHO | | R-COOH | |
| | | $RR'CH_2$ | | RR'CHOH | | RR'CO | | |
| | | | RR'R"CH | | RR'R"COH | | | |

**c : Nombre d'oxydation relatif du carbone dans un groupement fonctionnel**,en considérant que le carbone dans l'alcane correspondant est -IV, comme dans le méthane :

| | -IV | -II | 0 | +II | +IV |
|---|---|---|---|---|---|
| | $CH_4$ | $H_2C{=}CH_2$ | $HC{\equiv}CH$ | | |
| | | $R_2C{=}CR_2$ | $RC{\equiv}CR$ | | |
| | | $CH_3OH$ | HCHO | HCOOH | $CO_2$ |
| | R-$CH_3$ | R-$CH_2OH$ | RR'CO | RCOOH | |
| | RR'$CH_2$ | RR'CHOH | | | |
| | | RR'R"COH | | | |
| | | $RCH_2NH_2$ | | $RCONH_2$ | |
| | | RCl | $R_2CCl_2$ | $RCCl_3$ | $CCl_4$ |
| Fonction : | | univalente | divalente | trivalente | tétravalente |

# 3. EQUILIBRER L'EQUATION D'UNE REACTION D'OXYDOREDUCTION

Plusieurs méthodes peuvent être utilisées pour mener à bien une telle opération. Toutes nécessitent la connaissance de la formule chimique des réactifs et celle des produits, c'est à dire la nature des couples oxydoréducteurs mis en jeu. L'existence de plusieurs méthodes reflète la possibilité d'exprimer de façons différentes la même réalité physique : la quantité d'électrons cédée par le réducteur doit être égale à celle captée par l'oxydant. Nous prendrons comme exemple principal le cas où l'on souhaite équilibrer la réaction du permanganate sur le fer(II) dont on sait qu'en milieu acide, elle conduit aux ions fer(III) et manganèse(II). En milieu aqueux, $H_2O$, $H^+$ et $OH^-$ peuvent participer à l'équilibre.

■ Remarque : Nous utilisons l'expression « équilibrer une équation » dans le sens communément employé. L'expression traduit la conservation de la matière et des charges de part et d'autre du signe de réaction. Elle n'implique aucune hypothèse sur la nature de la réaction elle-même (totale ou « équilibrée » ).

## 3.1. UTILISATION DES NOMBRES D'OXYDATION

La **première étape** consiste à déterminer le nombre d'oxydation des éléments dans les formes oxydées et réduites des couples étudiés :

$Fe^{2+}$ : +II ; $Fe^{3+}$ : +III ; $Mn^{2+}$ : +II ; $MnO_4^-$ : Mn +VII.

La **deuxième étape** consiste à écrire les variations des nombres d'oxydation des divers éléments ; seul varie généralement le nombre d'oxydation d'un élément dans chaque couple oxydoréducteur, les autres demeurant constants. Dans l'exemple étudié, le nombre d'oxydation du fer augmente d'une unité et celui du manganèse diminue de cinq unités, ce que l'on peut reporter sur l'équation en cours d'élaboration :

+1 (II → III)

$$\overset{II}{Fe^{2+}} + \underset{VII}{MnO_4^-} \longrightarrow \overset{III}{Fe^{3+}} + \underset{II}{Mn^{2+}}$$

-5 (VII → II)

La **troisième étape** consiste à écrire que la somme des variations des nombres d'oxydation affectés des coefficients stoechiométriques est égale à zéro dans l'équation globale ; pour simplifier, on prend un des coefficients stoechiométriques entier aussi petit que possible : ici, 1 pour celui du manganèse, d'où il résulte que le coefficient relatif au fer est 5 :

5 x (+1) = +5

II III

$$5\,Fe^{2+} + MnO_4^- \longrightarrow 5\,Fe^{3+} + Mn^{2+}$$

VII II

1 x (-5) = -5

La **quatrième étape** consiste à équilibrer l'équation bilan pour les atomes. Ceci s'effectue à l'aide des espèces dont le degré d'oxydation n'est pas modifié au cours de la réaction ; il peut s'agir d'ions ou de molécules participant à la formule de l'une des espèces des deux couples (en tant que ligand dans le cas de complexes, ou intervenant dans une précipitation) ainsi que de l'eau, des protons et des ions hydroxyde.

Pour l'exemple choisi :

$$MnO_4^- \Rightarrow 4 \text{ atomes O} \Rightarrow 4\,H_2O :$$

$$5\,Fe^{2+} + MnO_4^- \longrightarrow 5\,Fe^{3+} + Mn^{2+} + 4\,H_2O$$

$$4\,H_2O \Rightarrow 8 \text{ atomes H} \Rightarrow 8\,H^+ :$$

$$5\,Fe^{2+} + 8\,H^+ + MnO_4^- \longrightarrow 5\,Fe^{3+} + Mn^{2+} + 4\,H_2O$$

La **cinquième étape** est la vérification de la conservation de la charge électrique dans les deux membres de l'équation bilan.

## 3.2. UTILISATION DES « EQUATIONS DE DEMI-REACTION » OU « DEMI-EQUATIONS ELECTRONIQUES »

Cette méthode met également en jeu plusieurs étapes successives.

La **première étape** consiste à écrire, en les équilibrant, les deux demi-équations électroniques associées aux couples oxydoréducteurs mis en jeu. L'adoption d'une systématique permet de réaliser ces opérations de façon sûre en un minimum de temps. Deux systématiques sont généralement employées.

**Systématique A :**

a) écrire la forme oxydée et la forme réduite du couple de part et d'autre du symbole $\rightleftharpoons$ de réaction en exprimant la conservation de l'élément dont le degré d'oxydation est modifié :

$$MnO_4^- \rightleftharpoons Mn^{2+}$$

b) déterminer la variation du nombre d'oxydation de l'élément considéré ; en déduire le nombre d'électrons intervenant dans la demi-équation électronique : celui-ci est égal au produit de la variation du nombre d'oxydation par le coefficient stoechiométrique afférent à l'élément :

$$MnO_4^- + 5\,e^- \rightleftharpoons Mn^{2+}$$

c) exprimer la conservation de la matière pour les éléments dont le degré d'oxydation est inchangé :

$MnO_4^- \Rightarrow$ 4 atomes O $\Rightarrow 4\ H_2O$ :
$MnO_4^- + 5\ e^- \rightleftharpoons Mn^{2+} + 4\ H_2O$

$4\ H_2O \Rightarrow$ 8 atomes H $\Rightarrow 8\ H^+$ :
$MnO_4^- + 8\ H^+ + 5\ e^- \rightleftharpoons Mn^{2+} + 4\ H_2O$

d) vérifier la conservation de la charge électrique de part et d'autre du symbole de réaction.

**Systématique B :**

a) idem : $MnO_4^- \rightleftharpoons Mn^{2+}$

b) exprimer la conservation de la matière pour les autres éléments :

$MnO_4^- \Rightarrow 4\ H_2O$ ; $4\ H_2O \Rightarrow 8\ H^+$ :

$MnO_4^- + 8\ H^+ \rightleftharpoons Mn^{2+} + 4\ H_2O$

c) exprimer la conservation des charges en ajoutant des électrons (fictifs) dans l'équation (ces derniers seront nécessairement du côté de la forme oxydée!).

d) vérifier que le nombre d'électrons écrit est en accord avec la variation du nombre d'oxydation.

**Autres exemples :**

* $Cr_2O_7^{2-} / Cr^{3+}$

a) $Cr_2O_7^{2-} \rightleftharpoons 2\ Cr^{3+}$

b) – systématique A : $Cr_2O_7^{2-} + 6\ e^- \rightleftharpoons 2\ Cr^{3+}$
– systématique B : $Cr_2O_7^{2-} + 14\ H^+ \rightleftharpoons 2\ Cr^{3+} + 7\ H_2O$

c) $Cr_2O_7^{2-} + 14\ H^+ + 6\ e^- \rightleftharpoons 2\ Cr^{3+} + 7\ H_2O$

* acide carboxylique $RCO_2H$/aldéhyde RCHO (glucose: R- = $CH_2OH$-$(CHOH)_4$-)

a) $RCO_2H \rightleftharpoons RCHO$

b) – systématique A : $RCO_2H + 2\ e^- \rightleftharpoons RCHO$
– systématique B : $RCO_2H + 2\ H^+ \rightleftharpoons RCHO + H_2O$

c) $RCO_2H + 2\ H^+ + 2\ e^- \rightleftharpoons RCHO + H_2O$

* $Ag(NH_3)_2^+ / Ag$

a) $Ag(NH_3)_2^+ \rightleftharpoons Ag$

b) – systématique A : $Ag(NH_3)_2^+ + e^- \rightleftharpoons Ag$
– systématique B : $Ag(NH_3)_2^+ \rightleftharpoons Ag + 2\ NH_3$

c) $Ag(NH_3)_2^+ + e^- \rightleftharpoons Ag + 2\ NH_3$

La **deuxième étape** consiste à ajouter les deux demi-équations en multipliant les coefficients stoechiométriques de l'une et/ou de l'autre demi-équation(s) pour avoir autant d'électrons consommés par l'oxydant que d'électrons cédés par le réducteur :

$MnO_4^- + 5\ e^- + 8\ H^+ \rightleftharpoons Mn^{2+} + 4\ H_2O$ x 1
$Fe^{2+} \rightleftharpoons Fe^{3+} + e^-$ x 5
$MnO_4^- + 5\ Fe^{2+} + 8\ H^+ \rightleftharpoons Fe^{3+} + Mn^{2+} + 4\ H_2O$

La **troisième étape** est la vérification de l'équilibre de l'équation bilan, tant du point de vue de la matière que du point de vue électrique.

■ Remarque : Lorsqu'interviennent simultanément une réaction d'oxydoréduction et des réactions acidobasiques (échange de protons), le choix des espèces chimiques existant dans l'eau pour équilibrer les réactions est *a priori* arbitraire : on peut faire appel à l'un ou l'autre des deux couples acidobasiques de l'eau $H^+ / H_2O$ ou $H_2O / OH^-$. Ainsi, en faisant appel au couple

$H_2O$ / $OH^-$ on peut également écrire l'équation ci-dessus de la manière suivante :

$$MnO_4^- + 4\,H_2O + 5\,Fe^{2+} \rightleftharpoons Mn^{2+} + 5\,Fe^{3+} + 8\,OH^-$$

L'équation est **formellement** équilibrée, mais ceci ne correspond pas aux conditions chimiques imposées. Un milieu acide est nécessaire pour pouvoir écrire les couples rédox tels qu'ils ont été écrits ; la concentration en protons est importante et il est préférable que l'équation chimique explicite le couple acidobasique de l'eau qui intervient de façon prépondérante, c'est à dire $H^+$ / $H_2O$. Un autre aspect de ce sujet est évoqué au cours du chapitre 1 (cf. chapitre 1, § 3, loi de Nernst).

# 4. REACTION CHIMIQUE, MODELES ET MECANISMES

Une fois choisi un modèle donné pour décrire l'oxydoréduction, il convient de ne pas confondre le phénomène macroscopique, expérimentalement observé, (par exemple le passage du zinc métallique à l'état d'ion zinc dissous) et le modèle choisi (passage du zinc de l'état d'oxydation zéro, Zn(0), à l'état d'oxydation deux, Zn(II), ou transfert d'électrons du zinc métallique à une autre substance, une électrode...).

La réalité expérimentale macroscopique est traduite par une équation bilan, exemple :

$$I_2 + OH^- \longrightarrow I^- + HOI$$

iode ion hydroxyde iodure acide hypoiodeux

Pour interpréter une telle réaction, il est possible de faire appel à différents modèles. Ainsi :

– dans le **modèle des réactions d'oxydoréduction** cette réaction est cataloguée comme étant la dismutation de l'iode $I_2$ (degré d'oxydation zéro) en iodure (degré d'oxydation -I) et acide hypoiodeux (degré d'oxydation +I).

– dans **le modèle des réactions acidobasiques** selon Lewis, cette réaction est décrite comme la réaction de la base hydroxyde $OH^-$ sur l'acide de Lewis $I^+$.

En outre, ni l'équation bilan, ni les deux interprétations **ne sont à confondre avec le mécanisme réactionnel** qui comporte à l'échelle moléculaire une ou plusieurs étapes élémentaires et qui permet de rendre compte de la cinétique de réaction. Dans l'exemple cité, le mécanisme est celui d'une substitution nucléophile bimoléculaire ($S_N2$) : l'ion hydroxyde $OH^-$, nucléophile, déplace l'iodure de l'ion iodonium (15).

D'autre part, pour une même équation bilan, des études cinétiques peuvent indiquer que le mécanisme mis en oeuvre est fonction des conditions expérimentales. Il a ainsi été suggéré que certaines réactions de substitution nucléophile, par exemple entre des halogénures d'alkyle et des radicaux-anions aromatiques ou des porphyrines de fer à bas degré d'oxydation (16a), puissent se dérouler soit selon un mécanisme $S_N2$ classique, soit selon un mécanisme par transfert monoélectronique (Single Electron Transfer) (16b,c), c'est à dire un mécanisme faisant intervenir la réaction entre deux espèces intermédiaires résultant de l'échange d'un électron entre les réactifs initiaux, comme cela est schématisé sur la figure 0.10. L'intervention du mécanisme par transfert monoélectronique serait favorisée par une augmentation de la température.

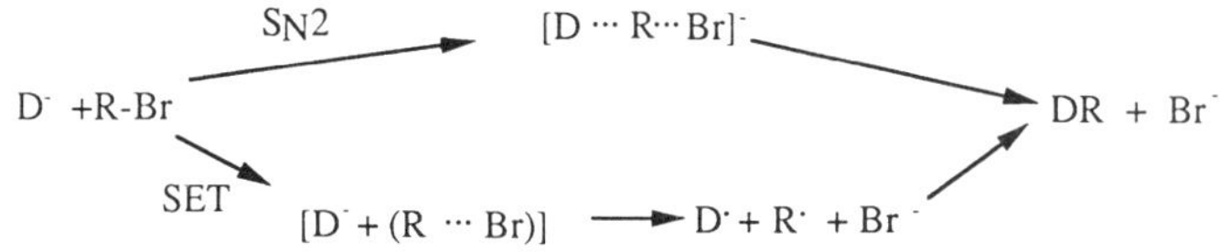


Figure 0.10

La distinction entre bilan et mécanisme n'est pas de pure forme. Les mécanismes réels des réactions d'oxydoréduction peuvent être très divers, comme le montrent brièvement les exemples suivants. Une étude plus détaillée du mécanisme de quelques réactions d'oxydoréduction est proposée au chapitre 3.

## EXEMPLES DE MECANISMES DE REACTIONS D'OXYDOREDUCTION

### Mécanisme par transfert d'électron

On distingue au moins deux types de mécanisme : par sphère externe et par sphère interne. Ces notions ont initialement été introduites dans le domaine de la chimie des complexes métalliques et elles sont actuellement étendues à la réaction d'autres espèces.

Dans un processus de transfert d'électron **par sphère externe**, il n'y a pas de rupture ni de formation de liaison simultanément au transfert d'électron. Si de telles rupture ou formations de liaisons interviennent dans la réaction, elles ont lieu au cours d'étapes distinctes, qui précèdent ou suivent le transfert d'électron. Ainsi, dans le cas d'un complexe métallique, le transfert d'électron intervient sans modification du nombre de ligands de la sphère de coordination. Un exemple typique est fourni par le couple :

$$[Fe(III)(CN)_6]^{3-} + e^- \rightleftharpoons [Fe(II)(CN)_6]^{4-}$$

Dans un mécanisme **par sphère interne**, des liaisons sont rompues ou formées de façon concertée avec le transfert d'électron. Ainsi, dans la réaction entre les complexes métalliques suivants, une modification des sphères de coordination intervient en même temps que le transfert électronique, avec formation d'un pont :

$$Co(III)(NH_3)_5Cl^{2+} + Cr(II)(H_2O)_6^{2+} \longrightarrow [(NH_3)_5Co(III)ClCr(II)(H_2O)_5]^{4+}$$

$$\longrightarrow [(NH_3)_5Co(II)ClCr(III)(H_2O)_5]^{4+} \xrightarrow{5H^+} Co^{2+} + 5NH_4^+ + Cr(III)(H_2O)_5Cl^{2+}$$

Plusieurs modes d'activation peuvent être employés : le transfert d'électron peut être activé thermiquement, résulter d'une excitation photochimique ou d'un effet tunnel (15).

### Mécanisme par transfert d'atomes

Le transfert d'atome peut être mis en évidence au moyen de réactifs marqués contenant un isotope particulier de l'atome transféré. Ainsi, au cours de l'oxydation des nitrites en nitrate par l'acide hypochloreux, on observe le transfert sur l'atome d'azote de l'atome d'oxygène lié au chlore :

$$N(III)O_2^- + HCl(I)O \longrightarrow [O_2N...{}^{18}\overset{\overset{\displaystyle H}{|}}{O}...Cl]^- \longrightarrow {}^{18}ON(V)O_2^- + H^+ + Cl(-I)^-$$

En chimie organique, dans de nombreuses réactions de substitution radicalaire l'une des étapes est l'extraction d'un atome d'hydrogène :

$$RH + Cl^\bullet \longrightarrow R^\bullet + HCl$$

ou $$Fe(II)(H_2O)_6^{2+} + R^\bullet \longrightarrow Fe(III)(H_2O)_5OH^{2+} + RH$$

### Mécanisme par transfert d'un groupe d'atomes

Nous ne donnons ici que deux exemples :

$$Fe(III)(H_2O)_6^{3+} + R^\bullet \longrightarrow Fe(II)(H_2O)_5^{2+} + H^+ + ROH$$

$$R_3\bar{N} + \underset{\underset{\displaystyle H}{|}}{O}\text{-}O\text{-}R' \longrightarrow R_3\overset{+}{N}OH + R'O^-$$

**Cas des réactions électrochimiques**

Le transfert d'électron n'est qu'une des phases du mécanisme qui comporte généralement une série d'étapes. Ce point est explicité au chapitre 4.

# 5. IMPORTANCE DE L'OXYDOREDUCTION

Quelle que soit la définition que l'on en donne, ou le mécanisme que l'on propose pour le transfert d'électrons, une chose demeure : l'importance à la fois pratique et fondamentale du phénomène. Que ce soit dans la nature, dans les processus biologiques, dans les procédés industriels ou dans la vie quotidienne, les processus d'oxydoréduction occupent une grande place. Nous n'en donnons ici que deux exemples.

La photosynthèse se situe au premier rang des grands cycles qui reposent sur l'oxydoréduction et sur l'interaction énergie-matière(17). C'est cette réaction de réduction du dioxyde de carbone, $CO_2$, en sucres et en édifices moléculaires plus complexes, et d'oxydation de l'eau, $H_2O$, en dioxygène $O_2$, qui permet une vie aérobie sur la terre. La figure 0.11 schématise le cycle du carbone et la formation de dioxygène et de sucres. La figure 0.12 présente l'évolution énergétique et les transferts électroniques qui accompagnent le processus photosynthétique et le dégagement de dioxygène à partir de l'eau. La figure 0.13 illustre une expérience simple où l'action de la lumière sur l'élodée du Canada, protégée des rayonnements parasites par un filtre, permet de mettre spectaculairement en évidence le dégagement de dioxygène.

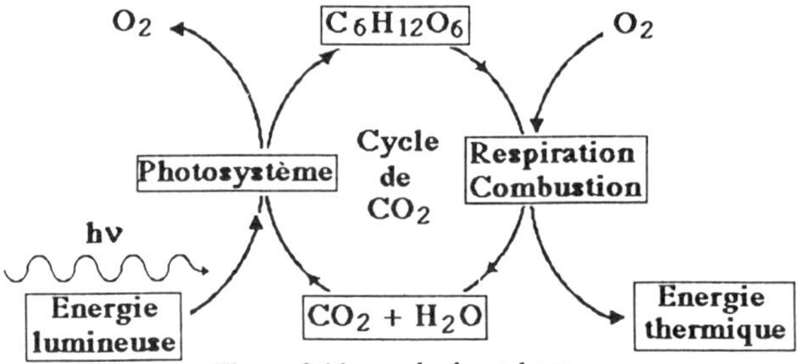


Figure 0.11 : cycle du carbone

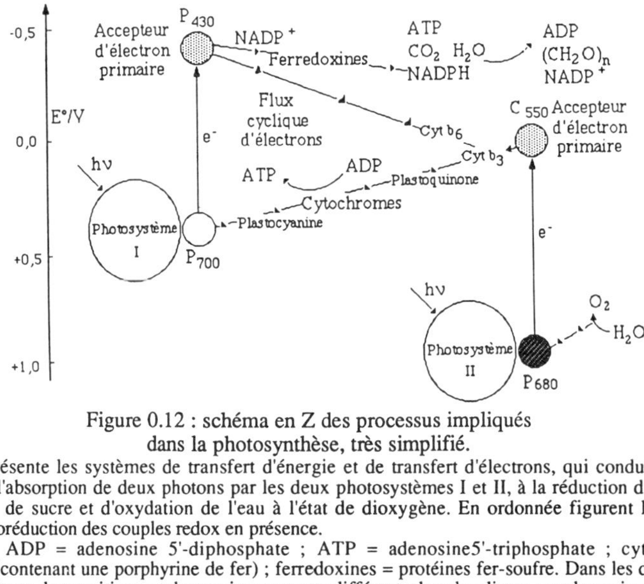


Figure 0.12 : schéma en Z des processus impliqués dans la photosynthèse, très simplifié.

Le schéma représente les systèmes de transfert d'énergie et de transfert d'électrons, qui conduisent grâce à l'énergie due à l'absorption de deux photons par les deux photosystèmes I et II, à la réduction du dioxyde de carbone à l'état de sucre et d'oxydation de l'eau à l'état de dioxygène. En ordonnée figurent les potentiels standard d'oxydoréduction des couples redox en présence.

Abréviations : ADP = adenosine 5'-diphosphate ; ATP = adenosine5'-triphosphate ; cytochromes = hémoprotéines (contenant une porphyrine de fer) ; ferredoxines = protéines fer-soufre. Dans les deux types de protéines les métaux de transition ont des environnements différents dans les divers couples qui permettent une modulation des propriétés redox et le transfert d'électrons le long de la chaine ; NADP = nicotinamide adenosine dinucléotide phosphate, forme oxydée (+) et forme réduite (H) ; P = pigment ; les chiffres en indice correspondent à la longueur d'onde d'absorption de la lumière.

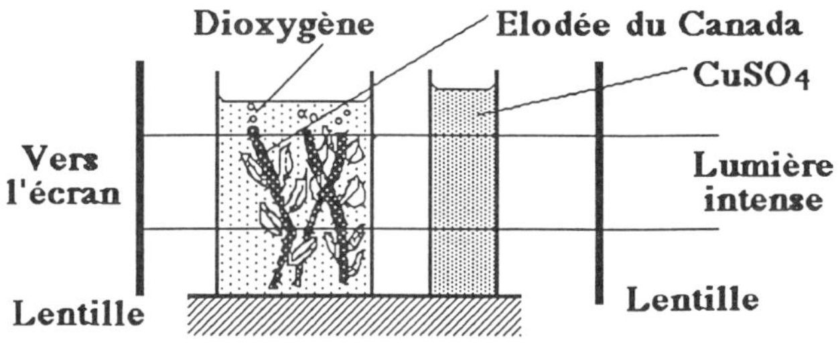


Figure 0.13

A l'inverse de la synthèse des sucres, c'est l'accumulation de la molécule extrêmement stable de dioxyde de carbone, produit ultime de l'oxydation du carbone, par des combustions diverses, qui est à la source des problèmes de réchauffement de l'atmosphère et de modifications des grands équilibres écologiques planétaires. En effet les grands cycles industriels, la production d'énergie sous forme thermique reposent sur des processus redox qui aboutissent fréquemment à la libération de dioxyde de carbone. La figure 0.14 en illustre le principe.

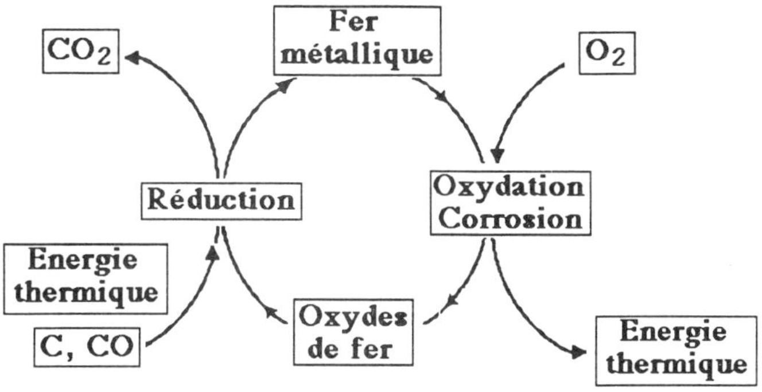


Figure 0.14 : réduction des oxydes du fer et oxydation du métal

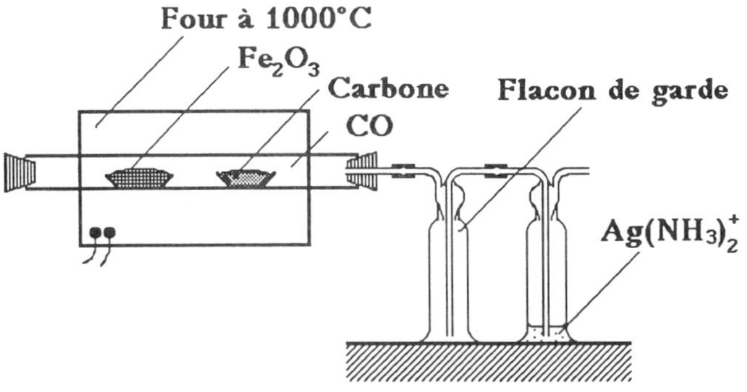


Figure 0.15 : exemple de réduction d'un oxyde métallique ; cas de l'oxyde de fer (III)

Une réalisation expérimentale proche du principe de la sidérurgie, est proposée sur la figure 0.15 : on réduit de l'oxyde de fer $Fe_2O_3$ à l'état de fer, par du carbone. L'oxyde métallique et le réducteur sont situés dans des nacelles distinctes. A la température du four (1000°C), le carbone est oxydé par le dioxygène initialement présent, à l'état de dioxyde et de monoxyde de carbone gazeux ; ce dernier réagit avec l'oxyde de fer, en produisant du dioxyde de carbone, qui redonne du monoxyde au contact du carbone. C'est le monoxyde de carbone gazeux, issu du carbone solide, qui réduit l'oxyde de fer. On peut mettre sa présence en évidence grâce à un réactif d'oxydoréduction placé dans un flacon laveur situé au-delà d'un flacon de garde anti-retour, le nitrate de diamminoargent(I). Le complexe d'argent(I) est réduit dans ces conditions à l'état d'argent métallique qui apparait sous forme de précipité noir (encore l'oxydoréduction...). La réduction de l'oxyde à l'état de fer est mise en évidence après refroidissement du four et récupèration du contenu des nacelles : la poudre de fer est attirée par un aimant ; l'addition du contenu d'une pointe de spatule de poudre de fer résultant de la réduction de $Fe_2O_3$, dans quelques $cm^3$ d'acide chlorhydrique, entraine un dégagement de dihydrogène et l'oxydation du fer à l'état d'ions ferreux. Le dihydrogène est mis en évidence par inflammation à la sortie du tube ( toujours l'oxydoréduction !). L'éventuelle présence de sulfures dans l'oxyde initial se traduit à ce stade par un dégagement de sulfure d'hydrogène nauséabond et toxique : opérer sous une hotte bien ventilée :

$$C + O_2 \longrightarrow CO_2$$
$$CO_2 + C \rightleftharpoons 2\,CO$$
$$3\,CO + Fe_2O_3 \longrightarrow 2\,Fe + 3\,CO_2$$
$$2\,Ag(NH_3)_2^+ + CO + H_2O \rightleftharpoons 2Ag + CO_2 + 2NH_4^+ + 2NH_3$$

Nous venons de citer deux exemples qui paraissent particulièrement importants en matière d'oxydoréduction car ils illustrent l'omniprésence du phénomène. Par la suite, nous n'aborderons pas les phénomènes d'oxydoréduction liés soit à des processus photochimiques impliquant l'interaction photon-matière soit à des réactions en phase hétérogène gaz-solide car ils mettent en jeu des processus complexes. Les seuls phénomènes que nous abordons dans ce volume interviennent en solution aqueuse ou à l'interface électrode-solution. Ils nous permettent de définir et d'illustrer simplement les aspects essentiels de l'oxydoréduction.

## 6. CONCLUSION : APPRENDRE ET ENSEIGNER L'OXYDOREDUCTION

On aura constaté que le concept d'oxydoréduction, et la définition formelle que les chimistes lui ont donné au cours du temps (oxydation, réduction, nombre d'oxydation, transfert d'électron) ont pris des formes diverses, liées au niveau des connaissances scientifiques à l'instant donné. Il en va de même de la plupart des phénomènes essentiels dans un domaine donné de la connaissance : la manière dont un phénomène est défini et perçu par les intéressés est souvent l'accumulation par strates successives de nombreux modèles qui ne sont pas toujours explicites, au moins dans l'esprit de celui qui les utilise. Cohérents physiquement dans les cas expérimentaux qui ont permis leur définition, ces modèles de l'oxydoréduction peuvent devenir purement formels dans les cas limites, simples dispositifs de « comptage d'électrons ». Leur utilisation suppose donc connus leur intérêt et leurs limites.

Ces modèles, qui vont du plus simple (la fixation ou le départ d'oxygène) au plus complexe (théorie quantique du transfert d'électron) sont pourtant d'un extraordinaire secours pour classer et comprendre des phénomènes dont l'importance théorique et pratique, industrielle ou biologique, est considérable. L'enseignement de l'oxydoréduction passe par la maitrise et par l'approfondissement de ces modèles. On trouvera des éléments de bibliographie dans de nombreux ouvrages ou articles, classés ci-dessous en fonction du niveau du public auquel ils s'adressent et de leur pôles d'intérêt.

Au niveau de l'enseignement de second degré, outre les manuels scolaires français dans lesquels sont présentées ces notions, on trouve des éléments de réflexion sur l'oxydoréduction ainsi que les expériences correspondantes dans des ouvrages anglo-saxons issus des efforts de réforme des sciences physiques en Grande Bretagne et aux Etats-Unis (18-21) (projet Nuffield, Chemical Education Material Study notamment) ou dans des articles de mise au point (22).

Au niveau du premier cycle de l'enseignement supérieur, la plupart des manuels de mathématiques supérieures et spéciales traitent de ces questions. Ces dernières font également l'objet d'un chapitre dans de nombreux ouvrages de chimie générale (23-27) ou d'articles de mise au point (28-31).

Au niveau de la licence et de la maîtrise, on trouve généralement brièvement exposés les fondements de l'oxydoréduction , suivis des applications dans différents domaines de la chimie dans des livres plus spécialisés : chimie analytique (32-36), chimie-physique (37-41), chimie inorganique (8, 15, 42-45), chimie organique (46-48), biochimie (49-50), électrochimie (51-61).

Le transfert d'électron est au centre de nombreuses recherches fondamentales, parmi lesquelles l'électronique moléculaire (62). Enfin, l'électrochimie fait l'objet de recherches théoriques, pratiques ou didactiques reflétées par des ouvrages récents relativement complets (63).

## BIBLIOGRAPHIE DU CHAPITRE 0

1 – M. BERNARD, F. BUSNOT, Usuel de chimie générale et minérale, Dunod, Paris, 1984.

2 – R.S. MULLIKEN, A new electronegativity scale, *J. Chem. Phys.*, **2**, 782, 1934 ; Electronic structure of molecules, XI et XII, *J. Chem. Phys.*, **3**, 596 et 586, 1935.

3 – L. PAULING, The nature of the chemical bond, IV, *J. Am. Chem. Soc.*, **54**, 3570, 1932.

4 – A.L. ALLRED, E.G. ROCHOW, A scale of electronegativity based on electrostatic force, *J. Inorg and nucl. Chem.*, **264**, 1970.

5 – a) J.C. SLATER, Quantum theory of atomic structure, Vol. 1 p. $196_{sq}$ et p. $227_{sq}$, Mc Graw Hill, New-York, 1961.
b) E. CLEMENTI, D.L. RAIMONDI, *J. Chem. Phys.*, 1963, **38**, 2686.

6 – C.J. WILLIS, Orbital energy levels in molecular hydrogen, *J. Chem. Educ.*, **65**, 418, 1988.

7 – a) R.S. MULLIKEN, W.B. PEARSON, Molecular complexes, Vol. 1 et 2, Wiley, New-York 1969.
b) J. B. TORRANCE, An overview of organic charge-transfer solids : insulators, metals and the neutral-ionic transition, *Mol. Cryst. Liq. Cryst.*, 1985, **126**, 55-67.

8 – J. E. HUHEEY, Inorganic chemistry : principles of structure and reactivity, Harper and Row, New-York, 1972.

9 – a) R.T. SANDERSON, Principles of electronegativities, Parties I et II, *J. Chem. Educ.*, **65**, 112 et 227, 1988.
b) S.G. BRATSCH, Revised Mulliken electronegativities, Parties I et II, *J. Chem. Educ.*, **65**, 34 et 223 (1988).
c) L. PAULING, The origin and nature of the electronegativity scale, *J. Chem. Educ.*, **65**, 375, 1988.

10 – M.F. RUASSE, Approches expérimentales de la réactivité de systèmes organiques complexes, *L'Actualité Chimique*, Septembre-Octobre 1988, 215.

11 – R.A. MARCUS, *Ann. Rev. Phys. Chem.*, 1964, **15**, 555 ; *J. Phys. Chem.*, 1968, **72**, 891 ; A.O. COHEN, R. A. MARCUS, *J. Phys. Chem.*, 1968, **72**, 4249.

12 – Nomenclature de chimie inorganique, Règles de 1970, U.I.C.P.A., *Bull. Soc. Chim. France*, Février 1975, Numéro spécial.

13 – Exemples d'articles publiés dans le *Bulletin de l'Union des Physiciens* à propos des nombres d'oxydation :
– M. WALDEN, Les nombres d'oxydation, 1953, **413**, 113.
– M. BERNARD, Les nombres d'oxydation en chimie organique, 1953, **413**, 119.
– P. PREVOST, Nombre d'oxydation et degré d'oxydation, 1954, **415**, 271.
– M. BERNARD, Oxydation, dé-électronation, augmentation, 1958, **438**, 227.
– P. SABBAG, A. JULG, Quelques remarques sur l'oxydo-réduction et les degrés (ou nombres d'oxydation), 1969, **512**, 718.
– M. BERNARD, Sur les nombres ou degrés d'oxydation, 1969, **515**, 991.
– J. BESSON, Remarques sur l'oxydo-réduction et les degrés d'oxydation, 1969, **515**, 994.
– J.C. DONADINI, Réponses à quelques remarques sur les nombres d'oxydation, 1969, **515**, 997.
– G. GUINIER, Réflexions d'un professeur de lycée sur l'oxydo-réduction, 1969, **515**, 997.
– R. LOQUENEUX, Bilan d'une expérience sur l'emploi des nombres d'oxydation en chimie organique, 1973, **560**, 257.
– R. BAUDOUY, Détermination du degré d'oxydation des éléments dans les molécules organiques, 1973, **560**, 273.
– H. STAHL-LARIVIERE, Nombres d'oxydation ou facteurs structuraux d'équilibre et de réactivité en chimie organique moléculaire ?, 1974, **567**, 1229.
– R. GENER, Electrons et nombres d'oxydation, 1974, **567**, 1235.
– R. AUDIFFREN, Certaines ambiguïtés de la notion moderne d'oxydoréduction, 1974, **567**, 1237.
– M. BERNARD, Notes sur les nombres d'oxydation, 1975, **579**, 1237.

14 – a) M. BERNARD, Sur les nombres d'oxydation du soufre dans les ions thiosulfate et tétrathionate, *Bull. Union Phys.*, 1983, **654**, 1053.
b) M. BERNARD, Les nombres — ou degrés — d'oxydation, Documents SESDIC, Poitiers, 1987.

15 – F. BASOLO, R.G. PEARSON, Mechanisms of Inorganic Reactions, chap. 6, Wiley, New York, 1960.

16 - a) D. LEXA, J.M. SAVEANT, K.B. SU, D.L. WANG, *J. Am. Chem. Soc.*, 1988, **110,** 7617.
b) M. CHANON et M.L. TOBE, *Angew. Chem. Int. Ed. Engl.*, 1982, **21**, 1.
c) M. CHANON, *Bull. Soc. Chim. Fr.*, 1985, 209.

17 – cf., par exemple :
a) A. L. LEHNINGER, réf. 49.
b) N. N. GREENWOOD, A. EARNSHAW, réf. 43.
c) GOVINDJEE, W. COLEMAN, Pour la science, 1990, **150**, 42.

18 – a) Nuffield Chemistry, O Level, Handbook for teachers, chap. 2, p. 3, Chap. 10, p. 137, Nuffield Foundation, Londres, 1967.
b) Nuffield Advanced Science, Students' Books I et II, Teachers' guide, I et II, Nuffield Foundation, Longman 1983.

19 – Chemical Education Material Study, Chemistry, An Experimental Science, Students' book, G.C. Pimentel éditeur, chap. 12, Teachers guide, A.L. Mc Clellan éditeur, chap. 12, Freeman, San Francisco, 1963.

20 – Nuffield Chemistry, O Level, Collected Experiments, chap. 3, 5, 9, 16 et 17, Nuffield Fondation, Longman, Londres, 1967.

21 – Chemical Education Material Study, Chemistry, An Experimental Science Laboratory Manual, L.E. Malm éditeur, exp. 7, 20, 21, 25, 31, 38, Freeman, San Francisco, 1963.

22 – a) D. KOLB, The chemical equation : II Oxidation-reduction reactions, *J. Chem. Educ.*, 1978, **55**, 326.
b) Everyday examples of oxidation-reduction processes, *J. Chem. Educ.*, 1978, **55**, 332.

23 – a) P. ARNAUD, Cours de chimie physique, chap. 39, 40, Dunod, Paris, 1988.
b) H. B. GRAY, G. P. HAIGHT, Principes de Chimie, chap. 5-5, et 17, Edisciences, Paris, 1973.
c) P.LASZLO, Leçons de Chimie T.3 : La réaction chimique, chap. 22, Hermann, Paris 1974.

24 – a) M. SUARD, B. PRAUD, L. PRAUD, Elements de chimie générale, p. 227, Flammarion, Paris, 1971.
b) J. C. CHOTTARD, J. C. DEPEZAY, J. P. LEROUX, Chimie Fondamentale, I - Echanges d'énergie et équilibres, p. 123, Hermann, Paris, 1981.

25 – D.A. Mc QUARRIE, P.A. ROCK, General chemistry, chap. 18 et 20, Freeman, San Francisco, 1987.

26 – J. A. CAMPBELL, Chemical systems, Energetics, Dynamics, Structure, p. 411, 993, 1003, Freeman, San Francisco, 1970.

27 – P.W. ATKINS, General Chemistry.

28 – a) A. CAMUS, Aspect thermodynamique de l'oxydoréduction, *Bull. Union Phys.*, 1974, **567**, 1155-79.
b) A. CAMUS, Cinétique de l'oxydoréduction, *Bull. Union Phys.*, 1974, **567**, 1181-98.

29 – J. P. SCHWING, Réactions d'oxydoréduction, réactions acidobasiques. Méthodes d'étude des réactions rapides en solution, *Bull. Union Phys.*, 1974, **567**, 1199-1216.

30 – S. PACE, Une méthode graphique pour l'enseignement de l'oxydoréduction : les diagrammes de Frost, *Bull. Union Phys.*, 1974, **567**, 1217.

31 – M. BERNARD, Le statut des électrons en chimie, *Bull. Union Phys.*, 1987, **698**, 1143.

32 – G. CHARLOT, Les méthodes de la chimie analytique, Analyse quantitative minérale, 4ème éd., Masson, Paris, 1961.

33 – G. CHARLOT, Les réactions chimiques en solution aqueuse et caractérisation des ions, 7ème éd., Masson, Paris, 1961.

34 – G. CHARLOT, Chimie analytique générale, Masson, Paris, 1967.

35 -- VOGEL'S, Textbook of quantitative inorganic chemistry, 4ème éd., Longman, Londres, 1978.

36 – VOGEL'S, Textbook of macro and semimicro qualitative inorganic analysis, 5ème éd., Longman, Londres, 1979.

37 – P. SOUCHAY, Chimie générale, Thermodynamique chimique, chap. 17, 18, 20, 21, 23, Masson, Paris, 1961.

38 – G. M. BARROW, Physical Chemistry, chap. 23, Masson, Paris, 1976.

39 – L. PAULING, General Chemistry, chap. 6, 15, Dunod, Paris, 1960.

40 – W. J. MOORE, Physical Chemistry, Longman, Londres, 1972.

41 – a) P.W. ATKINS, Physical Chemistry, 4ème éd., Oxford University Press, 1990.
b) P.W. ATKINS, Chimie physique, traduction de la 2ème édition par G. Chambaud, Technique et Documentation / Vuibert, Paris, 1983.

42 – a) R. B. HESLOP, P. L. ROBINSON, Chimie inorganique, Flammarion, Paris, 1973.
b) C. S. G. PHILIPS, R. J. P. WILLIAMS, Chimie minérale, Dunod, Paris, 1971.

43 – N.N. GREENWOOD, A. EARNSHAW, Chemistry of the elements, Pergamon, Oxford, 1984.

44 – F. A. COTTON, G. WILKINSON, Advanced Inorganic Chemistry, J. Wiley and Sons, New York, 1972, 5ème éd.,1988.

45 – M. C. DAY, J. SELBIN, Theoretical inorganic chemistry, Reinhold, New-York, 1975.

46 – N. L. ALLINGER, M.P. CAVA, D.C. DE JONGH, C.R. JOHNSON, N.A. LEBEL, C.L. STEVENS, Chimie organique, Ediscience-Mc Graw-Hill, Paris, 1975.

47 – F. A. CAREY, R. J. SUNDBERG, Advanced Organic Chemistry, Plenum / Rosetta, New-York, 1977.

48 – J. MARCH, Advanced organic chemistry, 2ème éd., Mc Graw-Hill, New-York, 1977.

49 – A. L. LEHNINGER, Biochimie, Flammarion, Paris, 1977.

50 – D. E. METZLER, Biochemistry : the chemical reactions of living cells , Academic Press, New-York, 1977.

51 – G. CHARLOT, J. BADOZ-LAMBLING, B. TREMILLON, Les réactions électrochimiques, Masson, Paris, 1959.

52 – J. O'M. BOCKRIS, A. K. N. REDDY, Modern electrochemistry, tomes 1 et 2, Plenum, New-York, 1970.

53 – G. MILAZZO, Electrochimie, Volumes 1 et 2, Dunod, Paris 1969.

54 – D. PLETCHER, Industrial Electrochemistry, Chapman and Hall, Londres, 1990.

55 – F. COEURET, A. STORCK, Eléments de génie électrochimique, Technique et Documentation, Paris, 1984.

56 – J. BRENET, Introduction à l'électrochimie de l'équilibre et du non équilibre, Masson, Paris, 1980.

57 – J. BRENET, Energétique des générateurs électrochimiques, Technique et Documentation, Paris, 1987.

58 – J. ROBIN, Introduction aux méthodes électrochimiques, Masson, Paris, 1967.

59 – J. BESSON, Précis de thermodynamique et cinétique électrochimiques, Ellipses, Paris 1984.

60 – A. J. BARD, L. R. FAULKNER, Electrochimie, Principes, méthodes et applications, Masson, Paris, 1983.

61 – A. TALLEC, Electrochimie organique, Masson, Paris, 1985.

62 – Molecular Electronic Devices, Vol. I et II, F.L. Carter éditeur, Dekker, New-York, 1982 et 1987.

63 – a) J. O'M. BOCKRIS, B. E. CONWAY, E. YEAGER, R. E. WHITE, Comprehensive Treatise of Electrochemistry, Vol. 1 : The double layer ; Vol. 2 : Electrochemical Processing ; Vol. 3 : Electrochemical energy conversion and storage. Plenum, New-York, 1981.

b) J. O'M. BOCKRIS, KHAN, Quantum Electrochemistry, Plenum, New-York, 1979.

CHAPITRE 1

# ASPECTS THERMODYNAMIQUES FONDAMENTAUX

## 1. FORCE ELECTROMOTRICE D'UNE CELLULE GALVANIQUE

### 1.1. CELLULE GALVANIQUE

Un système électrochimique comporte plusieurs phases de natures différentes. D'une façon générale, on peut rencontrer :

– des **phases à conduction électronique** : en métal ou en carbone, solides ou liquides, elles constituent les électrodes, ainsi que le circuit électrique extérieur éventuel. Les porteurs de charge en leur sein sont les électrons. Il existe aussi des électrodes à semi-conducteur, utilisées notamment en photoélectrochimie (1).

– des **phases à conduction ionique** : le plus souvent liquides, elles résultent de la dissolution d'un électrolyte dans un solvant ou de la fusion d'un électrolyte. Il existe également des électrolytes solides (2). Les porteurs de charge sont les ions introduits ou formés. Ces phases sont en contact avec les électrodes. Certaines cellules comprennent deux phases liquides distinctes (deux solvants non miscibles ou un même solvant contenant des électrolytes différents), d'autres n'en comportent qu'une seule.

– des **phases gazeuses** en contact avec les solutions et les électrodes.

### 1.2. POTENTIEL ELECTROCHIMIQUE

La différence de potentiel électrostatique $\Phi_A - \Phi_B$, entre deux points de l'espace A et B, est déterminée par le travail électrique qui doit être fourni pour transporter une charge unitaire q° d'un point à l'autre :

$$W_{AB} = q^\circ (\Phi_A - \Phi_B) = q^\circ \int_A^B \vec{E} \cdot \vec{dl}$$

Si les deux points A et B sont dans une même phase, le travail de transport d'une espèce chargée de A à B est exclusivement électrique et la différence de potentiel entre les deux points peut être mesurée ou calculée.

En revanche, si les deux points sont situés dans deux phases différentes, le travail de transport d'une espèce chargée d'un point à l'autre est lié :

– d'une part à un travail électrique, $q^\circ (\Phi_A - \Phi_B)$.

– d'autre part à une énergie chimique. En effet, l'environnement chimique de l'espèce considérée est différent dans chaque phase. Cela est particulièrement évident si l'on envisage par exemple le transfert d'un ion entre deux phases liquides non miscibles ; les potentiels chimiques de l'espèce considérée sont différents dans les deux phases.

Dans un processus réel de transport d'une espèce chargée d'une phase à une autre, les travaux chimique et électrique s'effectuent simultanément. Seul l'effet énergétique global peut être déterminé. On ne peut accéder à la répartition entre les deux composantes, chimique et électrique. Il en résulte la conclusion fondamentale que **la différence de potentiels électriques entre deux phases différentes n'est pas mesurable.**

Pour caractériser l'état thermodynamique d'une espèce chargée, on introduit la grandeur **potentiel électrochimique** $\overline{\mu}$ , qui est la somme du potentiel chimique $\mu$ et de l'énergie électrique de la particule. Le potentiel électrochimique est ainsi une extension aux espèces chargées de la notion de potentiel chimique défini pour les espèces électriquement neutres. Pour une mole d'espèce de charge z :

$$\overline{\mu} = \mu + z.F.\Phi$$

Il s'agit d'une énergie par quantité de matière, qui s'exprime en $J.mol^{-1}$.

Cette grandeur est très utile pour l'étude de l'équilibre des systèmes électrochimiques. En effet, la condition d'équilibre d'une espèce i entre deux phases (1) et (2) est l'égalité des potentiels électrochimiques de l'espèce i dans les deux phases :

$$\overline{\mu}_i(1) = \overline{\mu}_i(2)$$

## 1.3. LOCALISATION DES DIFFERENCES DE POTENTIEL

Seule est mesurable la différence de potentiel entre deux points situés dans une même phase ou dans deux phases identiques. Soit une pile électrochimique, constituée de deux électrodes métalliques $M_1$ et $M_2$ immergées respectivement dans deux solutions $S_1$ et $S_2$ (cf. figure 1.1). L'électrode $M_2$ est en contact avec $M'_1$ qui est un métal identique à $M_1$. Par définition, la force électromotrice de cette pile est la différence de potentiel entre $M_1$ et $M'_1$.

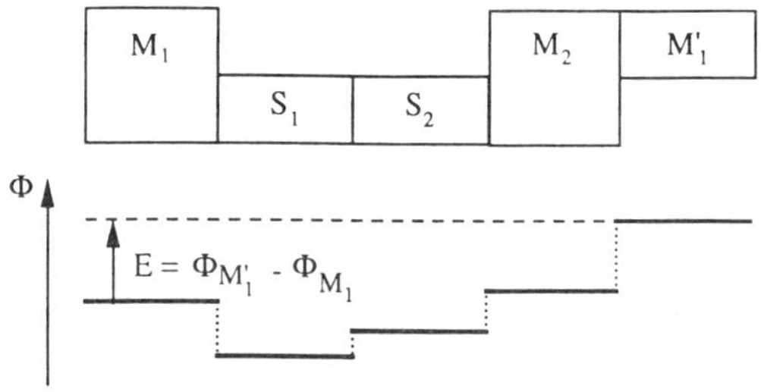


Figure 1.1

Lorsque la cellule n'est traversée par aucun courant, chaque phase est équipotentielle : la force électromotrice (mesurable) résulte de **différences de potentiel** survenant **à la surface de contact de deux phases** quelconques (non mesurables).

Le potentiel de chaque phase est appelé potentiel interne. Le potentiel interne $\Phi$ d'une phase est le potentiel correspondant au travail électrique de transport d'une charge unitaire d'un point situé à l'infini dans le vide à un point situé à l'intérieur de la phase.

Les différences de potentiel interfaciales peuvent s'exprimer en fonction des potentiels internes des phases. La différence de deux potentiels internes s'appelle potentiel de Galvani.

Deux cas particuliers nécessitent un développement supplémentaire :

– le potentiel de Galvani $\Phi_{MS}$ entre un conducteur métallique M et un conducteur ionique S est souvent appelé potentiel de Nernst.

– le potentiel de Galvani $\Phi_{SS'}$ entre deux solutions S et S' porte le nom de potentiel de diffusion ou potentiel de jonction.

■ Remarque : Les différences de potentiel aux surfaces de contact résultent de l'intervention de deux types de phénomènes :

– un échange de particules chargées entre les deux phases conduit à un excès de charge non compensé dans chaque phase. La nature des espèces échangées est fonction de la nature des phases en contact : les interfaces métal-métal donnent lieu à des échanges d'électrons ; les interfaces solution-solution ou solution-membrane ionique échangent des ions ; dans le cas d'un métal au contact d'une solution contenant le cation de ce métal, il s'agit de ce cation. Il se forme une double couche électrique ; plusieurs modèles ont été proposés pour l'étude de ce phénomène : couche compacte (Helmholtz) ou diffuse (Gouy-Chapman) (cf. figure 1.2).

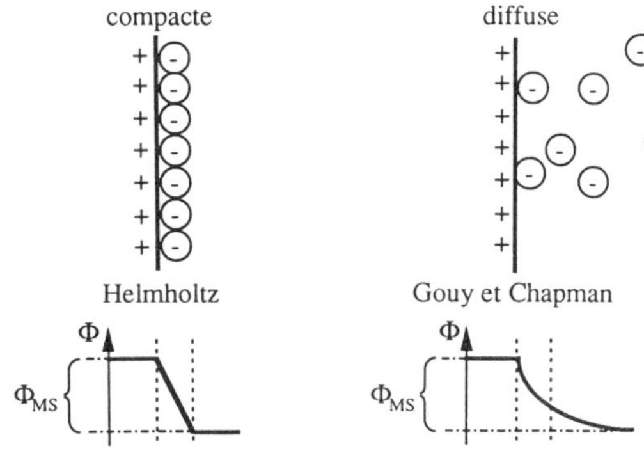


Figure 1.2 : modèles de la double couche

– à cet échange peut se superposer l'adsorption de molécules polaires ou l'adsorption sélective d'ions de charge donnée, ce qui entraîne un saut de potentiel, à la surface, au sein d'une seule phase.

Pour rendre compte séparément de ces deux phénomènes, les électrochimistes définissent :

– le potentiel externe $\Psi$ qui correspond au transport d'une charge de l'infini à un point situé dans le vide au voisinage de la surface : c'est une grandeur mesurable.

– le potentiel de surface $\chi$ qui correspond au transfert d'une charge à travers la surface. Il rend compte de l'adsorption des ions et de la couche dipolaire superficielle : $\chi = \Phi - \Psi$. Ce n'est pas une grandeur mesurable.

## 1.4. FORCE ELECTROMOTRICE

La force électromotrice de la cellule étudiée (cf. figure 1.1) est :

$$E = \Phi_{M'_1} - \Phi_{M_1}$$

Elle apparaît comme la somme de quatre termes puisqu'entre $M_1$ et $M'_1$, il y a quatre interfaces entre phases :

$$E = (\Phi_{M'_1} - \Phi_{M_2}) + (\Phi_{M_2} - \Phi_{S_2}) + (\Phi_{S_2} - \Phi_{S_1}) + (\Phi_{S_1} - \Phi_{M_1})$$

ce que l'on peut écrire :

$$E = \Phi_{M'_1M_2} + \Phi_{M_2S_2} + \Phi_{S_2S_1} + \Phi_{S_1M_1}$$

La force électromotrice de la pile résulte de l'existence des deux potentiels de Nernst $\Phi_{M_2S_2}$ et $\Phi_{S_1M_1}$ ainsi que de deux potentiels de Galvani $\Phi_{M_1M_2}$ et $\Phi_{S_2S_1}$. Ces deux derniers termes sont à l'origine de difficultés théoriques et expérimentales dans la détermination des « potentiels d'électrode » .

Le potentiel de Galvani $\Phi_{S_2S_1}$ n'est pas inhérent à toutes les piles : il existe des piles, dites sans jonction, pour lesquelles cette différence de potentiel n'existe pas ; par exemple Ag, AgCl / $H^+$ $Cl^-$ / $H_2$ , Pt. De telles cellules sont utilisées en métrologie (3), notamment pour la détermination de potentiels normaux d'électrodes.

Dans d'autres cas, la différence de potentiel entre $S_1$ et $S_2$ peut être minimisée, comme le montre le paragraphe suivant.

## 1.5. POTENTIEL DE JONCTION LIQUIDE (POTENTIEL DE DIFFUSION)

L'existence d'une différence de potentiel entre deux phases constituées du même solvant, au contact l'une de l'autre, et contenant des électrolytes différents ou le même électrolyte à des concentrations différentes, est liée à la diffusion des ions sous l'effet du gradient de concentration.

On peut expliquer ce phénomène en termes simples dans le cas particulier de la jonction entre une solution concentrée et une solution diluée d'un électrolyte. L'électrolyte diffuse du milieu concentré vers le milieu dilué ; sous l'effet de la diffusion, le cation et l'anion se déplacent à des vitesses qui sont proportionnelles à leurs mobilités respectives. Lorsque ces dernières sont différentes, il apparaît une certaine séparation de charges (par exemple, si le cation est plus mobile que l'anion, la phase diluée est chargée positivement), ce qui crée la différence de potentiel étudiée. Un régime stationnaire s'établit : la différence de potentiel provoque le ralentissement du mouvement des ions les plus mobiles et l'accélération de celui des ions de signe contraire, moins mobiles. La différence de potentiel s'établit à une valeur telle que le transfert des deux types d'ions, sous l'effet conjugué des forces de diffusion et des forces électriques, se produit à la même vitesse.

Dans le cas général, le potentiel de jonction est fonction de la concentration des différents ions dans les deux solutions et des mobilités de ces ions. Une étude quantitative (4) sortirait du cadre de cet ouvrage. On notera seulement que les électrolytes les plus concentrés prennent le plus largement part à la jonction et que lorsque cation et anion ont même mobilité, le potentiel de jonction est nul. Ceci peut être mis à profit pour minimiser la différence de potentiel entre deux solutions électrolytiques. On interpose entre les solutions un « pont de jonction saline » ou « pont salin » constitué d'une solution saturée d'un électrolyte dont le cation et l'anion ont des mobilités proches (KCl, $KNO_3$ ou $NH_4NO_3$).

| | | |
|---|---|---|
| $S_1$ | P | $S_2$ |

Dans un tel système : $\Phi'_{S_2S_1} = \Phi_{S_2P} + \Phi_{PS_1}$

Les termes $\Phi_{S_2P}$ et $\Phi_{PS_1}$ sont beaucoup plus faibles que $\Phi_{S_2S_1}$ correspondant au cas où $S_2$ et $S_1$ sont directement en contact et ils se compensent partiellement car ils sont de signe contraire.

Ainsi reliées, les solutions $S_1$ et $S_2$ sont à peu près équipotentielles (l'emploi d'un pont salin permet de réduire à quelques millivolts ou moins un potentiel de jonction de quelques dizaines de millivolts).

■ Remarque : Le potentiel de diffusion dans la membrane échangeuse d'ions (verre) est l'un des termes à prendre en compte dans la réponse des électrodes de verre utilisées pour effectuer des mesures de pH .

## 1.6. CONVENTIONS DE SIGNE ET DEFINITIONS

a) La différence de potentiel électrique aux bornes d'une pile écrite :

$$Zn / Zn^{2+} / Cu^{2+} / Cu$$

est égale, **par définition** (5), en grandeur et en signe, au potentiel électrique de la borne métallique conductrice de droite moins celui de la borne similaire de gauche (6). C'est à dire qu'il s'agit de la différence de potentiel aux bornes de :

$$Cu / Zn / Zn^{2+} / Cu^{2+} / Cu.$$

b) La force électromotrice est la valeur limite de cette différence de potentiel électrique pour un courant nul à travers la cellule.

c) Etant donné les définitions précédentes, pour une pile écrite conventionnellement, la force électromotrice E est reliée à l'enthalpie libre $\Delta_rG$ de la réaction d'oxydoréduction écrite dans le sens où il se produirait une réduction à l'électrode de droite par :

$$\Delta_r G = - n.F.E$$

n étant le nombre d'électrons échangés. Exemple :

$$M_1 \ / \ M_1^{n+} \ / \ M_2^{m+} \ / \ M_2 \qquad E$$

$$n\ M_2^{m+} + m\ M_1 \rightleftharpoons m\ M_1^{n+} + n\ M_2 \qquad \Delta_r G = - n.m.F.E$$

si E est positif, $\Delta_r G$ est négatif et la réaction ci-dessus est celle qui se produit spontanément dans la pile. Si E est négatif, $\Delta_r G$ est positif et la réaction écrite ci-dessus est la réaction inverse de celle qui se produit dans la pile.

### 1.7. GRANDEURS THERMODYNAMIQUES DE REACTION (7-8)

La mesure, à différentes températures et à pression constante, de la force électromotrice E d'une cellule galvanique permet d'accéder à l'enthalpie libre de réaction $\Delta_r G$ ainsi qu'aux enthalpie $\Delta_r H$ et entropie $\Delta_r S$ moyennes de réaction dans le domaine de température considéré. En effet :

$$\Delta_r G = - n.F.E$$

$$\Delta_r G = \Delta_r H - T.\Delta_r S$$

En supposant $\Delta_r H$ et $\Delta_r S$ constantes dans l'intervalle de température envisagé :

$$\Delta_r S = -(\partial(\Delta_r G) / \partial T)_P = n\ F\ (\partial E / \partial T)_P$$

$$\Delta_r H = \Delta_r G + T.\Delta_r S = n\ F\ (T\ (\partial E / \partial T)_P - E)$$

L'étude thermodynamique des piles est ainsi un moyen de détermination de grandeurs thermodynamiques de certaines réactions chimiques. Nous verrons au cours des paragraphes 2.3 et 3.2 comment il est possible d'atteindre les grandeurs thermodynamiques standard.

## 2. POTENTIEL D'ELECTRODE

### 2.1. POTENTIEL D'ELECTRODE RELATIF

Soit une cellule galvanique constituée de deux demi-cellules.

Par définition (convention) on appelle potentiel d'électrode (demi-cellule) relatif la force électromotrice d'une cellule dans laquelle l'électrode de gauche est une électrode normale à hydrogène et où l'électrode de droite est l'électrode considérée.

Les deux solutions sont supposées équipotentielles.

Le potentiel d'électrode est une grandeur algébrique.

Par exemple, pour l'électrode de zinc, symbolisée par $Zn^{2+} / Zn$, la cellule peut être représentée par Pt, $H_2 / H^+ / Zn^{2+} / Zn$, et le potentiel dans l'état normal est négatif, d'une valeur de - 0,763 V.

Le potentiel d'électrode relatif s'écrit en fonction des différences des potentiels internes :

$$E_{Zn^{2+}/Zn} = \Phi_{ZnS} + \Phi_{SPt} + \Phi_{PtZn}$$

si on suppose que les deux solutions (S) sont au même potentiel.

Pour une cellule $M_1 / M_1^{n+} / M_2^{m+} / M_2$, toujours dans la même hypothèse quant aux potentiels électriques des solutions, on a :

$$E_{M_1^{n+}/M_1} = \Phi_{M_1S} + \Phi_{SPt} + \Phi_{PtM_1}$$

$$E_{M_2^{m+}/M_2} = \Phi_{M_2S} + \Phi_{SPt} + \Phi_{PtM_2}$$

et donc : $E = \Phi_{M_2S} + \Phi_{SM_1} + \Phi_{M_1M_2}$

soit : $E = E_{M_2^{m+}/M_2} - E_{M_1^{n+}/M_1}$

La force électromotrice d'une cellule est égale à la différence des potentiels d'électrodes relatifs de ses constituants.

■ Remarque : L'évaluation de la différence de potentiel de Galvani entre les métaux $M_1$ et $M_2$, $\Phi_{M_1M_2}$, pose des problèmes à la fois sur le plan théorique et sur le plan expérimental qui ne sont pas envisagés ici. Pour une première approche, voir [9].

## 2.2. POTENTIEL ABSOLU

Le potentiel d'électrode relatif de $M^{n+}/M$ est constitué de trois différences de potentiel dont le potentiel de Nernst métal-solution $\Phi_{MS}$ et le potentiel Galvani à la surface de contact métal-platine $\Phi_{PtM}$ :

$$E_{M^{n+}/M} = \Phi_{MS} + \Phi_{SPt} + \Phi_{PtM}$$

$\Phi_{PtM}$ peut être exprimé en fonction des potentiels chimiques de l'électron $\mu_e^{Pt}$ dans le platine et $\mu_e^{M}$ dans le métal. En effet, l'équilibre de l'électron dans les deux métaux en contact implique l'égalité des potentiels électrochimiques de l'électron dans les deux phases, soit :

$$\bar{\mu}_e^{Pt} = \bar{\mu}_e^{M}$$

d'où : $$\Phi_{PtM} = (\mu_e^{Pt} - \mu_e^{M}) / F$$

et $$E_{M^{n+}/M} = (\Phi_{MS} - \mu_e^{M} / F) - (\Phi_{PtS} - \mu_e^{Pt} / F)$$

Les deux expressions entre parenthèses ne contiennent pas de grandeurs liées aux autres interfaces et permettent de définir un potentiel d'électrode absolu :

$$E_M = \Phi_{MS} - \mu_e^{M} / F + K$$

la constante additive K dépendant de l'état de référence choisi pour l'électron.

Le potentiel d'électrode relatif $E_{M^{n+}/M}$ apparaît alors comme la différence entre les potentiels d'électrode absolus $E_M$ et $E_{Pt}$. En outre, il est alors possible de relier les potentiels d'électrode relatifs aux grandeurs physiques « absolues » du système [10-11].

## 2.3. L'ELECTRODE NORMALE A HYDROGENE (ENH) [12-14]

L'importance de cette électrode réside dans son intervention dans la définition du potentiel d'électrode relatif (cf. § 2.1 ci-dessus).

Considérons une électrode à hydrogène (voir expérience 1.3/1) ; $a_{H^+}$ et $a_{H_2}$ étant l'activité du proton dans la solution et celle de l'hydrogène, la loi de Nernst donne le potentiel de cette électrode :

$$E_{H^+/H_2} = E°_{H^+/H_2} + RT/F \ \ln a_{H^+} / a_{H_2}^{1/2}$$

Par définition, $E°_{H^+/H_2}$ est nulle à toute température.

En métrologie, le potentiel de l'ENH est le potentiel d'une électrode (hypothétique) dans laquelle les constituants auraient un comportement idéal, c'est à dire auraient une activité égale à 1 avec un coefficient d'activité égal à 1. En désignant par m et P respectivement la molalité et la pression :

Pour $H^+$ : $a_{H^+} = \gamma_{H^+} . m_{H^+} = 1$ avec $\gamma_{H^+} = 1$ <u>et</u> $m_{H^+} = 1$

Pour $H_2$ : $a_{H_2} = \gamma_{H_2} . P_{H_2} = 1$ avec $\gamma_{H_2} = 1$ <u>et</u> $P_{H_2} = 1$

Les deux conditions $a_{H^+} = 1$ et $\gamma_{H^+} = 1$ ne sont pas réalisables simultanément. Le potentiel de l'ENH est donc une grandeur théorique résultant d'une extrapolation.

Bien que cela puisse sembler paradoxal, **l'électrode normale à hydrogène n'existe pas**. Il ne faut pas croire que l'on puisse réaliser expérimentalement la pile qui correspond à la définition du potentiel d'électrode ; il s'agit d'une pile théorique.

Examinons par exemple sur la figure 1.3 comment varie l'activité d'un électrolyte (1-1) tel que l'acide chlorhydrique, en fonction de sa molalité.

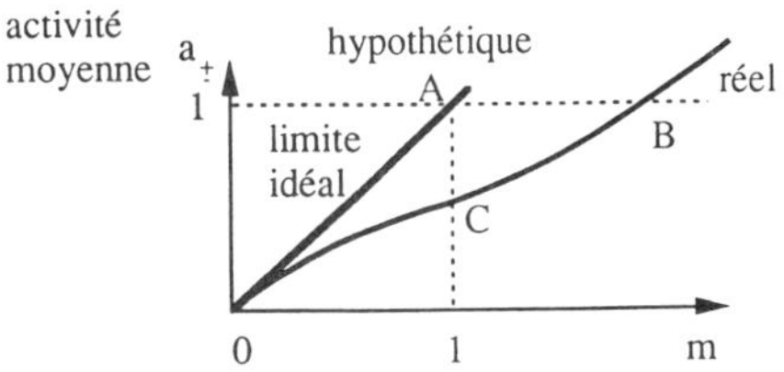


Figure 1.3

La solution correspondant au point B est la solution réelle d'activité 1. Sa molalité est différente de 1 et l'emploi de cette solution ne répond donc pas à la définition de l'ENH. En outre, une telle solution n'est pas utilisable pour effectuer des mesures car elle est trop concentrée pour que la nature de l'anion soit indifférente.

Le point C représente la solution réelle de molalité 1, dont le schéma montre que $\gamma$ est différent de 1 ; il ne correspond donc pas non plus à la définition de l'ENH.

Le point A est représentatif de la solution hypothétique de molalité unité qui correspondrait à l'ENH.

Pour déterminer la valeur du potentiel d'électrode qui correspondrait à ce point, on effectue des mesures à faible concentration en $H^+$ (et $X^-$) ; dans ces conditions, le coefficient d'activité du proton vaut 1 (la courbe réelle est tangente à la droite OA) et l'on extrapole à la valeur que l'on obtiendrait avec une solution idéale (pour laquelle le coefficient d'activité vaut 1 quelle que soit la concentration).

Ainsi, pour l'électrode à hydrogène, on effectue des mesures à faible concentration de $H^+$ et à pression de $H_2$ assez faible pour que les constituants aient un comportement idéal ou soient dans un domaine où l'on sait effectuer des corrections en rapport avec la précision souhaitée. On déduit le potentiel de l'ENH en extrapolant ce comportement idéal.

Une électrode à hydrogène réalisée au laboratoire et utilisée comme électrode de référence expérimentale, ne saurait donc être une électrode normale à hydrogène. Son emploi ne présente pas d'avantage particulier en comparaison de l'utilisation d'électrodes de références dites secondaires. Au contraire, ces dernières sont de mise en œuvre beaucoup plus simple.

## 2.4. ELECTRODES DE REFERENCE SECONDAIRES

Ce sont généralement des électrodes du deuxième type, constituées d'un métal en présence d'un sel insoluble de ce métal et de l'anion correspondant (cf. chapitre 2, Influence de la précipitation sur le potentiel d'oxydoréduction).

a) Electrodes au calomel :

La plus utilisée est « l'électrode au calomel saturée » (ECS) qui est composée de mercure au contact d'une solution saturée de calomel (chlorure mercureux $Hg_2Cl_2$) et saturée de chlorure de potassium (cf. figure 1.4).

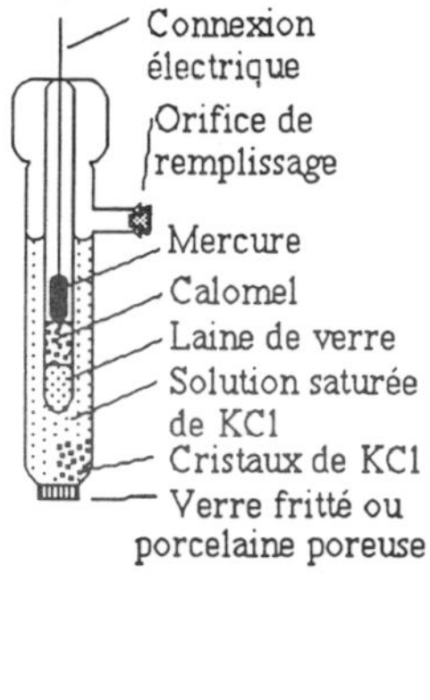


Figure 1.4 : ECS

Le potentiel d'une électrode $Cl^-$ / $Hg_2Cl_2$ / Hg est donné par :

$$E = E°_{Hg_2Cl_2/Hg} - RT/F \ln a_{Cl^-}$$

Il ne dépend que de l'activité des ions chlorure, c'est à dire pratiquement de la concentration du chlorure de potassium. L'emploi d'une solution saturée de KCl est très intéressant car :

– l'électrode est facilement entretenue et reproductible : il suffit qu'il y ait un peu de KCl solide en excès pour que la concentration en $Cl^-$ ait la valeur attendue, à une température donnée.

– le potentiel de jonction entre la solution électrolytique du système à étudier et celle de l'ECS est faible (cf. § 1.5).

Cependant, on utilise parfois une solution molaire de KCl, et l'électrode est alors appelée électrode au calomel « normale » (cf. § 3.2.5), ou même une solution décimolaire de KCl.

Pour les mesures en présence d'ions réagissant avec l'ion $Cl^-$ ($Ag^+$...), on munit l'électrode d'une allonge de protection remplie d'une solution convenable ($KNO_3$ ou $NH_4NO_3$ généralement). En dehors des périodes d'utilisation, l'extrémité de l'ECS doit être conservée immergée dans une solution saturée de KCl pour éviter que par diffusion, la solution interne de KCl ne soit plus saturée.

La valeur du potentiel de l'ECS par rapport à l'ENH vaut, à 25°C, 0,246 V ENH.

L'application de la loi de Nernst permet de retrouver les potentiels suivants pour les autres électrodes au calomel à 25°C :

KCl 1 $mol.l^{-1}$ E = 0,281 V ENH

KCl 0,1 $mol.l^{-1}$ E = 0,333 V ENH

b) Electrode au sulfate mercureux :

Utilisée le plus souvent à la place d'une ECS lorsque les conditions nécessitent d'éviter la présence d'ions chlorure, elle est constituée de mercure au contact d'une solution saturée de sulfate mercureux et de sulfate de potassium.

Son potentiel vaut 0,682 V ENH à 25°C.

c) Electrode au chlorure d'argent :

Constituées d'un fil d'argent immergé dans une solution de concentration déterminée en ion chlorure, en présence de cristaux de chlorure d'argent, ces électrodes sont très utilisées comme référence interne dans des « électrodes » de mesure telles que les électrodes de verre pour la mesure du pH.

Il n'est pas nécessaire que le chlorure d'argent soit au contact de l'argent pour que l'électrode ait un potentiel donné par la relation :

$$E = E°_{AgCl/Ag} - RT/F \ln a_{Cl^-}$$

$$E \text{ (V ENH)} = 0{,}2224 - 0{,}0591 \lg a_{Cl^-} \quad \text{à } 25°C.$$

Il suffit que dans la solution existe un excès de précipité de chlorure d'argent, en équilibre thermodynamique avec les ions $Cl^-$.

d) Autres électrodes :

Il est parfois commode d'utiliser d'autres électrodes de référence secondaires. Ainsi, il est possible de préparer et d'utiliser des électrodes au bromure d'argent, à l'iodure d'argent, au sulfure d'argent... Le principe de fonctionnement est le même que celui de l'électrode au chlorure d'argent. Leur préparation est indiquée au chapitre 2.

La faible solubilité des halogénures d'argent dans de nombreux solvants non aqueux permet l'utilisation d'électrodes à halogénure d'argent dans ces solvants (alcools, acide acétique, DMF...).

# 3. POTENTIEL D'OXYDOREDUCTION LOI DE NERNST

## 3.1. POTENTIEL D'OXYDOREDUCTION

Le potentiel d'oxydoréduction est une grandeur thermodynamique associée à un couple oxydoréducteur. Cette notion correspond à une extension de la notion de potentiel d'électrode relatif : en l'absence de toute contrainte cinétique, c'est à dire pour les systèmes dits rapides ou réversibles (cf. chapitres 4 et 5), le potentiel d'équilibre d'une électrode (demi-cellule) est égal au potentiel d'oxydoréduction du couple oxydoréducteur constitutif de cette électrode. Lorsque, pour des raisons cinétiques, il ne peut être mesuré par un potentiel d'électrode, le potentiel d'oxydoréduction d'un couple est déterminé d'après des données thermodynamiques relatives à des réactions d'oxydoréduction mettant en jeu ce couple. L'écart des potentiels d'oxydoréduction des couples $Ox_2/R_2$ et $Ox_1/R_1$, $E_2 - E_1$, est lié à l'enthalpie libre $\Delta_rG$ de la réaction :

$$Ox_2 + R_1 \rightleftharpoons R_2 + Ox_1$$

par $\Delta_rG = - n.F\,(E_2 - E_1)$, n étant le nombre d'électrons échangés.

Les potentiels d'oxydoréduction sont utilisés pour la prévision des possibilités de réaction ; leur usage est limité à l'étude de l'oxydoréduction faisant intervenir des espèces en solution.

## 3.2. LOI DE NERNST

### 3.2.1. EXPRESSION GENERALE (15)

Cette relation permet d'exprimer le potentiel d'oxydoréduction d'un couple en fonction de l'environnement dans lequel il est placé. La relation de Nernst est associée à une demi-équation électronique. Considérons une demi-équation électronique de forme très générale, dans laquelle interviennent les espèces $A_i$ et $A'_i$ affectées des coefficients stoechiométriques $\nu_i$ et $\nu'_i$ :

$$\Sigma\ \nu_i\ A_i\ +\ \nu\ Ox\ +\ n\ e^-\ \rightleftharpoons\ \nu'\ R\ +\ \Sigma\ \nu'_i\ A'_i$$

Le potentiel d'oxydoréduction $E_{Ox\,/\,R}$ s'exprime en fonction du produit des activités des espèces apparaissant dans la demi équation électronique comme indiqué ci-dessous :

$$E_{Ox/R} = E^\circ_{Ox/R} + (RT/nF)\ln \frac{a_{Ox}^{\nu} \prod_i a_{A_i}^{\nu_i}}{a_R^{\nu'} \prod_i a_{A'_i}^{\nu'_i}}$$

$E^\circ_{Ox/R}$ est le potentiel normal (ou potentiel standard) du couple ; c'est le potentiel du couple Ox / R dans les conditions où les espèces Ox, R, $A_i$ et $A'_i$ sont dans leur état standard.

■ Remarque : à 25°C, $RT/F \ln x \approx 0{,}06 \lg x$, les potentiels étant exprimés en volt.

### 3.2.2. ACTIVITE (16-19)

L'activité a d'un constituant d'un système peut être définie comme une variable adimensionnelle liée au potentiel chimique de ce constituant par :

$$\mu = \mu^\circ + RT \ln a$$

$\mu^\circ$ est le potentiel chimique du corps considéré lorsque celui-ci est dans son état standard, c'est-à-dire lorsque son activité vaut 1.

Le choix de l'état standard du corps est purement conventionnel. Aussi celui-ci est-il choisi de telle sorte que son utilisation soit particulièrement aisée. Ainsi, pour un corps pur, l'état standard est généralement l'état le plus stable dans lequel ce corps existe à la pression de 1 bar et à la température considérée.

En outre, on connait les conditions dans lesquelles des systèmes réels se rapprochent du comportement idéal. Ainsi, pour une solution, le comportement du soluté et celui du solvant se rapprochent du comportement idéal lorsque la dilution augmente. Or, une solution idéale est telle que le potentiel chimique de **tout** constituant est une fonction linéaire du logarithme de sa fraction molaire $x_i$ :

$$\mu_i = \mu_i^* + RT \ln x_i$$

De façon similaire, lorsque la pression totale P diminue, le comportement des gaz se rapproche de celui du gaz parfait pour lequel le potentiel chimique s'exprime en fonction de la fraction molaire $x_g$ sous la forme :

$$\mu_g = \mu_g^* + RT \ln P + RT \ln x_g$$

$\mu_g^*$ étant fonction uniquement de la température.

On utilise les états correspondant à ces comportements idéaux comme états de référence pour traiter des solutions et des gaz réels, l'écart au comportement idéal étant représenté par le coefficient d'activité $\gamma$ défini par :

$$a = \gamma . x$$

L'état de référence choisi apparait alors comme l'état pour lequel $\gamma = 1$.

Le choix des états standard et de référence détermine la valeur de l'activité.

Plusieurs conventions peuvent être adoptées ; celle qui est généralement mise en œuvre, lorsque les concentrations des solutions sont exprimées en molarité et non en fraction molaire (les deux échelles sont proportionnelles aux grandes dilutions) est la suivante :

– Pour le solvant, en négligeant l'influence de la pression :

$$\mu_s = \mu^\circ_s + RT \ln \gamma_s . x_s \quad \text{avec } \gamma_s \rightarrow 1 \text{ quand } x_s \rightarrow 1$$

$\mu^\circ_s$ est le potentiel chimique du solvant à l'état pur, sous la pression de 1 bar, à la température considérée.

– Pour un corps solide ou liquide, la même convention est adoptée.

– Pour un constituant gazeux à la pression partielle $P_g$ :

$$\mu_g = \mu^\circ_g + RT \ln \gamma_g . P_g \quad \text{avec } \gamma_g \rightarrow 1 \text{ quand } P_g \rightarrow 0$$

$\mu^\circ_g$ est le potentiel chimique du gaz à la température considérée, dans l'état hypothétique à la pression de 1 bar qui correspondrait à l'extrapolation du comportement idéal observé à faible pression.

– Pour un soluté, à la concentration molaire c :

$$\mu = \mu^\circ + RT \ln \gamma . c \quad \text{avec } \gamma \rightarrow 1 \text{ quand } c \rightarrow 0.$$

$\mu^\circ$ est le potentiel chimique du soluté à la température considérée, dans l'état hypothétique de concentration molaire unité qui correspondrait à l'extrapolation du comportement idéal observé à dilution infinie.

Il résulte de ces conventions que l'on peut exprimer les activités de la façon suivante :

– Pour **un liquide ou un solide pur** à la pression de 1 bar ou à des pressions assez peu différentes pour que l'on puisse en négliger l'effet, $a = 1$.

– Pour **le solvant**, si la solution est suffisamment diluée, on a aussi $a = 1$.

– Pour **un corps gazeux** (l'activité s'appelle alors également la fugacité) :
$a = \gamma_g . P_g / P^\circ$, $P^\circ$ étant la pression standard (1 bar) :
si la pression est assez faible, $a = P_g / P^\circ$.

La valeur numérique de l'activité est alors égale à la valeur numérique de la pression exprimée en bar. C'est pourquoi on note souvent simplement $a = P_g$.

– Pour **un soluté** :
$a = \gamma.c / c°$, c° étant la concentration de l'état standard (1 $mol.l^{-1}$).
A dilution assez importante, $a = c / c°$.
La valeur numérique de l'activité est alors égale à la valeur numérique de la concentration exprimée en $mol.l^{-1}$. C'est pourquoi on note souvent simplement a = c.

Le modèle de Debye-Hückel permet le calcul approché du coefficient d'activité moyen $\gamma_\pm$ des ions dans une solution d'électrolyte fort. $\gamma_\pm$ est la moyenne géométrique des coefficients d'activité $\gamma_+$ du cation et $\gamma_-$ de l'anion :

$$\gamma_\pm = \sqrt{\gamma_+ . \gamma_-}$$

Le modèle suppose que les écarts à l'idéalité sont uniquement dus aux interactions électrostatiques entre les ions. Le coefficient d'activité moyen est lié aux charges z+ et z- du cation et de l'anion et à la force ionique I du milieu par la relation :

$$\lg \gamma_\pm = - \frac{A \, | z+.z- | \sqrt{I}}{1 + B.\chi.\sqrt{I}}$$

dans laquelle A et B sont des constantes qui dépendent de la température et de la permittivité du milieu, et $\chi$ est le « rayon de l'atmosphère ionique » [20]. Dans l'eau, à 25°C, A = 0,5083 et $B = 0{,}3282.10^{-8}$.

Dans de nombreux cas, le rayon de l'atmosphère ionique est de l'ordre de 3 à 4 Å, et on peut employer l'expression approchée :

$$\lg \gamma_\pm = - \frac{0{,}5.|z+.z-|\sqrt{I}}{1 + \sqrt{I}}$$

avec $I = 1/2 \; \Sigma \; c_i.z_i^2$, $c_i$ et $z_i$ étant la concentration molaire et la charge de l'espèce ionique i. La valeur approchée du coefficient d'activité ainsi obtenue est d'autant plus exacte que la solution est plus diluée.

### 3.2.3. EXEMPLES D'EXPRESSION DE LA LOI DE NERNST :

Couple — Demi équation électronique et relation de Nernst

*$Fe^{3+}/Fe^{2+}$ $\quad Fe^{3+} + e^- \rightleftharpoons Fe^{2+}$

$$E_{Fe^{3+}/Fe^{2+}} = E°_{Fe^{3+}/Fe^{2+}} + RT/F \ln [Fe^{3+}] / [Fe^{2+}]$$

*$Fe^{2+}/Fe$ $\quad Fe^{2+} + 2e^- \rightleftharpoons Fe$

$$E_{Fe^{2+}/Fe} = E°_{Fe^{2+}/Fe} + RT/2F \ln [Fe^{2+}]$$

*$AgCl/Ag$ $\quad AgCl + e^- \rightleftharpoons Ag + Cl^-$

$$E_{AgCl/Ag} = E°_{AgCl/Ag} + RT/F \ln ( 1 / [Cl^-])$$

*$Ag(NH_3)_2^+/Ag$ $\quad Ag(NH_3)_2^+ + e^- \rightleftharpoons Ag + 2 NH_3$

$$E_{Ag(NH_3)_2^+/Ag} = E°_{Ag(NH_3)_2^+/Ag} + RT/F \ln [Ag(NH_3)_2^+] / [NH_3]^2$$

*$Ag(CN)_2^-/Ag$ $\quad Ag(CN)_2^- + e^- \rightleftharpoons Ag + 2 CN^-$

$$E_{Ag(CN)_2^-/Ag} = E°_{Ag(CN)_2^-/Ag} + RT/F \ln [Ag(CN)_2^-] / [CN^-]^2$$

*$Cu(NH_3)_4^{2+}/Cu(NH_3)_2^+$ $\quad Cu(NH_3)_4^{2+} + e^- \rightleftharpoons Cu(NH_3)_2^+ + 2NH_3$

$$E_{Cu(NH_3)_4^{2+}/Cu(NH_3)_2^+} = E°_{Cu(NH_3)_4^{2+}/Cu(NH_3)_2^+} + RT/F \ln [Cu(NH_3)_4^{2+}]/[Cu(NH_3)_2^+].[NH_3]^2$$

$*HClO/Cl^-$ $\quad H^+ + HClO + 2e^- \rightleftarrows Cl^- + H_2O$

$E_{HClO/Cl^-} = E°_{HClO/Cl^-} + RT/2F \ln [HClO].[H^+] / [Cl^-]$

$*HClO/Cl_2$ $\quad HClO + H^+ + e^- \rightleftarrows 1/2\ Cl_2 + H_2O$

$E_{HClO/Cl_2} = E°_{HClO/Cl_2} + RT/F \ln\ [HClO].[H^+] / P_{Cl_2}{}^{1/2}$

$*MnO_4^-/Mn^{2+}$ $\quad MnO_4^- + 8\ H^+ + 5e^- \rightleftarrows Mn^{2+} + 4\ H_2O$

$E_{MnO_4^-/Mn^{2+}} = E°_{MnO_4^-/Mn^{2+}} + RT/5F \ln [MnO_4^-].[H^+]^8 / [Mn^{2+}]$

■ Remarque : Cas où les couples acidobasiques de l'eau interviennent dans la demi équation électronique (cf. chapitre 0, § 3.2). La constante E° (qui est la valeur de E lorsque les espèces dont les activités apparaissent sous le logarithme sont dans leur état standard *i.e.*, a = 1) est le potentiel normal apparent du couple à pH = 0 si le couple acidobasique utilisé est $H^+/H_2O$ et le potentiel normal apparent du couple à pH = 14 lorsque l'on emploie $H_2O/OH^-$ ; dans ce dernier cas, nous le notons $E°^*$ (cf. aussi diagrammes potentiel-pH, chapitre 2, § 1). Aussi, l'utilisation de la valeur numérique issue d'une table n'indiquant que la nature de l'oxydant et du réducteur conjugués (ex : $MnO_4^-/Mn^{2+}$) est incertaine. Généralement, cette valeur est donnée implicitement à pH = 0. Il est alors nécessaire de faire appel au couple acidobasique $H^+/H_2O$ de l'eau (c'est à dire d'équilibrer la demi-équation électronique avec des protons) pour obtenir une valeur correcte du potentiel d'oxydoréduction.

### 3.2.4. DIFFERENTES FORMULATIONS DU POTENTIEL D'OXYDOREDUCTION

Lorsqu'un élément, à un même degré d'oxydation, est contenu dans plusieurs espèces chimiques présentes simultanément et en équilibre l'une avec l'autre, la faculté que possède la solution étudiée à donner une réaction d'oxydation ou de réduction en présence d'un réactif peut s'exprimer indifféremment en fonction des caractéristiques thermodynamiques relatives à l'une ou l'autre des espèces en équilibre. Or cette faculté est mesurée par le potentiel d'oxydoréduction. Il s'ensuit que le potentiel d'oxydoréduction est caractéristique du couple « degré d'oxydation supérieur » / « degré d'oxydation inférieur » et qu'il peut être exprimé de plusieurs façons.

Par exemple (cf. figure 1.5), l'iode au degré d'oxydation zéro, peut se présenter à l'état solide de formule $I_{2\,sol}$, en équilibre avec l'iode dissous $I_{2\,aq}$ (solution saturée), en équilibre avec le complexe $I_3^-$ qui se forme en présence d'iodure. Dans ces conditions, le potentiel E du couple iode (0) / iode (-I) peut s'exprimer en fonction des caractéristiques des couples $I_{2\,sol} / I^-$ ($E°_1$), $I_{2\,aq} / I^-$ ($E°_2$) ou $I_3^- / I^-$ ($E°_3$) :

$I_{2\,sol} + 2\ e^- \rightleftarrows 2\ I^- \quad E = E°_1 - 0{,}03\ \lg\ [I^-]^2$

$I_{2\,aq} + 2\ e^- \rightleftarrows 2\ I^- \quad E = E°_2 + 0{,}03\ \lg\ [I_{2\,aq}] / [I^-]^2$

$I_3^- + 2\ e^- \rightleftarrows 3\ I^- \quad E = E°_3 + 0{,}03\ \lg\ [I_3^-] / [I^-]^3$

Il existe évidemment une relation entre $E°_1$, $E°_2$ et la constante s de l'équilibre $I_{2\,sol} \rightleftarrows I_{2\,aq}$ qui n'est autre que la solubilité de l'iode dans l'eau pure. De même, il existe une relation entre $E°_2$, $E°_3$ et la constante $K_D$ de dissociation du complexe $I_3^-$, c'est à dire la constante de l'équilibre :

$$I_3^- \rightleftarrows I_{2\,aq} + I^- :$$

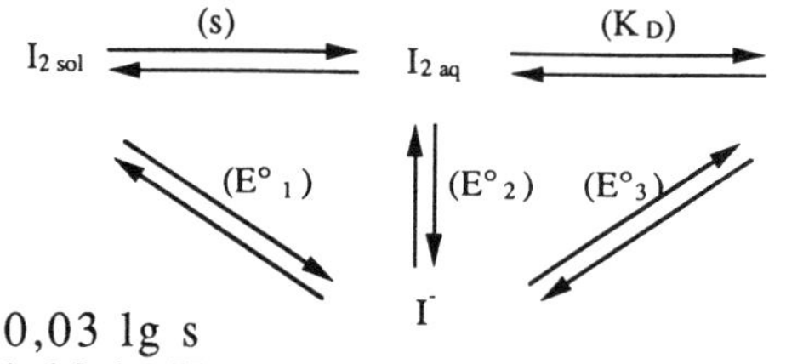


Figure 1.5

$E°_1 - E°_2 = 0{,}03\ \lg\ s$

$E°_3 - E°_2 = 0{,}03\ \lg\ K_D$

$E°_1 = 0{,}536\ V$ ; $E°_2 = 0{,}621\ V$ ; $E°_3 = 0{,}545\ V$ ; $s = 1{,}47.10^{-3}$ ; $K_D = 2{,}93.10^{-3}$

Cet aspect est développé au chapitre 2 et utilisé aux chapitres 2 et 3.

### 3.2.5. VOCABULAIRE

Le vocabulaire utilisé ici, qui est celui couramment employé, est le fruit de l'histoire de l'avancement de la connaissance. Aussi, certains mots peuvent-ils avoir pris des significations assez différentes selon leur contexte, après que certains concepts aient été élaborés. Par exemple, l'adjectif « normal » peut être associé à la notion de « normalité », qui est voisine de celle de concentration molaire, ou à la notion de « norme » comme les expressions « standard » ou « de référence ». Ainsi, « électrode normale à hydrogène » est synonyme de « électrode standard à hydrogène » alors que « électrode au calomel normale » signifie « électrode au calomel molaire en KCl ».

### 3.2.6. POTENTIEL NORMAL (OU STANDARD)

La détermination des potentiels normaux E° des couples cation métallique $M^{n+}$ / métal M, s'effectue par extrapolation. En effet, pour un tel couple :

$$E_{M^{n+}/M} = E° + RT/nF \ln a_{M^{n+}} = E° + RT/nF \ln \gamma . c$$

La représentation des variations de E - (RT/nF) ln c en fonction de $\sqrt{c}$ présente une partie linéaire (cf. figure 1.6) et l'extrapolation à c = 0 donne E°. En outre, la figure montre les limites de la validité du modèle de Debye-Hückel.

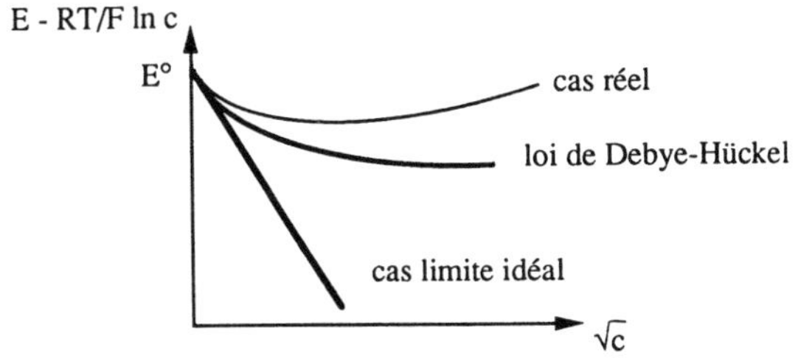


Figure 1.6

## 3.3. APPLICATION : CONSTANTE D'EQUILIBRE D'UNE REACTION D'OXYDOREDUCTION

### 3.3.1. EXPRESSION DE LA CONSTANTE D'EQUILIBRE

Etant donné les deux couples oxydoréducteurs :

$$Ox_1 + n_1 e^- \rightleftharpoons R_1 \qquad E°_1$$

$$Ox_2 + n_2 e^- \rightleftharpoons R_2 \qquad E°_2$$

susceptibles de donner l'équilibre d'oxydoréduction :

$$n_1 Ox_2 + n_2 R_1 \underset{2}{\overset{1}{\rightleftharpoons}} n_2 Ox_1 + n_1 R_2 \qquad \Delta_r G°$$

caractérisé par la constante :

$$K = \frac{a_{R_2}^{n_1} \cdot a_{Ox_1}^{n_2}}{a_{R_1}^{n_2} \cdot a_{Ox_2}^{n_1}}$$

la **constante de l'équilibre** est liée à la **différence des potentiels normaux** :

$$\Delta_r G° = - RT \ln K = - n_1 n_2 F (E°_2 - E°_1)$$

$$\ln K = n_1 n_2 F (E°_2 - E°_1) / RT$$

K est d'autant plus grand, l'équilibre est d'autant plus déplacé dans le sens 1, ou la réaction est d'autant plus complète, que l'écart des deux potentiels normaux est plus important.

### 3.3.2. SENS DE REACTION ET EQUILIBRE

Le sens de l'évolution d'un système, **à température et pression constantes**, conséquence du second principe de la thermodynamique, est celui qui entraîne une diminution de l'enthalpie libre de ce système ; la position de l'équilibre correspond à un minimum d'enthalpie libre.

L'allure générale de la courbe représentant les variations de l'enthalpie libre G d'un système constitué de quantités stoechiométriques de réactifs et de produits en fonction du degré d'avancement (21) $\xi$ de la réaction :

$$Ox_2 + R_1 \underset{2}{\overset{1}{\rightleftharpoons}} R_2 + Ox_1$$

est donnée sur la figure 1.7.

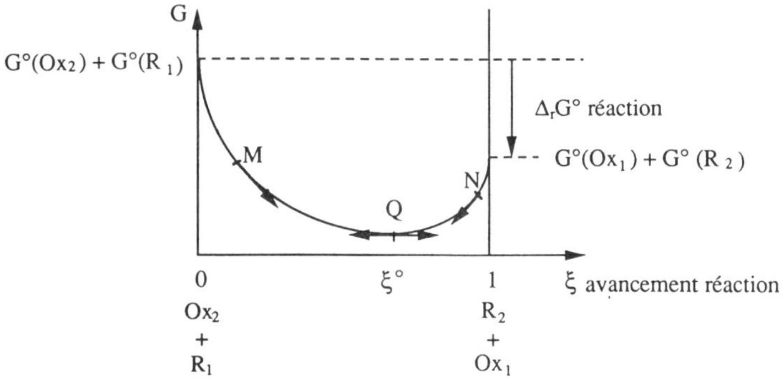


Figure 1.7

Le point Q, d'abscisse $\xi°$, pour lequel $\Delta_rG$ (= $dG/d\xi$) est nul, c'est à dire pour lequel $E_1 = E_2$, représente l'état d'équilibre.

Les autres points de la courbe représentent des systèmes hors équilibre. La condition générale d'évolution "spontanée" des systèmes vers l'état d'équilibre, à T et P constantes, est : $dG = (dG/d\xi)_{T,P}.d\xi = - n F (E_2 - E_1).d\xi < 0$.

L'évolution d'un système dont le point représentatif M est situé à gauche de Q, où $dG/d\xi$ est négatif et $E_2 > E_1$, correspond à $d\xi > 0$ et donc à une augmentation de $\xi$ jusqu'à $\xi°$. Le sens de réaction est donc :

$$Ox_2 + R_1 \xrightarrow{1} R_2 + Ox_1$$

Inversement, l'évolution d'un système représenté par N, où $dG/d\xi$ est positif et $E_2 < E_1$, correspond à $d\xi < 0$ et à une décroissance de $\xi$ jusqu'au même état d'équilibre ($\xi = \xi°$). Le sens de réaction est donc :

$$R_2 + Ox_1 \xrightarrow{2} R_1 + Ox_2$$

La valeur de l'abscisse $\xi°$ du minimum dépend de celle de $\Delta_rG°$ de réaction : plus $\Delta_rG°$ est négatif (*i.e.* plus $E°_2$ est grand par rapport à $E°_1$), plus la position de l'équilibre est déplacée vers la droite (cf. § 3.3.1.). Les graphiques de la figure 1.8 schématisent ce déplacement.

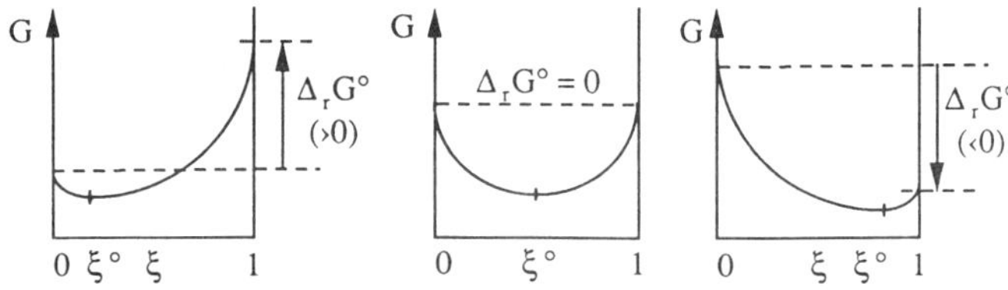


Figure 1.8

En résumé :

– l'écart des **potentiels normaux** des couples fixe la **position de l'équilibre.**

– l'écart des **potentiels** fixe le **sens de réaction** qui correspond à l'évolution du système vers l'état d'équilibre.

## 3.4. APPLICATION : DIAGRAMMES D'ETAT D'OXYDATION

### 3.4.1. DEFINITION ET CONSTRUCTION DU DIAGRAMME

Un diagramme d'état d'oxydation [22] (ou diagramme de FROST et EBSWORTH [23]) permet de représenter graphiquement, à pH donné, les espèces correspondant à différents degrés d'oxydation d'un même élément. Pour cela, on porte :

– en abscisse, le degré d'oxydation formel x de l'élément dans l'espèce considérée.

– en ordonnée, le produit de ce nombre d'oxydation par le potentiel normal apparent, au pH choisi, du couple oxydoréducteur constitué de l'espèce considérée et du corps simple auquel est attribué conventionnellement le degré d'oxydation zéro.

L'origine du diagramme est donc le point représentatif de l'élément au degré d'oxydation zéro.

Par ailleurs, $E°_{X^{n+}/X}$ est relié à l'enthalpie libre standard $\Delta_rG°\ (X^{n+})$ de la réaction :

$$n\ H^+ + X \rightleftharpoons X^{n+} + n/2\ H_2$$

et $E°_{X/X^{n-}}$ à celle, $\Delta_rG°\ (X^{n-})$, de la réaction :

$$X + n/2\ H_2 \rightleftharpoons X^{n-} + n\ H^+$$

$$\Delta_rG°\ (X^{n+}) = -\ n\ F\ (E°_{H^+/H_2} - E°_{X^{n+}/X})$$

$$\Delta_rG°\ (X^{n-}) = -\ n\ F\ (E°_{X/X^{n-}} - E°_{H^+/H_2})$$

d'où les ordonnées :

$$n.(\ E°_{X^{n+}/X} - E°_{H^+/H_2}) = \Delta_rG°\ (X^{n+})\ /\ F$$

et $$(-\ n).(\ E°_{X/X^{n-}} - E°_{H^+/H_2}) = \Delta_rG°\ (X^{n-})\ /\ F$$

L'ordonnée est donc proportionnelle à l'enthalpie libre standard de la réaction d'obtention de l'espèce considérée $X^{n+}$ ou $X^{n-}$ à partir de l'espèce X de degré d'oxydation zéro.

Sur de tels diagrammes, la pente du segment reliant les points représentatifs de deux espèces correspondant à des degrés d'oxydation différents est égale au potentiel normal apparent du couple oxydoréducteur que constituent les deux espèces.

En effet, si l'on envisage deux degrés d'oxydation m et n d'un même élément X :

$$X^{n+} + n\ e^- \rightleftharpoons X \qquad (E°_1)$$

$$X^{m+} + m\ e^- \rightleftharpoons X \qquad (E°_2)$$

Soient M et N les points représentatifs respectivement de $X^{m+}$ et $X^{n+}$. Leurs coordonnées dans le diagramme sont $(m\ ;\ m\ E°_2)$ et $(n\ ;\ n\ E°_1)$. La pente du segment NM vaut :

$$(m\ E°_2 - n\ E°_1)\ /\ (m - n\ )$$

ce qui est la valeur du potentiel normal du couple $X^{m+}\ /\ X^{n+}$ :

$$X^{m+} + (m - n)\ e^- \rightleftharpoons X^{n+} \quad E°_3 = (m\ E°_2 - n\ E°_1)\ /\ (m - n)$$

■ Remarques :

– L'utilisation de ces diagrammes est généralement limitée aux conditions standard pour les ions de l'eau $H^+$ ou $OH^-$ (cf. remarques chapitre 0, § 3.2 et chapitre 1, § 3.2), c'est à dire pH = 0 ou pH = 14).

– On peut tracer des diagrammes en utilisant comme repère un couple autre que $H^+/H_2$ : cela revient à effectuer une rotation des axes du diagramme.

### 3.4.2. DISMUTATION ET AMPHOTERISATION

Ces diagrammes permettent également de prévoir que certaines réactions entre états d'oxydation (dismutation ou amphotérisation) sont thermodynamiquement permises.

Soient trois degrés d'oxydation n, m, p d'un même élément X (n < m < p), représentés sur le diagramme de Frost par les points N, M, P (cf. figure 1.9). Les

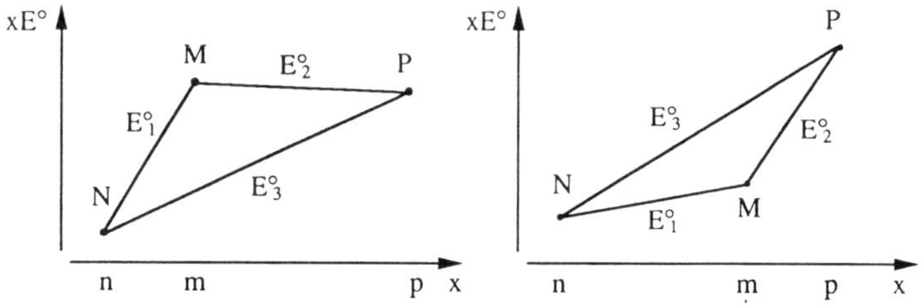


Figure 1.9

potentiels normaux d'oxydoréduction sont respectivement $E°_1$ (m/n), $E°_2$ (p/m) et $E°_3$ (p/n). L'équation chimique de l'équilibre entre ces trois espèces s'écrit :

$$(m - n)\ X^{p+} + (p - m)\ X^{n+} \underset{2}{\overset{1}{\rightleftarrows}} (p - n)\ X^{m+}$$

Trois cas de figure peuvent se présenter : le point M peut être sur la droite NP, au-dessus ou au-dessous :

– si M est au dessus de la droite NP, l'ordre des potentiels est $E°_1 > E°_3 > E°_2$. Il en résulte que l'équilibre est très déplacé dans le sens 2. $X^{m+}$ est donc instable et peut se dismuter en $X^{n+}$ et $X^{p+}$.

– inversement, si M se trouve en dessous du segment NP, $E°_1 < E°_3 < E°_2$. Il en résulte que l'équilibre est très déplacé dans le sens 1. L'espèce $X^{m+}$ est stable. Si l'on met $X^{n+}$ en présence de $X^{p+}$ , il y a réaction d'amphotérisation pour donner $X^{m+}$.

– lorsque M est sur la droite NP, $E°_1 = E°_2 = E°_3$. L'équilibre n'est déplacé ni dans le sens 1 ni dans le sens 2 : les trois espèces coexistent avec des concentrations du même ordre de grandeur. Si $X^{m+}$ est la seule espèce initiale, on doit observer sa dismutation partielle. Si les espèces initiales sont $X^{n+}$ et $X^{p+}$, on attend une amphotérisation partielle.

### 3.4.3. REACTIONS D'OXYDOREDUCTION

Ces diagrammes peuvent également être utilisés pour l'étude de réactions d'oxydoréduction.

Soit la réaction : $Ox_1 + R_2 \underset{2}{\overset{1}{\rightleftarrows}} R_1 + Ox_2$

En faisant coïncider les points représentatifs de l'oxydant d'un couple et du réducteur de l'autre, par exemple $Ox_1$ et $R_2$, on obtient le diagramme représenté sur la figure 1.10.

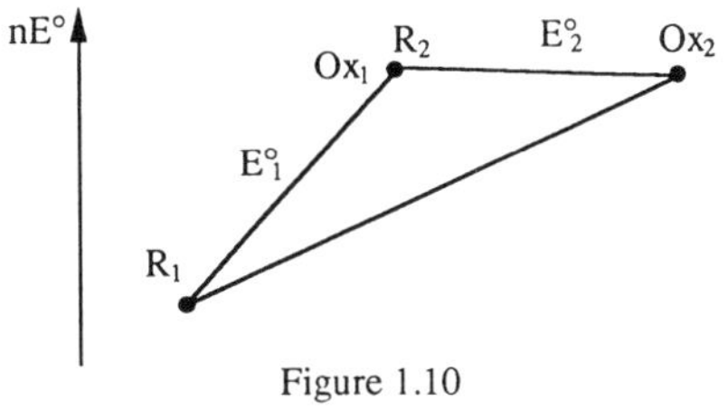


Figure 1.10

Si le point commun ($Ox_1$ / $R_2$) est au dessus de la droite joignant les deux autres points, $R_1$ et $Ox_2$, l'équilibre est déplacé dans le sens 1. On peut observer la réaction des espèces dont les points représentatifs coïncident, $Ox_1$ et $R_2$.

Si le point commun ($Ox_1$ / $R_2$) est au dessous de la droite, l'équilibre est déplacé dans le sens 2 et les espèces correspondantes sont stables.

### 3.4.4. EXEMPLES DE DIAGRAMMES DE FROST

Les figures 1.11 à 1.15 représentent les diagrammes d'état d'oxydation de quelques éléments à pH = 0. Les diagrammes permettent de voir très rapidement les espèces thermodynamiquement stables.

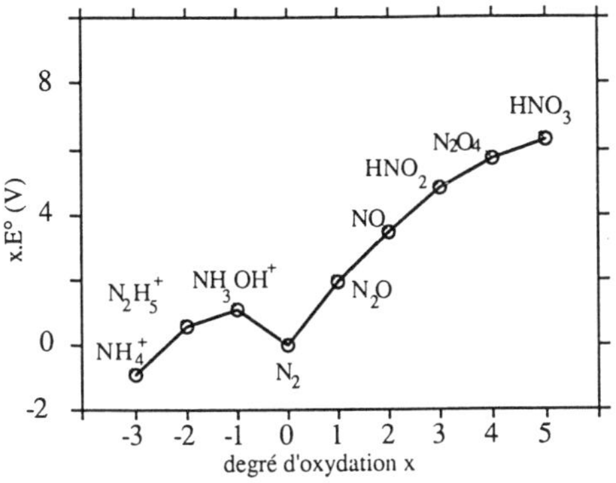


Figure 1.11

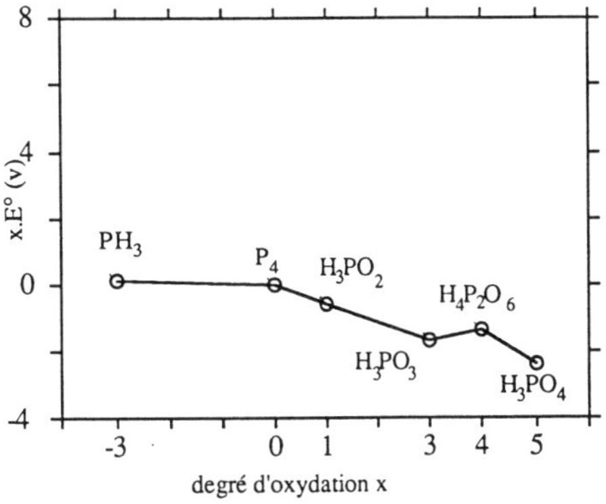


Figure 1.12

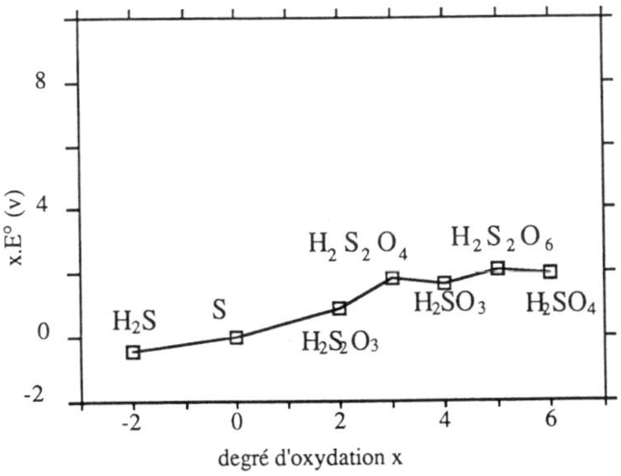


Figure 1.13

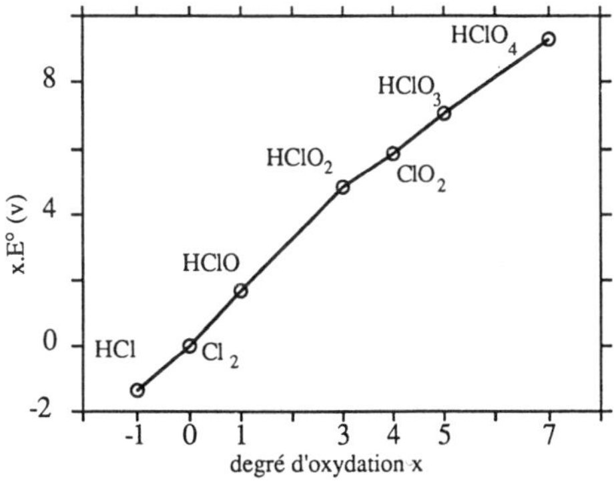


Figure 1.14

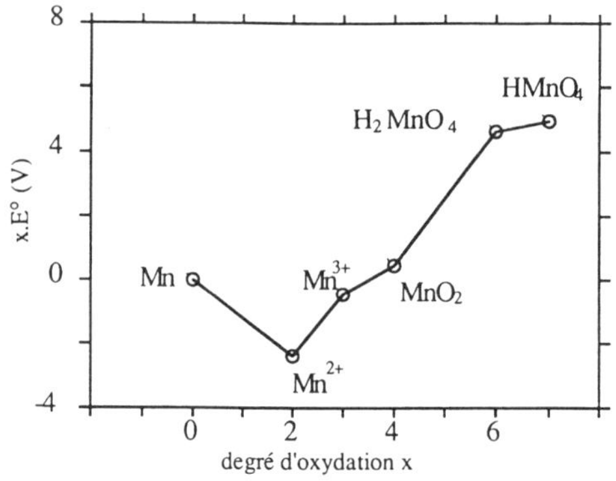


Figure 1.15

## BIBLIOGRAPHIE DU CHAPITRE 1


1 – A. J. BARD, L. R. FAULKNER, Electrochimie, Principes, méthodes et applications, Masson, Paris, 1983.

2 – a) F. BENIERE, *Cryst. Latt. Def. and Amorph. Mat.*, 1987, **14**, 255.
b) F. BENIERE, *La Recherche*, 1975, **52**, 36.

3 – P. A. ROCK, Electrochemical Double Cells, *J. Chem. Educ.*, 1975, **52** (12), 787.

4 – K. J. VETTER, Electrochemical kinetics. Theoretical and experimental aspects. Academic Press, New York, 1967, p. 45.

5 – Manuel des symboles et de terminologie des grandeurs et des unités physico-chimiques (IUPAC), supplément à *l'Actualité Chimique*, 1982, (9), p. 25.

6 – a) J.P. LAUNAY, M. BOYER, Les conventions de signe en électrochimie, *Bull. Union Phys.*, 1979, **619**, 317.
b) M. BERNARD, Remarques sur les conventions en électrochimie, *Bull. Union Phys.*, 1980, **625**, 1197.

7 – F. ROUQUEROL, M. LAFITTE, Le moteur des réactions chimiques, *Bull. Union Phys.*, 1988, **704**, 559.

8 – J.C. LEVET, $\Delta$ et $\xi$ en thermochimie, critiques et suggestions, *Bull. Union Phys.*, 1988, **704**, 567.

9 – J.P. BARRAT, Effet Volta, effet Peltier, *Bull. Union Phys.*, 1988, **705**, 779.

10 – A. N. FRUMKIN, B. B. DAMASKIN, *Dokl. Acad. Nauk SSSR*, 1975, **221**, 395.

11 – S. TRASATTI, R. PARSONS, *Pure Appl. Chem.*, 1982, **139**, 37.

12 – O. ROBBINS, Jr, *J. Chem. Educ.*, 1971, **48**, 737.

13 – T. BIEGLER, R. WOODS, *J. Chem. Educ.*, 1973, **50**, 604.

14 – A. TALLEC, *Bull. Union Phys.*, 1981, **635**, 1161.

15 – D. M. PERRINE, The Nernst Equation in High School Textbooks, *J. Chem. Educ.*, 1984, **61** (4), 381.

16 – D. RAVAINE, Etat de référence - état standard, *Bull. Union Phys.*, 1973, **551**, 477.

17 – K. DENBIGH, The Principles of Chemical Equilibrium, 3d ed., Cambridge University Press, 1971, p. 270.

18 – J. DELLACHERIE, J. F. FOUCAUT, G. SCACCHI, Problème des états de référence et des unités dans la formulation thermodynamique de la théorie du complexe activé en cinétique chimique, l'*Actualité Chimique*, 1980, (7), 35.

19 – R. D. FREEMAN, Nouvelle valeur de la pression de l'état standard en thermodynamique, l'*Actualité Chimique*, 1985, (5), 53.
20 – C.B. MONK, Electrolytic Dissociation, Academic Press, London, 1961.
21 – F. ROUQUEROL, M. LAFITTE, Plaidoyer pour l'utilisation de la variable « avancement de la réaction » pour l'étude de la réaction chimique, *Bull. Union Phys.*, 1985, **674**, 1073.
22 – A. FRIEDEL, R. MURRAY, Using Oxidation State Diagrams to Teach Thermodynamics and Inorganic Chemistry, *J. Chem. Educ.*, 1977, **54**, 485.
23 – a) A.A. FROST, *J. Amer. Chem. Soc.*, 1951, **73**, 2680.
b) E.A.V. EBSWORTH, *Educ. Chem.*, 1964, **1**, 123.

CHAPITRE E1

# ASPECTS THERMODYNAMIQUES FONDAMENTAUX : EXPERIENCES

## 1. CLASSIFICATION ELECTROCHIMIQUE DES METAUX ET DE L'HYDROGENE : ASPECTS QUALITATIFS

On peut établir qualitativement une classification électrochimique des couples cation métallique en solution/métal en classant les différents métaux en fonction de leur pouvoir réducteur vis à vis des cations des autres métaux.

### 1.1. MISE EN EVIDENCE DE LA REDUCTION DE CATIONS METALLIQUES

■ EXPERIENCES 1.1/1 (1)

**Produits et matériel**

*– solutions : nitrate d'argent, sulfate cuivrique, sulfate ferreux ou sel de Mohr, sulfate de zinc ; concentration 50 à 100 g.l$^{-1}$ (pour l'argent, pour des questions de coût, une concentration plus faible peut convenir).*

*– lames ou fils métalliques : argent, cuivre, fer, zinc, aluminium.*

*– béchers ou verres à pied.*

**Mode opératoire**

*Préparer des lames ou des fils métalliques propres ; cette opération peut être effectuée mécaniquement au moyen d'une toile abrasive ou chimiquement. Dans ce dernier cas, les pièces métalliques sont décapées juste avant utilisation par immersion dans de l'acide chlorhydrique 4 mol.l$^{-1}$ (pour l'aluminium, le zinc et le fer) ou dans de l'acide nitrique 4 mol.l$^{-1}$ (pour le cuivre et l'argent), suivie d'un rinçage à l'eau. Pour l'aluminium, le décapage peut également être effectué par immersion dans de la soude ou de la potasse 5 mol.l$^{-1}$.*

*Tremper les diverses lames dans les différentes solutions.*

*Ceci permet d'observer les dépôts d'argent obtenus par immersion dans la solution de nitrate d'argent des lames de cuivre, de fer, de zinc ou d'aluminium. De même, du cuivre, de couleur noirâtre, se dépose à la surface des lames de fer ou de zinc. Le dépôt sur aluminium est plus difficile à obtenir. Sa couleur est variable (noir ou rouge) et elle dépend de la granulométrie du cuivre métallique déposé. Très divisé, le cuivre apparait noir. Les autres dépôts observables (fer sur zinc ou aluminium, ainsi que zinc sur aluminium) sont moins spectaculaires.*

## ■ EXPERIENCES 1.1/2

Le milieu est figé par un gel de silice ou d'agar-agar. (1)

**Produits et matériel**

*– sulfate de zinc ; nitrate de plomb ; sulfate de cuivre ; nitrate d'argent.*

*– agar-agar (poudre) ; ruban de magnésium ; fils de fer, de cuivre, de plomb et d'argent.*

*– boîtes de Pétri ; cuves pour spectrophotométrie à usage unique.*

*– lanterne de projection ou rétroprojecteur.*

**Mode opératoire**

*Préparation de solutions $10^{-1}$ mol.$l^{-1}$ des ions métalliques dans l'agar-agar :*

*Placer 1g d'agar-agar dans 85 $cm^3$ d'eau et porter à ébullition. Ajouter 15 $cm^3$ d'eau contenant $10^{-2}$ mole du sel à étudier (1,6g de sulfate de zinc ; 2,7g de nitrate de plomb ; 2,5g de sulfate de cuivre ; 1,7g de nitrate d'argent). Maintenir à ébullition pendant une ou deux minutes, laisser refroidir et transférer dans une boîte de Pétri. Laisser prendre le gel (une heure environ). Les gels peuvent être conservés plusieurs jours voire plusieurs semaines. Le gel contenant le nitrate d'argent doit être conservé à l'abri de la lumière.*

*Dans les différentes boîtes de Pétri, contenant chacune un ion donné, planter chaque fil métallique à étudier préalablement décapé. Noter sur quels métaux se forment des arborescences et sur quels échantillons il ne se produit rien.*

■ Remarque : Pour être visibles d'une classe, ces expériences peuvent être projetées. Il est alors judicieux de remplir un ensemble de cuves de spectrophotométrie dites à usage unique et de placer un fil métallique par cuve. Les cuves peuvent être récupérées et réutilisées.

### □ DISCUSSION

Il est ainsi possible de classer les métaux étudiés par ordre de pouvoir réducteur décroissant : aluminium > zinc > fer > cuivre > argent.

Il n'est en effet possible de déposer par ce moyen, à l'aide d'un métal donné, qu'un métal situé à droite de ce dernier dans la classification ci-dessus.

■ Remarque : Les réactions de réduction des cations métalliques ne sont pas seules à se produire. Ainsi, lorsque l'on trempe l'aluminium dans une solution cuivrique, on constate un dépôt de cuivre mais également un dégagement d'hydrogène. En effet, l'aluminium réduit l'eau selon :

$$2\ Al + 6\ H_3O^+ \longrightarrow 2\ Al^{3+} + 6\ H_2O + 3\ H_2$$

La surtension de dégagement du dihydrogène est plus faible sur le cuivre que sur l'aluminium, le dihydrogène se dégage sur le dépôt de cuivre métallique.Un dégagement de dihydrogène est également obtenu quand on utilise des solutions d'ions ferreux, qui sont acides, ou lorsque l'on réalise une réduction par le zinc.

De nombreux auteurs lient le pouvoir réducteur d'un métal à l'électronégativité de l'élément correspondant. Cette dernière grandeur est mesurée par des propriétés atomiques (cf. chapitre 0). Dans l'échelle de Pauling, les électronégativités des éléments métalliques étudiés sont :

| Mg | Al | Cu | Fe | Zn | Ag | Pb |
|---|---|---|---|---|---|---|
| 1,2 | 1,5 | 1,9 | 1,8 | 1,6 | 1,9 | 1,8 |

En fait, la corrélation entre pouvoir réducteur du métal et électronégativité de l'élément ne peut être que grossière, le pouvoir réducteur d'un métal étant fonction notamment du degré d'oxydation du cation obtenu et de l'énergie de solvatation de celui-ci.

L'utilisation de lames ou de fils métalliques ne permet généralement pas de montrer en un temps assez court l'oxydation du métal ; la lame se recouvre rapidement du dépôt au début de l'expérience et la réaction ne peut se poursuivre que lentement.

## 1.2. MISE EN EVIDENCE DU PRODUIT D'OXYDATION DU METAL

Lorsque l'on réalise la réaction d'oxydoréduction entre un métal $M_1$ et un cation métallique $M_2^{m+}$ en solution, schématisé par :

$$m\ M_1 + n\ M_2^{m+} \rightleftarrows n\ M_2 + m\ M_1^{n+}$$

la mise en évidence de $M_1^{n+}$, produit de l'oxydation du métal $M_1$ nécessite que l'on puisse en former une quantité suffisante en un laps de temps raisonnable et que la quantité de $M_2^{m+}$ restant n'empêche pas la caractérisation de $M_1^{n+}$. Ceci peut être obtenu en employant $M_1$ à l'état divisé.

### ■ EXPERIENCE 1.1/3

**Produits et matériel**

– *sulfate cuivrique en solution diluée ($10^{-2}$ mol.l$^{-1}$) ; soude concentrée (10 mol.l$^{-1}$).*

– *zinc et fer en poudre fine.*

– *entonnoir et support ; papier filtre.*

**Mode opératoire**

*Placer la solution cuivrique dans un verre à pied ; ajouter une spatule de zinc en poudre, agiter au moyen d'une tige, jusqu'à ce que la solution apparaisse décolorée après décantation. Filtrer la solution.*

*Caractériser l'ion $Zn^{2+}$ par précipitation de l'hydroxyde blanc $Zn(OH)_2$ lors de l'addition de quelques gouttes de soude concentrée, et par redissolution de l'hydroxyde amphotère au moyen d'un excès de soude (obtention de $Zn(OH)_4^{2-}$).*

■ Remarque : Une expérience semblable peut être conduite en remplaçant le zinc par du fer. On caractérise alors la présence de fer (II) par la précipitation de l'hydroxyde de fer (II) blanc verdâtre, ou par la formation de « bleu de Prusse » bleu-vert, à l'aide d'hexacyanoferrate (III) de potassium.

### ■ EXPERIENCE 1.1/4

**Produits et matériel**

– *sulfate cuivrique en solution diluée ($10^{-2}$ mol.l$^{-1}$).*

– *zinc ou fer, en poudre grossière.*

– *colonne, fiole à vide et trompe à eau.*

**Mode opératoire**

*A l'aide du dispositif schématisé sur la figure E1.1.1, il est possible de décolorer une solution de sulfate de cuivre diluée en la faisant passer lentement sur une colonne de chromatographie remplie de poudre grossière (de manière à ne pas colmater la colonne). Il faut régler le débit de la trompe à eau de manière à ce que la solution descende suffisamment lentement pour que la solution soit effectivement décolorée au bas de la colonne, et suffisamment vite pour que la caractérisation de $Zn^{2+}$ puisse être réalisée dans le temps disponible.*

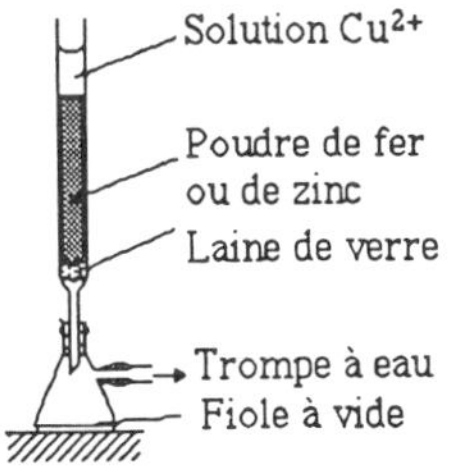


Figure E1.1.1

☐ DISCUSSION

Les expériences 1.1/3 et 1.1/4 sont complémentaires de celles décrites précédemment (1.1/1 et 1.1/2) qui mettent en évidence le dépôt de cuivre sur des lames de fer ou de zinc plongées dans une solution cuivrique. L'ensemble montre que l'on peut réduire l'ion cuivrique selon la demi équation $Cu^{2+} + 2\,e^- \longrightarrow Cu$ ou oxyder le cuivre selon $Cu \longrightarrow Cu^{2+} + 2\,e^-$. On introduit ainsi la notion de couple oxydoréducteur et la demi équation électronique associée :

$$Cu^{2+} + 2\,e^- \rightleftharpoons Cu.$$

## 1.3. REACTION ENTRE UN CATION METALLIQUE ET UN METAL

Les expériences d'oxydoréduction entre un cation métallique et un métal sont nombreuses et donnent lieu à différentes variantes expérimentales qui répondent à des conditions particulières d'observation ; une expérience conduite par chacun en séance de travaux pratiques peut être effectuée à moindre échelle que la même expérience présentée en cours dans une salle de classe ou un amphithéâtre. Quelques exemples sont donnés ci-dessous. On pourra consulter aussi la référence [2].

**Produits et matériel** (EXPERIENCES 1.1/5 A 1.1/9)

*– solutions : nitrate d'argent ($10^{-2}$ et $10^{-1}$ mol.l$^{-1}$) ; chlorure mercurique (5 g/l) ; acétate de plomb (50 g/l) ; acide acétique.*

*– fil de cuivre en torsade ; lames de cuivre, d'étain, de fer, d'aluminium et de plomb ; mercure ; plaque de zinc.*

*– Erlenmeyers équipés d'un bouchon et d'un support ; lame de microscope ; bec Bunsen ; flacon à col large ; sac de tissu à mailles lâches.*

**Mode opératoire**

### ■ EXPERIENCE 1.1/5

**Réduction du cation argent(I) par le cuivre**

*Dans un erlenmeyer de 100 cm³, contenant une solution diluée ($10^{-2}$ mol.l$^{-1}$) de nitrate d'argent, introduire un fil de cuivre décapé (figure E1.1.2). Observer les arborescences d'argent et le bleuissement lent de la solution :*

$$2\ Ag^+ + Cu \rightleftharpoons 2\ Ag + Cu^{2+}$$

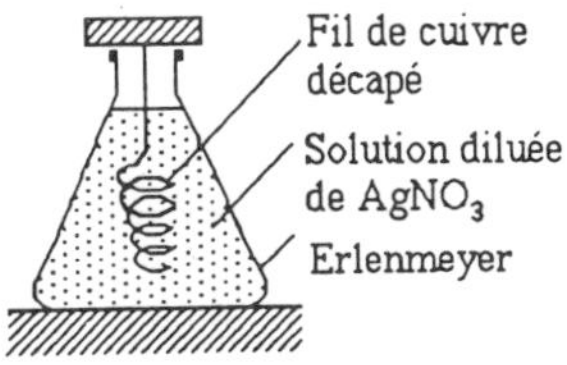


Figure E1.1.2

## ■ EXPERIENCE 1.1/6

**Réduction du cation argent(I) par le cuivre**

*Une lame de cuivre bien propre est posée sur une lamelle de microscope. Déposer une goutte de solution de nitrate d'argent ($10^{-2}$ $mol.l^{-1}$) au contact du cuivre (figure E1.1.3). Observer au microscope les arborescences d'argent métallique.*

$$2\ Ag^{+} + Cu \rightleftharpoons 2\ Ag + Cu^{2+}$$

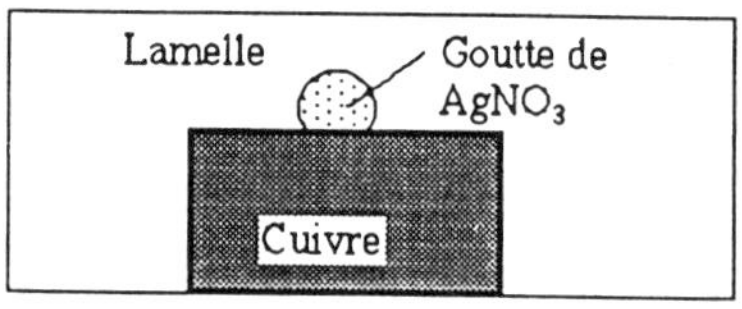


Figure E1.1.3

■ Remarque : Etant donné le caractère particulièrement onéreux des sels d'argent, les solutions qui ont été utilisées seront récupérées dans un récipient prévu à cet effet. (3)

## ■ EXPERIENCE 1.1/7

**Réductions du cation mercurique Hg(II) (4)**

*Déposer une goutte de solution de chlorure mercurique (5 g $l^{-1}$) sur une lame de cuivre. Attendre quelques secondes. Il se forme un dépôt gris noirâtre, qui peut être éliminé par lavage à l'eau. On sèche la lame et on frotte la surface au niveau du dépôt : on met en évidence l'amalgame, blanc et brillant. Sous une hotte bien ventilée, car le mercure et ses dérivés sont particulièrement toxiques, chauffer la lame de cuivre, à l'aide d'un bec Bunsen, sous la tache d'amalgame. Le mercure est vaporisé.*

*La réaction des ions mercuriques est analogue avec les métaux tels que le fer, l'étain, le zinc, le plomb : on observe un dépôt noir de mercure et la formation d'amalgame. Avec l'aluminium, on n'observe pas la formation d'amalgame, mais la couche étanche et protectrice d'alumine est détruite : l'aluminium, laissé à l'air après immersion pendant quelques secondes dans la solution mercurique, est attaqué avec formation d'arborescences blanches d'alumine hydratée perpendiculairement à la surface.*

## ■ EXPERIENCE 1.1/8

**Arbre de Diane**

*Placer deux ou trois gouttes de mercure dans un petit sachet de tissu, et suspendre dans une solution aqueuse de nitrate d'argent $10^{-1}$ $mol.l^{-1}$ environ. (figure E1.1.4). On voit apparaître des filaments d'amalgame d'argent :*

$$2\ Hg + 2\ Ag^{+} \rightleftharpoons 2\ Ag + Hg_2^{2+}$$

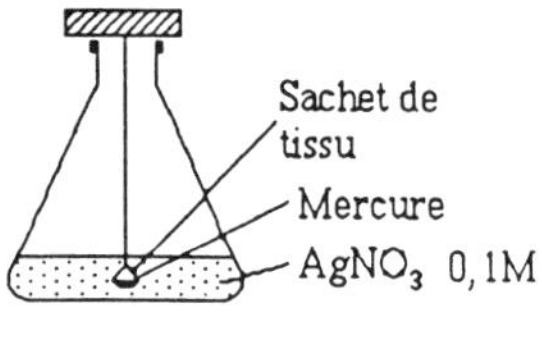


Figure E1.1.4

■ Remarque : Hackspill indique la formation à ce sujet de composés cristallins $Ag_3Hg_4$, $Ag_3Hg_2$, $Ag_3Hg$ (5).

## ■ EXPERIENCE 1.1/9

**Arbre de Saturne**

*Un flacon est rempli de 100 cm$^3$ d'une solution d'acétate de plomb à 5% additionnée de 5 cm$^3$ d'acide acétique. Une plaque de zinc, éventuellement découpée en forme d'arbre, est placée dans la solution (figure E1.1.5). On observe la formation de cristaux de plomb de forme cubique :*

$$Zn + Pb^{2+} \rightleftharpoons Pb + Zn^{2+}$$

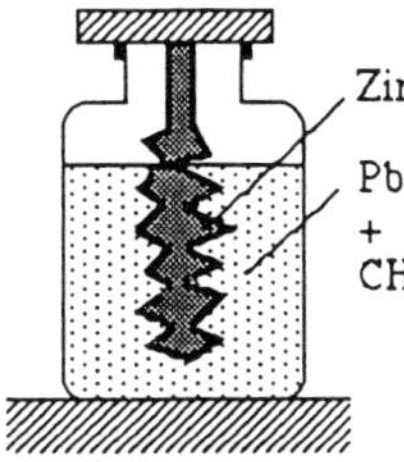


Figure E1.1.5

## 1.4. ATTAQUE DES METAUX PAR L' EAU (EN MILIEU ACIDE OU BASIQUE)

**Produits et matériel** (EXPERIENCES 1.1/10 A 1.1/13)

*– acide chlorhydrique (4 mol.l$^{-1}$) ; soude concentrée (10 mol.l$^{-1}$) ; chlorure mercurique (5 g/l).*

*– grenaille de zinc ; fer en poudre grossière ; aluminium et magnésium en tournure ; plaque d'aluminium.*

*– béchers, entonnoir, tube à essai et supports, bec Bunsen.*

**Mode opératoire**

## ■ EXPERIENCE 1.1/10

**Réduction des protons par le zinc**

*Placer de l'acide chlorhydrique dans un tube à essai puis introduire une spatule de zinc en grenaille. Un dégagement gazeux apparait ; lorsque celui-ci devient suffisamment abondant, présenter l'extrémité du tube devant une flamme pour caractériser le dihydrogène (petite explosion caractéristique d'un mélange de dioxygène et de dihydrogène dilué par le diazote de l'air). Après réaction, verser le contenu du tube dans un verre d'eau, filtrer le contenu du verre, et mettre en évidence la présence de $Zn^{2+}$ dans le filtrat par réaction avec la soude (cf. expérience 1.1/3).*

■ Remarque : La réaction est capricieuse car la vitesse d'attaque du métal dépend de nombreux facteurs (température, granulométrie et pureté du zinc, concentration de l'acide...) ; ne pas utiliser de zinc en poudre fine car la réaction est alors incontrôlable. Si la réaction s'emballe, refroidir, diluer à l'eau et jeter le mélange réactionnel.

## ■ EXPERIENCE 1.1/11

**Réduction des protons par le fer**

*Placer de l'acide chlorhydrique dans un verre à pied puis y ajouter de la poudre de fer grossière. Caractériser le dihydrogène qui se forme, en enflammant, à l'aide d'une bûchette, les bulles gazeuses à la surface du liquide.*

*Après réaction, filtrer, ajouter goutte à goutte de la soude au filtrat pour précipiter l'hydroxyde de fer(II) vert.*

## EXPERIENCE 1.1/12

**Réduction des protons par le magnésium**

*Remplir un grand bécher d'acide chlorhydrique dilué (2 mol.l$^{-1}$), immerger un entonnoir retourné et placer au dessus un tube à essai plein d'eau (figure E1.1.6). Introduire de la tournure de magnésium sous l'entonnoir. Recueillir dans le tube à essai le dihydrogène formé. Le caractériser au moyen d'une flamme comme précédemment dans l'expérience 1.1/10.*

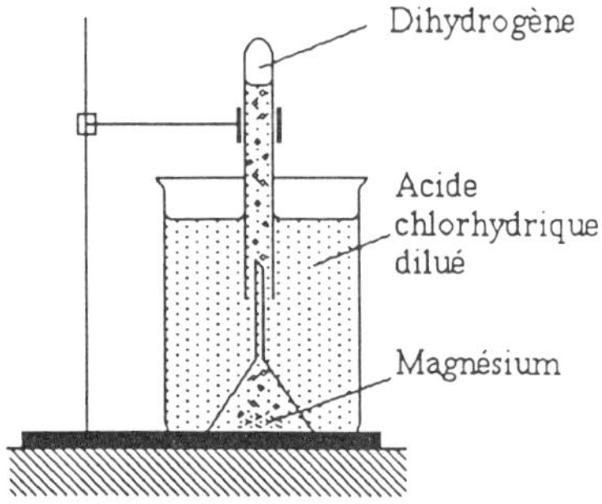


Figure E1.1.6

## EXPERIENCES 1.1/13

**Réductions par l'aluminium**

*1) Tremper une lame d'aluminium non décapée dans une solution d'acide chlorhydrique 2 mol.l$^{-1}$. On n'observe pratiquement pas d'attaque. Décaper la lame à l'aide de papier de verre ; plonger dans l'acide chlorhydrique : on observe une attaque faible. Rincer à l'eau.*

*2) a) Tremper la plaque d'aluminium dans de la soude concentrée ; observer l'abondant dégagement de dihydrogène.*

*b) Placer une éprouvette à pied (25 cm$^3$ environ) au milieu d'un grand cristallisoir destiné à recueillir les projections éventuelles. Y verser un peu de soude concentrée (10 mol.l$^{-1}$) puis ajouter quelques copeaux de tournure d'aluminium. La réaction, généralement lente initialement et un peu capricieuse, devient très vive après quelques instants. Caractériser alors le dihydrogène en l'enflammant à la sortie de l'éprouvette. Après réaction, diluer à l'eau, filtrer, acidifier précautionneusement le filtrat avec de l'acide chlorhydrique pour précipiter l'hydroxyde d'aluminium amphotère puis dissoudre ce précipité à l'aide d'un excès d'acide.*

*3) Tremper partiellement une lame d'aluminium pendant quelques secondes dans une solution de chlorure mercurique (5 g.l$^{-1}$). Placer cette lame dans un grand bécher d'eau chaude (70-80 °C). Après quelques instants, la lame d'aluminium se recouvre de bulles de dihydrogène en dessous du niveau d'immersion dans le chlorure mercurique, où l'alumine protectrice a été détruite et où l'aluminium est oxydé par l'eau.*

### DISCUSSION

Dans les trois expériences E1.1/10 à /12, la réaction du métal M est :

$$2\ H^+ + M \longrightarrow M^{2+} + H_2$$

Avec l'aluminium, le produit de l'oxydation du métal dépend de l'acidité du milieu. En milieu acide, l'équation s'écrit :

$$2\ Al + 6\ H^+ \longrightarrow 2\ Al^{3+} + 3\ H_2$$

en milieu neutre, on peut écrire :

$$2\ Al + 6\ H_2O \longrightarrow 2\ Al^{3+} + 3\ H_2 + 6\ OH^-$$

et en milieu basique, on obtient l'ion aluminate selon :

$$2\ Al + 2\ OH^- + 6\ H_2O \longrightarrow 2\ Al(OH)_4^- + 3\ H_2$$

Avec le cuivre et l'argent, il n'y a pas de réaction dans les conditions expérimentales ci-dessus. Ces expériences permettent de classer qualitativement le couple $H^+/H_2$ dans la classification électrochimique.

Cependant, les réactions sont souvent moins simples qu'il n'y parait ; les facteurs cinétiques sont généralement d'une grande importance pour le déroulement de ces réactions : présence de couche d'oxyde protectrice, surtension de dégagement d'hydrogène, état de surface et de division du métal... Ces questions sont abordées au chapitre 4.

# 2. PILES ELECTROCHIMIQUES

## 2.1. CLASSIFICATION ELECTROCHIMIQUE QUANTITATIVE DES METAUX

Les expériences du chapitre précédent ont été interprétées par le transfert d'électrons entre espèces réagissantes. De tels transferts peuvent être mis en évidence expérimentalement par la mise en oeuvre de piles électrochimiques : les deux couples oxydoréducteurs sont séparés l'un de l'autre, et les deux demi-piles sont reliées par un conducteur ionique. On peut alors vérifier, à l'aide d'un millivoltmètre, qu'il existe une différence de potentiel entre les bornes de la pile ainsi constituée et, à l'aide d'un milliampèremètre, qu'il passe du courant lorsque le circuit est fermé.

### ■ EXPERIENCES 1.2/1 [6-7]

**Produits et matériel**

*– solutions $10^{-1}$ mol.l$^{-1}$ de sulfate de zinc, de sulfate de fer ferreux, de nitrate de plomb, de sulfate de cuivre ; solution $10^{-2}$ mol.l$^{-1}$ de nitrate d'argent ; solution saturée de nitrate de potassium.*

*– béchers ; bandelettes de papier filtre ou ponts de nitrate de potassium dans l'agar-agar ; lames ou fils métalliques : zinc, fer, plomb, cuivre, argent.*

*– millivoltmètre électronique impédance d'entrée élevée : 1 à 100 MΩ ; résistance (10 kΩ).*

**Mode opératoire**

*Pour chacun des éléments considérés, constituer une demi-pile en plaçant la solution du cation $M^{n+}$ dans un bécher et en plongeant une extrémité de la lame métallique M dans la solution.*

*Une pile résulte de l'assemblage de deux de ces demi-piles : imbiber complètement une bandelette de papier en la trempant dans la solution de nitrate de potassium ; placer ensuite proprement cette bandelette à cheval sur les deux béchers placés côte-à-côte, de telle sorte qu'elle trempe de part et d'autre dans les solutions en constituant un pont ionique.*

*Pour chacune des piles que l'on peut constituer avec les demi-piles dont on dispose, on mesure la force électromotrice au moyen du millivoltmètre électronique ou, à défaut, par la méthode d'opposition (cf. expérience 1.4/6). Les mesures doivent être effectuées avant que les solutions contenues dans les béchers n'aient trop diffusé dans la bandelette de papier. Une variante consiste à remplacer les bandes de papier par des ponts de nitrate de potassium dans un gel d'agar-agar placé dans un tube de verre en U renversé ou dans un tube de polyéthylène convenablement coudé.*

*On peut également placer entre les électrodes métalliques une résistance (10 kΩ), pour limiter l'intensité du courant, et un milliampèremètre en série, pour observer le sens de circulation du courant dans chaque pile.*

■ Remarque : Les mesures de forces électromotrices peuvent être effectuées en reliant chacune des demi-piles à une solution de nitrate de potassium, comme cela est indiqué sur la vue de dessus schématique de la figure E1.2.1.

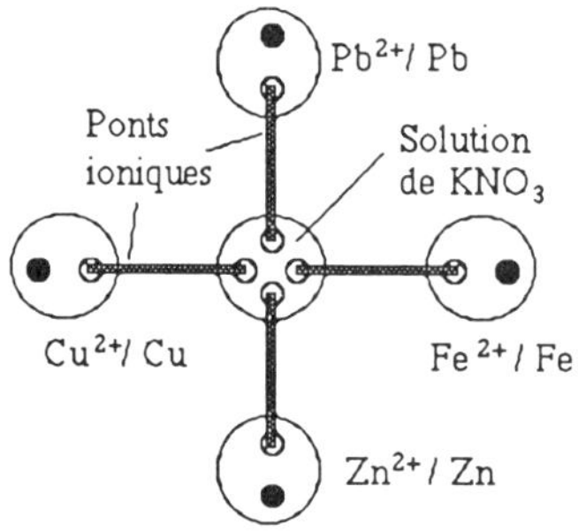


Figure E1.2.1

■ EXPERIENCES 1.2/2

Il s'agit d'une variante des expériences 1.2/1 [8]

**Produits et matériel**

*– solutions $10^{-1}$ mol.$l^{-1}$ des sels métalliques précédents.*

*– fils métalliques correspondants ; nitrate d'ammonium ; agar-agar.*

*– boîte de Petri.*

*– millivoltmètre.*

**Mode opératoire**

*Dissoudre 10 g de nitrate d'ammonium dans 100 $cm^3$ d'eau, porter à ébullition, ajouter 1 g d'agar-agar, maintenir une minute à ébullition. Verser dans une boîte de Petri et laisser prendre le gel.*

*A l'aide d'un perce-bouchon, découper dans le gel un trou par couple oxydo-réducteur sans percer le gel jusqu'au fond de la boîte de Pétri pour éviter le mélange des solutions. Placer, en repérant l'emplacement, une solution dans chaque trou.*

*Mesurer la force électromotrice des piles formées en plaçant une électrode métallique dans chacune des solutions de cation (figure 1.2.2).*

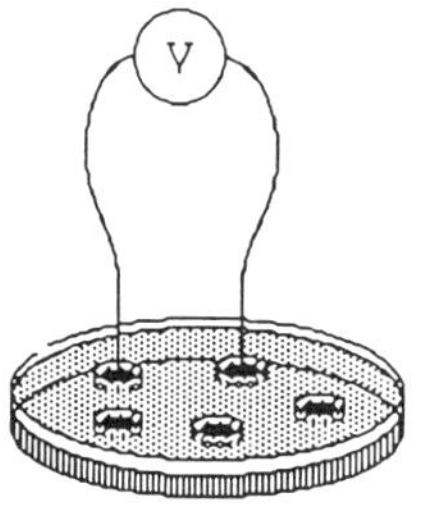


Figure E1.2.2

□ DISCUSSION

L'exploitation des mesures effectuées sur deux des piles que l'on peut former lorsque l'on dispose de trois demi-piles permet de prévoir le résultat de la mesure de la f.e.m. de la troisième pile réalisable. Ceci montre que l'on peut attacher à une demi-pile la notion de potentiel de demi-pile.

On peut ainsi classer les différentes demi-piles par ordre de potentiel croissant et aboutir à une classification électrochimique quantitative des métaux.

■ Remarques :

– L'électrode $Ag^+/Ag$ est l'une des électrodes fonctionnant le mieux en milieu aqueux ; son emploi dans la série envisagée peut cependant être délicat, pour des raisons d'ordre pédagogique, dans la mesure où le couple $Ag^+/Ag$ est le seul à ne mettre en jeu qu'un électron ; l'influence de la concentration du cation sur le potentiel d'électrode n'est donc pas identique dans tous les exemples étudiés.

– Avec le couple $Fe^{2+}/Fe$, on obtient difficilement des valeurs proches de celles attendues d'après les données des tables (cf. annexe, p. 305). En effet, le potentiel mesuré dépend du pH du milieu, de la nature de l'acide utilisé... Le potentiel pris par le fer est un potentiel mixte $Fe / H_3O^+$ (cf. chapitre 4 et chapitre 5, corrosion). Dans le cas du zinc, pour les mêmes raisons, les résultats peuvent être sensibles à la pureté du métal. D'autres métaux, tels que l'aluminium et le magnésium, conduisent toujours à des valeurs éloignées de celles des tables thermodynamiques. Les forces électromotrices mesurées sont en outre instables à cause du dégagement de dihydrogène. Cela ne doit pas surprendre : tous ces métaux sont attaqués par l'eau, ce que laissent prévoir les valeurs des potentiels d'oxydoréduction correspondants. Les conditions de mesure ne sont donc pas des conditions d'équilibre thermodynamique. Les potentiels mesurés sont des potentiels mixtes métal/eau. Dans le cas du zinc, la surtension de dihydrogène est suffisamment grande, c'est à dire que la réduction de l'eau est suffisamment lente pour que le potentiel mesuré soit très proche du potentiel thermodynamique.

Une exploitation plus poussée des résultats expérimentaux nécessite la mesure du potentiel de l'une des électrodes étudiées par rapport à une électrode de référence, de potentiel connu par rapport à l'électrode normale à hydrogène (ENH), ainsi que la connaissance de la loi de Nernst.

Les résultats de mesure permettent alors d'accéder à des valeurs approchées des potentiels normaux et des enthalpies libres standard de réaction.

■ Remarque : L'utilisation d'amalgame de sodium et de solvants non aqueux permet la détermination du potentiel du couple $Na^+/Na$. (9a)

## 2.2. MISE EN EVIDENCE DES REACTIONS DANS QUELQUES PILES

Les réactions d'oxydoréduction qui se produisent dans certaines piles électrochimiques peuvent être mises en évidence par l'addition, dans le compartiment concerné de la pile, de réactifs donnant une espèce caractéristique du produit de la réaction électrochimique.

### ■ EXPERIENCES 1.2/3

**Oxydation du cation $Fe^{2+}$ (9b)**

**Produits et matériel**

*– acide sulfurique 1 mol.l$^{-1}$ environ ; sel de Mohr 0,1 mol.l$^{-1}$ environ, conservé sur limaille de fer ; permanganate de potassium 2.10$^{-2}$ mol.l$^{-1}$ acidifié ; thiocyanate de potassium 0,1 à 1 mol.l$^{-1}$.*

*– tube en U ; laine de verre ; électrodes de carbone.*

*– ampèremètre et fils électriques.*

**Mode opératoire**

*Placer la laine de verre au fond du tube en U. Introduire l'acide sulfurique pour imbiber la laine de verre. Ajouter ensuite progressivement, le permanganate d'un côté et le sel ferreux de l'autre en prenant soin de ne pas mélanger les contenus des deux branches du tube. La solution de sel ferreux doit être dépourvue d'ions ferriques.*

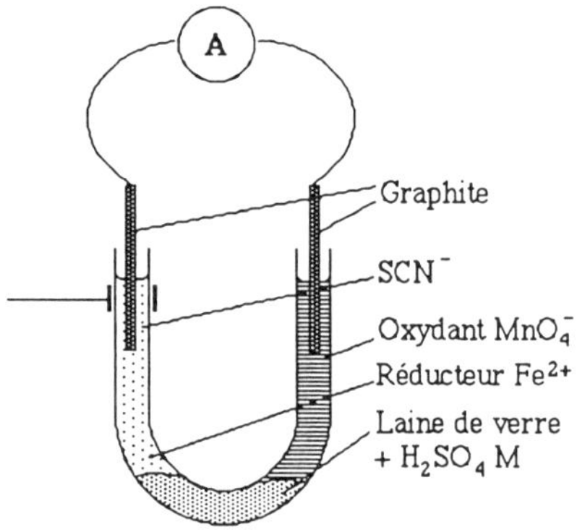


Figure E1.2.3

*Ajouter quelques gouttes de thiocyanate de potassium dans la branche contenant le fer(II) : on ne doit pas observer de coloration rouge. Placer les électrodes, les court-circuiter à travers l'ampèremètre. Vérifier le passage de courant électrique grâce à ce dernier. Noter le sens de passage du courant. Au bout de quelques minutes, il apparaît une coloration rouge au voisinage de l'anode, dûe à la formation du complexe $Fe(SCN)^{2+}$, qui montre l'oxydation du fer(II) en fer(III). On peut accélérer l'apparition du complexe en court-circuitant directement les électrodes :*

$$Fe^{2+} \longrightarrow Fe^{3+} + e^-$$
$$Fe^{3+} + SCN^- \longrightarrow Fe(SCN)^{2+}$$
$$MnO_4^- + 5\,e^- + 8\,H^+ \longrightarrow Mn^{2+} + 4\,H_2O$$

■ Remarques :

– Une expérience semblable peut être conduite en remplaçant le permanganate par du bichromate.

– La décoloration du permanganate, réduit à l'état de $MnO_2$ et de $Mn^{2+}$, est très difficile à mettre en évidence dans le cadre d'une démonstration rapide.

## ■ EXPERIENCE 1.2/4

## Réduction du cation $Fe^{3+}$

### Produits et matériel

*– même matériel que pour l'expérience 1.2/3.*

*– acide chlorhydrique 1 $mol.l^{-1}$ environ ; chlorure stanneux $5.10^{-2} mol.l^{1}$ ; chlorure ferrique acidifié (pH = 2) $10^{-1}$ $mol.l^{-1}$ ; ferricyanure de potassium (hexacyanoferrate(III) de potassium).*

### Mode opératoire

*Opérer comme précédemment (expérience 1.2/3) en plaçant le chlorure stanneux dans une branche et le chlorure ferrique additionné de quelques gouttes de ferricyanure dans l'autre. La réduction de $Fe^{3+}$ en $Fe^{2+}$ est mise en évidence par l'apparition de la coloration bleue résultant de la précipitation du ferricyanure ferreux (bleu de Turnbull, devenant très rapidement bleu de Prusse) :*

$$Fe^{3+} + e^- \longrightarrow Fe^{2+}$$
$$3\,Fe^{2+} + 2\,Fe(CN)_6^{3-} \longrightarrow Fe_3(Fe(CN)_6)_2$$
$$Sn^{4+} \longrightarrow Sn^{2+} + 2\,e^-$$

■ EXPERIENCE 1.2/5

**Oxydation du fer et réduction du dioxygène** (10)

**Produits et matériel**

*– même matériel que pour l'expérience 1.2/3 et deux gros clous de fer pour servir d'électrodes.*

*– solution de chlorure de sodium à 3 % ; ferricyanure de potassium $10^{-1}$ mol.$l^{-1}$ (hexacyanoferrate(III) de potassium) ; phénolphtaléïne.*

*– bouteille d'azote ; bouteille de dioxygène.*

**Mode opératoire**

*Remplir les deux branches du tube en U avec la solution de chlorure de sodium. Dans le compartiment de gauche, faire barboter un courant d'azote afin de désoxygéner la solution, et ajouter quelques gouttes de solution de ferricyanure. Dans la branche de droite, faire barboter du dioxygène et ajouter de la phénolphtaléïne. Après une dizaine de minutes, on arrête les barbotages de gaz et l'on introduit dans chaque branche du tube en U un gros clou de fer, les clous étant reliés aux deux bornes d'un milliampèremètre. On observe le passage d'un courant. L'intensité dépend de la surface immergée des deux clous. Elle peut être de l'ordre de quelques dixièmes de milliampère. Le sens du courant indique que le clou de droite est le pôle positif de la pile, et que le clou de gauche est le pôle négatif. Après quelques minutes, on peut observer l'apparition d'une coloration bleue dans la branche de gauche (oxydation du fer) et d'une coloration rose dans celle de droite (réduction du dioxygène).*

*Dans la branche de gauche :*

$$2\,(Fe \longrightarrow Fe^{2+} + 2\,e^-)$$

*Dans la branche de droite :*

$$O_2 + 2\,H_2O + 4\,e^- \longrightarrow 4\,OH^-$$

■ Remarque : Cette expérience montre que lorsqu'un morceau de fer est placé dans un milieu où il existe un gradient de concentration en dioxygène, la corrosion se produit dans les zones les moins oxygénées (cf. chapitre 5).

□ DISCUSSION

La caractérisation de l'espèce formée, en présence du réactif, nécessite une réaction spécifique suffisamment sensible pour qu'une coloration soit visible assez rapidement. Aussi, seuls certains couples oxydoréducteurs se prêtent à ce type d'expériences.

Les expériences proposées mettent en évidence soit la réaction cathodique, soit la réaction anodique et plus rarement les deux simultanément ; d'autres expériences de ce dernier type sont proposées dans l'étude de la protection cathodique contre la corrosion (chapitre 5). On consultera également les articles cités en référence. (11)

# 3. ETUDE DE QUELQUES ELECTRODES

## 3.1. REALISATION DE QUELQUES ELECTRODES

■ EXPERIENCE 1.3/1

**Electrode à hydrogène** (1)

**Produits et matériel**

*– solution de platinage : 0,4g $PtCl_4$ , 1 mg $Pb(CH_3COO)_2$ pour 10 $cm^3$ ; acide chlorhydrique : $10^{-2}$ mol.$l^{-1}$ et $10^{-1}$ mol.$l^{-1}$.*

*– électrodes de platine ; tubes de verre et bouchon ; électrode au calomel saturée ; bouteille de dihydrogène.*

*– millivoltmètre à haute impédance ; générateur de tension continue réglable.*

## Mode opératoire

### Platinage de l'électrode

*L'électrode de platine brillant est immergée dans la solution de platinage et mise en présence d'une contre électrode de platine. L'électrode à platiner est reliée au pôle négatif du générateur. On applique une tension continue, aussi élevée que possible tout en évitant le dégagement de dihydrogène à la cathode. Cette dernière devient noire au bout de quelques minutes d'électrolyse ; arrêter alors le platinage. La solution d'électrolyse, très onéreuse et encore suffisamment concentrée, est conservée pour des platinages ultérieurs.*

### Hydrogénation de l'électrode

*Remplacer la solution de platinage par une solution d'acide chlorhydrique* $10^{-1}$ *mol.l*$^{-1}$*. Mettre sous tension pour qu'un dégagement gazeux d'hydrogène à la cathode soit observé pendant quelques minutes. Arrêter l'électrolyse, rincer l'électrode à l'eau distillée. Compléter le montage comme indiqué sur la figure. Eviter tout choc qui pourrait séparer le platinage de l'électrode du platine brillant.*

### Electrode à hydrogène

*Elle est constituée d'un tube d'une vingtaine de millimètres de diamètre surmonté d'un bouchon à trois trous (cf. figure E1.3.1). L'électrode de platine préalablement préparée occupe l'un des trous ; un second trou est muni d'une arrivée tubulaire de dihydrogène qui conduit le gaz à l'extrémité inférieure du platine platiné. Le troisième trou permet l'évacuation du dihydrogène.*

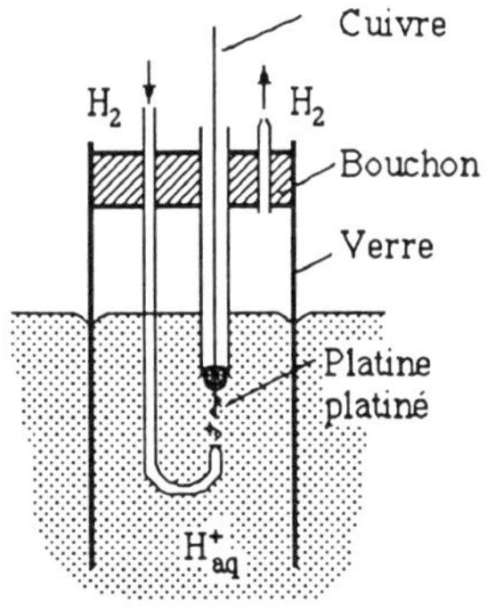


Figure E1.3.1 : schéma d'une électrode à hydrogène

### Mesure du potentiel

*L'ensemble est immergé dans une solution d'acide chlorhydrique* $10^{-2}$ *mol.l*$^{-1}$*. Faire barboter le dihydrogène avec un débit d'une bulle par seconde environ. Introduire l'extrémité d'une électrode au calomel saturée dans la solution. Mesurer la différence de potentiel entre les deux électrodes. Le potentiel est de l'ordre de - 0,25V ECS, l'électrode au calomel saturée étant le pôle positif. Notons cependant qu'une électrode de platine abandonnée dans une solution aqueuse prend un potentiel mixte situé autour de +0,5V ENH, c'est à dire + 0,25V ECS. Si ce résultat est observé dans l'expérience, il suffit parfois pour y remédier, d'augmenter le débit de dihydrogène pour que l'électrode fonctionne effectivement en électrode à hydrogène. En cas d'insuccès, il faut hydrogéner à nouveau, et parfois replatiner.*

■ Remarque : On peut effectuer la même opération en utilisant à la place de l'ECS le fil d'argent recouvert de chlorure d'argent préparé dans l'expérience suivante 1.3/2. De nombreux articles ont été consacrés à l'électrode à hydrogène (12).

## ■ EXPERIENCE 1.3/2

### Electrode au chlorure d'argent

**Produits et matériel**

*– acide chlorhydrique $10^{-1}$ mol.$l^{-1}$ et $10^{-2}$ mol.$l^{-1}$.*

*– bécher ; fil d'argent ; électrode de platine ; électrode au calomel saturée.*

*– générateur de tension continue ; rhéostat 1 kΩ et interrupteur.*

**Mode opératoire**

*Placer en série une alimentation en courant continu (4,5V), un rhéostat (1kΩ), une cellule à électrolyse (électrode de platine, électrode d'argent, acide chlorhydrique $10^{-1}$ mol.$l^{-1}$), un interrupteur. Le fil d'argent est relié à la borne positive du générateur. Electrolyser cinq minutes.*

*On obtient une électrode d'argent couverte de chlorure d'argent brun clair. Rincer cette électrode à l'eau distillée pendant une quinzaine de minutes au moins. L'introduire dans une solution d'acide chlorhydrique $10^{-2}$ mol.$l^{-1}$.*

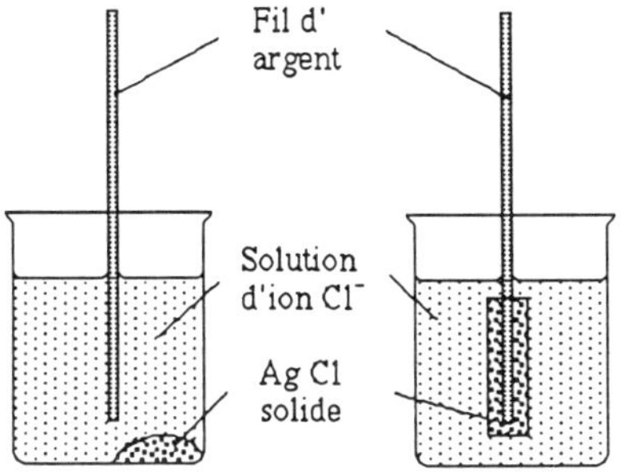


Figure E1.3.2 : schéma de deux électrodes au chlorure d'argent

*Mesurer le potentiel de cette électrode par rapport à celui d'une électrode au calomel saturée.*

■ Remarques :

– On peut mesurer la différence de potentiel entre cette électrode et l'électrode à hydrogène de l'expérience 1.3/1.

– On obtient également une électrode au chlorure d'argent en plongeant un fil d'argent dans une solution contenant du chlorure d'argent saturé.

– On réalise de la même manière des électrodes au bromure et à l'iodure d'argent en utilisant des solutions d'électrolyse de bromure et d'iodure de potassium $10^{-1}$ mol.$l^{-1}$. Une électrode au sulfure d'argent est simplement obtenue en plongeant le fil d'argent dans une solution de sulfure d'ammonium, mais ses indications sont peu fiables.

## ■ EXPERIENCE 1.3/3 (13)

### Electrode au calomel saturée

**Matériel et produits**

*– solution saturée de chlorure de potassium.*

*– mercure ; calomel (chlorure mercureux, $Hg_2Cl_2$).*

*– bécher ; pont salin (bandelette de papier filtre imbibée de $KNO_3$ saturé) ;*

*contact de platine ou d'acier isolé.*

**Mode opératoire**

*On peut réaliser une électrode au calomel saturée avec un dispositif expérimental sommaire (cf. figure E1.3.3).*

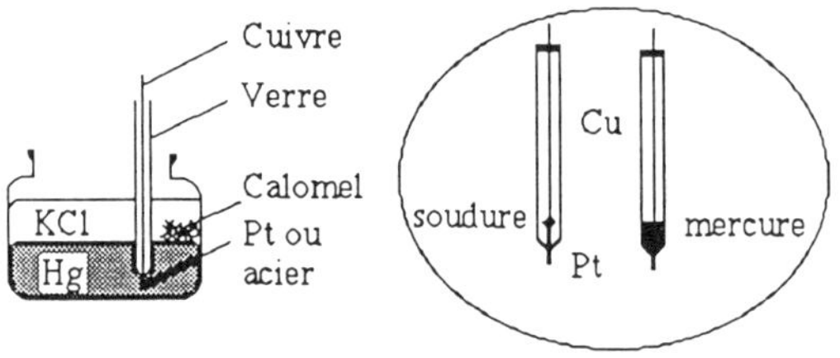


Figure E1.3.3 : schéma d'une électrode au calomel saturée

*Placer au fond d'un petit bécher une nappe de mercure. La recouvrir par une solution aqueuse saturée de chlorure de potassium et ajouter quelques cristaux de calomel. Plonger le contact électrique de platine (ou d'acier) dans le mercure en veillant à ce que celui-ci soit complètement immergé dans le mercure et qu'il n'y ait pas de contact direct entre le platine et la solution.*

*Pour utiliser cette électrode comme électrode de référence, il suffit d'établir le contact entre les solutions par un pont salin.*

■ Remarque : Cette électrode est moins pratique d'emploi qu'une électrode commerciale mais le potentiel obtenu est tout à fait satisfaisant. On peut faciliter les conditions de l'équilibre thermodynamique en mélangeant Hg et $Hg_2Cl_2$ dans un mortier à l'aide d'un mortier et d'un pilon avant l'introduction du mercure au fond du bécher.

□ DISCUSSION

Le choix de la concentration $10^{-2}$ mol.l$^{-1}$ pour l'acide chlorhydrique employé dans la réalisation de l'électrode à hydrogène résulte d'une double préoccupation :

– cela évite d'introduire une confusion conceptuelle entre l'électrode à hydrogène que l'on peut réaliser avec une solution molaire d'acide chlorhydrique et l'ENH qui n'existe pas réellement (cf. chapitre 1, § 2.3 et 3.2.5).

– à cette concentration et dans les conditions de mesure, on peut assimiler activité et concentration des espèces dissoutes sans altérer la précision du résultat.

Ce dernier argument est également valable pour l'électrode au chlorure d'argent.

Selon la qualité du voltmètre de mesure (précision, valeur de l'impédance d'entrée) et la durée nécessaire à la stabilisation de la mesure, il peut être raisonnable de se contenter, pour la précision, du chiffre des dizaines de millivolts (mesures à 5 mV près). Les résultats de mesure sont alors en accord avec ceux que l'on peut prévoir d'après les données tabulées et la loi de Nernst exprimée en fonction des concentrations des espèces dissoutes.

Données tabulées par rapport à l'ENH :

$$E_{ECS} = 0{,}246\ V\ ;\ E°_{AgCl/Ag} = 0{,}222V\ ;\ E°_{H^+/H_2} = 0$$

Les potentiels des électrodes réalisées ont les valeurs suivantes :

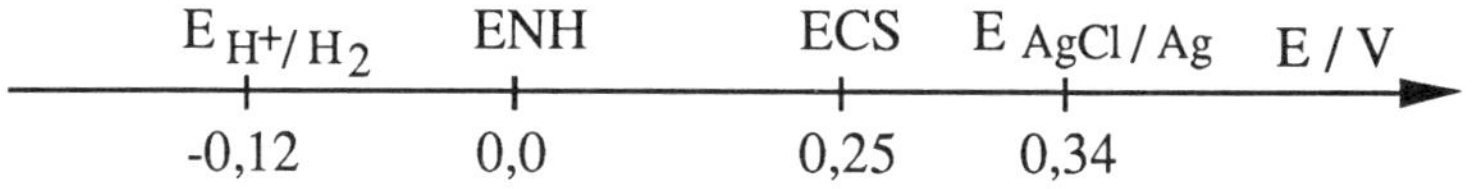

## 3.2. VERIFICATION DE LA LOI DE NERNST

La mesure du potentiel d'électrode dans différentes conditions de concentration des espèces ioniques permet une vérification de la loi de Nernst et la détermination approximative de potentiels normaux.

### ■ EXPERIENCE 1.3/4

**Electrode du premier type : électrode d'argent**

**Produits et matériel**

*– solutions de nitrate d'argent $5.10^{-4}$ ; $10^{-3}$ ; $5.10^{-3}$ et $10^{-2}$ mol.$l^{-1}$ ; solutions de mêmes concentrations en $AgNO_3$ simultanément $10^{-1}$ mol.$l^{-1}$ en $KNO_3$ ; acide nitrique.*

*– électrode au sulfate mercureux ou électrode au calomel saturée munie d'une allonge remplie de $KNO_3$ saturé ; électrode d'argent ; béchers.*

*– millivoltmètre ; éventuellement, un bain thermostaté, réglage à 25 °C et à diverses températures inférieures à 100 °C.*

**Mode opératoire**

*Nettoyer l'électrode d'argent par immersion dans l'acide nitrique puis lavage à l'eau. Mesurer le potentiel E de l'électrode d'argent par rapport à celui de l'électrode de référence lorsque les deux électrodes sont introduites successivement, et dans l'ordre des concentrations indiqué, dans les solutions d'ion argent de $5.10^{-4}$ à $10^{-2}$ mol.$l^{-1}$. Veiller à ce que les solutions soient à une température identique. Eventuellement, thermostater.*

*Tracer la courbe $E = f(\lg [Ag^+])$. En déduire la valeur de la pente et celle du potentiel normal $E°$ du couple $Ag^+/Ag$.*

*Refaire les mesures en utilisant les solutions de nitrate d'argent contenant du nitrate de potassium à la concentration 0,1 mol.$l^{-1}$ .*

*Tracer la courbe $E = f(\lg [Ag^+])$. Déterminer les valeurs de la pente et de $E°$ auxquelles conduisent ces mesures.*

*Tracer $E = f(\lg a_{Ag^+})$ en calculant $\gamma_\pm$ à l'aide de la relation de Debye-Hückel (chapitre 1, § 3.2.2.).*

### ■ EXPERIENCE 1.3/5

**Electrode du deuxième type : chlorure d'argent/argent**

**Produits et matériel**

*– solutions de chlorure de potassium $5.10^{-4}$ ; $10^{-3}$ ; $5.10^{-3}$ ; $10^{-2}$ mol.$l^{-1}$ ; solutions de mêmes concentrations en KCl simultanément $10^{-1}$ mol.$l^{-1}$ en $KNO_3$.*

*– électrode au calomel munie d'une allonge remplie de $KNO_3$ saturé ; fil d'argent (éventuellement recouvert de AgCl, cf expérience 1.3/2) ; béchers.*

*– millivoltmètre ; éventuellement, bain thermostaté.*

**Mode opératoire**

*Mesurer le potentiel E de l'électrode d'argent par rapport à celui de l'électrode de référence lorsque celles-ci sont introduites successivement, et dans cet ordre, dans les solutions d'ion chlorure de $5.10^{-4}$ à $10^{-2}$ mol.$l^{-1}$. Veiller à ce que les solutions soient à une température identique. Eventuellement, thermostater.*

*Tracer la courbe $E = f(\lg [Cl^-])$. En déduire la valeur de la pente et celle du potentiel normal $E°_{AgCl/Ag}$.*

*Refaire les mesures en utilisant les solutions de chlorure de potassium contenant du nitrate de potassium à la concentration 0,1 mol.l$^{-1}$.*

*Tracer la courbe $E = f(\lg [Cl^-])$. Déterminer les valeurs de la pente et de $E°_{AgCl/Ag}$ auxquelles conduisent ces mesures.*

*Tracer $E = f(\lg a_{Cl^-})$ en calculant $\gamma_\pm$ à l'aide de la relation de Debye-Hückel (cf. chapitre 1, § 3.2.2.).*

## ■ EXPERIENCE 1.3/6

### Electrode du troisième type : Fe(III)/Fe(II) (14-16)

**Matériel et produits**

*– solution $10^{-2}$ mol.l$^{-1}$ en sulfate ferrique dans l'acide sulfurique molaire (solution A) ; solution $10^{-2}$ mol.l$^{-1}$ en sulfate ferreux dans l'acide sulfurique molaire (solution B).*

*– électrode de platine ; électrode au calomel saturée ; béchers.*

*– millivoltmètre.*

**Mode opératoire**

*Préparer 50 cm$^3$ de différents mélanges ferreux / ferrique à partir des solutions A et B. On ajoute les volumes suivants : 5 cm$^3$ A + 45 cm$^3$ B ; 10 cm$^3$ A + 40 cm$^3$ B ; 20 cm$^3$ A + 30 cm$^3$ B ; 30 cm$^3$ A + 20 cm$^3$ B ; 40 cm$^3$ A + 10 cm$^3$ B ; 45 cm$^3$ A + 5 cm$^3$ B.*

*Mesurer le potentiel E pris par l'électrode de platine, par rapport à l'ECS, dans les différentes solutions.*

*Tracer $E = f(\lg [Fe^{3+}] / [Fe^{2+}])$. En déduire les valeurs de la pente et de $E°_{Fe^{3+}/Fe^{2+}}$ auxquelles conduisent ces mesures.*

□ DISCUSSION

Les résultats obtenus par les expériences 1.3/4 à 1.3/6 sont reportés sur les figures E1.3.4. et E1.3.5. Les concentrations choisies permettent de travailler dans un domaine où les écarts entre les concentrations et les activités ne sont pas très grands et où les erreurs expérimentales dues à des concentrations trop faibles peuvent être surmontées (les mesures pour des concentrations inférieures à $10^{-4}$ mol.l$^{-1}$ sont souvent perturbées par des traces d'impuretés avec $Ag^+$ et $Cl^-$).

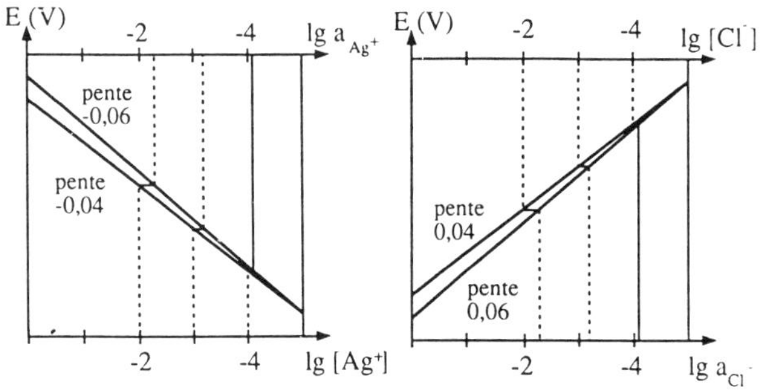


Figure E1.3.4 : Vérification de la loi de Nernst pour les électrodes $Ag^+/Ag$ et AgCl/Ag.

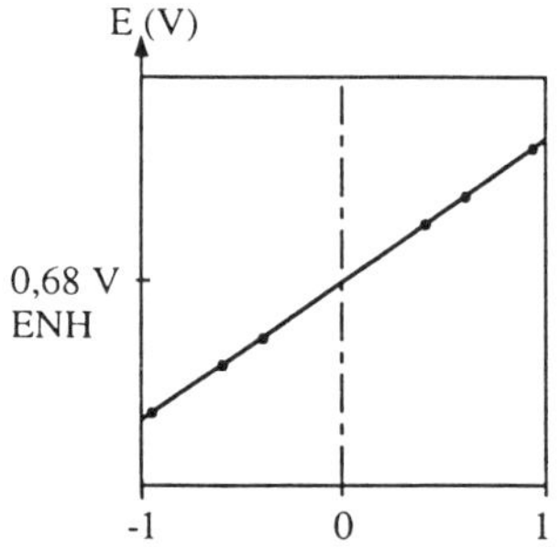


Figure E1.3.5 : Vérification de la loi de Nernst pour l'électrode $Fe^{3+}/Fe^{2+}$

Les solutions contenant du nitrate de potassium à molarité constante permettent pratiquement de faire des mesures à force ionique constante, indépendante de la concentration en ion $Ag^+$ ou $Cl^-$, et donc à coefficient d'activité constant.

On constate que :

– sans contrôle de la force ionique de la solution, le potentiel standard obtenu par extrapolation est trop faible, et que la pente de la droite $E = f(\lg[Ag^+])$ ou $E = f(\lg [Cl^-]$ est très inférieure (0,04) en valeur absolue à la valeur attendue (0,06 à 298K).

– le contrôle de la force ionique permet de retrouver une valeur correcte de la pente de la courbe, mais la valeur de E° n'est toujours pas correcte. Tous les points sont décalés en abscisse de $- \lg\gamma_{\pm}$. Une telle correction faite, on approche de la valeur théorique de E°.

– la pente est proportionnelle à T, donc à (273,15 + t/°C ) : il convient donc de contrôler la température des solutions (la pente de 0,06 V à 25°C deviendrait 0,07 V à 75°C, variation qui n'est pas négligeable).

En ce qui concerne l'expérience 1.3/6, on vérifie que la pente de la courbe $E = f(\lg[Fe^{3+}]/[Fe^{2+}])$ est proche de la valeur théorique mais qu'il existe un écart important pour la valeur de E° (0,68 V au lieu de 0,77 V tabulée). Il s'agit d'un phénomène thermodynamique très général : en milieu sulfate, les ions Fe(III) et Fe(II) sont complexés, avec des constantes de stabilité différentes pour les deux ions, et le potentiel est modifié (cf. chapitre 2 ; voir aussi l'expérience 1.5/2) :

$$FeSO_4^+ \rightleftharpoons Fe^{3+} + SO_4^{2-} \quad pK = 3,85$$

$$FeSO_4 \rightleftharpoons Fe^{2+} + SO_4^{2-} \quad pK = 0$$

Pour déterminer le potentiel standard du couple $Fe(H_2O)_6^{3+}/Fe(H_2O)_6^{2+}$, il convient d'opérer en milieu $HClO_4$, l'ion perchlorate étant moins complexant (avec $HClO_4$ 1 $mol.l^{-1}$, on obtient 0,74V) et en extrapolant à molarité nulle les valeurs obtenues. On se heurte cependant avec le couple Fe(III)/Fe(II) à des problèmes d'hydrolyse dès que le milieu n'est plus suffisamment acide (existence de complexes hydroxo successifs $Fe(H_2O)_{6-n}(OH)_n^{p+}$, et de complexes polynucléaires).

Voir aussi la référence 17, relative au couple hexacyanoferrate(III)/(II).

# 4. GRANDEURS THERMODYNAMIQUES DE REACTION

## 4.1. ENTHALPIE D'UNE REACTION D'OXYDOREDUCTION

On réalise la réaction d'oxydoréduction par voie chimique. Dans ces conditions, la chaleur de réaction, que l'on peut mettre qualitativement en évidence ou que l'on peut éventuellement mesurer [18], est égale à l'enthalpie de réaction.

### ■ EXPERIENCE 1.4/1

**Attaque d'un métal par le proton** [9]

**Produits et matériel**

*– poudres métalliques (magnésium, zinc, fer, étain) ; grenaille d'aluminium ; acide chlorhydrique 2,5 mol.l$^{-1}$.*

*– tube à essai ; thermomètre (- 10°C + 110°C).*

**Mode opératoire**

*Placer 5 cm$^3$ d'acide chlorhydrique dans le tube à essai. Relever la température initiale. Ajouter un excès de la poudre métallique. Attention, la réaction peut être vigoureuse et donner des projections ; l'état de surface et la granulométrie du métal jouent un rôle très important. Déterminer l'élévation de température.*

## ■ EXPERIENCE 1.4/2 (19)

### Déplacement d'un ion métallique par un autre métal

**Produits et matériel**

*– sulfate de cuivre 1 mol.l$^{-1}$.*

*– poudre métallique (magnésium, zinc, fer, étain).*

*– tube à essai ou petit flacon de polyéthylène ; thermomètre (-10°C + 110°C).*

***Mode opératoire***

*Placer 10 cm$^3$ de la solution cuivrique dans le récipient de polyéthylène (cf. figure E1.4.1). Mesurer la température initiale. Ajouter 1 ou 2 grammes de poudre métallique dans la solution cuivrique. Relever la température en fonction du temps et noter la valeur maximale atteinte. Evaluer de manière approchée l'enthalpie de la réaction.*

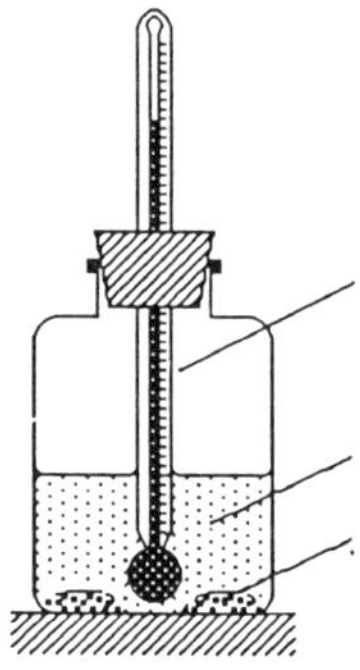


Figure E1.4.1

## ■ EXPERIENCE 1.4/3

### Réduction de l'ion cuivre(II)

**Produits et matériel**

*– sulfate de cuivre 0,1 ou 0,2 mol.l$^{-1}$.*

*– poudre métallique (magnésium, zinc, fer, étain).*

*– calorimètre de valeur en eau connue ; thermomètre au centième de degré dans l'intervalle de température 20 - 40°C.*

**Mode opératoire**

*Placer dans le calorimètre 100 cm$^3$ de la solution cuivrique. Attendre 5 minutes environ que la température se stabilise et relever la température initiale.*

*Ajouter le métal choisi. On prend une masse, pesée approximativement, quatre fois en excès pour que la réaction soit complète : les ions cuivriques seront ainsi tous réduits. Relever l'évolution de la température au cours du temps. Déterminer l'élévation de température et en déduire l'enthalpie de réaction.*

■ Remarque : La réduction de $Ag^+$ par Cu conduit aussi à des résultats satisfaisants, mais présente un prix de revient plus élevé.

## ■ EXPERIENCE 1.4/4

### Oxydation du magnésium

**Produits et matériel**

*– acide chlorhydrique 6 mol.l$^{-1}$ environ.*

*– poudre de magnésium.*

*– calorimètre ; thermomètre au centième de degré dans l'intervalle de température 20 - 40°C.*

**Mode opératoire**

*Placer dans le calorimètre 200 cm³ d'acide chlorhydrique, mesurés à l'aide d'une fiole jaugée. Relever la température toutes les trente secondes pendant cinq minutes environ. Lorsqu'elle est stabilisée, relever la température initiale.*

*Peser exactement une quantité de magnésium voisine de 0,2g. Le magnésium est en défaut par rapport aux protons et sera intégralement oxydé.*

*Verser le magnésium dans l'acide. Mesurer la température toutes les trente secondes pendant une dizaine de minutes. Déterminer l'élévation de température et en déduire l'enthalpie de réaction.*

☐ DISCUSSION

Ces expériences permettent de montrer qualitativement ou quantitativement le caractère exothermique des réactions d'oxydoréduction présentées. Ainsi, des élévations de température spectaculaires peuvent être atteintes lors de l'attaque de certains métaux par l'acide chlorhydrique (65°C avec Mg, 75°C avec Al...). Des effets notables sont également obtenus lors de la réduction, par les métaux proposés, du cation cuivrique en solution concentrée ; en revanche, pour des raisons cinétiques, le plomb et l'aluminium ne donnent pas de résultats satisfaisants.

Les élévations de température $\Delta t$ correspondent à des conditions opératoires adiabatiques. Elles sont reliées aux quantités de chaleur Q mises en jeu par la relation :

$$Q = \sum_i \Delta t \, . \, m_i \, . \, C_i$$

$C_i$ et $m_i$ représentent les capacités calorifiques massiques et les masses de la solution, du métal et du calorimètre.

■ Remarque : Si on néglige les pertes thermiques intervenant dans le mode opératoire faisant appel au flacon de polyéthylène, les expériences 1.4/2 conduisent à une valeur approximative des enthalpies de réaction.

On peut donc déterminer l'enthalpie $\Delta_r H$ de la réaction :

$$M_1 + Ox \longrightarrow M_1^{n+} + R$$

qui est reliée à la masse molaire M et à la masse m du métal $M_1$ oxydée au cours de l'expérience par :

$$\Delta_r H = - Q \, . \, M \, / \, m$$

Pour l'expérience 1.4/4, la connaissance de l'entropie de réaction, extraite des tables de données thermodynamiques, permet alors d'accéder à des valeurs approchées de l'enthalpie libre de réaction, puis du potentiel d'oxydoréduction du couple cation métallique / métal utilisé : la réaction s'écrit par exemple :

$$Mg + 2\,H^+ \rightleftarrows Mg^{2+} + H_2 \qquad \Delta_r G^\circ$$

En assimilant $\Delta_r H^\circ$ et la valeur $\Delta_r H$ déterminée expérimentalement :

$$\Delta_r G^\circ = \Delta_r H^\circ + T.\Delta_r S^\circ$$

puis $E^\circ = - \Delta_r G^\circ \, / \, 2\,F$

avec $\Delta_r S^\circ = S^\circ(H_2) + S^\circ(Mg^{2+}) - 2\,S^\circ(H^+) - S^\circ(Mg)$

Données thermodynamiques standard à 298 K [20] :

Enthalpies standard de formation $\Delta_f H^\circ$ et entropies standard de référence $S^\circ$ :

| Métal | S° (J K$^{-1}$mol$^{-1}$) | Ion | $\Delta_f$H° (kJ mol$^{-1}$) | S° (J K$^{-1}$ mol$^{-1}$) |
|---|---|---|---|---|
| Ag | 42,55 | $Ag^+$ | 105,58 | 72,68 |
| Al | 28,33 | $Al^{3+}$ | - 531,4 | - 321,7 |
| Cu | 33,15 | $Cu^{2+}$ | 64,77 | - 99,6 |
| Fe | 27,28 | $Fe^{2+}$ | - 89,1 | - 137,7 |
| $H_2$ | 130,68 | $H^+$ | 0 | 0 |
| Mg | 32,68 | $Mg^{2+}$ | - 466,85 | - 138,1 |
| Sn | 51,55 | $Sn^{2+}$ | - 8,8 | - 16,7 |
| Zn | 41,63 | $Zn^{2+}$ | - 153,89 | - 112,1 |

■ Remarque : Plusieurs conventions peuvent être utilisées pour la tabulation des entropies de références des ions, selon la valeur affectée au proton ; pour une discussion générale de cette question, voir la référence (21).

## 4.2. ETUDE THERMODYNAMIQUE DE LA PILE DE CLARK

La pile de Clark peut être schématisée par :

$$Zn / ZnSO_4(1\ mol.l^{-1}) / Hg_2SO_4 / Hg$$

Elle présente un coefficient de température assez élevé et se prête bien à une étude de la variation de la force électromotrice en fonction de la température.

### ■ EXPERIENCE 1.4/5 (22)

**Produits et matériel**

*– solution de sulfate de zinc (1 mol.l$^{-1}$).*

*– sulfate mercureux $Hg_2SO_4$ ; mercure ; barreau de zinc très pur.*

*– cellule de verre : tube en H (cf. figure E1.4.2) ; thermostat au dixième de degré, dans un domaine de température 0-50 °C.*

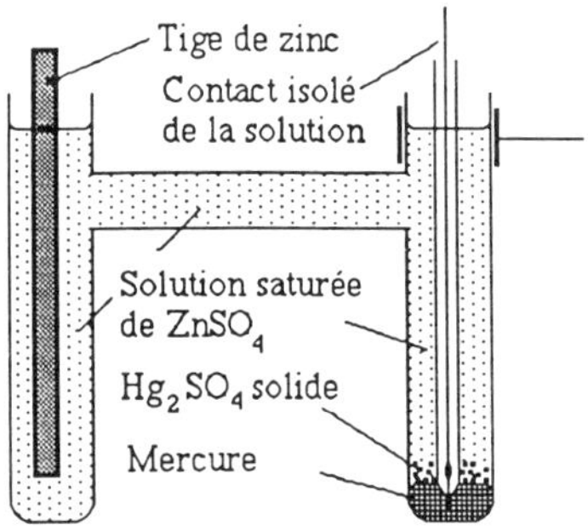


Figure E1.4.2 : pile de Clark

*– dispositif de mesure de tension (voltmètre électronique avec quatre ou cinq chiffres significatifs ou méthode d'opposition).*

**Mode opératoire**

**Préparation de la pile**

*Introduire, dans l'un des compartiments, du mercure puis du sulfate mercureux. Remplir la cellule avec la solution de sulfate de zinc. Placer l'électrode de zinc dans l'autre compartiment (cf. figure E1.4.2).*

**Réalisation du montage électrique**

*– si l'on dispose d'un voltmètre électronique suffisamment sensible, il suffit de le relier aux bornes de la pile.*

*– sinon, la mesure de la force électromotrice par la méthode d'opposition nécessite le montage électrique schématisé sur la figure E1.4.3. Lorsque la position du curseur est telle que l'intensité $i_g$ parcourant le galvanomètre G est nulle, la relation entre la force électromotrice E à mesurer et celle de la pile étalon, e, est donnée par :*

$$E = e\, R_a/(R + R_a + R_b)$$

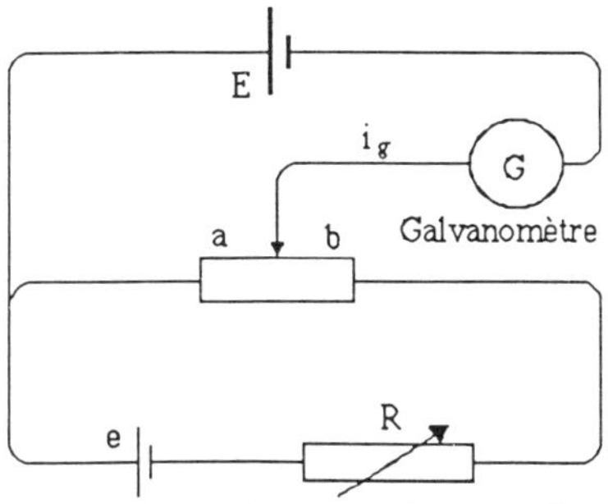


Figure E1.4.3 : mesure de la force électromotrice E par la méthode d'opposition

*Immerger la pile de Clark dans le thermostat à 25°C. Attendre (1/4 h à 1/2 h) que la pile soit à la température du thermostat : on vérifiera par deux mesures à quelques minutes d'intervalle que l'équilibre de température est atteint et que E ne varie pas. Effectuer des mesures à 20 ; 25 ; 30 ; 35 et 40°C.*

□ DISCUSSION

La connaissance du produit de solubilité du sulfate mercureux ($K_s = 7{,}7.10^{-7}$), celle des potentiels normaux des couples ($E°_{Hg_2^{2+}/Hg} = 0{,}79$ V et $E°_{Zn^{2+}/Zn} = -\ 0{,}76$ V) et le résultat de la mesure de E permettent d'atteindre les valeurs des activités des ions dans la solution. En effet :

$E_d = E°_{Hg_2^{2+}/Hg} + RT/2F \ln K_s / a_{SO_4^{2-}}$ pour l'électrode de droite

$E_g = E°_{Zn^{2+}/Zn} + RT/2F \ln (a_{Zn^{2+}}/a_{Zn})$ pour l'électrode de gauche

$a_{Zn} = 1$ (si l'on suppose que le zinc est pur)

On peut négliger la solubilité du sulfate mercureux, faible devant celle du sulfate de zinc, donc :

$[SO_4^{2-}] \approx [Zn^{2+}]$ d'où : $a_{SO_4^{2-}} \approx a_{Zn^{2+}} = x$

$E = E°_{Hg_2^{2+}/Hg} + RT/2F \ln (K_s/x) - E°_{Zn^{2+}/Zn} - RT/2F \ln x$

$2 \ln x = 2F/RT\,(E°_{Hg_2^{2+}/Hg} - E°_{Zn^{2+}/Zn} - E) + \ln K_s$

$a_{Hg_2^{2+}} = K_s/x$

Par ailleurs, les variations de E avec la température sont sensiblement linéaires et les résultats des mesures donnent accès aux grandeurs thermodynamiques relatives à la réaction :

$$Zn + Hg_2SO_{4\ solide} \longrightarrow Zn^{2+} + SO_4^{2-} + 2\ Hg$$

$\Delta_r G = -\ n F E$

$\Delta_r S = n F\, \partial E/\partial T$

$\Delta_r H = -\ n F (E - T.\partial E/\partial T)$

Les résultats peuvent être comparés aux grandeurs standard que l'on déduit des enthalpies standard de formation à 298 K, $\Delta_f H°$ et des entropies standard de référence S° suivantes [20] :

| | Hg | Zn | $Hg_2SO_{4\ solide}$ | $ZnSO_{4\ solution}$ |
|---|---|---|---|---|
| $\Delta_f H°$ (kJ mol$^{-1}$) | 0 | 0 | - 741,3 | -1058,9 |
| S° (J K$^{-1}$ mol$^{-1}$) | 77,3 | 41,6 | 200,6 | -89,0 |

■ Remarque : La force électromotrice et le coefficient de température de la pile dépendent beaucoup de la pureté des corps qui la constituent. En particulier, le degré de pureté du zinc constituant l'électrode peut modifier sérieusement les valeurs de E et de $\partial E/\partial T$. Les résultats sont généralement meilleurs si l'on remplace le barreau de zinc par un amalgame de zinc de composition bien définie. Par exemple, on peut obtenir un amalgame satisfaisant en mélangeant dans un mortier deux masses identiques de mercure et de zinc, ce dernier en poudre très fine.

D'autres piles peuvent être étudiées : cf. référence (23).

# 5. APPLICATIONS EN THERMODYNAMIQUE ET EN ANALYSE QUANTITATIVE

Les applications quantitatives des réactions d'oxydoréduction sont très nombreuses en chimie analytique. Le lecteur se reportera aux ouvrages spécialisés (cf. bibliographie générale du chapitre 0 et ouvrages de la référence 27) ou aux articles didactiques cités en référence (24). Seules quelques applications seront détaillées ici.

## 5.1. DETERMINATION D'UN COEFFICIENT D'ACTIVITE PAR PILE DE CONCENTRATION

Une valeur approchée du coefficient d'activité moyen du cation argent dans une solution (2) à la concentration $c_2 = 5.10^{-2}$ mol.$^{-1}$ peut être déduite de la mesure de la force électromotrice de la pile de concentration suivante et du calcul, par la théorie de Debye-Hückel, du coefficient d'activité du cation pour la solution diluée (1) de concentration $c_1 = 5.10^{-3}$ mol.l$^{-1}$.

| Ag | $AgNO_3$ | $KNO_3$ | $AgNO_3$ | Ag |
|---|---|---|---|---|
| | $c_1 = 5.10^{-3}$ mol l$^{-1}$ | saturé | $c_2 = 5.10^{-2}$ mol l$^{-1}$ | |

■ EXPERIENCE 1.5/1

**Produits et matériel**

*– solutions de nitrate d'argent $5.10^{-3}$ et $5.10^{-2}$mol.l$^{-1}$ .*

*– 2 béchers.*

*– 2 fils d'argent ; pont salin de $KNO_3$ saturé.*

*– millivoltmètre ; thermostat à 25°C.*

**Mode opératoire**

*Plonger un fil d'argent dans chaque solution thermostatée, relier les deux solutions au moyen du pont salin et mesurer la force électromotrice E de la pile.*

□ DISCUSSION

La formule de Debye-Hückel donne la valeur approchée du coefficient d'activité $\gamma_\pm$ d'un ion de charge z dans un milieu de force ionique I (cf. chapitre 1, § 3.2.2) :

$$\lg \gamma_\pm = \frac{-0{,}5\, z^2 \sqrt{I}}{1+\sqrt{I}} \quad \text{avec} \quad I = \frac{1}{2}\sum_i c_i z_i^2$$

où $c_i$ et $z_i$ sont la concentration molaire et la charge de l'espèce ionique i.

Cette valeur est d'autant plus proche de la valeur exacte que la solution est plus diluée. L'application à la solution (1) conduit à $I_1 = 5.10^{-3}$ mol.l$^{-1}$ et $\gamma_1 = 0{,}927$.

Le potentiel de chaque électrode est relié à l'activité du cation argent dans la solution correspondante par la relation de Nernst, d'où l'on déduit :

$$E = RT/F \ln(\gamma_2 c_2/\gamma_1 c_1).$$

L'utilisation d'un pont salin saturé est nécessaire pour que le potentiel de jonction puisse être négligé, d'où :

$$\gamma_2 = \exp \{EF/RT - \ln(c_2/\gamma_1 c_1)\}$$

Une valeur expérimentale E = 51 mV conduit à $\gamma_{2(exp)} = 0{,}672$.

L'application directe de la formule de Debye-Hückel à la solution (2) conduit à une valeur théorique $\gamma_{2(theor)} = 0{,}810$ et à une valeur théorique de la force électromotrice de la pile $E_{(theor)} = 55$ mV. Ceci montre la nécessité d'une très grande précision sur la mesure de E pour que la détermination expérimentale d'un coefficient d'activité soit possible.

## 5.2. COURBE DE DOSAGE POTENTIOMETRIQUE DE $Fe^{2+}$ PAR $Ce^{4+}$

Les couples $Ce^{4+}/Ce^{3+}$ et $Fe^{3+}/Fe^{2+}$ sont rapides sur électrode de platine. Le suivi potentiométrique de la réaction du cérium(IV) sur le fer(II) :

$$Fe^{2+} + Ce^{4+} \rightleftharpoons Fe^{3+} + Ce^{3+}$$

permet le titrage de la solution ferreuse si l'on connaît la concentration de la solution cérique et la vérification de quelques conséquences de la loi de Nernst.

### ■ EXPERIENCE 1.5/2

**Produits et matériel**

*– solution de sel de Mohr (environ 0,1 mol.l$^{-1}$) ; solution titrée (0,1 mol.l$^{-1}$) de sulfate cérique.*

*– pipette jaugée et verrerie ; burette ; support ; agitateur magnétique ; barreau aimanté ; électrode de platine ; électrode au calomel saturée.*

*– voltmètre électronique.*

**Mode opératoire**

*Placer 20 cm$^3$ de la solution ferreuse dans un bécher et y introduire le barreau aimanté. Disposer l'ensemble sur l'agitateur magnétique, introduire l'extrémité des deux électrodes dans la solution. Mesurer le potentiel pris par l'électrode de platine par rapport à l'électrode de référence. Ajouter progressivement le réactif titrant et repérer le potentiel E de l'électrode de platine au fur et à mesure de l'addition.*

*Tracer la courbe représentant les variations de ce potentiel E en fonction du volume de solution cérique ajouté.*

### □ DISCUSSION

Sauf au départ, la solution contient les ions des deux couples oxydoréducteurs $Fe^{3+}/Fe^{2+}$ et $Ce^{4+}/Ce^{3+}$ caractérisés respectivement par leurs potentiels normaux $E°_1$ et $E°_2$. Par conséquent, il existe deux équations pour le calcul du potentiel E de l'électrode de platine :

$$E = E°_1 + 0{,}06 \lg [Fe^{3+}]/[Fe^{2+}]$$

et

$$E = E°_2 + 0{,}06 \lg [Ce^{4+}]/[Ce^{3+}]$$

On peut utiliser l'une ou l'autre des relations. On choisit celle qui est la plus commode : la première avant l'équivalence, les deux à l'équivalence, la seconde après l'équivalence.

L'équilibre est caractérisé par la constante K :

$$K = [Fe^{3+}][Ce^{3+}]/[Fe^{2+}][Ce^{4+}]$$

avec

$$\lg K = (E°_2 - E°_1)/0{,}06 = 14$$

La réaction de dosage est donc quantitative : lorsque l'on ajoute à la solution contenant initialement a moles de $Fe^{2+}$, *i.e.* capables de donner a moles d'électrons, ax moles de $Ce^{4+}$ $(0 < x < 1)$, *i.e.* capables de capter ax moles d'électrons, la réaction donne pratiquement ax moles de $Fe^{3+}$ et ax moles de $Ce^{3+}$ :

| | $Fe^{2+}$ + | $Ce^{4+}$ ⇄ | $Fe^{3+}$ + | $Ce^{3+}$ |
|---|---|---|---|---|
| Initialement : | a | ax | 0 | 0 |
| Après réaction : | a(1 - x) | ε | ax | ax |

$$E = E°_1 + 0{,}06 \ \lg(x/(1 - x))$$

On note que la dilution n'intervient pas dans la mesure où elle joue de la même manière sur la concentration de la forme oxydée et de la forme réduite.

La courbe (cf. figure E1.5.1) présente un point d'inflexion pour x = 1/2 ; la pente $\partial E/\partial x$ est alors minimale et $E = E°_1$ en ce point. La valeur expérimentale trouvée, voisine de 0,68V / ENH, est inférieure à la valeur tabulée, $E°_1 = 0{,}77V$ pour le couple $Fe^{3+}/Fe^{2+}$. Ceci est dû à l'intervention de l'anion sulfate qui donne avec le cation $Fe^{3+}$ le complexe $FeSO_4^+$ (cf. l'expérience 1.3/6 et les discussions du chapitre E2, § 1 et 2).

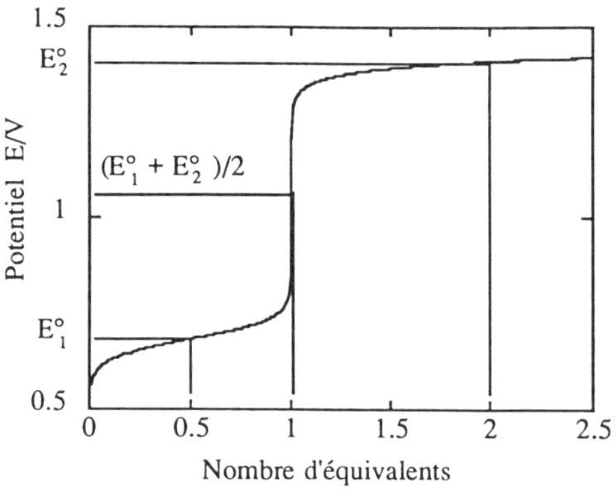


Figure E1.5.1 : Dosage potentiométrique de $Fe^{2+}$ par $Ce^{4+}$

■ Remarques :
– On peut vérifier l'approximation faite, ε << x, par exemple pour x = 1/2 :

$$K = x^2/\varepsilon(1 - x) \quad \text{d'où} \quad \varepsilon = 1/2K.$$

– On peut noter l'analogie avec les courbes de dosage pHmétrique d'un acide faible par une base faible pour lesquelles l'équation s'écrit :

$$pH = pK_A + \lg \ x/(1 - x).$$

L'équivalence est définie comme le point pour lequel on a ajouté un nombre de mole de $Ce^{4+}$ égal au nombre de mole initial de $Fe^{2+}$. Il en résulte qu'en ce point, $[Fe^{3+}]_{eq} = [Ce^{3+}]_{eq}$ et $[Fe^{2+}]_{eq} = [Ce^{4+}]_{eq}$ ; d'où l'on déduit : $E = (E°_1 + E°_2)/2$. Notons que dans le cas du dosage d'un acide faible par une base faible, le pH à l'équivalence est donné par $pH = 1/2\ (pK_{A1} + pK_{A2})$.

On peut en outre calculer la fraction du fer restant sous forme de fer(II) à l'équivalence, par application de la loi d'action de masse :

| | $Fe^{2+}$ + | $Ce^{4+}$ ⇄ | $Fe^{3+}$ + | $Ce^{3+}$ |
|---|---|---|---|---|
| Initialement : | a | a | 0 | 0 |
| Après réaction : | a(1-x) | a(1-x) | ax | ax |

$$K = x^2/(1 - x)^2 \quad \text{d'où} \ (1 - x) \approx 1/\sqrt{K}$$

Au delà de l'équivalence, pratiquement tous les ions $Fe^{2+}$ ont réagi, soit $[Ce^{3+}] = a$ et il reste a(x-1) moles de $Ce^{4+}$ ; d'où : $E = E°_2 + 0{,}06 \ \lg\ (x-1)$. En particulier, lorsque x = 2, on prévoit que $E = E°_2$ (1,61V en milieu $HClO_4$). La mesure expérimentale donne environ 1,4V. En effet, E a une valeur supérieure à celles du domaine de stabilité de l'eau et il intervient un potentiel mixte $Ce^{4+}/H_2O$ (cf. chapitre 4).

## 5.3. COURBE DE DOSAGE POTENTIOMETRIQUE DE $Fe^{2+}$ PAR $MNO_4^-$

Le dosage volumétrique du fer(II) peut être également être effectué à l'aide de permanganate de potassium. La fin de réaction est repérée lorsque la coloration du permanganate persiste. Le dosage peut également être suivi par potentiométrie, à l'aide de différentes électrodes. Nous commentons ci-dessous diverses variantes possibles.

### ■ EXPERIENCE 1.5/3

**Produits et matériel**

*– identiques à ceux de l'expérience 1.5/2 à l'exception de la solution cérique remplacée par une solution de permanganate de potassium ($2.10^{-2}$ mol.$l^{-1}$).*

*– électrode de graphite.*

**Mode opératoire**

*On opère comme dans le cas de l'expérience 1.5/2. On acidifie de plus la solution ferreuse à l'aide de 5 $cm^3$ d'acide sulfurique 5 mol.$l^{-1}$. Procéder ensuite au dosage potentiométrique, soit à l'aide de l'électrode de platine, soit au moyen de celle de graphite. Tracer les variations du potentiel de l'électrode en fonction de la quantité de permanganate ajoutée.*

□ DISCUSSION

Avec ce dosage, nous pouvons aller plus loin dans l'analyse de réactions d'oxydoréduction mettant en jeu un nombre d'électrons différents par demi-équation redox.

**La réaction**

Les équations chimiques traduisant la réaction sont les suivantes :

$$Fe^{2+} \rightleftharpoons Fe^{3+} + e^- \qquad \times 5$$

$$MnO_4^- + 8\,H^+ + 5\,e^- \rightleftharpoons Mn^{2+} + 4\,H_2O \qquad \times 1$$

$$MnO_4^- + 5\,Fe^{2+} + 8\,H^+ \rightleftharpoons 5\,Fe^{3+} + Mn^{2+} + 4\,H_2O$$

Elles ont déjà été commentées au chapitre 0. Les relations de Nernst correspondantes sont :

$$E = E°_1 + 0{,}06 \text{ lg } [Fe^{3+}]/[Fe^{2+}]$$

et

$$E = E°_2 + (0{,}06/5) \text{ lg } [MnO_4^-][H^+]^8/[Mn^{2+}]$$

La réaction est caractérisée par la constante d'équilibre K ; elle est pratiquement totale :

$$K = [Fe^{3+}]^5[Mn^{2+}]/[Fe^{2+}]^5[MnO_4^-][H^+]^8 = [Fe^{3+}]^5[Mn^{2+}]/[Fe^{2+}]^5[MnO_4^-] \text{ à pH} = 0$$

avec $\text{lg } K = 5(E°_2 - E°_1)/0{,}06 = 61{,}7$ (car $E°_1 = 0{,}77$ et $E°_2 = 1{,}51$V)

**La courbe théorique de dosage potentiométrique**

Nous mettons l'accent dans ce qui suit sur le nombre de moles d'électrons échangés ax.

*Avant l'équivalence* (x<1), ce nombre de moles d'électrons échangés correspond au nombre ax de moles de fer(II) oxydées, ce qui nécessite l'addition de ax/5 moles de $MnO_4^-$ puisque chaque ion permanganate est susceptible de capter 5 électrons :

| | $5\,Fe^{2+}$ + | $MnO_4^-$ + $8\,H^+$ ⇌ | $5\,Fe^{3+}$ + | $Mn^{2+}$ + $4\,H_2O$ |
|---|---|---|---|---|
| Initialement : | a | ax/5 | 0 | 0 |
| Après réaction : | a(1-x) | ε | ax | ax/5 |

et : $E = E°_1 + 0{,}06 \text{ lg}(x/(1-x))$

*A l'équivalence*, où x = 1 par définition, on a ajouté a moles de fer(II) et a/5 moles de $MnO_4^-$. Le calcul du potentiel à l'équivalence permet de mettre en évidence un autre fait important. On note les grandeurs à l'équivalence avec l'indice $_{eq}$ :

$$[Fe]_{eq} = [Fe^{2+}]_{eq} + [Fe^{3+}]_{eq} = a/V_{eq}$$
$$[Mn]_{eq} = [Mn^{2+}]_{eq} + [MnO_4^-]_{eq} = a/5V_{eq}$$
$$K = [Fe^{3+}]_{eq}^5[Mn^{2+}]_{eq}/[Fe^{2+}]_{eq}^5[MnO_4^-]_{eq}[H^+]_{eq}^8$$
$$[Fe^{3+}]_{eq} = 5[Mn^{2+}]_{eq} \approx a/V_{eq} \text{ et } [Fe^{2+}]_{eq} = 5[MnO_4^-]_{eq} = \varepsilon/V_{eq}$$
$$E_{eq} = E°_1 + 0{,}06 \lg [Fe^{3+}]_{eq}/[Fe^{2+}]_{eq}$$
$$E_{eq} = E°_2 + (0{,}06/5) \lg [MnO_4^-]_{eq}[H^+]_{eq}^8/[Mn^{2+}]_{eq}$$

En multipliant la dernière égalité par 5 et en ajoutant l'égalité précédente, les termes sous logarithme s'éliminent et l'on obtient, à pH = 0 :

$$6\ E_{eq} = 5\ E°_2 + E°_1 \quad \text{ou encore :} \quad E_{eq} = (5\ E°_2 + E°_1)/6$$

Le potentiel à l'équivalence est plus proche de $E°_2$ que de $E°_1$ car le permanganate met en jeu davantage d'électrons par mole que l'ion fer(II).

On peut généraliser à deux couples échangeant respectivement $n_1$ et $n_2$ électrons :

$$Ox_1 + n_1 e^- \rightleftarrows R_1$$
$$Ox_2 + n_2 e^- \rightleftarrows R_2$$
$$n_2 Ox_1 + n_1 R_2 \rightleftarrows n_2 R_1 + n_1 Ox_2$$

et $$E_{eq} = (n_2 E°_2 + n_1 E°_1) / (n_1 + n_2)$$

*Après l'équivalence* (x>1), la totalité des ions Fe(II) a réagi (a moles), il s'est formé a/5 moles de $Mn^{2+}$ et il reste (ax/5) - a/5 = a (x-1)/5 moles de $MnO_4^-$ qui n'ont pas réagi. D'où :

$$E = E°_2 - (0{,}06 \times 8 / 5)\ pH + (0{,}06/5) \lg(x-1)$$

ou, dans les conditions où pH = 0 : $E = E°_2 + (0{,}06/5) \lg(x-1)$

**La courbe expérimentale de dosage potentiométrique**

La figure E1.5.2 présente la disposition relative de la courbe théorique dans l'hypothèse d'une réponse pratiquement Nernstienne des électrodes et des courbes potentiométriques expérimentales obtenues à l'aide d'une électrode de référence au calomel par exemple, et d'électrodes indicatrices de platine et de graphite. Avant l'équivalence, les courbes se superposent pratiquement (en choisissant un potentiel de demi-équivalence théorique ≈ 0,68V / ENH, voir ci-dessus le dosage Fer(II) / Ce(IV)), car les espèces $Fe^{3+}$ et $Fe^{2+}$ sont présentes en quantités notables et le système $Fe^{3+}/Fe^{2+}$ est rapide sur platine comme sur graphite. Au delà de l'équivalence, l'allure de la courbe doit être discutée d'après l'évolution des courbes intensité-potentiel au cours du dosage.

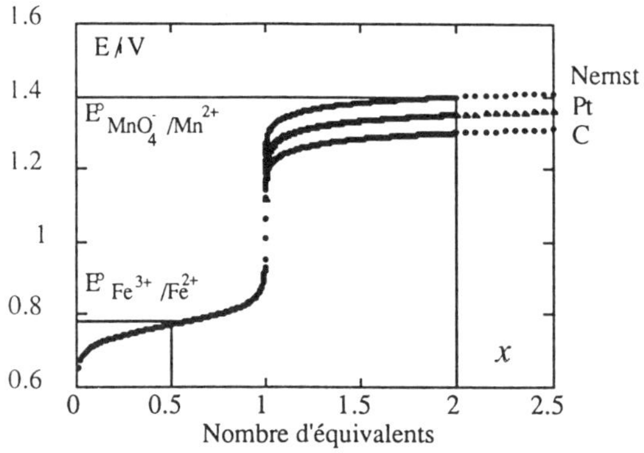


Figure E1.5.2 : dosage du Fe(II) par le permanganate

A l'équivalence, le potentiel de l'électrode est un potentiel mixte peu stable $Fe^{3+}/H_2O$ (figure E1.5.3, schéma a). Après l'équivalence, il s'agit d'un potentiel mixte $MnO_4^-/H_2O$ (figure E1.5.3, schéma b).

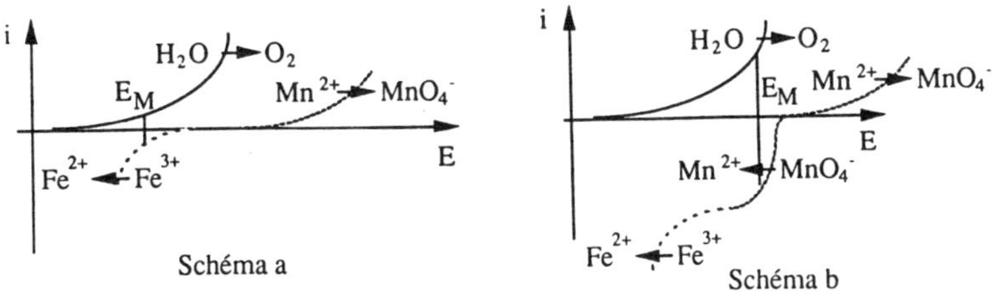


Figure E1.5.3

Dans les deux cas, la différence de potentiel entre électrode de référence et électrode indicatrice dépend de la nature de l'électrode et de la cinétique d'échange d'électrons à la surface de l'électrode (voir chapitre 4). Elle reste faible au-delà de l'équivalence (schéma b) mais elle peut atteindre des valeurs importantes à l'équivalence, plusieurs centaines de millivolts. Ce phénomène peut permettre de réaliser un dosage sans électrode de référence mais entre électrodes indicatrices de nature différente (graphite/platine) ou de surface différente (Pt/Pt) [25] : pratiquement nulle avant l'équivalence, la différence de potentiel passe par un maximum très marqué à l'équivalence et diminue jusqu'à une valeur constante ensuite. La vitesse d'addition des réactifs et le régime d'agitation de la solution sont à contrôler attentivement pour obtenir des résultats reproductibles pour le volume à l'équivalence. En outre, la valeur absolue de la différence de potentiel à l'équivalence peut varier au cours du temps avec une électrode de graphite car l'électrode évolue après plusieurs dosages successifs.

**Fin de réaction et équivalence**

Ces deux notions sont très souvent confondues, alors qu'elles recouvrent des concepts très différents. [26]

L'équivalence est une notion théorique. Elle correspond au point (volume de réactif titrant $V_{eq}$ par exemple) où les réactifs ont été ajoutés dans des proportions telles que le nombre de particules reçues/données par le réactif à doser dans le volume initial est exactement égal au nombre de particules données/reçues par le réactif titrant, en fonction de la stoechiométrie théorique de la réaction. Dans un dosage redox, où l'oxydant est l'espèce titrante, l'équivalence correspond au point où le volume d'oxydant ajouté $V_{eq}$ est tel que nombre de moles d'électrons acceptés par l'oxydant est égal au nombre de moles d'électrons donnés par les espèces réductrices contenues dans le volume initial $v_0$.

La fin de réaction est une notion d'origine expérimentale. La fin de réaction est le point (volume $V_{fr}$), proche de l'équivalence, où l'expérimentateur considère que la réaction est terminée : changement de couleur d'un indicateur coloré, point expérimental sur une courbe de dosage, etc...). L'écart relatif entre le point d'équivalence théorique et le point de fin de réaction expérimental est appelée erreur de dosage [26] :

Erreur de dosage = $(V_{eq} - V_{fr})/ V_{eq}$

**Conditions du dosage**

Les conditions initiales du dosage sont particulièrement importantes à respecter. Le protocole expérimental décrit ci-dessus (cf. mode opératoire) n'est pas une recette héritée du passé et immuable pour d'obscures raisons. Les conditions du dosage sont le résultat de la connaissance du comportement chimique des produits mis en jeu. Quelques aspects peuvent être utilement discutés.

1) Concentration des réactifs : il convient d'opérer avec des réactifs qui ne soient pas trop concentrés ; en particulier, une concentration de permanganate trop élevée (≥ 0,1 mol.l$^{-1}$) entraîne des réactions secondaires importantes (précipité de $MnO_2$). Il faut cependant une concentration minimale de permanganate car la fin de la réaction est marquée par le virage incolore - violet qui doit être suffisamment visible dans le dosage volumétrique sans électrodes. Une concentration voisine de 0,02 mol.l$^{-1}$ est généralement adoptée et s'avère satisfaisante.

2) Pourquoi opérer en milieu acide ? L'acidité du milieu joue sur deux facteurs : le potentiel du couple $MnO_4^-/Mn^{2+}$ dépend du pH mais ceci n'est pas décisif car l'équilibre est très déplacé dans le sens de la réduction du permanganate si le pH est suffisamment bas. Le pH détermine surtout la nature du couple du manganèse qui participe à l'oxydation du fer(II). En effet, le diagramme potentiel-pH du manganèse (cf. chapitre 2, § 1.4) montre clairement que l'une des espèces thermodynamiquement stables obtenues par réduction de $MnO_4^-$ est le bioxyde de manganèse $MnO_2$. Plus le pH est élevé, plus la possibilité d'obtenir le précipité de $MnO_2$ est grande. La formation parallèle de $Mn^{2+}$ et $MnO_2$ fausserait le résultat du dosage puisque l'interprétation repose sur le transfert de cinq électrons par ion $MnO_4^-$.

3) Nature de l'acide : l'acide généralement utilisé est l'acide sulfurique. On ajoute parfois de l'acide orthophosphorique, dans le but de complexer les ions fer(III) formés à l'état de complexes phosphato incolores. Cela permet de mieux percevoir le virage en fin de réaction (sensibilité accrue). L'addition d'acide phosphorique contribue également à modifier le potentiel d'électrode à la demi-équivalence qui s'éloigne plus encore qu'avec l'ion sulfate de la valeur des tables thermodynamiques obtenues avec l'acide perchlorique.

L'addition d'autres acides est à déconseiller car les réactions secondaires peuvent devenir très importantes, et compromettre la qualité du dosage. Par exemple, avec l'acide chlorhydrique concentré, le risque d'oxydation des ions chlorure par le permanganate est grand ($E°_{Cl_2/Cl^-} = 1{,}36V$). Il s'agit même d'une préparation possible du chlore... A éviter donc.

Quant à l'acide nitrique concentré, les effets sont plus spectaculaires encore. La solution de fer(II) change de couleur en brunissant. Il se forme très probablement des complexes $[Fe(NO)]^{2+}$. Le potentiel d'électrode est augmenté de plusieurs centaines de millivolts, rendant le virage potentiométrique plus difficile à détecter et surtout, le volume à l'équivalence est diminué de manière significative, car les ions fer(II) sont en partie oxydés par les ions nitrates.

4) Pourquoi le permanganate dans la burette et la solution ferreuse dans le bécher ? Adopter la situation inverse conduirait à ajouter progressivement la solution ferreuse à la solution de permanganate. La formation d'ion manganeux en milieu permanganate conduit à la réaction d'amphotérisation :

$$2\,MnO_4^- + 3\,Mn^{2+} + 2\,H_2O \rightleftharpoons 4\,H^+ + 5\,MnO_2$$

et à la précipitation de $MnO_2$ lorsque la concentration de $MnO_4^-$ est assez élevée. Le caractère hétérogène de la réduction ultérieure de $MnO_2$ par $Fe^{2+}$ est un facteur défavorable pour la précision du dosage.

## 5.4. INDICATEURS COLORES D'OXYDOREDUCTION

Le principe d'utilisation de ces indicateurs est analogue à celui des indicateurs colorés acido-basiques. Il s'agit de couples oxydoréducteurs dont la forme réduite et la forme oxydée ont des couleurs différentes ; ils sont caractérisés par une valeur de potentiel normal $E°_{ind}$ :

$$Ind_{ox} + ne^- \rightleftharpoons Ind_{red}$$

$$E = E°_{ind} + RT/nF \ln [Ind_{ox}]/[Ind_{red}]$$

Si l'on ajoute une petite quantité de ce couple dans une solution à doser :

tant que $E < E°_{ind}$, $Ind_{ox} << Ind_{red}$, la couleur prédominante est celle de $Ind_{red}$
lorsque $E > E°_{ind}$, $Ind_{ox} >> Ind_{red}$, la couleur prédominante est celle de $Ind_{ox}$.

Si l'on choisit le couple oxydoréducteur de telle sorte que $E°_{ind}$ soit égal au potentiel à l'équivalence, le changement de couleur permet de repérer l'équivalence.

**Indicateurs d'oxydoréduction** (27)

| Indicateur | Couleur $Ind_{ox}$ | Couleur $Ind_{red}$ | E° (V/ENH) à pH = 0 |
|---|---|---|---|
| Rouge neutre | rouge | incolore | 0,24 |
| Bleu de méthylène | bleu pâle | incolore | 0,52 |
| Diphénylamine | violet | incolore | 0,76 |
| Acide N-phényl anthranilique | rouge | incolore | 0,89 |
| o-Phénanthroline ferreuse | bleu pâle | rouge | 1,06 |
| Nitro-5,o-phénanthroline ferreuse | bleu pâle | rouge | 1,25 |

## ■ EXPERIENCE 1.5/4

### Dosages successifs de $Fe^{2+}$ et de l'orthophénanthroline ferreuse

**Produits et matériel**

*– identique à l'expérience 1.5/2.*

*– en outre : orthophénanthroline solide et sel de Mohr.*

**Mode opératoire**

*Préparer une solution contenant une quantité (pesée avec précision) de l'ordre de 0,7g d'orthophénanthroline (M = 198,23) et 1,4 g de sel de Mohr (M = 392,13) dans 50 $cm^3$ de solution.*

*Un prélèvement de 20 $cm^3$ de cette solution est placé dans un bécher avec un barreau aimanté. On introduit dans la solution l'électrode de platine et l'extrémité de l'électrode au calomel saturée, toutes deux reliées au millivoltmètre. On réalise le dosage potentiométrique par le sulfate cérique placé dans la burette. La courbe représentant les variations du potentiel de l'électrode de platine est représentée sur la figure E1.5.4.*

## ■ EXPERIENCE 1.5/5

### Application : dosage colorimétrique de $Fe^{2+}$ par $Ce^{4+}$

**Produits et matériels**

*– solution cérique (0,1 $mol.l^{-1}$) ; solution de sel de Mohr (0,1 $mol.l^{-1}$ environ) ; o-phénanthroline ferreuse.*

*– burette ; bécher ; agitateur magnétique ; barreau aimanté.*

**Mode opératoire**

*Ajouter 1 goutte d'indicateur à la solution ferreuse à doser. La solution est rouge. Ajouter la solution cérique jusqu'au changement de coloration, du rouge au bleu, qui détermine le point de fin de réaction.*

## □ DISCUSSION

La courbe de l'expérience 1.5/4 présente deux paliers successifs correspondant respectivement à l'oxydation des ions $Fe^{2+}$ libres puis à celle du complexe {tris(o-phénanthroline) Fe(II)}$^{2+}$.

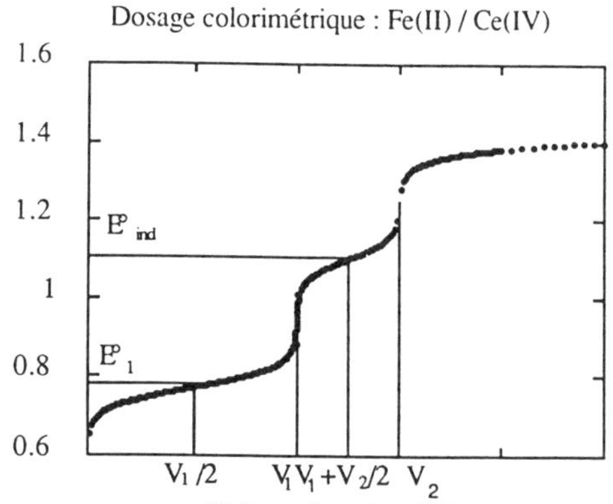


Figure E1.5.4

Le potentiel à la première demi-équivalence est proche de 0,68 V ENH, ce qui est la valeur habituelle de $E°_1$ pour le couple $Fe^{3+}/Fe^{2+}$ en milieu sulfate (cf. expérience 1.5/2 et discussions du chapitre E2, § 1 et 2).

La seconde demi-équivalence donne $E°_{ind}$ = 1,1V pour le potentiel normal du couple orthophénanthroline ferrique / orthophénanthroline ferreuse.

De plus, la connaissance des quantités de matière introduites (environ le même nombre de mole de $Fe^{2+}$ et d'orthophénanthroline ) et celle des volumes $V_1$ et $V_2$ aux équivalences ($V_1 \approx 2/3\ V_2$) permet de déterminer la stoechiométrie du complexe (trois molécules d'orthophénanthroline pour un ion du fer).

La demi équation électronique peut être symbolisée par :

$$Fe(o\text{-}phen)_3^{3+} + e^- \rightleftharpoons Fe(o\text{-}phen)_3^{2+}$$

bleu pâle — rouge intense

Par ailleurs, les deux complexes sont stables ; en effet :

$$Fe(o\text{-}phen)_3^{2+} \rightleftharpoons Fe^{2+} + 3\ o\text{-}phen \qquad pK_{D2} = 17{,}7$$

Des valeurs de $E°_1$ et $E°_{ind}$, on peut déduire le pK de dissociation du complexe $Fe(o\text{-}phen)_3^{3+}$ : $Fe(o\text{-}phen)_3^{3+} \rightleftharpoons Fe^{3+} + 3\ o\text{-}phen \qquad pK_{D3} = 11{,}5$

Les résultats ci-dessus montrent que le couple $Fe(o\text{-}phen)_3^{3+}/\ Fe(o\text{-}phen)_3^{2+}$ est un indicateur coloré d'oxydoréduction approprié au dosage de $Fe^{2+}$ par $Ce^{4+}$ puisque $E°_{ind}$, qui détermine le potentiel expérimental de fin de réaction, est proche du potentiel à l'équivalence. L'exactitude du dosage nécessite que l'indicateur soit introduit en très faible quantité dans la solution à doser.

## BIBLIOGRAPHIE DU CHAPITRE E1

1 – *Bull. Union Phys.*, 1976, **589**, 365.
2 – A. et O. DURUPTHY, Quelques réactions d'oxydoréduction, *Bull. Union Phys.*, 1987, **664**, 1025.
3 – P. BOUCHOUX, Recyclage de l'argent, *Bull. Union Phys.*, 1983, **658**, 261.
4 – G. CHARLOT, Les réactions chimiques en solution. L'analyse qualitative minérale, Masson, Paris, 1972, p. 286.
5 – L. HACKSPILL, J. BESSON, A. HEROLD, Chimie Minérale, Presses Universitaires de France, Paris, 1958, p. 686.
6 – J.M. WILSON, R.J. NEWCOMBE, A.R. DENARO, R.M.W. RICKETT, Manipulations de chimie physique, Gauthier-Villars, Paris, 1964, p. 120.
7 – P. BRAMANT, M. SOTTOCASA, R. BLANC, Potentiels d'électrodes, *Bull. Union Phys.*, 1980, **625**, 1189.
8 – N. J. SELLEY, Experimental approach to electrochemistry, 1977, p. 70.
9 – a) M. BEDOUIN, A propos de la polarité de la pile $Zn/Zn^{2+}//Al^{3+}/Al$, et mesure du potentiel du couple $Na/Na^{+}$, *Bull. Union Phys.*, 1971, **536**, 923.
b) V. DANAIRE, C. MOREAU, R. DANION-BOUGOT, A. TALLEC, *Bull. Union Phys.*,1974, **563**, 675.
10 – R. HAZARD, J. SARRAZIN, *Bull. Union Phys.*, 1981, **635**, 1186.
11 – Service du C.A.P.E.S. Paris VI, Classification qualitative des couples redox (gel), *Bull. Union Phys.*, 1989, **714**, 696 ; *ibid*, 1976, **589**, 365, 391, 393 et 395.
Lycée B. Pascal, Orsay, *ibid*, 1976, **589**, 369, 373, 383 et 387.
M. GILOT, F.C. BROWN, Pile ion ferrique-iodure (empois bleu), *Bull. Union Phys.*, 1967, **493**, 276.
12 – Service du C.A.P.E.S. Paris VI, *Bull. Union Phys.*, 1976, **589**, 375 ; *ibid*, 1978, **600**, 573.
R. LERCH, J.C. DEMARAIS, Une électrode facile à réaliser, *Bull. Union Phys.*, 1980, **625**, 1187.
J. MARPEAUX, A propos des potentiels d'électrodes, *Bull. Union Phys.*,1980, **625**, 1201.
J.L. BRISSET, Notes sur l'électrode à hydrogène, *Bull. Union Phys.*, 1980, **629**, 293.
J.L. BRISSET, Détermination expérimentale du produit d'autoprotolyse de solvants mixtes hydroorganiques, *Bull. Union Phys.*, 1978, **600**, 573.
J.L. BRISSET, Acido-basicité et oxydoréduction dans l'ammoniac liquide, *Bull. Union Phys.*, 1978, **600**, 555.
13 – T. H. RANDLE, P. J. KELLY, An Inexpensive, Commercial-Type, Reference Electrode, *J. Chem. Educ.*, 1984, **61** (8), 721.
14 – A. M. BERNARD, J. C. MAIRE, Manipulations de chimie-physique, Dunod, Paris, 1967, p. 116.
15 – R. GENER, Détermination de constantes de complexation à partir de la loi de Nernst, *Bull. Union Phys.*, 1980, **629**, 354.
16 – D. BRENNAN, C.F.H. TIPPER, Experiments in physical chemistry, Mc Graw Hill, Londres, 1967, p. 128.
17 – A. AREVALO, G. PASTOR, Verification of the Nernst Equation and Determination of a Standard Electrode Potential, *J. Chem. Educ.*, 1985, **62** (10), 882.
18 – Nuffield Chemistry, Collected Experiments, Nuffield Foundation, London, 1967, p. 328.
19 – Nuffield Chemistry, Collected Experiments, Nuffield Foundation, London, 1967, E16.10 et 16.8.
20 – D.D. WAGMAN, W.H. EVANS, V.B. PARKER, I. HALOW, S.M. BAILEY, R.H. SCHUMM, Selected Values of Chemical Thermodynamic Properties, N.B.S.

Technical Notes 270, 3-4-5-6-7-8-9, (1968 - 1981).

21 – R. M. NOYES, Conventions Defining Thermodynamic Properties of Aqueous Ions and Other Chemical Species, *J. Chem. Educ.*, 1963, **40**, 2.

22 – a) Réf. 6, p. 131.
b) Réf. 16, p. 138.

23 – a) M. J. SMITH, C. A. VINCENT, Electrochemistry of the Zinc-Silver Oxide System ; Part 1 : Thermodynamic Studies Using Commercial Miniature Cells, *J. Chem. Educ.*, 1989, **66** (6), 529 ; Part 2 : Practical Measurements of Energy Conversion Using Commercial Miniature Cells, *ibid.*, 1989, **66** (8), 683.
b) D.P. SHOEMAKER, C.W. GARLAND, J.I.STEINFELD, Experiments in physical chemistry, 3rd ed., Mc Graw Hill, 1974, p. 262.

24 – a) **Chromimétrie**
F. GILLES, A propos du vin, Dosage de l'alcool du vin par chromimétrie, *Bull. Union Phys.*, 1986, **684**, 847.
M. GOURSON, Dosage de l'éthanol par oxydation chromique, *Bull. Union Phys.*, 1975, **573**, 801.
C. CHAUSSIN, Titrage d'un sel ferreux par l'ion dichromate, *Bull. Union Phys.*, 1972, **542**, 581.
b) **Iodométrie**
M. MERTENS, Deux dosages iodométriques empruntés l'un à la chimie organique, l'autre à la chimie minérale, *Bull. Union Phys.*, 1986, **684**, 853.
A. ARBOUET, Tracé automatique des courbes de titrage acidobasique ou redox, *Bull. Union Phys.*, 1986, **684**, 881.
J.C. DONADINI, Dosage du cuivre(II) par iodométrie, *Bull. Union Phys.*, 1983, **654**, 1013.
D. Mc CULLOUGH, H.W. STONE, Experimental general chemistry, Mc Graw Hill, New York, 1963, p. 196.
M. GOURSON, Préparation du thiosulfate de sodium et dosage, *Bull. Union Phys.*, 1975, **573**, 807.
M. GARRIC, Travaux pratiques de chimie, chapitre 7, Iodométrie, Dunod, Paris, 1964.
c) **Manganimétrie**
M. GARRIC, Travaux pratiques de chimie, chapitre 8, Manganimétrie, Dunod, Paris, 1964.
Manipulations de chimie, *Bull. Union Phys.*, 1970, **529**, 210.
d) **Potentiel d'électrode**
M. JUBAULT, A. TALLEC, Expériences sur la notion de potentiel d'électrode, *Bull. Union Phys.*, 1982, **648**, 191.

25 – M. NATARAJAN, A. RAMASUBRAMANIAN, The Carbon Electrode in Potentiometric Titrations, *J. Chem. Educ.*, 1976, **53** (10), 663.

26 – I. BUTLER, Ionic Equilibrium, a mathematical approach, Adison Westley, New-York, 1964.

27 – a) V. ALEXEEV, Analyse quantitative, Mir, Moscou, 1966, p. 377.
b) VOGEL'S Textbook of quantitative inorganic analysis, Longman, London, 4th ed, 1981, p. 293.
c) G. CHARLOT, Les méthodes de la chimie analytique, Analyse quantitative minérale, 4ème éd., Masson, Paris, 1961, p. 320.

# CHAPITRE 2

# INFLUENCE DE DIFFERENTS FACTEURS SUR LES REACTIONS D'OXYDOREDUCTON

Le pouvoir oxydant ou réducteur d'une espèce d'un couple oxydoréducteur, qui peut être mesuré par le potentiel d'oxydoréduction du couple, est fonction de l'environnement. En effet (cf. chapitre 1, § 3.2), le potentiel d'oxydoréduction dépend des activités des espèces chimiques qui apparaissent dans la demi-équation électronique. Il en résulte qu'une réaction chimique, autre qu'une réaction d'oxydoréduction, susceptible de modifier l'activité de ces espèces, peut avoir une influence sur le pouvoir oxydant ou réducteur des espèces conjuguées du couple oxydoréducteur. Ceci se produit lorsque l'oxydant ou le réducteur possèdent des propriétés acidobasiques ou lorsqu'ils donnent lieu à la formation de complexes ou à celle de précipités.

## 1. INFLUENCE DU pH

### 1.1. LE POTENTIEL NORMAL APPARENT

Lorsque la demi-équation électronique du couple oxydoréducteur considéré fait intervenir les ions de l'eau $H^+$ ou $OH^-$, le pH influence les propriétés oxydo-réductrices des espèces du couple : si nous considérons la demi-équation électronique :

$$Ox + q\, H^+ + n\, e^- \rightleftharpoons R + q/2\, H_2O$$

la loi de Nernst associée à cette demi-équation s'écrit :

$$E = E°_{Ox/R} - 0{,}06\ (q/n)\ pH + 0{,}06/n\ \lg a_{Ox} / a_R$$

Le potentiel est fonction non seulement de $E°_{Ox/R}$ et des activités $a_{Ox}$ et $a_R$, mais également du pH.

On caractérise le système par le potentiel normal apparent du couple à pH donné, $\overline{E°}_{Ox/R}$, correspondant à $a_{Ox} = a_R = 1$ :

$$\overline{E°}_{Ox/R} = E°_{Ox/R} - 0{,}06\ (q/n)\ pH$$

$E°_{Ox/R}$ n'est donc autre que le potentiel normal apparent du couple Ox / R à pH = 0.

Si l'on utilise des ions $OH^-$ pour équilibrer la demi-équation électronique :

$$Ox + q/2\, H_2O + n\, e^- \rightleftharpoons R + q\, OH^-$$

la loi de Nernst associée s'écrit, étant donné la constante Ke d'autoprotolyse de l'eau :

$$E = E°^*_{Ox/R} + 0{,}06\ (q/n)\ pKe - 0{,}06\ (q/n)\ pH + 0{,}06/n\ \lg a_{Ox} / a_R$$

et le potentiel normal apparent $\overline{E°}$ du couple Ox / R vaut :

$$\overline{E°}_{Ox/R} = E°^*_{Ox/R} + 0{,}06\ (q/n)\ pKe - 0{,}06\ (q/n)\ pH$$

$E^{\circ*}_{Ox/R}$ est donc le potentiel normal apparent du couple Ox / R à pH = pKe (pH = 14) (voir aussi chapitre 1, § 3.2.3).

## 1.2. POTENTIELS NORMAUX ET CONSTANTE D'ACIDITE

Lorsque l'une des espèces conjuguées du couple oxydoréducteur possède des propriétés acidobasiques, on peut établir une relation entre le potentiel normal du couple oxydoréducteur relatif à la forme acide, celui du couple oxydoréducteur relatif à la forme basique, et la constante d'acidité du couple acidobasique.

En effet, lorsque dans une solution, l'oxydant est présent sous deux formes acidobasiques Ox et Ox' en équilibre et qu'il en est de même pour le réducteur sous les formes R et R', le potentiel d'oxydoréduction peut s'exprimer indifféremment en fonction de $E°_{Ox/R}$ , de $E°_{Ox/R'}$ , de $E°_{Ox'/R}$ ou de $E°_{Ox'/R'}$ . Il suffit, pour relier ces constantes deux à deux, d'écrire les demi-équations électroniques correspondantes, de noter que les relations de Nernst associées expriment la même grandeur et d'introduire les constantes d'acidité.

Exemple : l'oxydant présente deux formes acidobasiques en équilibre :

$$HClO \rightleftharpoons H^+ + ClO^-$$

Le potentiel des couples chlore au degré d'oxydation (+I) / chlore au degré d'oxydation (-I) peut s'exprimer indifféremment en fonction de $E°_{HClO/Cl^-}$ ou de $E°_{ClO^-/Cl^-}$. Les demi-équations électroniques s'écrivent :

$$H^+ + HClO + 2\ e^- \rightleftharpoons Cl^- + H_2O$$
$$2\ H^+ + ClO^- + 2\ e^- \rightleftharpoons Cl^- + H_2O$$

d'où :

$$E = E°_{HClO/Cl^-} + 0{,}03\ \lg a_{H^+} \, . \, a_{HClO} \,/\, a_{Cl^-}$$
$$E = E°_{ClO^-/Cl^-} + 0{,}03\ \lg a_{H^+}^2 \, . \, a_{ClO^-} \,/\, a_{Cl^-}$$

étant donné que $K_A = a_{H^+} \, . \, a_{ClO^-} / a_{HClO}$ , on déduit :

$$E°_{HClO/Cl^-} = E°_{ClO^-/Cl^-} - 0{,}03\ pK_A$$

## 1.3. PROPRIETES OXYDOREDUCTRICES DE L'EAU

L'eau est utilisée comme solvant dans les exemples étudiés. Elle est susceptible de subir une oxydation ou une réduction. L'élément oxydable de l'eau est l'oxygène, dont le degré d'oxydation peut passer de (-II) à (0) et l'élément réductible est l'hydrogène dont le degré d'oxydation peut passer de (+I) à (0).

**L'eau oxydant**

Etant donné l'existence des équilibres acidobasiques de l'eau avec ses ions, il existe deux demi-équations électroniques faisant intervenir les divers couples de l'hydrogène : H au degré d'oxydation (I) / H au degré d'oxydation (0).

$$2\ H^+ + 2\ e^- \rightleftharpoons H_2$$

et

$$2\ H_2O + 2\ e^- \rightleftharpoons H_2 + 2\ OH^-$$

La première est représentative des espèces prépondérantes en milieu acide, la seconde correspond aux espèces intervenant en milieu neutre ou basique.

Le potentiel d'oxydoréduction s'écrit :

$$E = E°_{H^+/H_2} + 0{,}03\ \lg a_{H^+}^2 \,/\, a_{H_2}$$
$$E = E°^*_{H_2O/H_2} + 0{,}03\ \lg a_{H_2O}^2 \,/\, a_{OH^-}^2 \, . \, a_{H_2}$$

avec $a_{H_2O} = 1$ (eau solvant).

Comme $a_{H^+} \, . \, a_{OH^-} = Ke$,

$$E°^*_{H_2O/H_2} = E°_{H^+/H_2} - 0{,}06\ pKe = -\ 0{,}84\ V \text{ à } 25\ °C$$

Par ailleurs, le potentiel du couple H (+I) / H (0) varie en - 0,06 pH : l'eau est d'autant plus oxydante que le milieu est plus acide.

Ainsi, pour une pression d'hydrogène égale à la pression standard (1 bar), sont oxydés à pH = 0 les métaux dont le potentiel normal du couple redox est inférieur à 0 V ENH, alors qu'à pH = 7 sont seulement oxydés les métaux dont le potentiel du couple redox est inférieur à - 0,42 V. En milieu très basique, sont oxydés les métaux qui sont des réducteurs puissants (alcalins, alcalino-terreux...).

**L'eau réducteur**

Les demi-équations électroniques mettant en jeu le couple O (0) / O (-II) sont :

$$1/2\ O_2 + 2\ H^+ + 2\ e^- \rightleftharpoons H_2O \quad \text{(milieu acide)}$$
$$1/2\ O_2 + H_2O + 2\ e^- \rightleftharpoons 2\ OH^- \quad \text{(milieu basique)}$$

et le potentiel d'oxydoréduction s'écrit :

$$E = E°_{O_2/H_2O} + 0{,}03\ \lg a_{O_2}{}^{1/2} \cdot a_{H^+}{}^2 = E°_{O_2/H_2O} + 0{,}015\ \lg a_{O_2} - 0{,}06\ pH$$
$$E = E°^*_{O_2/OH^-} + 0{,}03\ \lg a_{O_2}{}^{1/2} / a_{OH^-}{}^2$$

On en déduit que :

$$E°^*_{O_2/OH^-} = E°_{O_2/H_2O} - 0{,}06\ pKe$$

En outre, le potentiel décroît avec le pH en - 0,06 pH. L'eau est d'autant plus réductrice que le pH est plus élevé ; tandis qu'à pH = 7, elle réduit les systèmes de potentiel supérieur à 0,81 V à pH = 0, elle ne réduit que ceux de potentiel supérieur à 1,23 V.

**Diagramme potentiel pH**

L'évolution, en fonction du pH, des propriétés oxydoréductrices de l'eau peut être schématisée sur un diagramme représentant les variations des potentiels pour une pression de 1 bar des gaz supposés parfaits (figure 2.1). Ces droites délimitent trois domaines :
- 1. Réduction de l'eau avec dégagement d'hydrogène.
- 2. Domaine de stabilité de l'eau.
- 3. Oxydation de l'eau avec dégagement de $O_2$.

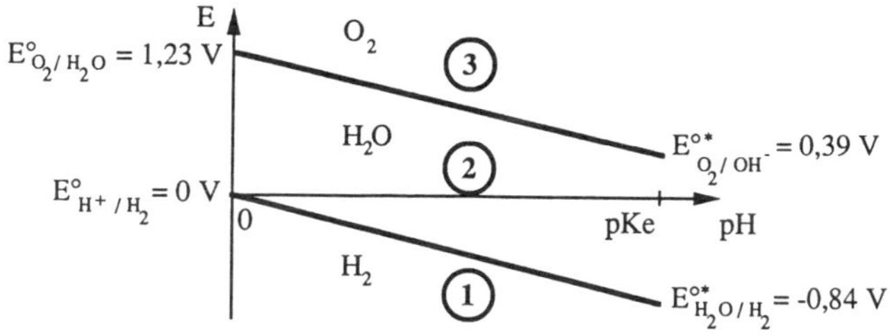


Figure 2.1

> ■ Remarques : Les réactions de l'eau sont lentes : des ions comme $ClO_4^-$, $MnO_4^-$, ..., oxydants de couples de E° élevés peuvent exister en solution aqueuse parce que les vitesses de réaction sont faibles.
>
> Un diagramme analogue peut être construit pour l'ammoniac liquide utilisé comme solvant lorsque l'on souhaite conduire certaines réactions qui nécessitent un milieu basique et un réducteur puissant [(1)].

## 1.4. DIAGRAMMES POTENTIEL - pH

Sur un diagramme potentiel-pH, on regroupe, sous forme graphique, un ensemble d'informations relatives aux équilibres qui peuvent se manifester entre différentes espèces chimiques comportant un même élément à différents degrés d'oxydation. Ces espèces ne peuvent être formées les unes à partir des autres que par des réactions acidobasiques ou des réactions d'oxydoréduction. On fait apparaître graphiquement les conditions (potentiel et pH) de stabilité des espèces considérées.

Ainsi, les équations chimiques traduisant les équilibres de ces espèces prises deux à deux sont de deux types :

– lorsque les éléments ont le même degré d'oxydation dans les deux espèces, on a affaire à un couple acidobasique ; l'équation traduit uniquement un échange de proton et est de la forme :

$$a\ \text{Acide} \rightleftharpoons b\ \text{Base} + m\ H^+ \qquad (K)$$

La condition d'équilibre entre Acide et Base est la loi d'action de masse :

$$K = (a_{Base})^b \cdot (a_{H^+})^m / (a_{Acide})^a$$

$$m\ pH = pK - \lg (a_{Base})^b / (a_{Acide})^a$$

– lorsqu'un élément a des degrés d'oxydation différents dans les deux espèces, il s'agit d'un couple oxydoréducteur ; l'équation est une équation de demi-réaction, avec échange d'électron(s) (et éventuellement de protons) selon :

$$y\ Ox + q\ H^+ + n\ e^- \rightleftharpoons z\ R$$

La condition d'équilibre entre forme oxydée Ox et forme réduite R est la loi de Nernst :

$$E = E°_{Ox/R} - 0{,}06\ (q/n)\ pH + 0{,}06/n\ \lg (a_{Ox})^y / (a_R)^z$$

Pour établir le diagramme, on trace les courbes représentatives d'équilibre (lois d'action de masse ou lois de Nernst) entre espèces prises deux à deux, pour des valeurs conventionnelles des activités de ces espèces, en ne conservant finalement que celles afférentes aux équilibres entre espèces majoritaires. L'expression de l'activité est fonction de l'état physique (cf. chapitre 1, § 3.2.2) dans lequel se trouve l'espèce (en solution, à l'état gazeux ou solide) et les conventions utilisées dépendent de la nature des équilibres.

Pour définir le système, il est d'abord nécessaire de fixer la quantité totale de matière en solution. Il résulte de cette nécessité une première convention :

**Convention Ia :**

Lorsqu'aucune des espèces considérées ne constitue une phase solide, toutes les espèces sont toujours présentes simultanément et on fixe conventionnellement la concentration totale de l'élément étudié (2,3), ce qui revient à fixer la somme des concentrations des espèces, affectées du coefficient stoechiométrique, dans chaque espèce, de l'élément étudié. Ce cas est illustré ci-dessous par l'exemple du diagramme du chlore.

**Convention Ib :**

Lorsque une ou plusieurs phases solides interviennent, on fixe conventionnellement la valeur maximale de cette concentration totale, ce qui revient à fixer la solubilité des différents corps solides dans l'ensemble des différentes formes dissoutes. Ce cas est illustré ci-dessous dans le cas du cuivre.

Les équilibres le plus souvent rencontrés appartiennent aux quatre types suivants, auxquels sont associées les conditions d'équilibre et conventions explicitées ci-dessous :

– équilibre homogène où les deux espèces sont en solution.

Ce cas nécessite une deuxième convention :

**Convention II :**

Les activités sont assimilées aux concentrations et le rapport $[Base]^b / [Acide]^a$ ou $[Ox]^y / [R]^z$ est fixé à une valeur conventionnelle. Dans la plupart des cas, $a = b = 1$ ou $y = z = 1$, et on choisit la valeur 1 pour le rapport : la droite correspondante du diagramme sépare alors les domaines de **prédominance** des deux espèces.

– équilibre hétérogène entre une espèce dissoute et une espèce solide :

La seule concentration intervenant dans la condition d'équilibre est celle de l'espèce dissoute. Sa valeur est fixée par la convention Ib et aucune convention supplémentaire n'est nécessaire. La courbe correspondante du diagramme potentiel-pH délimite alors le domaine **d'existence** du corps solide pour une solubilité globale donnée.

– équilibre hétérogène entre deux espèces solides :

Ceci ne se rencontre qu'avec un couple du type oxydoréducteur. Les activités des deux espèces valent 1 et la condition d'équilibre se réduit à :

$$E = E°_{Ox\,/\,R} - 0{,}06\,(q/n)\,pH$$

La droite correspondante est l'ensemble des points (E, pH) pour lesquels les deux phases solides coexistent. Pour les points qui ne sont pas situés sur la droite, une espèce solide existe en l'absence de l'autre : la droite sépare les domaines de **stabilité** des deux solides.

– équilibre hétérogène entre une espèce dissoute et une espèce gazeuse :

Ce cas nécessite une troisième convention :

**Convention III :**

On fixe conventionnellement la valeur de la pression du gaz. La concentration de l'espèce dissoute résulte alors de la convention I. La courbe sépare le domaine pour lequel la pression du gaz à l'équilibre est supérieure à la valeur choisie conventionnellement de celui pour lequel la pression à l'équilibre est inférieure à la valeur choisie.

Une méthode générale pour l'établissement rapide d'un diagramme potentiel-pH est illustrée sur les exemples des éléments chlore et cuivre.

### ETABLISSEMENT DU DIAGRAMME DU CHLORE

* **Etablissement de la liste des espèces** à prendre en considération et identification dans chaque espèce du degré d'oxydation de l'élément étudié.

Considérons ici un système qui ne comporte que des espèces dissoutes : l'ion chlorure $Cl^-$ dans lequel le degré d'oxydation de l'élément chlore est (-I), le chlore dissous $Cl_{2\ dissous}$ qui correspond au degré (0), l'acide hypochloreux HClO et l'ion hypochlorite $ClO^-$ pour le degré d'oxydation (+I). Fixons conventionnellement à $10^{-2}$ mol.l$^{-1}$ la concentration totale de l'élément chlore présent en solution et supposons que l'on peut assimiler la solution à une solution idéale.

> ■ Remarque : Il n'est pas envisagé ici la présence de chlore gazeux $Cl_2$ (g), dont on sait que l'équilibre de dissolution $Cl_2$ (g) $\rightleftharpoons$ $Cl_{2\ dissous}$ est caractérisé par la constante $K = [Cl_{2\ dissous}] / P_{Cl_2\ (g)}$ dont la valeur numérique est voisine de 0,1 à 25°C ; le diagramme correspondant ferait appel à la convention III énoncée ci-dessus pour les équilibres d'oxydoréduction impliquant le chlore gazeux.

* **Etude des équilibres acidobasiques**

Pour chaque degré d'oxydation, on établit les évèntuels équilibres acidobasiques successifs. La connaissance de la constante d'action de masse pour chacun de ces équilibres ainsi que la convention choisie quant aux concentrations des espèces dissoutes permet de déterminer la valeur du pH qui délimite le domaine de prédominance des espèces acide ou basique (équilibre homogène).

Ainsi :

$$HClO \rightleftharpoons ClO^- + H^+$$

$$pH = pK_A + \lg\,[ClO^-] / [HClO] \quad \text{avec } pK_A = 7{,}5$$

La droite d'équation $pH = pK_A$ délimite les domaines de prédominance de HClO et $ClO^-$. Sur la droite elle-même, les deux espèces ont la même concentration.

*** Etude des couples oxydoréducteurs**

Les espèces correspondant aux différents degrés d'oxydation du chlore sont disposées en colonne. Les espèces en équilibre acidobasique, où le chlore est au même degré d'oxydation, sont disposées sur une même ligne, le pH augmentant de gauche à droite :

| | | $pK_A$ | |
|---|---|---|---|
| Cl (I) | HClO | \| | $ClO^-$ |
| Cl (0) | | $Cl_2$ | → pH |
| Cl (-I) | | $Cl^-$ | |

Cela permet d'identifier les couples oxydoréducteurs à étudier et de déterminer, en fonction du pH, la nature de l'espèce prédominante que l'on prend en considération.

Ainsi, deux domaines de pH sont *a priori* à considérer pour le couple Cl (I) / Cl (0), pour des valeurs inférieures ou supérieures au $pK_A$ du couple acide hypochloreux / hypochlorite.

Lorsque x degrés d'oxydation interviennent, la connaissance, de (x - 1) potentiels normaux de couples indépendants permet d'établir les variations des potentiels avec le pH.

Soient :

$$E°_{HClO\,/\,Cl_2} = 1,59 \text{ V} \quad \text{et} \quad E°_{Cl_2\,/\,Cl^-} = 1,39 \text{ V}$$

**Cl (0) / Cl (-I)**

$$Cl_2 + 2\,e^- \rightleftarrows 2\,Cl^-$$

$$E = E°_{Cl_2\,/\,Cl^-} + 0,03 \ \lg\,[Cl_2]\,/\,[Cl^-]^2$$

en fixant conventionnellement à 1 le rapport $[Cl_2]\,/\,[Cl^-]^2$ :

$$E = E°_{Cl_2\,/\,Cl^-}$$

**Cl (I) / Cl (0)**

$$pH < pK_A \ : 2\,HClO + 2\,e^- + 2\,H^+ \rightleftarrows Cl_2 + 2\,H_2O$$

$$E_{(I)\,/\,(0)} = E°_{HClO\,/\,Cl_2} + 0,03 \ \lg\,[HClO]^2.[H^+]^2\,/\,[Cl_2]$$

en fixant conventionnellement le rapport $[HClO]^2\,/\,[Cl_2]$ à 1 :

$$E_{(I)\,/\,(0)} = E°_{HClO\,/\,Cl_2} - 0,06 \text{ pH}.$$

Les deux droites se coupent pour une valeur de pH telle que :

$E°_{HClO\,/\,Cl_2} - 0,06 \text{ pH} = E°_{Cl_2\,/\,Cl^-}$. Soit pH = 3,33. Cela signifie que pour pH > 3,33, le potentiel du couple $Cl_2\,/\,Cl^-$ est supérieur à celui du couple $HClO\,/\,Cl_2$. Les espèces prédominantes sont alors HClO et $Cl^-$. On étudie le couple Cl (I) / Cl (-I) pour lequel deux domaines de pH sont à prendre en considération.

**Cl (I) / Cl (-I)**

* $3,33 < pH < 7,5$ : $HClO + 2\,e^- + H^+ \rightleftarrows Cl^- + H_2O$

$$E_{(I)\,/\,(-I)} = E°_{HClO\,/\,Cl^-} + 0,03 \ \lg\,[HClO].[H^+]\,/\,[Cl^-]$$

en fixant conventionnellement à 1 le rapport $[HClO]\,/\,[Cl^-]$ :

$$E_{(I)\,/\,(-I)} = E°_{HClO\,/\,Cl^-} - 0,03 \text{ pH}$$

avec $E°_{HClO\,/\,Cl^-} = 1/2\,(E°_{HClO\,/\,Cl_2} + E°_{Cl_2\,/\,Cl^-})$

* $pH > 7,5$ : $ClO^- + 2\,e^- + 2\,H^+ \rightleftarrows Cl^- + H_2O$

$$E_{(I)\,/\,(-I)} = E°_{ClO^-\,/\,Cl^-} + 0,03 \ \lg\,[ClO^-].[H^+]^2\,/\,[Cl^-]$$

en fixant conventionnellement à 1 le rapport $[ClO^-] / [Cl^-]$ :

$$E_{(I)/(-I)} = E°_{ClO^-/Cl^-} - 0,06 \text{ pH}$$

avec $E°_{ClO^-/Cl^-} = E°_{HClO/Cl^-} + 0,03 \text{ p}K_A$.

D'où le diagramme faisant apparaître la nature des espèces « prédominantes » (cf. figure 2.2).

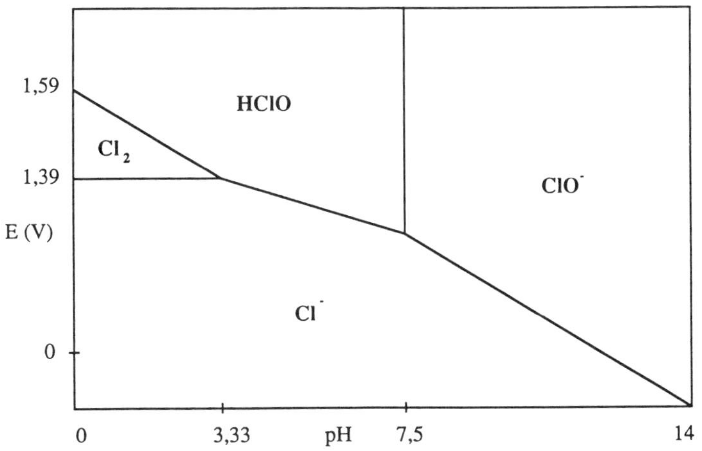

Figure 2.2

**LECTURE DU DIAGRAMME DU CHLORE**

Les quatre espèces considérées sont en équilibre et présentes simultanément quels que soient le potentiel et le pH. Le diagramme indique :

1) Sur les droites, une partition entre les espèces fixée conventionnellement. En des points suffisamment éloignés des points d'intersection, on peut pratiquement considérer que seules les deux espèces indiquées de part et d'autre de la droite sont présentes.

2) Les domaines de prédominance des espèces, dans les conditions fixées par convention.

3) A l'intersection de trois segments de droite, un point où trois espèces et non deux sont en concentration importante. Ainsi, au point d'intersection des segments de droite correspondant aux couples $HClO / Cl^-$, $ClO^- / Cl^-$, et du couple acide-base $HClO / ClO^-$, les concentrations sont, par convention :

$$[HClO] = [ClO^-] = [Cl^-] = (1/3)\ 10^{-2} \text{ mol.l}^{-1}$$

La notion de « prédominance », et les limites de la représentation « à plat » du diagramme potentiel-pH peuvent être précisées en représentant les variations des concentrations des espèces en fonction des différentes valeurs du potentiel et du pH. Les pages suivantes regroupent ces résultats sous forme graphique (figures 2.3 et 2.4).

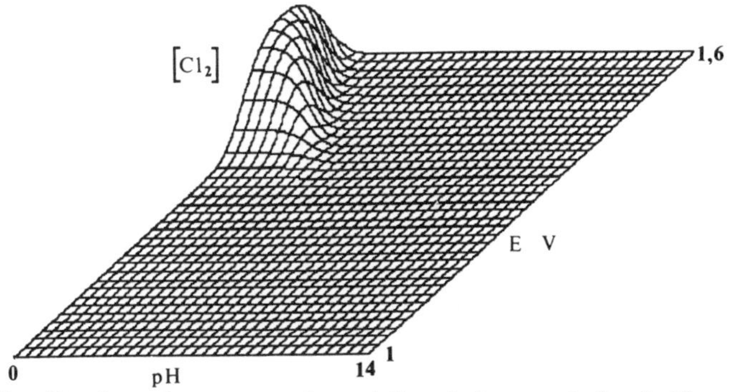

Figure 2.3.a : Représentation en nappe des variations de la concentration de $Cl_2$ en fonction du potentiel E et du pH.

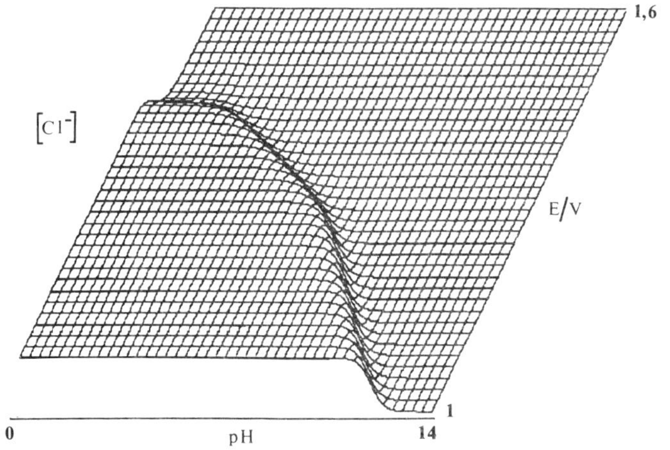


Figure 2.3.b : Représentation en nappe des variations de la concentration de $Cl^-$ en fonction du potentiel E et du pH.

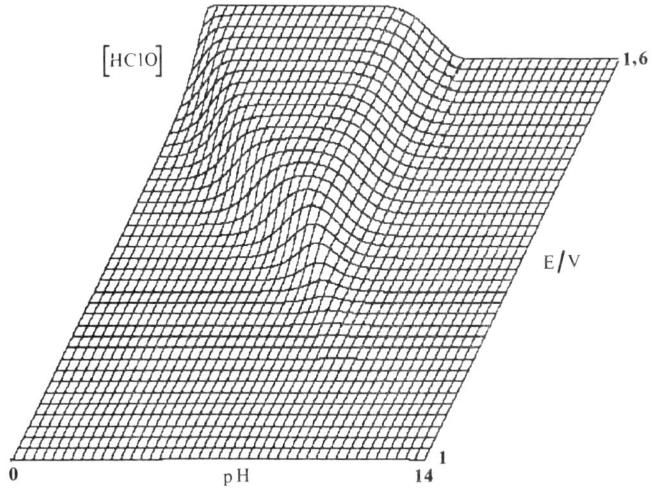


Figure 2.4.a : Représentation en nappe des variations de la concentration de HClO en fonction du potentiel E et du pH.

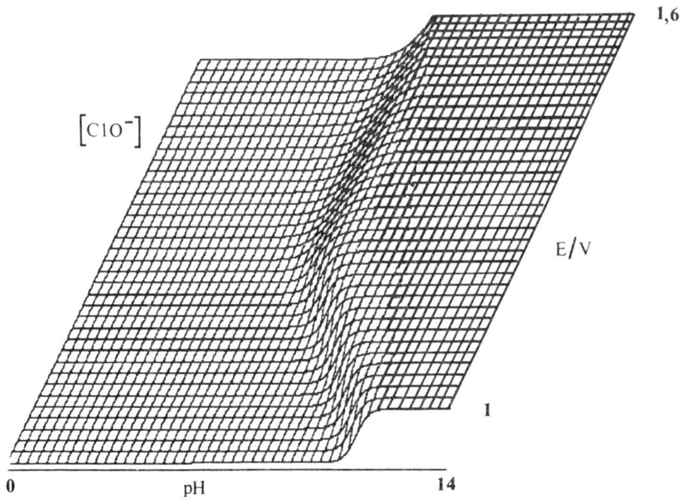


Figure 2.4.b : Représentation en nappe des variations de la concentration de $ClO^-$ en fonction du potentiel E et du pH.

ETABLISSEMENT DU DIAGRAMME DU CUIVRE

* **Etablissement de la liste des espèces** à prendre en considération et identification dans chaque espèce du degré d'oxydation de l'élément étudié.

Ces espèces sont le cuivre, Cu, au degré d'oxydation zéro, l'ion cuivreux $Cu^+$ et l'oxyde cuivreux $Cu_2O$ pour le degré d'oxydation (I), l'ion cuivrique $Cu^{2+}$ et l'hydroxyde $Cu(OH)_2$ pour le degré d'oxydation (II).

* **Etude des équilibres acidobasiques**

Pour chaque degré d'oxydation, on établit les équilibres acidobasiques successifs. La connaissance de la constante d'action de masse pour chacun de ces équilibres ainsi que la convention choisie quant aux concentrations des espèces dissoutes permet de déterminer la valeur du pH qui délimite le domaine d'existence des espèces solides dans les équilibres hétérogènes.

Par convention, fixons la valeur maximale égale à $10^{-2}$ mol.l$^{-1}$ pour la concentration totale de $Cu^+$ et de $Cu^{2+}$.

Les équilibres acidobasiques hétérogènes sont :

$$2\,Cu^+ + 2\,OH^- \rightleftharpoons Cu_2O + H_2O \qquad Ps_I = [Cu^+].[OH^-] = 10^{-15}$$
$$Cu^{2+} + 2\,OH^- \rightleftharpoons Cu(OH)_2 \qquad Ps_{II} = [Cu^{2+}].[OH^-]^2 = 10^{-20}$$

Dans l'hypothèse où le cuivre en solution est présent essentiellement sous forme de $Cu^+$, $[Cu^+] = 10^{-2}$ mol.l$^{-1}$, le produit de solubilité est atteint pour $[OH^-] \geq 10^{-13}$ mol.l$^{-1}$ et donc $Cu_2O$ existe lorsque $pH \geq 1$.

Dans l'hypothèse où le cuivre en solution est présent essentiellement sous forme de $Cu^{2+}$, $[Cu^{2+}] = 10^{-2}$ mol.l$^{-1}$, le produit de solubilité est atteint pour $[OH^-]^2 \geq 10^{-18}$ et $Cu(OH)_2$ existe lorsque $pH \geq 5$.

* **Etude des couples oxydoréducteurs**

Les espèces correspondant aux différents degrés d'oxydation sont disposées en colonne, et, pour un même degré d'oxydation, les espèces correspondant aux équilibres acidobasiques sont disposées en ligne de part et d'autre du pH de début de précipitation :

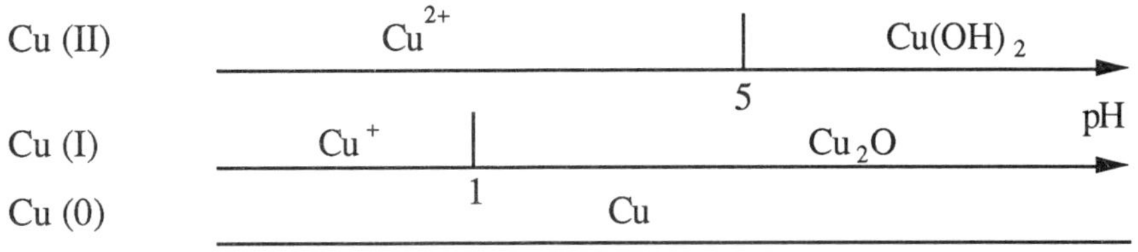


Cela permet d'identifier les couples oxydoréducteurs à étudier, et de déterminer, en fonction du pH, la présence des précipités que l'on prend en considération.

Ainsi, trois domaines de pH sont à considérer pour le couple Cu (II) / Cu (I) et deux domaines pour Cu (I) / Cu (0).

Lorsque x degrés d'oxydation interviennent, la connaissance de (x - 1) potentiels normaux de couples indépendants permet d'établir les variations des potentiels avec le pH.

Soient :

$$E°_{Cu^{2+}/Cu^+} = 0{,}16\ V \quad \text{et} \quad E°_{Cu^+/Cu} = 0{,}52\ V.$$

**Cu (II) / Cu (I)**

* $pH < 1$ : $Cu^{2+} + e^- \rightleftharpoons Cu^+$

$$E_{(II)/(I)} = E°_{Cu^{2+}/Cu^+} + 0{,}06\ lg\ [Cu^{2+}] / [Cu^+]$$

avec la convention $[Cu^{2+}] = [Cu^+]$ :

$$E = E°_{Cu^{2+}/Cu^+} = 0{,}16\ V$$

$$* \ 1 < pH < 5 : Cu^{2+} + 1/2\ H_2O + e^- \rightleftharpoons 1/2\ Cu_2O + H^+$$

$$E_{(II)/(I)} = E°_{Cu^{2+}/Cu_2O} + 0,06\ lg\ [Cu^{2+}] / [H^+]$$

$$E_{(II)/(I)} = E°_{Cu^{2+}/Cu^+} + 0,06\ lg\ [Cu^{2+}].[OH^-] / Ps_I$$

car $[Cu^+].[OH^-] = Ps_I = [Cu^+]Ke / [H^+]$

et $E°_{Cu^{2+}/Cu_2O} = E°_{Cu^{2+}/Cu^+} + 0,06\ lg\ Ke / Ps_I$

$$* \ pH > 5 : Cu(OH)_2 + H^+ + e \rightleftharpoons 1/2\ Cu_2O + 1/2\ H_2O$$

$$E_{(II)/(I)} = E°_{Cu(OH)_2/Cu_2O} + 0,06\ lg\ [H^+]$$

$$E_{(II)/(I)} = E°_{Cu^{2+}/Cu^+} + 0,06\ lg\ Ps_{II} / Ps_I.[OH^-]$$

$$E_{(II)/(I)} = 0,70 - 0,06\ pH$$

car $E°_{Cu(OH)_2/Cu_2O} = E°_{Cu^{2+}/Cu^+} + 0,06\ lg\ Ps_{II} / Ps_I.Ke = 0,70\ V.$

**Cu (I) / Cu (0)**

$$* \ pH < 1 : \quad Cu^+ + e^- \rightleftharpoons Cu$$

$$E_{(I)/(0)} = E°_{Cu^+/Cu} + 0,06\ lg\ [Cu^+]$$

$$* \ pH > 1 : 1/2\ Cu_2O + H^+ + e^- \rightleftharpoons Cu + 1/2\ H_2O$$

$$E_{(I)/(0)} = E°_{Cu_2O/Cu} + 0,06\ lg\ [H^+]$$

$$E_{(I)/(0)} = E°_{Cu^+/Cu} + 0,06\ lg\ Ps_I / [OH^-]$$

$$E_{(I)/(0)} = 0,46 - 0,06\ pH$$

car $E°_{Cu_2O/Cu} = E°_{Cu^+/Cu} + 0,06\ lg\ Ps_I / Ke.$

On peut alors tracer les variations des potentiels $E_{(II)/(I)}$ et $E_{(I)/(0)}$ en fonction du pH (cf. figure 2.5).

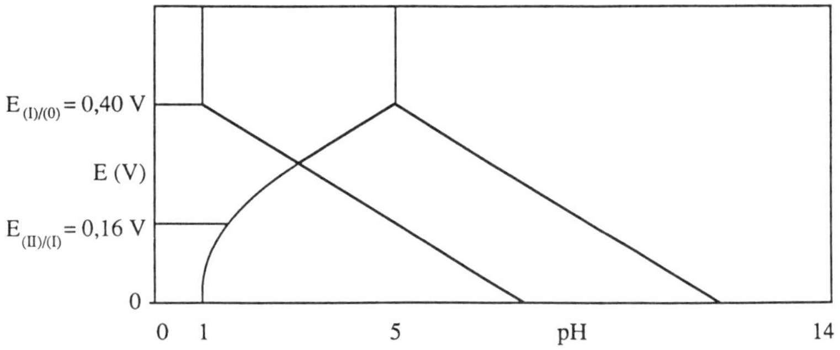


Figure 2.5

Les courbes se croisent en un point (E = 0,28 V ; pH = 3). Il s'ensuit que pour pH < 3, le cuivre (I) n'est pas stable et que les espèces prédominantes sont le cuivre (II) et le cuivre (0) qui coexistent.

On a alors :

$$pH < 3 : Cu^{2+} + 2\ e^- \rightleftharpoons Cu$$

$$E_{(II)/(0)} = E°_{Cu^{2+}/Cu} + 0,03\ lg\ [Cu^{2+}]$$

avec $E°_{Cu^{2+}/Cu} = 1/2\ (E°_{Cu^{2+}/Cu^+} + E°_{Cu^+/Cu})$

D'où le diagramme faisant apparaître les domaines d'existence des différentes solides (cf. figure 2.6).

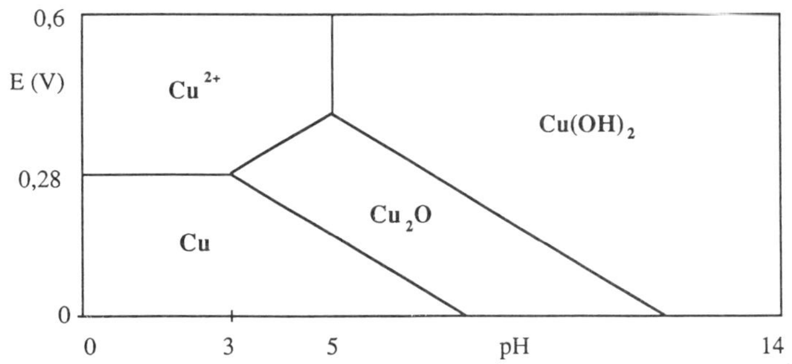


Figure 2.6

**LECTURE DU DIAGRAMME DU CUIVRE**

Le diagramme fait apparaître le domaine d'existence de chaque solide. Deux solides ne peuvent coexister que dans les conditions représentées par la droite qui sépare leur domaine d'existence : on peut donc trouver simultanément Cu et $Cu_2O$, ou bien $Cu_2O$ et $Cu(OH)_2$, mais Cu et $Cu(OH)_2$ ne peuvent exister simultanément en état thermodynamiquement stable.

Les cations $Cu^{2+}$ et $Cu^{+}$ sont présents quels que soient le potentiel et le pH. Le diagramme indique dans quelles conditions ces deux espèces sont présentes en l'absence de solide et l'on constate que $Cu^{2+}$ est toujours très largement majoritaire. Les figures 2.7 et 2.8 montrent les valeurs des concentrations des deux ions pour différentes valeurs du pH et du potentiel. On prendra garde à la différence des échelles de concentration des deux figures.

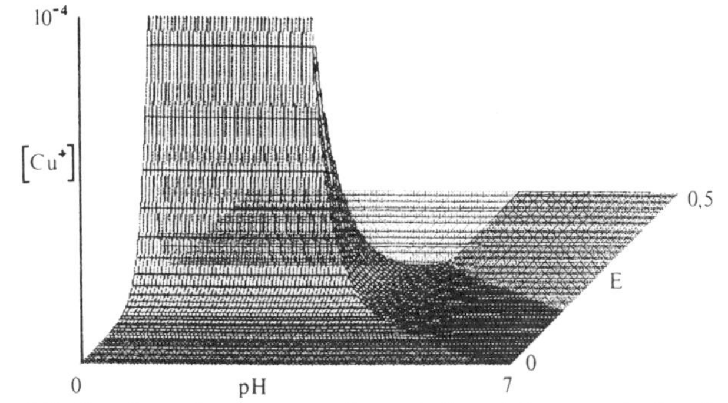


Figure 2.7 : Représentation en nappe des variations de la concentration de $Cu^{+}$ en fonction du potentiel E et du pH.

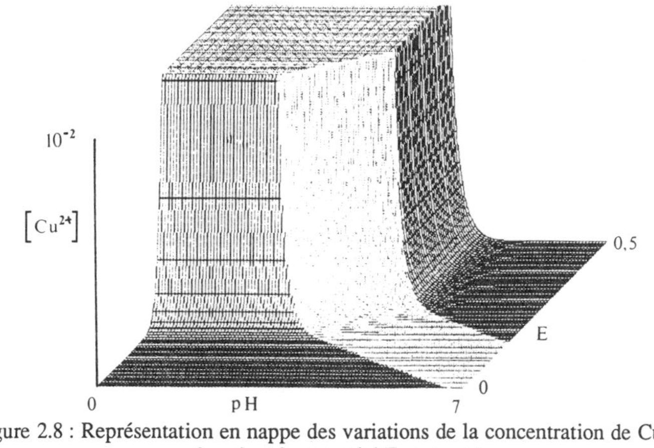


Figure 2.8 : Représentation en nappe des variations de la concentration de $Cu^{2+}$ en fonction du potentiel E et du pH.

## LECTURE DES DIAGRAMMES POTENTIEL-PH

Un diagramme potentiel-pH fait apparaître les domaines de prédominance des espèces dissoutes ou les domaines d'existence des espèces solides parmi celles prises en considération pour l'établissement du diagramme. Il s'ensuit que la lecture d'un tel diagramme ne saurait concerner que ces dernières.

Sauf indication particulière, les diagrammes ne concernent que les corps purs (ils ne s'appliquent donc pas aux alliages) au contact de solutions exemptes de substances pouvant former des complexes solubles (cyanures, chlorures...) ou des sels insolubles (phosphates...).

Ces diagrammes doivent donc être utilisés en pleine connaissance de leur signification et de leur validité. Ils expriment ce qui est thermodynamiquement possible ou impossible parmi les hypothèses avancées ; ils n'indiquent donc pas nécessairement ce qui se produit effectivement, soit pour des raisons de cinétique de réaction, soit parce que les conditions expérimentales impliquent la formation d'espèces autres que celles qui ont été envisagées pour l'établissement du diagramme.

■ Remarque : Etant donné la convention adoptée pour la concentration des espèces dissoutes (solubilité globale), les lignes d'isosolubilité (équilibres hétérogènes solution-solide) présentent des changements brusques sous forme de points anguleux aux limites des domaines de stabilité des espèces solides, et présentent des parties incurvées au voisinage de leur intersection avec les lignes relatives aux équilibres homogènes pour lesquels la composition de la solution change progressivement.

Certaines constructions approchées des diagrammes se contentent de l'extrapolation des parties linéaires à proximité des intersections : les hypothèses conventionnelles ne sont pas alors respectées au voisinage de tels points. Ceci est illustré sur les deux exemples de la figure 2.9.

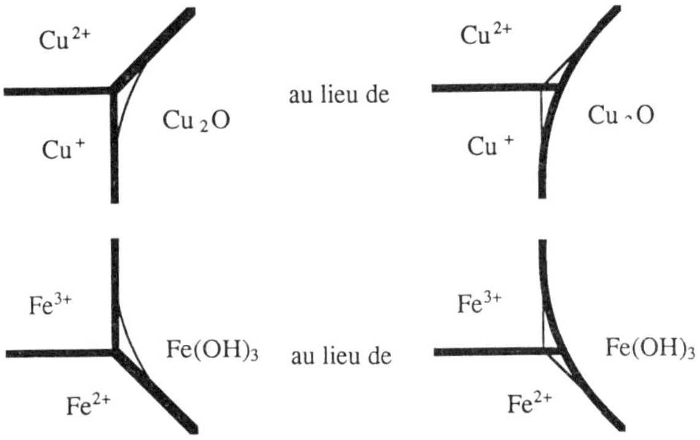


Figure 2.9

Les pages suivantes donnent, pour quelques éléments qui interviennent dans les expériences décrites dans cet ouvrage, les diagrammes potentiel-pH et l'équation des segments de droite correspondants. On trouvera d'autres exemples dans certains articles [4], dans l'ouvrage de G. CHARLOT sur l'analyse qualitative [5] (diagrammes simplifiés), ou dans l'atlas extrêmement complet établi par M. POURBAIX et ses collaborateurs [2].

**ARGENT** (figure 2.10)

Espèces considérées : Ag, $Ag^+$, $Ag_2O$, AgO, $Ag_2O_3$

Convention : Ib : $[Ag^+] \leq 10^{-2}$ mol.l$^{-1}$

Données :

$$2\,Ag^+ + 2\,OH^- \rightleftharpoons Ag_2O + H_2O \quad Ks = [Ag^+]^2.[OH^-]^2 = 10^{-15,4}$$

$$E^{\circ *}_{Ag_2O_3\,/\,AgO} = 0{,}74\ V$$

$$E^{\circ *}_{AgO\,/\,Ag_2O} = 0{,}57\ V$$

$$E^{\circ}_{Ag^+\,/\,Ag} = 0{,}80\ V$$

NB : il peut exister également $Ag^{2+}$, avec E° ($Ag^{2+}/Ag^+$) = 2,00 V (cf.

expérience 3.3/1)

Equations :

(1) $Ag_2O_3 + H_2O + 2\ e^- \rightleftharpoons 2\ AgO + 2\ OH^-$

$E = E°^*_{Ag_2O_3\ /\ AgO} + 0{,}06\ pKe - 0{,}06\ pH$

$E = 1{,}57 - 0{,}06\ pH$

(2) $2\ AgO + 2\ e^- + H_2O \rightleftharpoons Ag_2O + 2\ OH^-$

$E = E°^*_{AgO\ /\ Ag_2O} + 0{,}06\ pKe - 0{,}06\ pH$

$E = 1{,}40 - 0{,}06\ pH$

(3) $Ag_2O + 2\ e^- + H_2O \rightleftharpoons 2\ Ag + 2\ OH^-$

$E = E°^*_{Ag_2O\ /\ Ag} + 0{,}06\ pKe - 0{,}06\ pH$

$E = 1{,}17 - 0{,}06\ pH$

car : $E°^*_{Ag_2O\ /\ Ag} = E°_{Ag^+\ /\ Ag} - 0{,}03\ pKs$

(4) $Ag_2O_3 + 4\ e^- + 6\ H^+ \rightleftharpoons 2\ Ag^+ + 3\ H_2O$

$E = E°_{Ag_2O_3\ /\ Ag^+} - 0{,}03\ lg\ [Ag^+] - 0{,}09\ pH$

$E = 1{,}67 - 0{,}03\ lg\ [Ag^+] - 0{,}09\ pH$

$E = 1{,}73 - 0{,}09\ pH$

car : $E°^*_{Ag_2O_3\ /Ag^+} = E°_{Ag_2O_3\ /\ Ag^+} - 0{,}09\ pKe$

$= 1/2\ (E°^*_{Ag_2O_3\ /\ AgO} + E°^*_{AgO\ /\ Ag_2O}) - 0{,}015\ pKs$

(5) $AgO + e^- + 2\ H^+ \rightleftharpoons Ag^+ + H_2O$

$E = E°_{AgO\ /\ Ag^+} - 0{,}06\ lg\ [Ag^+] - 0{,}12\ pH$

$E = 1{,}73 - 0{,}06\ lg\ [Ag^+] - 0{,}12\ pH$

$E = 1{,}85 - 0{,}12\ pH$

car : $E°^*_{AgO\ /\ Ag^+} = E°_{AgO\ /\ Ag^+} - 0{,}12\ pKe = 1/2\ E°^*_{AgO\ /\ Ag_2O} - 0{,}015\ pKs$

(6) $2\ Ag^+ + 2\ OH^- \rightleftharpoons Ag_2O + H_2O$

$2\ pH = 2\ pKe - pKs - 2\ lg\ [Ag^+]$

$pH = 8{,}3$

(7) $Ag^+ + e^- \rightleftharpoons Ag$

$E = E°_{Ag^+\ /\ Ag} + 0{,}06\ lg\ [Ag^+]$

$E = 0{,}68\ V$

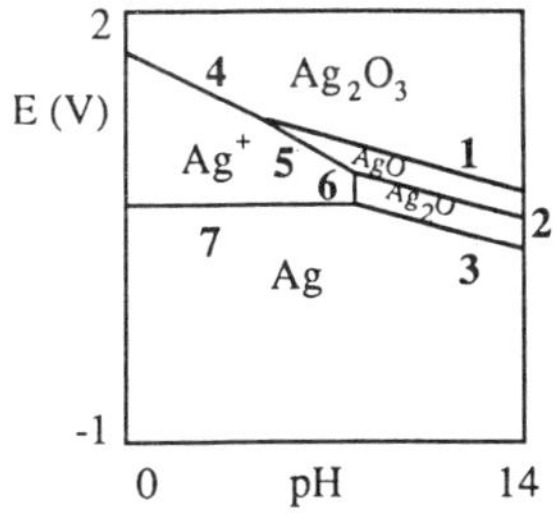


Figure 2.10

**ALUMINIUM** (figure 2.11)

Espèces considérées : Al, $Al^{3+}$, $Al_2O_3$, $Al(OH)_4^-$

Convention : Ib : $[Al^{3+}] + [Al(OH)_4^-] \leq 10^{-2}\ mol.l^{-1}$

Données :

$Al^{3+} + 3\ OH^- \rightleftharpoons 1/2\ Al_2O_3 + 3/2\ H_2O \quad pKs = 36{,}3$

$Al(OH)_4^- + H^+ \rightleftharpoons 1/2\ Al_2O_3 + 5/2\ H_2O \quad pK's = 14,6$

$E°_{Al^{3+}/Al} = -1,66\ V$

Equations :

(1) $Al^{3+} + 3\ OH^- \rightleftharpoons 1/2\ Al_2O_3 + 3/2\ H_2O$

$3\ pH = 3\ pKe - pKs - lg\ [Al^{3+}]$

$pH = 2,6$

(2) $Al(OH)_4^- + H^+ \rightleftharpoons 1/2\ Al_2O_3 + 5/2\ H_2O$

$pH = pK's + lg\ [Al(OH)_4^-]$

$pH = 12,6$

(3) $Al^{3+} + 3\ e^- \rightleftharpoons Al$

$E = E°_{Al^{3+}/Al} + 0,02\ lg\ [Al^{3+}]$

$E = -1,62\ V$

(4) $1/2\ Al_2O_3 + 3\ e + 3/2\ H_2O \rightleftharpoons Al + 3\ OH^-$

$E = E°^*_{Al_2O_3/Al} + 0,06\ pKe - 0,06\ pH$

$E = -1,55 - 0,06\ pH$

(5) $Al(OH)_4^- + 3\ e^- \rightleftharpoons Al + 4\ OH^-$

$E = E°^*_{Al(OH)_4^-/Al} + 0,08\ pKe - 0,08\ pH + 0,02\ lg\ [Al(OH)_4^-]$

$E = -1,26 - 0,08\ pH + 0,02\ lg\ [Al(OH)_4^-]$

$E = -1,30 - 0,08\ pH$

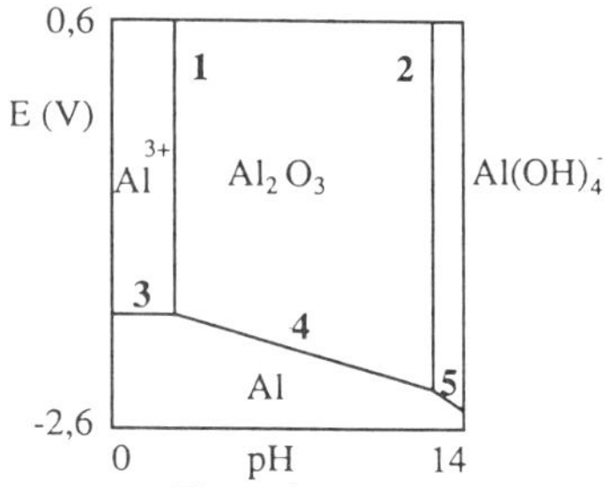


Figure 2.11

**CHROME** (figure 2.12)

Espèces considérées : $H_2CrO_4$, $HCrO_4^-$, $CrO_4^{2-}$, $Cr^{3+}$, $Cr(OH)_3$, $Cr^{2+}$, $Cr(OH)_2$, Cr

Convention :

Ib : $[H_2CrO_4] + [HCrO_4^-] + [CrO_4^{2-}] + [Cr^{3+}] + [Cr^{2+}] \leq 10^{-2}\ mol.l^{-1}$

Données :

$H_2CrO_4 + H_2O \rightleftharpoons H_3O^+ + HCrO_4^- \quad pK_{A1} = 0,75$

$HCrO_4^- + H_2O \rightleftharpoons H_3O^+ + CrO_4^{2-} \quad pK_{A2} = 6,45$

$Cr^{3+} + 3\ OH^- \rightleftharpoons Cr(OH)_3 \quad pKs_3 = 30$

$Cr^{2+} + 2\ OH^- \rightleftharpoons Cr(OH)_2 \quad pKs_2 = 17$

$E°_{H_2CrO_4/Cr^{3+}} = 1,33\ V$

$E°_{Cr^{3+}/Cr^{2+}} = -0,41\ V$

$E°_{Cr^{2+}/Cr} = -0,91\ V$

Equations :

(1) $H_2CrO_4 + H_2O \rightleftharpoons H_3O^+ + HCrO_4^-$

$pH = pK_{A1} = 0,75$

$$(2)\ HCrO_4^- + H_2O \rightleftharpoons H_3O^+ + CrO_4^{2-}$$

$pH = pK_{A2} = 6{,}45$

$$(3)\ H_2CrO_4 + 3\ e^- + 6\ H^+ \rightleftharpoons Cr^{3+} + 4\ H_2O$$

$E = E°_{H_2CrO_4\ /\ Cr^{3+}} - 0{,}12\ pH$
$E = 1{,}33 - 0{,}12\ pH$

$$(4)\ HCrO_4^- + 3\ e^- + 7\ H^+ \rightleftharpoons Cr^{3+} + 4\ H_2O$$

$E = E°_{HCrO_4^-\ /\ Cr^{3+}} - 0{,}14\ pH$
$E = 1{,}35 - 0{,}14\ pH$
car : $E°_{HCrO_4^-\ /\ Cr^{3+}} = E°_{H_2CrO_4\ /\ Cr^{3+}} + 0{,}02\ pK_{A1}$

$$(5)\ HCrO_4^- + 3\ e^- + 4\ H^+ \rightleftharpoons Cr(OH)_3 + H_2O$$

$E = E°_{HCrO_4^-\ /\ Cr(OH)_3} + 0{,}02\ lg\ [HCrO_4^-] - 0{,}08\ pH$
$E = 1{,}12 + 0{,}02\ lg\ [HCrO_4^-] - 0{,}08\ pH$
$E = 1{,}08 - 0{,}08\ pH$
car : $E°_{HCrO_4^-\ /\ Cr(OH)_3} = E°_{H_2CrO_4\ /\ Cr^{3+}} + 0{,}02\ (pK_{A1} + pKs_3 - 3\ pKe)$

$$(6)\ CrO_4^{2-} + 3\ e^- + 5\ H^+ \rightleftharpoons Cr(OH)_3 + H_2O$$

$E = E°_{CrO_4^{2-}/\ Cr(OH)_3} + 0{,}02\ lg\ [CrO_4^{2-}] - 0{,}10\ pH$
$E = 1{,}24 + 0{,}02\ lg\ [CrO_4^{2-}] - 0{,}10\ pH$
$E = 1{,}20 - 0{,}10\ pH$
car : $E°_{CrO_4^{2-}/\ Cr(OH)_3} = E°_{H_2CrO_4\ /\ Cr^{3+}} + 0{,}02\ (pK_{A1} + pK_{A2} + pKs_3 - 3\ pKe)$

$$(7)\ Cr^{3+} + 3\ OH^- \rightleftharpoons Cr(OH)_3$$

$3\ pH = 3\ pKe - pKs_3 - lg\ [Cr^{3+}]$
$pH = 4{,}67$

$$(8)\ Cr^{3+} + e^- \rightleftharpoons Cr^{2+}$$

$E = E°_{Cr^{3+}\ /\ Cr^{2+}}$
$E = -\ 0{,}41\ V$

$$(9)\ Cr(OH)_3 + e^- + 3\ H^+ \rightleftharpoons Cr^{2+} + 3\ H_2O$$

$E = E°_{Cr(OH)_3\ /\ Cr^{2+}} - 0{,}06\ lg\ [Cr^{2+}] - 0{,}18\ pH$
$E = 0{,}30 - 0{,}06\ lg\ [Cr^{2+}] - 0{,}18\ pH$
$E = 0{,}42 - 0{,}18\ pH$
car : $E°_{Cr(OH)_3\ /\ Cr^{2+}} = E°_{Cr^{3+}\ /\ Cr^{2+}} - 0{,}06\ pKs_3 + 0{,}18\ pKe$

$$(10)\ Cr(OH)_3 + e^- \rightleftharpoons Cr(OH)_2 + OH^-$$

$E = E°^{*}_{Cr(OH)_3\ /\ Cr(OH)_2} + 0{,}06\ pKe - 0{,}06\ pH$
$E = -\ 0{,}35 - 0{,}06\ pH$
car : $E°^{*}_{Cr(OH)_3\ /\ Cr(OH)_2} = E°_{Cr^{3+}\ /\ Cr^{2+}} - 0{,}06\ (pKs_3 - pKs_2)$

$$(11)\ Cr^{2+} + 2\ e^- \rightleftharpoons Cr$$

$E = E°_{Cr^{2+}\ /\ Cr} + 0{,}03\ lg\ [Cr^{2+}]$
$E = -\ 0{,}97\ V$

$$(12)\ Cr^{2+} + 2\ OH^- \rightleftharpoons Cr(OH)_2$$

$2\ pH = 2\ pKe - pKs_2 - lg\ [Cr^{2+}]$
$pH = 6{,}5$

(13) $Cr(OH)_2 + 2\,e^- \rightleftharpoons Cr + 2\,OH^-$

$E = E^{\circ *}_{Cr(OH)_2\,/\,Cr} + 0{,}06\ pKe - 0{,}06\ pH$

$E = -0{,}59 - 0{,}06\ pH$

car : $E^{\circ *}_{Cr(OH)_2\,/\,Cr} = E^{\circ}_{Cr^{2+}\,/\,Cr} - 0{,}03\ pKs_2$

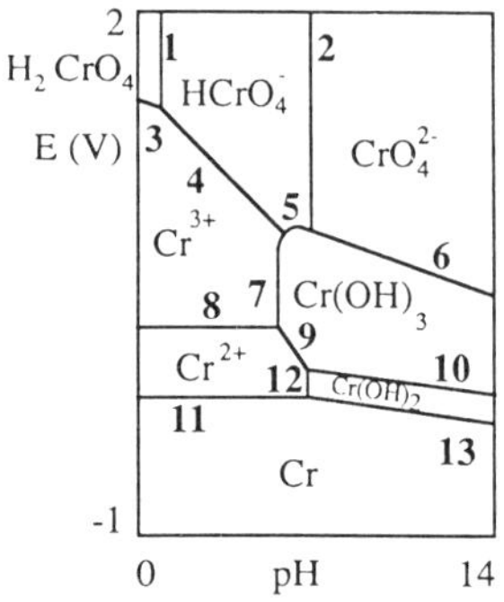

Figure 2.12

**FER** (figure 2.13)

Espèces considérées : Fe, $Fe^{2+}$, $Fe(OH)_2$, $Fe^{3+}$, $Fe(OH)_3$

Convention : Ib : $[Fe^{3+}] + [Fe^{2+}] \leq 10^{-2}\ mol.l^{-1}$

Données :

$Fe^{2+} + 2\,OH^- \rightleftharpoons Fe(OH)_2 \quad pKs_2 = 15{,}1$

$Fe^{3+} + 3\,OH^- \rightleftharpoons Fe(OH)_3 \quad pKs_3 = 37$

$E^{\circ}_{Fe^{3+}\,/\,Fe^{2+}} = 0{,}77\ V$

$E^{\circ}_{Fe^{2+}\,/\,Fe} = -0{,}44\ V$

Equations :

(1) $Fe^{3+} + 3\,OH^- \rightleftharpoons Fe(OH)_3$

$3\ pH = 3\ pKe - pKs_3 - lg\ [Fe^{3+}]$

$pH = 2{,}33$

(2) $Fe^{3+} + e^- \rightleftharpoons Fe^{2+}$

$E = E^{\circ}_{Fe^{3+}\,/\,Fe^{2+}} + 0{,}06\ lg\ [Fe^{3+}]\,/\,[Fe^{2+}]$

$E = 0{,}77\ V$

(3) $Fe(OH)_3 + e^- \rightleftharpoons Fe^{2+} + 3\,OH^-$

$E = E^{\circ *}_{Fe(OH)_3\,/\,Fe^{2+}} + 0{,}06\ lg\ 1\,/\,[Fe^{2+}].[OH^-]^3$

$E = E^{\circ *}_{Fe(OH)_3\,/\,Fe^{2+}} + 0{,}18\ pKe - 0{,}06\ lg\ [Fe^{2+}] - 0{,}18\ pH$

$E = 1{,}06 - 0{,}06\ lg\ [Fe^{2+}] - 0{,}18\ pH$

$E = 1{,}18 - 0{,}18\ pH$

(4) $Fe^{2+} + 2\,OH^- \rightleftharpoons Fe(OH)_2$

$2\ pH = 2\ pKe - pKs_2 - lg\ [Fe^{2+}]$

$pH = 7{,}45$

(5) $Fe(OH)_3 + e^- \rightleftharpoons Fe(OH)_2 + OH^-$

$E = E^{\circ *}_{Fe(OH)_3\,/\,Fe(OH)_2} + 0{,}06\ pKe - 0{,}06\ pH$

$E = 0{,}30 - 0{,}06\ pH$

$$(6)\ Fe^{2+} + 2\ e^- \rightleftharpoons Fe$$

$E = E°_{Fe^{2+}/Fe} + 0{,}03\ \lg\ [Fe^{2+}]$

$E = -0{,}50\ V$

$$(7)\ Fe(OH)_2 + 2\ e^- \rightleftharpoons Fe + 2\ OH^-$$

$E = E°^*_{Fe(OH)_2/Fe} + 0{,}06\ pKe - 0{,}06\ pH$

$E = -0{,}05 - 0{,}06\ pH$

car: $E°^*_{Fe(OH)_2/Fe} = E°_{Fe^{2+}/Fe} - 0{,}03\ pKs_2$

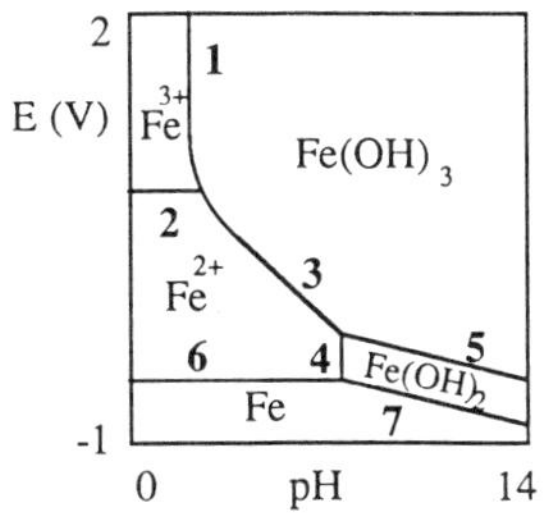

Figure 2.13

**MERCURE** (figure 2.14)

Espèces considérées : Hg, $Hg_2^{2+}$, $Hg^{2+}$, HgO

Convention : Ib : $[Hg^{2+}] + 2\ [Hg_2^{2+}] \leq 10^{-2}$ mol.l$^{-1}$

Données :

$Hg^{2+} + 2\ OH^- \rightleftharpoons HgO \quad pKs = 25{,}6$

$E°_{Hg^{2+}/Hg_2^{2+}} = 0{,}92\ V$

$E°_{Hg_2^{2+}/Hg} = 0{,}79\ V$

Equations :

$$(1)\ Hg^{2+} + 2\ OH^- \rightleftharpoons HgO + H_2O$$

$2\ pH = 2\ pKe - pKs - \lg\ [Hg^{2+}]$

$pH = 2{,}2$

$$(2)\ 2\ Hg^{2+} + 2\ e^- \rightleftharpoons Hg_2^{2+}$$

$E = E°_{Hg^{2+}/Hg_2^{2+}} + 0{,}03\ \lg\ [Hg^{2+}]^2 / [Hg_2^{2+}]$

$E = 0{,}86$ V, en fixant conventionnellement le rapport $[Hg^{2+}] / [Hg_2^{2+}] = 1$

$$(3)\ 2\ HgO + 2\ e^- + 4\ H^+ \rightleftharpoons Hg_2^{2+} + 2\ H_2O$$

$E = E°_{HgO/Hg_2^{2+}} - 0{,}03\ \lg\ [Hg_2^{2+}] - 0{,}12\ pH$

$E = 1{,}08 - 0{,}03\ \lg\ [Hg_2^{2+}] - 0{,}12\ pH$

$E = 1{,}15 - 0{,}12\ pH$

car: $E°_{HgO/Hg_2^{2+}} = E°_{Hg^{2+}/Hg_2^{2+}} - 0{,}06\ pKs + 0{,}12\ pKe$

$$(4)\ Hg_2^{2+} + 2\ e^- \rightleftharpoons 2\ Hg$$

$E = E°_{Hg_2^{2+}/Hg} + 0{,}03\ \lg\ [Hg_2^{2+}]$

$E = 0{,}72\ V$

$$(5)\ HgO + 2\ e^- + H_2O \rightleftharpoons Hg + 2\ OH^-$$

$E = E°^*_{HgO/Hg} + 0{,}06\ pKe - 0{,}06\ pH$

$E = 0{,}91 - 0{,}06\ pH$

car: $E°^*_{HgO/Hg} = E°_{Hg^{2+}/Hg} - 0{,}03\ pKs$

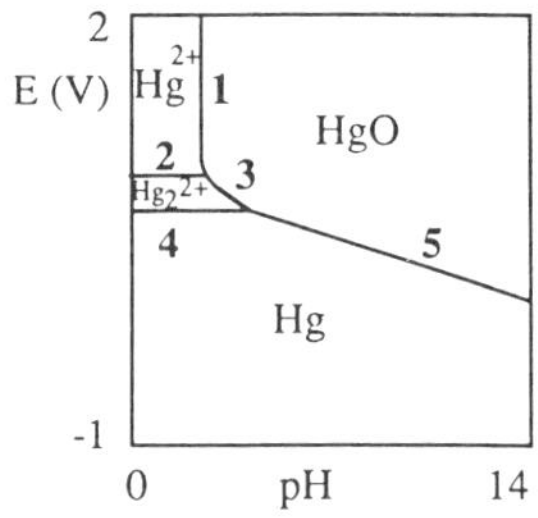

Figure 2.14

**MANGANESE** (figure 2.15)

Espèces considérées : Mn, $Mn^{2+}$, $Mn(OH)_2$, $Mn_3O_4$, $Mn_2O_3$, $MnO_2$, $MnO_4^-$
Convention : $[Mn^{2+}] + [MnO_4^-] \leq 10^{-2}$ mol.l$^{-1}$
Données :

$Mn^{2+} + 2\,OH^- \rightleftharpoons Mn(OH)_2$ pKs = 12,8

$E°_{MnO_4^-/MnO_2}$ = 1,69 V
$E°^*_{MnO_2/Mn_2O_3}$ = 0,18 V
$E°^*_{Mn_2O_3/Mn_3O_4}$ = - 0,15 V
$E°^*_{Mn_3O_4/Mn(OH)_2}$ = - 0,38 V
$E°_{Mn^{2+}/Mn}$ = - 1,17 V

Equations :

(1) $MnO_2 + e^- + 1/2\,H_2O \rightleftharpoons 1/2\,Mn_2O_3 + OH^-$

$E = E°^*_{MnO_2/Mn_2O_3} + 0{,}06\,pKe - 0{,}06\,pH$
$E = 1{,}02 - 0{,}06\,pH$

(2) $3/2\,Mn_2O_3 + e + 1/2\,H_2O \rightleftharpoons Mn_3O_4 + OH^-$

$E = E°^*_{Mn_2O_3/Mn_3O_4} + 0{,}06\,pKe - 0{,}06\,pH$
$E = 0{,}69 - 0{,}06\,pH$

(3) $Mn_3O_4 + 2\,e + 4\,H_2O \rightleftharpoons 3\,Mn(OH)_2 + 2\,OH^-$

$E = E°^*_{Mn_3O_4/Mn(OH)_2} + 0{,}06\,pKe - 0{,}06\,pH$
$E = 0{,}46 - 0{,}06\,pH$

(4) $Mn(OH)_2 + 2\,e^- \rightleftharpoons Mn + 2\,OH^-$

$E = E°^*_{Mn(OH)_2/Mn} + 0{,}06\,pKe - 0{,}06\,pH$
$E = -0{,}72 - 0{,}06\,pH$
car: $E°^*_{Mn(OH)_2/Mn} = E°_{Mn^{2+}/Mn} - 0{,}03\,pKs$

(5) $MnO_2 + 2\,e^- + 4\,H^+ \rightleftharpoons Mn^{2+} + 2\,H_2O$

$E = E°_{MnO_2/Mn^{2+}} - 0{,}03\,lg\,[Mn^{2+}] - 0{,}12\,pH$
$E = 1{,}23 - 0{,}03\,lg\,[Mn^{2+}] - 0{,}12\,pH$
$E = 1{,}29 - 0{,}12\,pH$
car: $E°_{MnO_2/Mn^{2+}} - 0{,}12\,pKe = E°^*_{MnO_2/Mn^{2+}} =$
$1/2\,E°^*_{MnO_2/Mn_2O} + 1/6\,E°^*_{Mn_2O_3/Mn_3O_4} + 1/3\,E°^*_{Mn_3O_4/Mn(OH)_2} + 0{,}03\,lg\,Ks$

(6) $Mn_2O_3 + 2\,e + 6\,H^+ \rightleftharpoons 2\,Mn^{2+} + 3\,H_2O$

$E = E°_{Mn_2O_3/Mn^{2+}} - 0{,}06\,lg\,[Mn^{2+}] - 0{,}18\,pH$
$E = 1{,}44 - 0{,}06\,lg\,[Mn^{2+}] - 0{,}18\,pH$
$E = 1{,}56 - 0{,}18\,pH$

car: $E°_{Mn_2O_3\,/\,Mn^{2+}}$ - 0,18 pKe = $E°^*_{Mn_2O_3\,/\,Mn^{2+}}$ =
1/3 $E°^*_{Mn_2O_3\,/\,Mn_3O_4}$ + 2/3 $E°^*_{Mn_3O_4\,/\,Mn(OH)_2}$ + 0,06 pKs

(7) $Mn_3O_4 + 2\,e^- + 8\,H^+ \rightleftharpoons 3\,Mn^{2+} + 4\,H_2O$

$E = E°_{Mn_3O_4\,/\,Mn^{2+}} - 0{,}09\ lg\ [Mn^{2+}] - 0{,}24\ pH$
$E = 1{,}82 - 0{,}09\ lg\ [Mn^{2+}] - 0{,}24\ pH$
$E = 2{,}00 - 0{,}24\ pH$
car : $E°_{Mn_3O_4/Mn^{2+}}$ - 0,24 pKe = $E°^*_{Mn_3O_4\,/\,Mn^{2+}}$ = $E°^*_{Mn_3O_4\,/\,Mn(OH)_2}$ + 0,09 pKs

(8) $Mn^{2+} + 2\,OH^- \rightleftharpoons Mn(OH)_2$

2 pH = 2 pKe - pKs - lg $[Mn^{2+}]$
pH = 8,6

(9) $Mn^{2+} + 2\,e^- \rightleftharpoons Mn$

$E = E°_{Mn^{2+}\,/\,Mn} + 0{,}03\ lg\ [Mn^{2+}]$
$E = -\ 1{,}23\ V$

(10) $MnO_4^- + 3\,e^- + 4\,H^+ \rightleftharpoons MnO_2 + 2\,H_2O$

$E = E°_{MnO_4^-\,/\,MnO_2} + 0{,}02\ lg\ [MnO_4^-] - 0{,}08\ pH$
$E = 1{,}65 - 0{,}08\ pH$

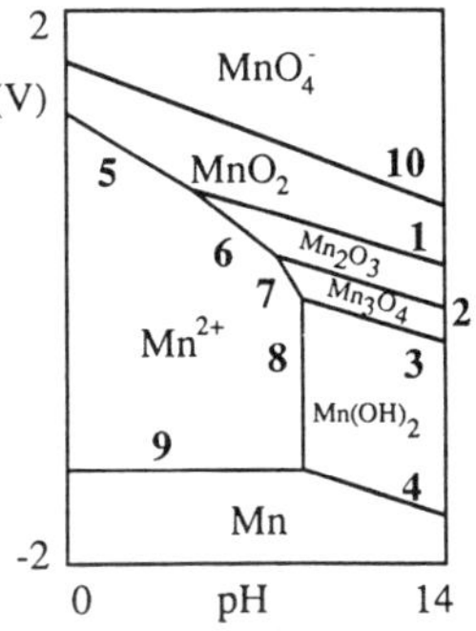

Figure 2.15

**ZINC** (figure 2.16)

Espèces considérées : Zn, $Zn^{2+}$, $Zn(OH)_2$, $Zn(OH)_4^{2-}$
Convention : $[Zn^{2+}] + [Zn(OH)_4^{2-}] \leq 10^{-2}$ mol.l$^{-1}$
Données :
$Zn^{2+} + 2\,OH^- \rightleftharpoons Zn(OH)_2$ pKs = 17
$Zn(OH)_4^{2-} + 2\,H^+ \rightleftharpoons Zn(OH)_2$ pK = 29,8
$E°_{Zn^{2+}\,/\,Zn} = -\ 0{,}76\ V$

Equations :

(1) $Zn^{2+} + 2\,OH^- \rightleftharpoons Zn(OH)_2$

2 pH = 2 pKe - pKs - lg $[Zn^{2+}]$
pH = 6,5

(2) $Zn(OH)_4^{2-} + 2\,H^+ \rightleftharpoons Zn(OH)_2 + H_2O$

2 pH = pK + lg $[Zn(OH)_4^{2-}]$
pH = 13,9

(3) $Zn^{2+} + 2\,e^- \rightleftharpoons Zn$

$E = E°_{Zn^{2+}\,/\,Zn} + 0{,}03\ lg\ [Zn^{2+}]$
$E = -\ 0{,}82\ V$

$$(4)\ Zn(OH)_2 + 2\,e^- \rightleftharpoons Zn + 2\,OH^-$$

$$E = E^{\circ *}_{Zn(OH)_2/Zn} + 0{,}06\ pKe - 0{,}06\ pH$$

$$E = -0{,}44 - 0{,}06\ pH$$

car: $E^{\circ *}_{Zn(OH)_2/Zn} = E^{\circ}_{Zn^{2+}/Zn} - 0{,}03\ pKs$

$$(5)\ Zn(OH)_4^{2-} + 2\,e^- \rightleftharpoons Zn + 4\,OH^-$$

$$E = E^{\circ *}_{Zn(OH)_4^{2-}/Zn} + 0{,}12\ pKe - 0{,}12\ pH + 0{,}03\ lg\,[Zn(OH)_4^{2-}]$$

$$E = 0{,}44 + 0{,}03\ lg\,[Zn(OH)_4^{2-}] - 0{,}12\ pH$$

$$E = 0{,}38 - 0{,}12\ pH$$

car : $E^{\circ *}_{Zn(OH)_4^{2-}/Zn} = E^{\circ}_{Zn^{2+}/Zn} - 0{,}03\ (pKs + 2\ pKe - pK)$

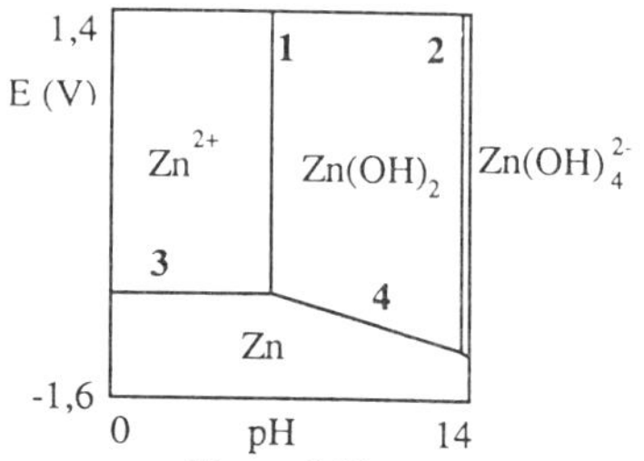

Figure 2.16

# 2. INFLUENCE DE LA COMPLEXATION

## 2.1. POTENTIELS NORMAUX ET CONSTANTES DE DISSOCIATION DES COMPLEXES

Lorsque les espèces conjuguées du couple oxydoréducteur donnent lieu à des réactions de complexation (réactions sans variation des degrés d'oxydation), on peut établir une relation entre le potentiel normal du couple oxydoréducteur non complexé, celui du couple oxydoréducteur relatif aux formes complexées, et les constantes de dissociation des complexes. En effet, de façon analogue à ce qui a été dit pour les équilibres acidobasiques, s'il existe dans la solution un équilibre entre la forme non complexée Ox et la forme complexée Ox' et un équilibre entre la forme libre R et la forme complexée R', le potentiel d'oxydoréduction peut s'exprimer indifféremment en fonction de $E^{\circ}_{Ox/R}$, de $E^{\circ}_{Ox/R'}$, de $E^{\circ}_{Ox'/R}$ ou de $E^{\circ}_{Ox'/R'}$. En pratique, seuls présentent un intérêt les couples oxydoréducteurs dont les espèces conjuguées sont présentes simultanément de façon notable en présence du complexant.

Exemple : $Fe^{3+} + e^- \rightleftharpoons Fe^{2+}$ $\quad E^{\circ}_{Fe^{3+}/Fe^{2+}}$

En présence d'ion cyanure, les cations ferreux et ferrique donnent les complexes :

$$Fe^{3+} + 6\,CN^- \rightleftharpoons Fe(CN)_6^{3-} \quad K_{D3} = [Fe^{3+}].[CN^-]^6 / [Fe(CN)_6^{3-}]$$

$$Fe^{2+} + 6\,CN^- \rightleftharpoons Fe(CN)_6^{4-} \quad K_{D2} = [Fe^{2+}].[CN^-]^6 / [Fe(CN)_6^{4-}]$$

et l'équilibre d'oxydoréduction suivant est également réalisé :

$$Fe(CN)_6^{3-} + e^- \rightleftharpoons Fe(CN)_6^{4-}$$

Le potentiel d'une électrode de platine plongée dans la solution peut s'exprimer soit en fonction du potentiel normal du couple $Fe^{3+} / Fe^{2+}$, soit en fonction de celui du couple ferricyanure / ferrocyanure :

$$E = E^{\circ}_{Fe^{3+}/Fe^{2+}} + 0{,}06\ lg\ [Fe^{3+}] / [Fe^{2+}]$$

$$E = E^{\circ}_{Fe(CN)_6^{3-}/Fe(CN)_6^{4-}} + 0{,}06\ lg\ [Fe(CN)_6^{3-}] / [Fe(CN)_6^{4-}]$$

d'où : $E^{\circ}_{Fe(CN)_6^{3-}/Fe(CN)_6^{4-}} = E^{\circ}_{Fe^{3+}/Fe^{2+}} - 0{,}06\ lg\ K_{D2} / K_{D3}$

De façon générale, la complexation de l'oxydant diminue le potentiel du couple, accroit la zone de prédominance de la forme oxydée, et renforce le pouvoir de réduction du réducteur conjugué. Réciproquement, la complexation du réducteur d'un couple élève le potentiel de ce couple, augmente la zone de prédominance de la forme réduite et renforce le pouvoir oxydant de l'oxydant conjugué. Lorsque l'oxydant et le réducteur sont complexés, l'influence de la complexation est fonction de la stabilité des deux complexes formés : si le complexe formé avec l'oxydant est plus stable que celui formé avec le réducteur, le potentiel diminue et vice versa.

■ Remarque : La complexation des ions du fer par l'ion sulfate est à l'origine de l'écart observé entre la valeur mesurée à la demi-équivalence lors du dosage du fer (II) (cf. chapitre 1 et les expériences 1.3/6 et 1.5/3) et la valeur thermodynamique du potentiel normal du couple $Fe^{3+}$ / $Fe^{2+}$.

## 2.2. STABILISATION D'UN DEGRE D'OXYDATION PAR COMPLEXATION

La grande stabilité relative de certains complexes peut permettre de stabiliser le degré d'oxydation du cation correspondant. Par exemple, nous avons vu (cf. § 1.4) que le cuivre(I) est instable à l'état d'ion $Cu^+$ en solution aqueuse, et nous allons montrer que la complexation de $Cu^+$ par l'ammoniac stabilise le cuivre(I).

Lorsque la concentration du complexant augmente, les ions du cuivre forment des complexes successifs selon les équilibres :

$$Cu(NH_3)_{x-1}^{n+} + NH_3 \rightleftharpoons Cu(NH_3)_x^{n+}$$

caractérisés par les constantes de dissociation successives $K_{Dx}$ :

$$K_{Dx} = [Cu(NH_3)_{x-1}^{n+}].[NH_3] / [Cu(NH_3)_x^{n+}]$$

La constante de formation globale $\beta_x$ de $Cu(NH_3)_x^{n+}$ vaut :

$$\beta_x = [Cu(NH_3)_x^{n+}] / [Cu^{2+}].[NH_3]^x$$

Elle est égale à l'inverse du produit des constantes de dissociation successives $K_{D1}$ à $K_{Dx}$ :

$$\beta_x = 1 / K_{D1}.K_{D2}...K_{Dx}$$

Les valeurs numériques des constantes de dissociation successives des complexes de l'ammoniac et des cations du cuivre sont données ci-dessous :

Cu (II) : $Cu(NH_3)^{2+}$ $pK_{D1} = 4$ ; $Cu(NH_3)_2^{2+}$ $pK_{D2} = 3{,}3$ ; $Cu(NH_3)_3^{2+}$ $pK_{D3} = 2{,}7$ ; $Cu(NH_3)_4^{2+}$ $pK_{D4} = 2{,}0$.

Cu (I) : $Cu(NH_3)^+$ $pK_{D'1} = 5{,}9$ ; $Cu(NH_3)_2^+$ $pK_{D'2} = 4{,}9$

Considérons en outre le cuivre (0).

Trois sortes d'équilibres peuvent intervenir entre deux espèces du cuivre :

– ceux qui ne font intervenir que des échanges de $NH_3$.

– ceux qui ne font intervenir que des échanges d'électrons.

– ceux qui font intervenir conjointement des échanges d'électrons et de molécules $NH_3$.

Si l'on néglige l'action de l'ammoniac sur l'eau, et en notant $pNH_3 = - \lg [NH_3]$, on peut représenter ces équilibres dans un plan E - $pNH_3$.

Le principe de tracé du diagramme est analogue à celui du tracé d'un diagramme potentiel - pH. Conventionnellement, on fixe la concentration totale c des espèces dissoutes. Nous traiterons du cas où $c = 10^{-2}$ mol.l$^{-1}$. D'autre part, pour le couple Cu(II) / Cu(I), pour lequel les espèces apparaissant dans la loi de Nernst sont toutes en solution, fixons conventionnellement à 1 le rapport de la somme des concentrations des espèces correspondant au degré d'oxydation (II) à la somme des concentrations des espèces correspondant au degré (I).

### * Etude des équilibres de complexation

Les définitions des constantes de dissociation rappelées ci-dessus montrent que les concentrations des complexes $Cu(NH_3)_{x-1}^{n+}$ et $Cu(NH_3)_x^{n+}$ sont égales lorsque $pNH_3 = pK_{Dx}$. La droite d'équation $pNH_3 = pK_{Dx}$ sépare donc les domaines de prédominance des deux complexes. Pour chaque degré d'oxydation du cuivre, le schéma ci-dessous indique la nature de l'espèce prédominante en fonction de la concentration en ammoniac :

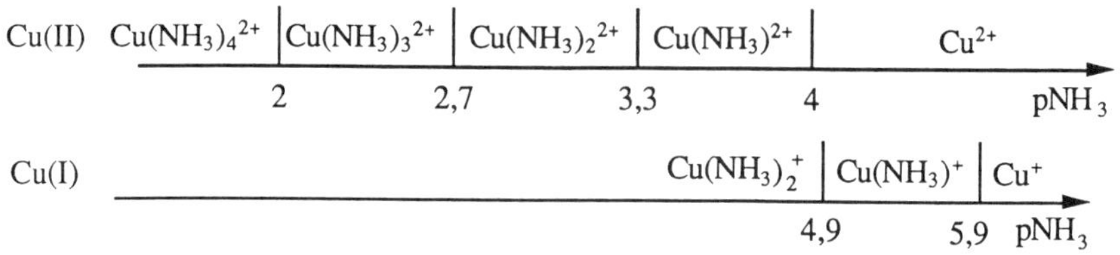


| |
|---|
| ■ Remarque : La solution est évidemment d'autant plus concentrée en NH3 que $pNH_3 = -\lg [NH_3]$ est plus petit. |

### * Etude des couples oxydoréducteurs

On connait $E°_{Cu^{2+}/Cu^+} = 0{,}16$ V et $E°_{Cu^+/Cu} = 0{,}52$ V, et on note ici : $E°_{Cu^+/Cu} = E°_1$ et $E°_{Cu^{2+}/Cu^+} = E°_2$.

On envisage successivement le couple Cu (I) / Cu (0) et le couple Cu (II) / Cu (I). Plusieurs approches de la question peuvent être mises en oeuvre selon la précision désirée et les moyens de calcul disponibles.

Un traitement relativement complet du sujet peut être effectué par une approche globale.

Le potentiel du couple Cu (I) / Cu (0) s'écrit :

$$E_1 = E°_1 + 0{,}06 \lg [Cu^+]$$

et $[Cu^+]$ peut être exprimée en fonction de la concentration totale du cuivre (I), de la concentration de l'ammoniac et des constantes de stabilité $\beta'_x$ des complexes du cuivre(I). Dans l'hypothèse où le cuivre en solution est présent essentiellement sous forme de cuivre (I) :

$$E_1 = E°_1 + 0{,}06 \lg \{c / (1 + \beta'_1.[NH_3] + \beta'_2.[NH_3]^2)\}$$

De même, le potentiel du couple Cu (II) / Cu (I) s'écrit :

$$E_2 = E°_2 + 0{,}06 \lg [Cu^{2+}] / [Cu^+]$$

et peut être exprimé en fonction des constantes de stabilité $\beta'_x$ de complexes du cuivre (I), des constantes de stabilité $\beta_x$ de complexes du cuivre (II) et des concentrations totales en Cu(II) et Cu (I). Choisissons de fixer conventionnellement à 1 le rapport de ces deux concentrations. Dans ces conditions :

$$E_2 = E°_2 + 0{,}06 \lg \frac{(1 + \beta'_1.[NH_3] + \beta'_2.[NH_3]^2)}{(1 + \beta_1.[NH_3] + \beta_2.[NH_3]^2 + \beta_3.[NH_3]^3 + \beta_4.[NH_3]^4)}$$

Le diagramme de la figure 2.17 représente les variations des deux potentiels ainsi calculés. Il montre que lorsque la concentration de l'ammoniac est suffisante,

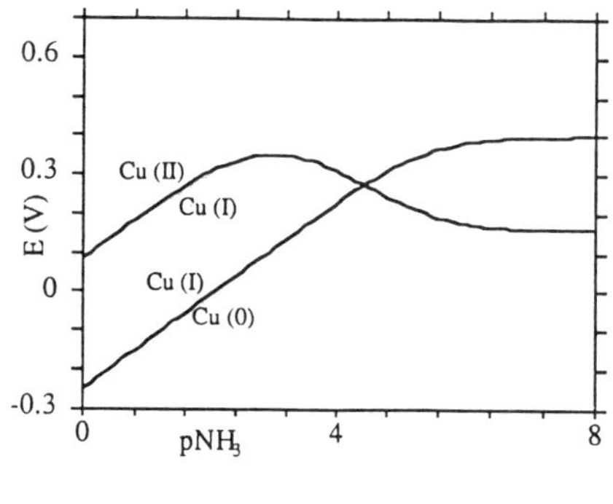


Figure 2.17

il apparait un domaine de prédominance du cuivre (I) par rapport au cuivre (II).

On peut également se contenter d'un diagramme approché [5] en considérant que dans chaque domaine la concentration des espèces autres que l'espèce prédominante peut être négligée. Pour le couple Cu(I) / Cu(0), trois domaines de concentration d'ammoniac sont à considérer, et pour Cu (II) / Cu(I) sept domaines de $pNH_3$ interviennent comme l'indique le tableau dressé précédemment. Dans chaque domaine de concentration, l'équilibre dans les conditions correspondant aux conditions choisies conventionnellement est alors représenté par un segment de droite. Les équations de ces droites sont indiquées ci-dessous.

**Cu (I) / Cu (0)**

(1) $pNH_3 > 5{,}9$ : $Cu^+ / Cu$

$$E_1 = E°_1 + 0{,}06 \lg c$$

(2) $4{,}9 < pNH_3 < 5{,}9$ : $Cu(NH_3)^+ / Cu$

$$E_1 = E°_1 - 0{,}06\, pK_D'_1 + 0{,}06 \lg c + 0{,}06\, pNH_3$$

(3) $pNH_3 < 4{,}9$ : $Cu(NH_3)^{2+} / Cu$

$$E_1 = E°_1 - 0{,}06\, (pK_D'_1 + pK_D'_2) + 0{,}06 \lg c + 0{,}12\, pNH_3$$

**Cu (II) / Cu (I)**

(4) $pNH_3 > 5{,}9$ : $Cu^{2+} / Cu^+$

$$E_2 = E°_2$$

(5) $4{,}9 < pNH_3 < 5{,}9$ : $Cu^{2+} / Cu(NH_3)^+$

$$E_2 = E°_2 + 0{,}06\, pK_D'_1 - 0{,}06\, pNH_3$$

(6) $4 < pNH_3 < 4{,}9$ : $Cu^{2+} / Cu(NH_3)_2^+$

$$E_2 = E°_2 + 0{,}06\, (pK_D'_1 + pK_D'_2) - 0{,}12\, pNH_3$$

(7) $3{,}3 < pNH_3 < 4$ : $Cu(NH_3)^{2+} / Cu(NH_3)_2^+$

$$E_2 = E°_2 + 0{,}06\, (pK_D'_1 + pK_D'_2 - pK_{D1}) - 0{,}06\, pNH_3$$

(8) $2{,}7 < pNH_3 < 3{,}3$ : $Cu(NH_3)_2^{2+} / Cu(NH_3)_2^+$

$$E_2 = E°_2 + 0{,}06\, (pK_D'_1 + pK_D'_2 - pK_{D1} - pK_{D2})$$

(9) $2 < pNH_3 < 2{,}7$ : $Cu(NH_3)_3^{2+} / Cu(NH_3)_2^+$

$$E_2 = E°_2 + 0{,}06\, (pK_D'_1 + pK_D'_2 - pK_{D1} - pK_{D2} - pK_{D3}) + 0{,}06\, pNH_3$$

(10) $pNH_3 < 2$ : $Cu(NH_3)_4^{2+} / Cu(NH_3)_2^+$

$$E_2 = E°_2 + 0{,}06\, (pK_D'_1 + pK_D'_2 - pK_{D1} - pK_{D2} - pK_{D3} - pK_{D4}) + 0{,}12\, pNH_3$$

On peut alors tracer les variations des potentiels $E_1$ et $E_2$ en fonction de $pNH_3$ (figure 2.18).

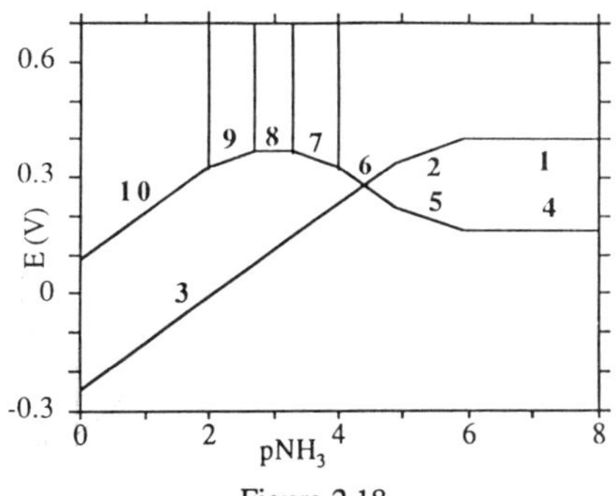


Figure 2.18

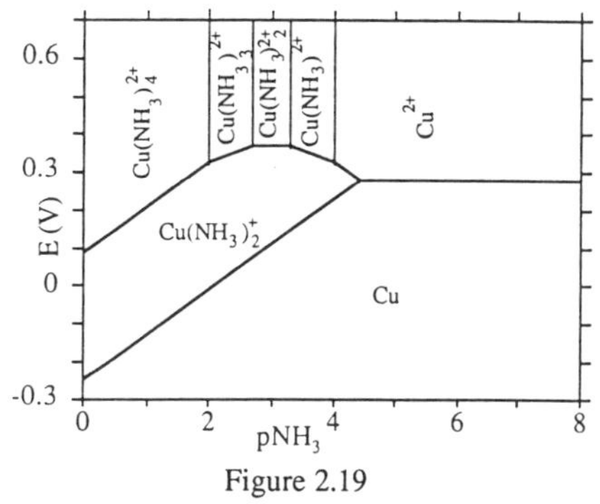


Figure 2.19

*** Diagramme potentiel-p$NH_3$**

Les deux courbes se croisent en un point de coordonnées (E = 0,28 V ; p$NH_3$ = 4,4 ).

Pour les milieux de concentration faible en ammoniac, (p$NH_3$ > 4,4), $E_1$ est supérieur à $E_2$ et le cuivre (I) se dismute. Il convient alors d'étudier le couple Cu(II) / Cu (0).

* p$NH_3$ > 4,4 : $Cu^{2+}$ / Cu

$$E = E°_{Cu^{2+}/Cu} - 0{,}03 \lg c = 1/2 (E°_1 + E°_2) - 0{,}03 \lg c$$

On peut alors achever le tracé du diagramme et porter la formule des différentes espèces prépondérantes dans chaque domaine ainsi délimité (figure 2.19).

Pour les milieux de concentration suffisante en ammoniac, le diagramme indique que le cuivre (I) est stable en solution à l'état de $Cu(NH_3)_2^+$.

# 3. INFLUENCE DE LA PRECIPITATION

## 3.1. POTENTIELS NORMAUX ET PRODUIT DE SOLUBILITE

Lorsque les espèces conjuguées du couple oxydoréducteur donnent lieu à la formation de précipités, réactions sans changement du degré d'oxydation, on peut établir une relation entre le potentiel normal du couple oxydoréducteur relatif aux espèces en solution, le potentiel normal du couple relatif aux espèces à l'état solide et les produits de solubilité. En effet, si les formes dissoutes Ox et R sont en équilibre respectivement avec les formes solides Ox' et R', on peut exprimer indifféremment le potentiel d'oxydoréduction en fonction de $E°_{Ox/R}$, de $E°_{Ox/R'}$, de $E°_{Ox'/R}$ ou de $E°_{Ox'/R'}$.

Exemple :

$$Ag^+ + e^- \rightleftharpoons Ag$$

En présence de chlorure, il se forme le précipité de chlorure d'argent :

$$Ag^+ + Cl^- \rightleftharpoons AgCl \quad Ks = [Ag^+].[Cl^-]$$

Le potentiel d'une électrode d'argent plongée dans une telle solution peut s'exprimer soit en fonction de $E°_{Ag^+/Ag}$ soit en fonction de $E°_{AgCl/Ag}$ car l'équilibre d'oxydoréduction suivant est également présent :

$$AgCl + e^- \rightleftharpoons Ag + Cl^-$$

$$E = E°_{Ag^+/Ag} + 0{,}06 \lg [Ag^+]$$

$$E = E°_{AgCl/Ag} + 0{,}06 \lg 1 / [Cl^-]$$

d'où : $E°_{AgCl/Ag} = E°_{Ag^+/Ag} - 0{,}06\ pKs$

La précipitation de l'oxydant du couple entraîne une diminution du potentiel. Inversement, la précipitation du réducteur d'un couple conduit à une augmentation du potentiel.

## 3.2. STABILISATION D'UN DEGRE DE VALENCE PAR PRECIPITATION OU COMPLEXATION

La précipitation d'une espèce appartenant à un degré d'oxydation donné peut permettre de stabiliser ce degré d'oxydation pour l'espèce chimique considérée. Ainsi, le paragraphe 1.4. montre que le cuivre (I) est stable à l'état de $Cu_2O$ solide, qui précipite lorsque la concentration des ions hydroxydes est suffisante. Un autre exemple est donné ci-dessous en milieu chlorure.

Selon la concentration de l'ion chlorure, le cuivre (I) peut donner les équilibres suivants :

$$CuCl\downarrow \rightleftarrows Cu^+ + Cl^- \quad Ks_1 \quad (pKs_1 = 6{,}7)$$
$$CuCl_2^- \rightleftarrows CuCl\downarrow + Cl^- \quad Ks_2 \quad (pKs_2 = -2)$$

et le cuivre (II) donne les complexes dissous $CuCl_2$ et $CuCl^+$ selon les équilibres suivants :

$$CuCl_2 \rightleftarrows CuCl^+ + Cl^- \quad K_{D2} \quad (pK_{D2} = -0{,}7)$$
$$CuCl^+ \rightleftarrows Cu^{2+} + Cl^- \quad K_{D1} \quad (pK_{D1} = 0{,}1)$$

Choisissons une concentration maximale totale en ions Cu (II) et Cu (I) égale à $10^{-2}$ mol. $l^{-1}$. D'autre part, lorsque deux espèces solubles apparaissent dans la loi de Nernst, fixons conventionnellement à la valeur 1 le rapport des deux concentrations.

*** Etude des équilibres de complexation et de précipitation**

Le début de précipitation de CuCl à partir d'une solution qui contiendrait $10^{-2}$ mol. $l^{-1}$ de $Cu^+$ interviendrait pour $pCl = -\lg [Cl^-] = 4{,}7$. De même, la valeur de $Ks_2$ indique que ce précipité doit disparaître, à l'état de complexe $CuCl_2^-$, à la concentration $10^{-2}$ mol. $l^{-1}$, pour $pCl > 0$.

Pour le cuivre (II), les domaines de prédominance sont ainsi délimités :

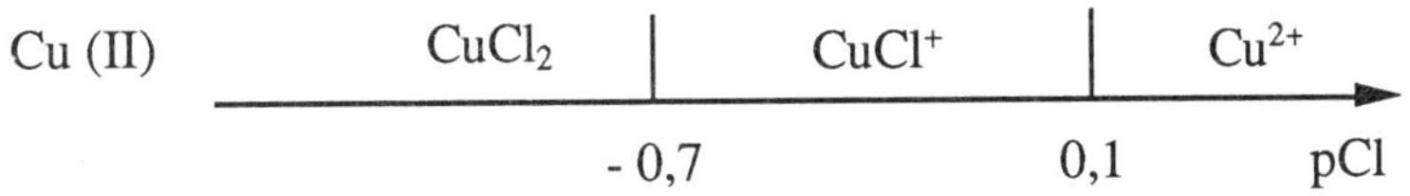


Pour le cuivre (I), le domaine d'existence du précipité peut être schématisé :

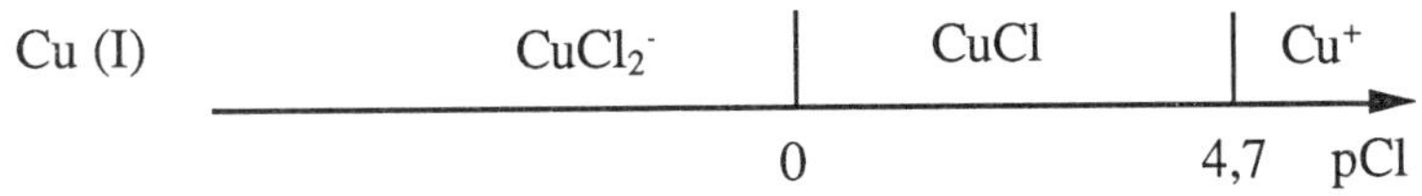


*** Etude des couples oxydoréducteurs**

Pour le couple Cu (I) / Cu (0), trois domaines de concentration des ions chlorure sont à envisager. En ce qui concerne le couple Cu (II) / Cu (I), cinq domaines sont à considérer. On tracera un diagramme approché en supposant que dans chaque domaine, la concentration de l'espèce prédominante du cuivre (II) est égale à la concentration totale du cuivre (II).

On note : $E°_{Cu^+/Cu} = E°_1$ et $E°_{Cu^{2+}/Cu^+} = E°_2$

**Cu (I) / Cu (0)**

(1) $pCl > 4{,}7$ : $Cu^+ / Cu$

$$E_1 = E°_1 - 0{,}12$$

(2) $0 < pCl < 4{,}7$ : $CuCl / Cu$

$$E_1 = E°_1 - 0{,}06\ pKs_1 + 0{,}06\ pCl$$

(3) $pCl < 0$ : $CuCl_2^- / Cu$

$$E_1 = E°_1 - 0{,}06\ (pKs_1 + pKs_2) - 0{,}12 + 0{,}12\ pCl$$

**Cu (II) / Cu (I)**

(4) $pCl > 4{,}7$ : $Cu^{2+} / Cu^+$

$$E_2 = E°_2$$

(5) $0{,}1 < pCl < 4{,}7$ : $Cu^{2+} / CuCl$

$$E_2 = E°_2 + 0{,}06\ pKs_1 - 0{,}12 - 0{,}06\ pCl$$

(6) $0 < pCl < 0{,}1$ : $CuCl^+ / CuCl$

$$E_2 = E°_2 + 0{,}06\ (pKs_1 - pK_{D1}) - 0{,}12$$

(7) $-0{,}7 < pCl < 0$ : $CuCl_2 / CuCl$

$$E_2 = E°_2 + 0{,}06\ (pKs_1 - pK_{D2} - pK_{D1}) - 0{,}06\ pCl$$

(8) $pCl < -0{,}7$ : $CuCl_2 / CuCl_2^-$

$$E_2 = E°_2 + 0{,}06\ (pKs_1 + pKs_2 - pK_{D1} - pK_{D2})$$

On peut alors tracer les variations de $E_1$ et $E_2$ en fonction de pCl (figure 2.20).

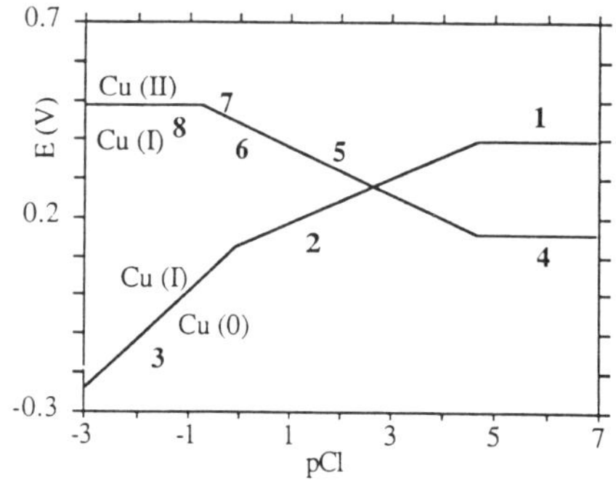


Figure 2.20

* **Diagramme potentiel-pCl** (5)

Les deux courbes se croisent en un point de coordonnées

(E = 0,28 V ; pCl = 2,7).

* pCl > 2,7

Pour les milieux dilués en chlorure (pCl > 2,7), l'ion $Cu^+$ se dismute largement en ion $Cu^{2+}$ et en Cu (0). Pour de telles concentrations de chlorure, $Cu^{2+}$ et Cu coexistent majoritairement, et l'équation de la droite correspondante du diagramme est :

$$E = E°_{Cu^{2+}/Cu} - 0{,}12$$

* pCl < 2,7

Pour les milieux plus concentrés en ion chlorure (pCl < 2,7), le diagramme (figure 2.21) montre que le cuivre (I) est stable à l'état de précipité CuCl, puis pour des milieux encore plus concentrés (pCl < 0), à l'état de complexe $CuCl_2^-$. On remarque également que le potentiel du couple Cu (I) / Cu (0) devient assez faible en milieu chlorure concentré. Ce diagramme permet d'interpréter les phénomènes intervenant dans la préparation du chlorure cuivreux en milieu chlorhydrique concentré (cf. E2. 3/9).

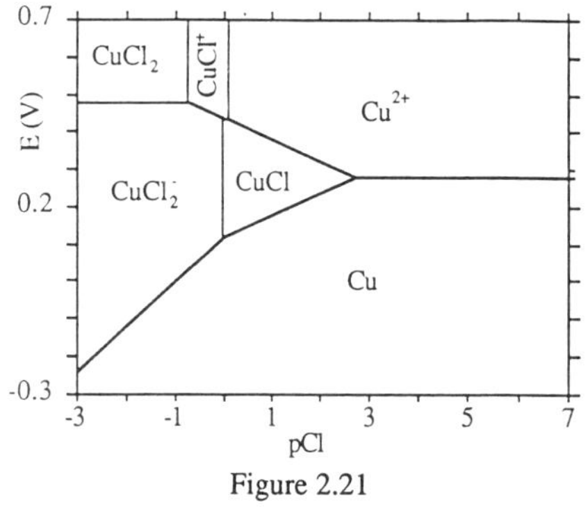


Figure 2.21

D'une manière plus générale, la stabilisation d'un degré de valence par complexation ou par précipitation est devenue un moyen classique de synthèse en chimie inorganique [6].

## BIBLIOGRAPHIE DU CHAPITRE 2


1 – M. BERNARD, Le diagramme potentiel-pH de l'ammoniac, *Bull. Union Phys.*, **579**, 315.

2 – M. POURBAIX, Atlas d'équilibres électrochimiques, Gauthier-Villars, Paris, 1963.

3 – M. BERNARD, Conventions pour l'établissement des diagrammes potentiel-pH, *Bull. Union Phys.*, 1975, **579**, 319.

4 – D. W. BARNUM, Potential-pH Diagrams, *J. Chem. Educ.*, 1982, **59** (10), 809.

5 – G. CHARLOT, Chimie analytique générale, Masson, Paris, 1967.

6 – G. PASS, H. SUTCLIFFE, Practical inorganic chemistry, Chapman et Hall, Londres, 1968 (notamment chapitre 9).

# INFLUENCE DE DIFFERENTS FACTEURS SUR LES REACTIONS D'OXYDOREDUCTION : EXPERIENCES

La loi de Nernst montre que le potentiel d'un couple oxydoréducteur Ox/R est fonction, lorsqu'il s'agit d'espèces dissoutes, de la concentration de la forme oxydée Ox et de celle de la forme réduite R. Aussi, toute réaction chimique qui modifie l'une de ces concentrations entraîne une variation du potentiel du couple et déplace les réactions d'oxydoréduction, comme cela est illustré par de nombreuses expériences [1-3]. On peut aisément le monter de façon qualitative.

## ■ EXPERIENCE 2.0

### Le rôle du logarithme

**Produits et matériel**

*– solutions 0,1 mol.l$^{-1}$ de sulfate de cuivre, de nitrate d'argent, et de sulfure de sodium ; solutions 1 mol.l$^{-1}$ de chlorure de potassium et d'ammoniaque.*

*– pont salin au nitrate de potassium ; béchers ; électrodes d'argent et de cuivre.*

*– voltmètre électronique.*

**Mode opératoire**

*Monter la pile : Cu / $CuSO_4$ / $KNO_3$ / $AgNO_3$ / Ag*

*Mesurer le potentiel.*

*Ajouter goutte à goutte, en agitant, de la solution de chlorure de potassium dans la solution de nitrate d'argent. Observer la décroissance de la force électromotrice de la pile : d'abord positive (≈ 490 mV), elle devient négative après addition d'une quantité suffisante d'ions chlorure.*

*Ajouter alors, goutte à goutte et en agitant, de la solution d'ions sulfure à la solution cuivrique. Observer l'augmentation de la force électromotrice de la pile qui redevient positive après addition d'une quantité suffisante d'ions sulfure.*

*Ajouter alors de l'ammoniaque à la solution contenant le chlorure d'argent précipité. Ce dernier se dissout progressivement et la force électromotrice de la pile décroît simultanément. Après addition d'une quantité suffisante d'ammoniaque, la force électromotrice est à nouveau négative.*

### □ DISCUSSION

Les potentiels normaux des couples $Ag^+$ / Ag et $Cu^{2+}$ / Cu sont respectivement 0,80V et 0,34V/ENH, et les potentiels de l'électrode de droite ($E_d$) et de l'électrode de gauche ($E_g$) sont donnés par :

$$E_d = E^\circ_{Ag^+/Ag} + 0{,}06 \ \lg [Ag^+]$$
$$E_g = E^\circ_{Cu^{2+}/Cu} + 0{,}03 \ \lg [Cu^{2+}]$$

La force électromotrice de la pile est définie algébriquement par :

$$E = E_d - E_g.$$

L'addition de chlorure à la solution de nitrate d'argent entraîne la précipitation de AgCl, donc une diminution de $[Ag^+]$ et $E_d$ peut devenir inférieur à $E_g$.

L'addition de sulfure à la solution cuivrique entraîne la précipitation de sulfure cuivrique CuS, d'où il résulte une décroissance de $[Cu^{2+}]$ et donc de $E_g$ qui peut alors devenir inférieur à $E_d$.

L'addition d'ammoniaque entraîne la complexation des ions $Ag^+$ et la dissolution de AgCl à l'état de $Cl^-$ et de complexe $[Ag(NH_3)_2]^+$. Pour que le potentiel de l'électrode d'argent puisse devenir à nouveau inférieur à celui de l'électrode de cuivre, on aura pris la précaution de ne pas ajouter un trop grand excès de chlorure et de sulfure.

# 1. TRACE DE DIAGRAMMES POTENTIEL - pH

Il est possible de mesurer expérimentalement les variations du potentiel d'oxydoréduction de certains couples en fonction du pH. A cette fin, on mesure le pH de la solution et le potentiel d'une électrode indicatrice par rapport à une électrode de référence. Les couples choisis sont tels que les potentiels d'équilibre correspondent au domaine de stabilité thermodynamique de l'eau et qu'il s'agit de systèmes rapides. Les équilibres font intervenir des réactions de précipitation ou de complexation.

## ■ EXPERIENCE 2.1/1

**Diagramme potentiel - pH du fer**

**Produits et matériel**

*– solution : $10^{-2}$ mole de sulfate ferreux (2,8 g $FeSO_4$ , $7H_2O$) + $10^{-2}$ mole de sulfate ferrique (4 g $Fe_2(SO_4)_3$) + 5 $cm^3$ $H_2SO_4$ concentré pour 1 litre ; tampons pour l'étalonnage du pHmètre.*

*– soude 10 $mol.l^{-1}$ et acide nitrique concentré (11 $mol.l^{-1}$ ).*

*– électrode au calomel saturée ; électrode de verre ; électrode de platine ; burette + support de burette + support d'électrodes ; béchers de 100 et 200 $cm^3$ ; agitateur magnétique + barreau aimanté.*

*– voltmètre électronique et pHmètre (ou un appareil combinant les deux fonctions).*

**Mode opératoire**

*Etalonner le pH mètre à l'aide des solutions tampons. Nettoyer l'électrode de platine dans de l'acide nitrique concentré et la rincer à l'eau.*

*Placer une centaine de $cm^3$ de la solution du mélange de sulfates ferreux et ferrique acidifiée dans un bécher de 200 $cm^3$. Y introduire les trois électrodes de mesure (cf. figure E2.1).*

*Placer la solution de soude dans la burette. Après chaque addition de soude, on mesure :*

*– le pH de la solution à l'aide de l'électrode de verre et de l'électrode au calomel saturée.*

*– le potentiel de l'électrode de platine par rapport à l'électrode au calomel saturée. Il est inutile de noter la valeur du volume de soude ajoutée.*

*Prendre soin d'ajouter de faibles volumes de soude quand cela s'avère nécessaire pour que la variation de pH entre deux mesures n'excède pas 0,5 unité. Attendre suffisamment longtemps pour que l'indication du voltmètre soit stabilisée.*

*Observer l'apparition d'un précipité.*

*Faire varier le pH de la valeur initiale jusqu'à 7 environ.*

*Tracer la courbe représentant les variations du potentiel de l'électrode de platine en fonction du pH de la solution.*

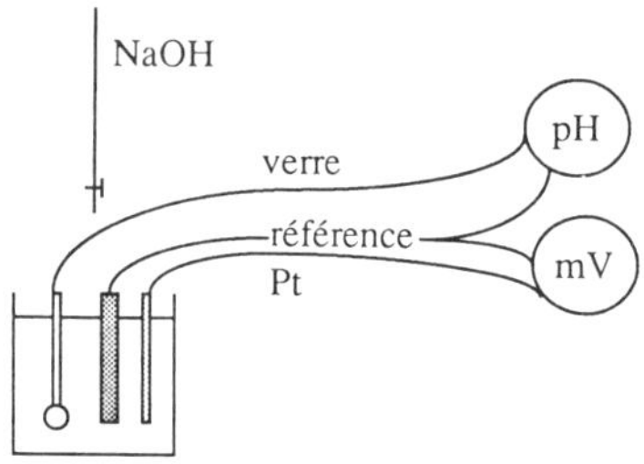


Figure E2.1

## EXPERIENCE 2.1/2

### Diagramme potentiel-pH de l'argent

#### Produits et matériel

*– solutions $10^{-2}$ mol.l$^{-1}$ de $AgNO_3$ , 2 $10^{-2}$ mol.l$^{-1}$ de NaF et 2 $10^{-2}$mol.l$^{-1}$ d'acide nitrique ; soude 5 mol.l$^{-1}$ et acide nitrique 4 mol$^{-1}$ ; solution saturée de $KNO_3$.*

*– une allonge pour l'électrode au calomel saturée, ou électrode au sulfate mercureux.*

*– même matériel que pour l'expérience 2.1/1 en substituant à l'électrode de platine une électrode d'argent.*

#### Mode opératoire

*Nettoyer l'électrode d'argent par une brève immersion dans l'acide nitrique 4 mol.l$^{-1}$, suivie d'un rinçage à l'eau.*

*Munir l'électrode au calomel saturée de l'allonge contenant la solution de $KNO_3$ de façon à éviter la précipitation de chlorure d'argent au contact entre la solution de KCl de l'électrode de référence et la solution de nitrate d'argent.*

*Etalonner le pH mètre.*

*Verser une cinquantaine de cm$^3$ de la solution d'ion argent dans un bécher, y placer les trois électrodes. Placer la solution de soude dans la burette (cf. figure E2.2). Après chaque addition de soude, qui est effectuée goutte à goutte pour que les points expérimentaux soient assez rapprochés, on mesure :*

*– le pH de la solution.*

*– le potentiel de l'électrode d'argent par rapport à l'électrode de référence. Observer l'apparition d'un précipité.*

*Faire varier le pH de la valeur initiale jusqu'à 11 environ. Ne pas laisser l'électrode de verre dans la solution après la série de mesure.*

*Tracer la courbe représentant les variations du potentiel en fonction du pH de la solution.*

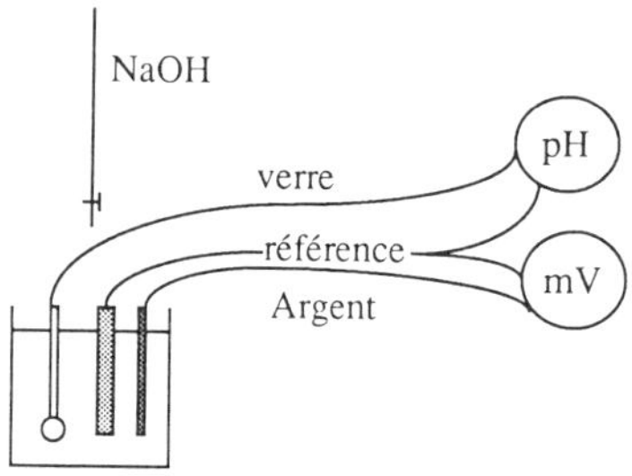


Figure E2.2

## ■ EXPERIENCE 2.1/3

### Diagramme potentiel-pH de l'argent en présence d'ammoniac

**Produits et matériel**

*– solution à la fois $10^{-2}$ mol.l$^{-1}$ en $AgNO_3$ et 4 $10^{-2}$ mol.l$^{-1}$ en $NH_4NO_3$.*

*– autres matériels et produits identiques à ceux de l'expérience 2.1/2.*

**Mode opératoire**

*– identique à celui de l'expérience 2.1/2 ; on n'observe pas de précipitation.*

## ■ EXPERIENCE 2.1/4

### Diagramme potentiel-pH du couple quinone - hydroquinone

**Produits et matériel**

*– quelques solutions tampon de pH compris entre 1 et 7 environ.*

*– quinhydrone.*

*– électrode de platine ; électrode au calomel saturée ; électrode de verre ; béchers.*

*– pH-mètre, millivoltmètre.*

**Mode opératoire**

*Dissoudre une centaine de milligrammes de quinhydrone dans une cinquantaine de cm$^3$ de chaque solution tampon. Mesurer le pH et le potentiel E, par rapport à l'électrode au calomel saturée, de l'électrode de platine immergée successivement dans toutes les solutions. Tracer la courbe E = f(pH).*

□ DISCUSSION

L'exploitation des mesures effectuées permet l'obtention des valeurs des potentiels normaux des couples dans les conditions de l'étude (le potentiel de l'électrode au calomel saturé est voisin de 0,25V/ENH), ainsi que la détermination des constantes d'action de masse des équilibres de précipitation ou de complexation qui interviennent.

**Système ions ferreux-ions ferriques** (cf. figure E2.3) :

Le potentiel est donné par la loi de Nernst :

$$E = E°_{Fe^{3+}/Fe^{2+}} + RT/F \ln ([Fe^{3+}] / [Fe^{2+}])$$

La solution initiale étant équimolaire en $Fe^{3+}$ et en $Fe^{2+}$, le potentiel pris en milieu acide par l'électrode de platine doit être $E°_{Fe^{3+}/Fe^{2+}}$. On trouve une valeur voisine de 0,67V/ENH. Cette valeur est celle obtenue en milieu sulfate (cf. l'expérience 1.6/2). Elle peut être interprétée par l'intervention de réactions de complexation entre les ions du fer et l'ion sulfate :

$$Fe^{3+} + SO_4^{2-} \rightleftharpoons FeSO_4^+ \qquad K_{D3} = [Fe^{3+}]\,[SO_4^{2-}] / [FeSO_4^+]$$

$$Fe^{2+} + SO_4^{2-} \rightleftharpoons FeSO_4 \qquad K_{D2} = [Fe^{2+}]\,[SO_4^{2-}] / [FeSO_4]$$

d'où : $E = E°_{Fe^{3+}/Fe^{2+}} + 0{,}06 \lg (K_{D3} [FeSO_4^+] / K_{D2} [FeSO_4])$ **(1)**

Les valeurs de $pK_{D2}$ et $pK_{D3}$ sont respectivement 4,1 et 2,6 . La solution initiale étant acidifiée avec de l'acide sulfurique, à une concentration telle que $[SO_4^{2}] \approx$ 0,1 mol.l$^{-1}$, les valeurs de $pK_{D2}$ et $pK_{D3}$ montrent que le fer(III) est présent entièrement à l'état de $FeSO_4^+$ et qu'une fraction supérieure à 95% du fer (II) se trouve à l'état complexé. La solution étant équimolaire en fer (II) et en fer (III), en milieu acide, le potentiel ne varie pas avec le pH. Il est donné par l'expression :

$$E_{eq} = E°_{Fe^{3+}/Fe^{2+}} + 0{,}06 \lg (K_{D3} / K_{D2}) \qquad \textbf{(1)}$$

La valeur mesurée E = 0,67 V/ENH conduit donc à $E°_{Fe^{3+}/Fe^{2+}}$ = 0,78V/ENH.

Pour les valeurs de pH plus élevées, la partie décroissante de la courbe est due à la formation du précipité d'hydroxyde ferrique $Fe(OH)_3$. Lorsque ce précipité est présent, le produit de solubilité est atteint :

$$Ks = [Fe^{3+}]\ [OH^-]^3$$

et l'équation de la courbe correspondante s'écrit :

$$E = E°_{Fe^{3+}/Fe^{2+}} + 0{,}06 \ln Ks\ /\ ([Fe^{2+}]\ [OH^-]^3) \qquad \textbf{(2)}$$

La variation de E avec le pH est linéaire avec une pente théorique de -0,18V par unité de pH.

L'intersection de la droite horizontale du diagramme en milieu acide d'équation (**1**) (cf. figure E2.4, point A), ou de celle d'équation $E°_{Fe^{3+}/Fe^{2+}}$ (point B), avec la droite obtenue à l'autre extrémité du diagramme, d'équation (**2**), permet la détermination du produit de solubilité Ks de l'hydroxyde ferrique. En effet :

en A : $K_{D3} / K_{D2} = Ks\ /\ ([Fe^{2+}]\ [OH^-]^3)$

en B : $1 = Ks\ /\ ([Fe^{2+}]\ [OH^-]^3)$

d'où :

$$pKs = 3\,pKe - 3\,pH_A + pK_{D3} - pK_{D2} - \lg\,[Fe^{2+}]$$
$$pKs = 3\,pKe - 3\,pH_B - \lg\,[Fe^{2+}]$$

La valeur expérimentale ainsi obtenue est en assez bon accord avec la valeur tabulée pKs = 37 pour $Fe(OH)_3$ amorphe [1a].

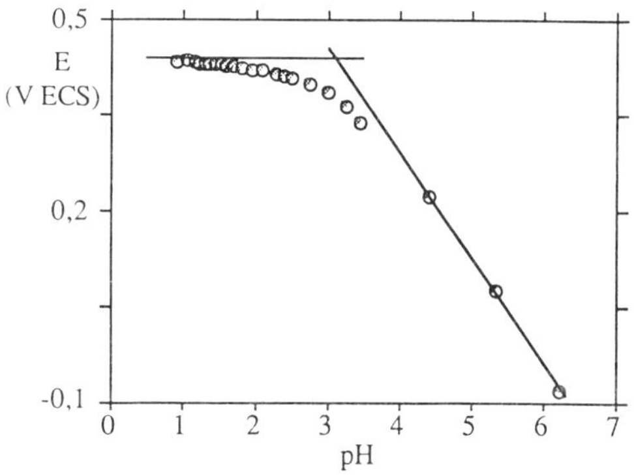

Figure E2.3

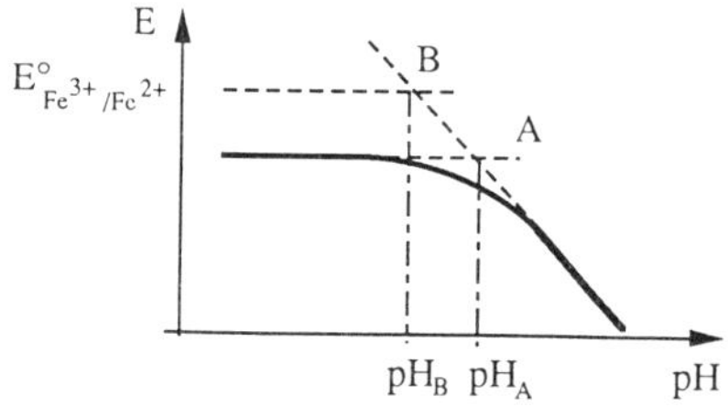

Figure E2.4

■ Remarques :

– La courbe expérimentale présente une partie arrondie car le potentiel décroît progressivement pour les pH supérieurs à 1,5 environ. Ceci est dû à l'apparition lorsque le pH augmente, et dès avant la précipitation de $Fe(OH)_3$, des complexes hydroxylés successifs du fer (III) :

$$Fe^{3+} + OH^- \rightleftarrows Fe(OH)^{2+}$$
$$Fe(OH)^{2+} + OH^- \rightleftarrows Fe(OH)_2^+$$
$$Fe(OH)_2^+ + OH^- \rightleftarrows Fe(OH)_3$$

– Pour des valeurs du pH supérieures à 7 environ, on observe la précipitation de l'hydroxyde de fer (II). Etant donné les difficultés de stabilisation de ces équilibres hétérogènes et le faible changement de pente attendu, le prolongement de l'étude en milieu basique conduit à des résultats peu reproductibles que l'on ne peut exploiter quantitativement.

– On pourrait envisager de compléter le diagramme potentiel - pH par l'étude du couple $Fe^{2+}$ / Fe. Malheureusement, le potentiel d'une électrode de fer en milieu ferreux est inférieur au potentiel de réduction de l'eau et le résultat de la mesure traduit la cinétique de l'attaque du fer par l'eau et non la thermodynamique du couple $Fe^{2+}$ / Fe (cf. chapitre 4, corrosion, potentiel mixte).

**Système ion argent(I) / argent(0) : $Ag^+/Ag$ ou $Ag_2O/Ag$** (figure E2.5)

Lorsque le milieu est suffisamment acide, le potentiel de l'électrode d'argent est indépendant du pH. Il est donné par :

$$E = E°_{Ag^+/Ag} + 0{,}06 \lg a_{Ag^+} \qquad \textbf{(1)}$$

Connaissant la concentration des ions $Ag^+$, et en tenant compte de la présence des ions ajoutés pour acidifier la solution (acide nitrique) et pour tamponner la solution de manière à modérer la variation de pH imposée par l'addition de soude (fluorure de sodium), on détermine la valeur de E°. La force ionique I vaut ici $5.10^{-2}$ mol.l$^{-1}$ et la loi de Debye - Hückel donne le coefficient d'activité $\gamma_\pm$

$$\lg \gamma_\pm = \frac{-0{,}5\, z^2 \sqrt{I}}{1+\sqrt{I}} \quad \text{avec } I = \frac{1}{2}\sum_i c_i z_i^2$$

Le résultat est assez proche de la valeur tabulée $E°_{Ag^+/Ag}$ = 0,80V/ENH.

En milieu basique, la variation du potentiel avec le pH est due à la précipitation de l'hydroxyde d'argent ; lorsque ce dernier est présent, le produit de solubilité est atteint : $Ks = a_{Ag^+} . a_{OH^-}$ . Le potentiel vaut :

$$E = E°_{Ag^+/Ag} + 0{,}06 \lg Ks / a_{OH^-} \qquad \textbf{(2)}$$

La pente de la droite expérimentale correspondante est très proche de la valeur théorique - 0,06 V par unité de pH.

L'abscisse du point d'intersection des deux segments linéaires (**1**) et (**2**) du diagramme correspond au pH de début de précipitation et permet donc de déterminer le produit de solubilité de l'hydroxyde d'argent. En négligeant la correction d'activité, en ce point :

$$Ks = [Ag^+]\,[OH^-]$$

avec $[Ag^+] = 10^{-2}$ mol.l$^{-1}$

Le résultat expérimental est peu différent de la valeur tabulée [1b] pKs = 7,7.

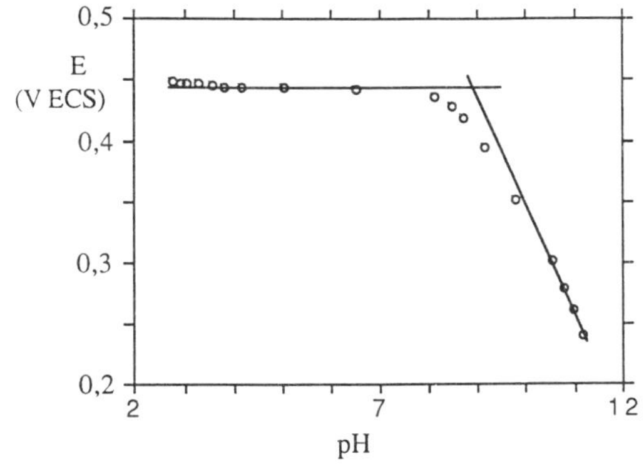


Figure E2.5

**Système ion argent(I) / argent(0) : $Ag^+/Ag$ ou $[Ag(NH_3)_2]^+/Ag$** (figure E2.6)

Lorsque la solution de nitrate d'argent contient du nitrate d'ammonium, la solution est légèrement acidifiée (pH = 5,5) à cause des propriétés d'acide très faible de l'ion $NH_4^+$. Le potentiel de l'électrode d'argent est pratiquement identique à celui mesuré dans l'expérience précédente, et l'on peut déduire la même valeur de $E°_{Ag^+/Ag}$ :

$$E = E°_{Ag^+/Ag} + 0{,}06 \lg a_{Ag^+} \qquad \textbf{(1)}$$

L'addition de soude provoque un déplacement de l'équilibre acidobasique du couple $NH_4^+ / NH_3$ selon :

$$NH_4^+ + OH^- \rightleftharpoons NH_3 + H_2O$$

et l'ammoniac libérée complexe les ions $Ag^+$ selon :

$$Ag^+ \quad + 2\,NH_3 \rightleftarrows Ag(NH_3)_2^+$$

Il en résulte que lorsque le pH augmente, le potentiel diminue car la concentration de $Ag^+$ décroît au profit de celle du complexe $\{Ag(NH_3)_2\}^+$. En outre, la stabilité de ce complexe empêche la précipitation de l'hydroxyde d'argent.

Lorsque le milieu est très basique, l'équilibre acidobasique $NH_4^+ / NH_3$ est complètement déplacé vers la forme $NH_3$ ; l'addition de soude ne provoque plus de déplacement sensible d'équilibre et le potentiel est indépendant du pH. La concentration initiale de l'ion ammonium est $4\ 10^{-2}$ mol.l$^{-1}$ ; étant donné la stoechiométrie du complexe $\{Ag(NH_3)_2\}^+$ et la concentration initiale de $Ag^+$, on peut déterminer les concentrations du complexe et de l'ammoniac libre $NH_3$ en milieu très basique :

$$[\{Ag(NH_3)_2\}^+] = 10^{-2}\,\text{mol.l}^{-1} \quad \text{et} \quad [NH_3] = 2\ 10^{-2}\,\text{mol.l}^{-1}$$

Le potentiel, pour les milieux basiques, peut s'écrire :

$$E = E°_{Ag^+/Ag} + 0{,}06 \lg K_D\,[\{Ag(NH_3)_2\}^+] / [NH_3]^2 \qquad \textbf{(2)}$$

Aussi l'écart entre les valeurs de potentiels mesurées en milieu acide (**1**) d'une part et en milieu très basique (**2**) d'autre part, permet de calculer la constante $K_D$ de dissociation du complexe diammino-argent (I).

Le résultat est en accord avec la valeur tabulée (1c) $pK_D = 7{,}2$.

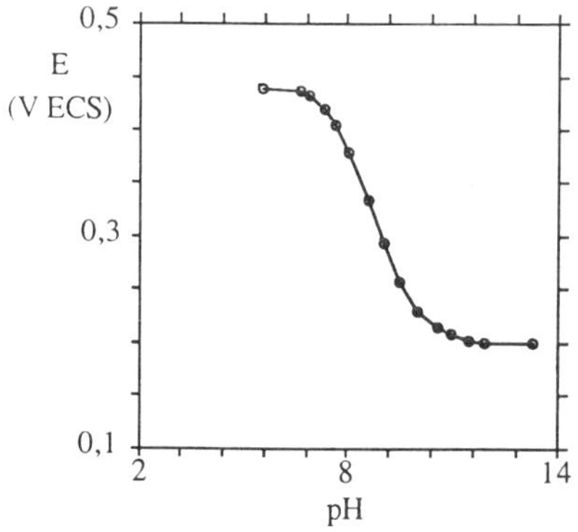


Figure E2.6

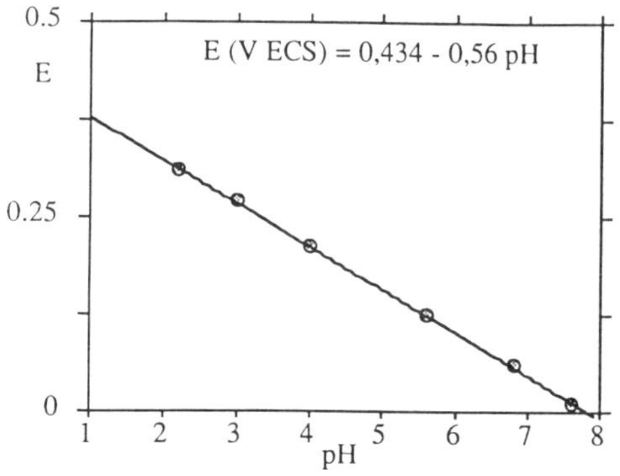


Figure E2.7 Quinone-hydroquinone

**Electrode à quinhydrone** (figure E2.7)

La quinhydrone est un mélange équimolaire de quinone et d'hydroquinone. L'hydroquinone, ou paradiphénol, est un diacide dont les $pK_A$ successifs ont des valeurs proches de 8 et 10. Aussi, en milieu suffisamment acide, la demi-équation électronique correspondante s'écrit :

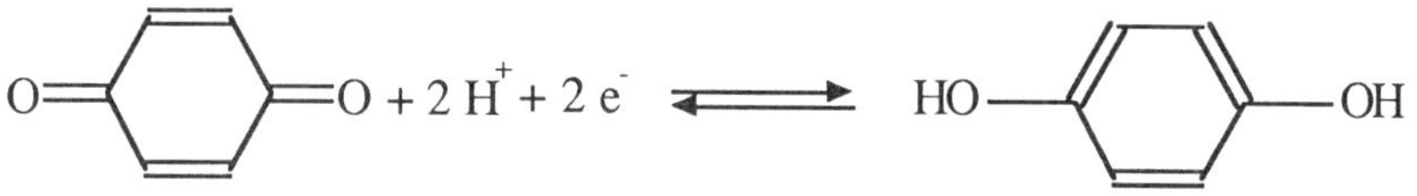


ou $$Q + 2\,H^+ + 2\,e^- \rightleftarrows QH_2$$

et le potentiel du couple est donné par :

$$E = E°_{Q/QH_2} - 0{,}06\ pH$$

Le système électrochimique est rapide sur platine et ce dispositif a été utilisé pour la mesure du pH de solutions avant la mise au point des électrodes à membranes de verre (voir par exemple la référence 4).

# 2. INFLUENCE DU pH SUR LES REACTIONS D'OXYDOREDUCTION

## 2.1. VARIATION DU POUVOIR OXYDANT DE L'ION $MnO_4^-$ AVEC LE pH

### ■ EXPERIENCE 2.2/1

**Produits et matériel**

*– solutions 0,1 mol.l⁻¹ de chlorure de potassium et de bromure de potassium ; solution 0,02 mol.l⁻¹ de permanganate de potassium ; acide sulfurique environ 1 mol.l⁻¹ ; tampon acétique (pH = 4,3).*

*– 4 verres à pied.*

**Mode opératoire**

*Placer quelques cm³ de tampon acétique dans deux verres à pied puis ajouter quelques gouttes de la solution de permanganate. Dans le premier verre, verser un peu de chlorure ; on n'observe pas de décoloration du permanganate. Dans le second, introduire un peu de bromure ; le permanganate se décolore.*

*Dans deux autres verres à pied, on place de l'acide sulfurique 1 mol.l⁻¹ au lieu de tampon acétique, puis on effectue les mêmes opérations : il y a décoloration du permanganate dans les deux cas.*

□ DISCUSSION

Les bromures sont oxydés en milieu acide et en tampon acétique alors que les chlorures ne sont oxydés qu'en milieu acide. Les demi-équations électroniques sont :

$$Cl_2 + 2\ e^- \rightleftharpoons 2\ Cl^- \qquad E_1$$

$$Br_2 + 2\ e^- \rightleftharpoons 2\ Br^- \qquad E_2$$

$$MnO_4^- + 5\ e^- + 8H^+ \rightleftharpoons Mn^{2+} + 4\ H_2O \qquad E_3$$

Le pouvoir oxydant de $MnO_4^-$ varie avec le pH, et les résultats expérimentaux ci-dessus montrent qu'à pH voisin de zéro, $E_3$ est supérieur à $E_1$ et à $E_2$, alors qu'à pH = 4,3 $E_3$ est supérieur à $E_2$ mais inférieur à $E_1$. La disposition des courbes E / pH est donnée sur la figure E2.8.

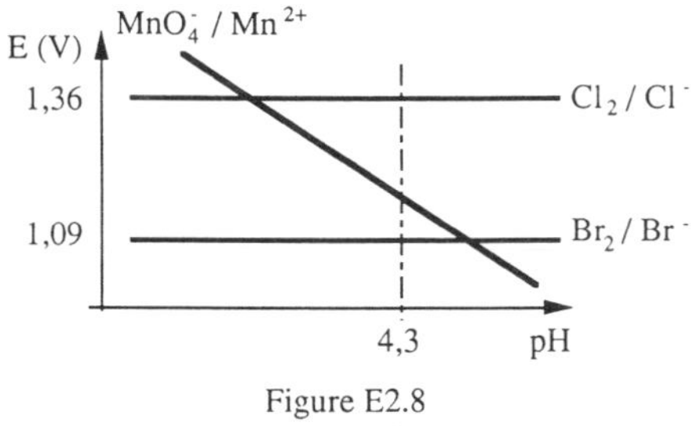


Figure E2.8

## 2.2. DEPLACEMENT D'UNE REACTION D'OXYDOREDUCTION PAR MODIFICATION DU pH

Lorsque les ions de l'eau ($H^+$ ou $OH^-$) apparaissent dans l'équation d'une réaction d'oxydoréduction en solution aqueuse, l'acidité du milieu joue sur la position de l'équilibre. Ainsi, pour une réaction symbolisée par :

$$Ox_1 + R_2 + x\ H^+ \rightleftharpoons Ox_2 + R_1$$

l'équilibre est d'autant plus déplacé vers l'obtention de $Ox_2$ et $R_1$ que la concentration des ions hydrogène est plus élevée, c'est à dire que le milieu est plus acide et le pH plus bas. Certains exemples se prêtent à un déplacement de l'équilibre pratiquement quantitatif.

## ■ EXPERIENCE 2.2/2

### Couples As(V) / As(III) et $I_2$ / $I^-$

**Produits et matériel**

*– solutions 0,1 mol.l$^{-1}$ d'acide arsénieux et d'acide arsénique (POISON !) ; solution d'iode 0,1 mol.l$^{-1}$ dans l'iodure de potassium ; empois d'amidon fraîchement préparé ; acide sulfurique 6 mol.l$^{-1}$.*

*– hydrogénocarbonate de sodium.*

*– papier pH.*

**Mode opératoire**

*Mélanger quelques cm$^3$ d'acide arsénieux et d'acide arsénique. Amener à pH = 8 environ avec un excès d'hydrogénocarbonate de sodium. Ajouter un peu d'empois d'amidon. Verser quelques gouttes de solution d'iode : l'iode est réduit, la solution reste incolore.*

*Ajouter de l'acide sulfurique pour que le pH diminue jusqu'à une valeur voisine de zéro : l'iode se forme et la solution devient bleue (complexe iode-empois d'amidon).*

***Elimination des dérivés de l'arsenic :** dans un flacon spécial prévu à cet effet et s'adresser à un service spécialisé (5).*

## ■ EXPERIENCE 2.2/3

### Couples Fe(III) / Fe(II) et $I_2$ / $I^-$

**Produits et matériel**

*– solutions d'iodure de potassium et de chlorure ferrique 0,1 mol.l$^{-1}$ ; soude concentrée 10 mol.l$^{-1}$.*

*– toluène.*

*– tubes à essai.*

**Mode opératoire**

*Dans un tube à essai, placer quelques cm$^3$ de solution ferrique puis ajouter un léger excès d'iodure de potassium : la coloration brune de l'iode apparaît. L'ion ferrique a oxydé l'iodure.*

*Prélever une partie de la solution et la placer dans un autre tube à essai. Ajouter quelques cm$^3$ de toluène. Agiter pour extraire l'iode qui se dissout dans le toluène : cette phase prend une coloration violette et la phase aqueuse se décolore. En évitant d'agiter les deux phases, ajouter, avec précaution, le long du tube, de la soude concentrée : il se forme un précipité vert d'hydroxyde ferreux dans la phase aqueuse.*

*Agiter l'ensemble : un précipité rouille apparaît et la phase organique se décolore. L'iode a oxydé l'hydroxyde ferreux.*

### □ DISCUSSION

Le potentiel du couple $I_2$ / $I^-$ vaut 0,62V. Les potentiels des couples As(V) / As(III) et Fe(III) / Fe(II) décroissent lorsque le pH augmente comme cela est indiqué sur les figures E2.9 et E2.10.

Ainsi, en milieu basique, vers pH = 8, l'iode est réduit par l'arsénite selon :

$$3\,OH^- + I_2 + H_2AsO_3^- \longrightarrow 2\,I^- + HAsO_4^{2-} + 2\,H_2O$$

■ Remarque : il convient de ne pas opérer en milieu de pH supérieur à 8, car l'iode est alors dismuté en iodure et iodate (cf. expérience 2.2/6). L'hydrogénocarbonate permet d'obtenir un pH convenable.

En milieu acide, l'acide arsénique oxyde les iodures en iode :

$$2\ H^+ + H_3AsO_4 + 2\ I^- \longrightarrow I_2 + H_3AsO_3 + H_2O$$

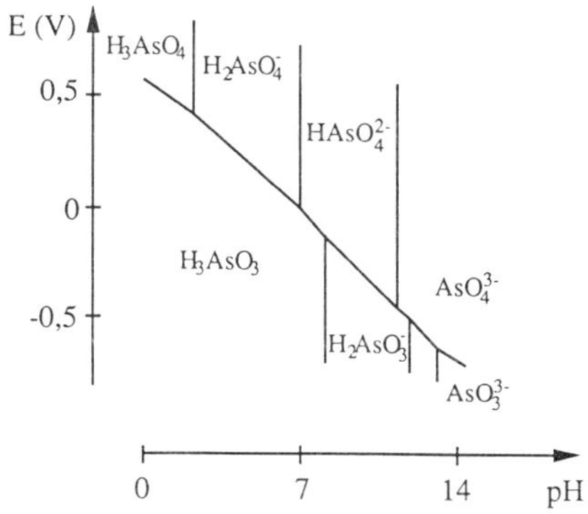


Figure E2.9

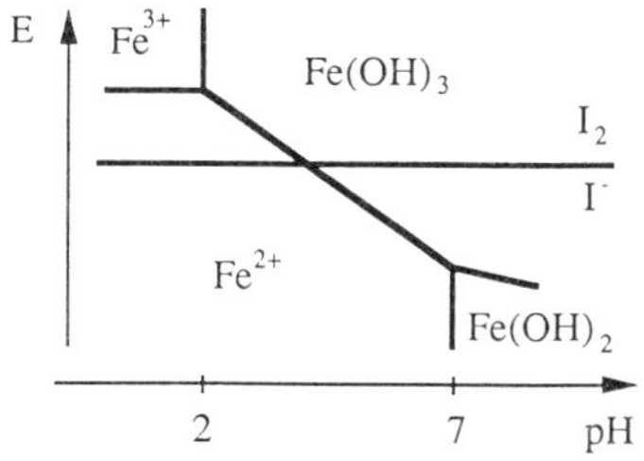


Figure E2.10

De même, les iodures sont oxydables par $Fe^{3+}$ en milieu acide selon :

$$2\ Fe^{3+} + 2\ I^- \longrightarrow I_2 + 2\ Fe^{2+}$$

L'extraction de l'iode par le toluène permet la caractérisation de $Fe^{2+}$ si l'on a pris la précaution d'ajouter un excès d'iodure pour qu'il ne reste pas de $Fe^{3+}$.

En milieu basique, l'iode peut oxyder le fer (II) selon :

$$2\ OH^- + 2\ Fe(OH)_2 + I_2 \longrightarrow 2\ Fe(OH)_3 + 2\ I^-$$

## 2.3. VARIATION DE pH PROVOQUEE PAR UNE REACTION D'OXYDOREDUCTION

De même que l'on peut déplacer un équilibre d'oxydoréduction par modification du pH, il est possible de faire varier le pH d'une solution en effectuant une réaction d'oxydoréduction.

### ■ EXPERIENCE 2.2/4

**Produits et matériel**

*– solution 0,1 mol.l$^{-1}$ d'arsénite de sodium (POISON !) ; solution d'iode 0,1 mol.l$^{-1}$ dans l'iodure de potassium ; acide sulfurique 6 mol.l$^{-1}$ ; empois d'amidon fraîchement préparé ; phénolphtaléine.*

*– hydrogénocarbonate de sodium.*

*– tubes à essai.*

**Mode opératoire**

*A quelques cm$^3$ d'arsénite, ajouter quelques gouttes de phénolphtaléine puis de l'acide sulfurique jusqu'à ce que la teinte de l'indicateur soit moins intense mais encore visible. Ajouter de l'iode ; celui-ci est réduit et la phénolphtaléine est décolorée : le milieu est devenu plus acide.*

***Elimination des dérivés de l'arsenic :*** *cf. expérience 2.2/2*

### ■ EXPERIENCE 2.2/5

**Produits et matériel**

*– solutions 0,1 mol.l$^{-1}$ d'iodate de potassium et de thiosulfate de sodium.*

*– hélianthine.*

*– tubes à essai.*

**Mode opératoire**

*Dans un tube à essai, placer quelques cm³ de la solution d'iodate et y ajouter une goutte d'hélianthine : la solution est rose.*

*Dans un autre tube, placer quelques cm³ de la solution de thiosulfate et y ajouter une goutte d'hélianthine : la solution est rose.*

*Mélanger les deux solutions : l'hélianthine vire au jaune.*

□ DISCUSSION

Dans le premier cas, la solution devient plus acide car la réaction d'oxydoréduction libère des protons (cf. expérience 2.2/2) :

$$H_2O + I_2 + H_2AsO_3^- \longrightarrow 2\,I^- + HAsO_4^{2-} + 3\,H^+$$

Dans le second cas, à l'inverse, la réaction consomme des protons et l'acidité du milieu décroît :

$$6\,H^+ + IO_3^- + 6\,S_2O_3^{2-} \longrightarrow 3\,H_2O + S_4O_6^{2-} + I^-$$

## 2.4. DISMUTATION PROVOQUEE PAR UNE VARIATION DE pH

La dismutation d'un élément est une réaction d'oxydoréduction conduisant simultanément à une espèce dans laquelle le degré d'oxydation de l'élément est supérieur et à une espèce dans laquelle il est inférieur au degré d'oxydation initial. Une telle réaction peut être provoquée notamment par une variation du pH de la solution.

■ EXPERIENCE 2.2/6

**Dismutation de l'iode en milieu basique**

**Produits et matériel**

*– solution 0,1 mol.l⁻¹ d'iode dans de l'iodure de potassium.*

*– soude concentrée (10 mol.l⁻¹).*

*– tube à essai ou verre à pied.*

**Mode opératoire**

*A quelques cm³ de la solution d'iode, on ajoute quelques gouttes de soude concentrée (en excès). La solution se décolore.*

> ■ Remarque : Les solutions aqueuses d'iode sont toujours des solutions d'iode dans l'iodure de potassium ; en effet, l'iode est très peu soluble dans l'eau pure, mais se dissout facilement par formation du complexe triiodure $I_3^-$ :
>
> $$I_2 + I^- \rightleftharpoons I_3^- \qquad (K=10^{2,5})^{(1d)}$$

■ EXPERIENCE 2.2/7

**Produits et matériel**

*– solutions 0,1 mol.l⁻¹ d'iodure de potassium et d'iodate de potassium ; acide sulfurique 6 mol.l⁻¹; empois d'amidon.*

*– tube à essai ou verre à pied.*

**Mode opératoire**

*Mélanger quelques cm³ de la solution d'iodate et de celle d'iodure. Ajouter un peu d'empois d'amidon. Ajouter une goutte d'acide : la coloration bleue du complexe iode-amidon apparaît.*

## EXPERIENCE 2.2/8

### Dismutation de l'ion manganate (6)

**Produits et matériel**

*– solution de permanganate de potassium $10^{-2}$mol.l$^{-1}$ ; soude 4 mol.l$^{-1}$ et acide sulfurique 6 mol.l$^{-1}$.*

*– dioxyde de manganèse.*

*– 2 béchers de 100 cm$^3$ ou verre à pied ; entonnoir, support et papier filtre ou fiole à vide et buchner.*

**Mode opératoire**

*L'ion manganate $MnO_4^{2-}$ peut être préparé par réduction de l'ion permanganate en milieu basique. A 25 cm$^3$ de solution de permanganate, ajouter une dizaine de cm$^3$ de soude pour rendre le milieu franchement basique. Ajouter quelques grammes de dioxyde $MnO_2$ solide. Agiter, filtrer : la solution obtenue est verte ($MnO_4^{2-}$).*

*Ajouter de l'acide sulfurique à cette solution. La coloration violette de $MnO_4^-$ réapparaît.*

## EXPERIENCE 2.2/9

### Dosage acidobasique de l'eau de chlore

**Produits et matériel**

*– eau de chlore, préparée par barbotage de chlore dans de l'eau ; soude 0,5mol.l$^{-1}$.*

*– burette de 25 cm$^3$ et support ; électrode de verre, électrode au calomel saturée et support ; agitateur magnétique + barreau aimanté.*

*– pH mètre préalablement étalonné.*

**Mode opératoire**

*Placer la soude dans la burette. Placer dans le bécher un volume, prélevé à la pipette au moyen d'une poire à prélèvement, de la solution d'eau de chlore. Introduire les électrodes. Mesurer le pH au cours de l'addition progressive de soude. Tracer la courbe représentant les variations du pH en fonction du volume de soude versé.*

## DISCUSSION

### Dismutation et amphotérisation de l'iode

Comme le montre le diagramme potentiel-pH de l'iode (figure E2.11), en milieu de pH supérieur à 8 environ, l'iode et $I_3^-$ se dismutent en iodure et iodate.

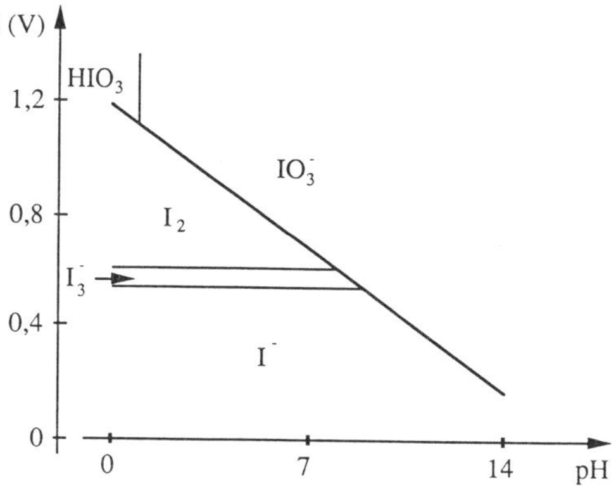


Figure E2.11

En effet, le potentiel du couple $I_2 / I^-$ est alors supérieur à celui du couple $IO_3^- / I_2$ :

$$3\,I_2 + 6\,OH^- \rightleftharpoons IO_3^- + 5\,I^- + 3\,H_2O$$

L'expérience 2.2/7 montre qu'inversement, en milieu acide, l'ordre des potentiels est inversé. Iodure et iodate réagissent l'un sur l'autre avec consommation de protons selon :

$$IO_3^- + 5\,I^- + 6\,H^+ \rightleftharpoons 3\,I_2 + 3\,H_2O$$

**Ion manganate**

L'exemple des ions manganate illustre le cas d'une dismutation par acidification. Le diagramme potentiel-pH (figure E2.12) montre que le potentiel du couple $MnO_4^- / MnO_4^{2-}$ n'est supérieur à celui du couple $MnO_4^{2-} / MnO_2$ qu'en milieu très basique. De tels milieux correspondent au domaine d'existence de l'ion manganate qui est préparé par la réaction :

$$4\,OH^- + MnO_2 + 2\,MnO_4^- \rightleftharpoons 3\,MnO_4^{2-} + 2\,H_2O$$

En milieu moins basique, on observe la dismutation, réaction inverse de la précédente :

$$4\,H^+ + 3\,MnO_4^{2-} \rightleftharpoons MnO_2 + 2\,MnO_4^- + 2\,H_2O$$

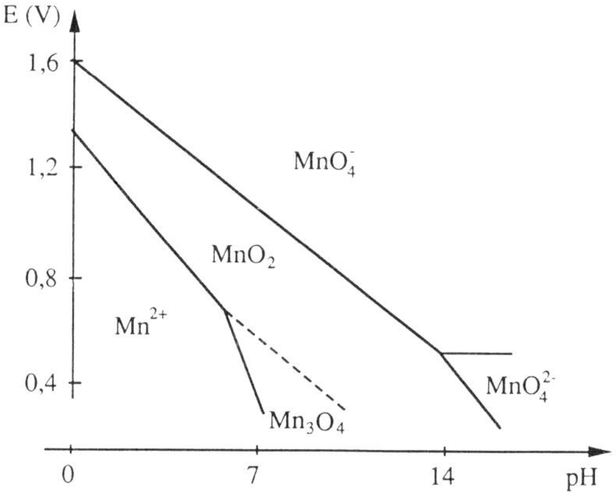


Figure E2.12

**Dismutation du chlore**

La réaction de dismutation du chlore (cf chapitre 2), par augmentation du pH, peut être exploitée quantitativement. L'équation de réaction s'écrit :

$$Cl_2 + H_2O \rightleftharpoons HClO + Cl^- + H^+$$

L'allure de la courbe représentant les variations du pH en fonction de la quantité de soude ajoutée à l'eau de chlore est donnée sur la figure E2.13.

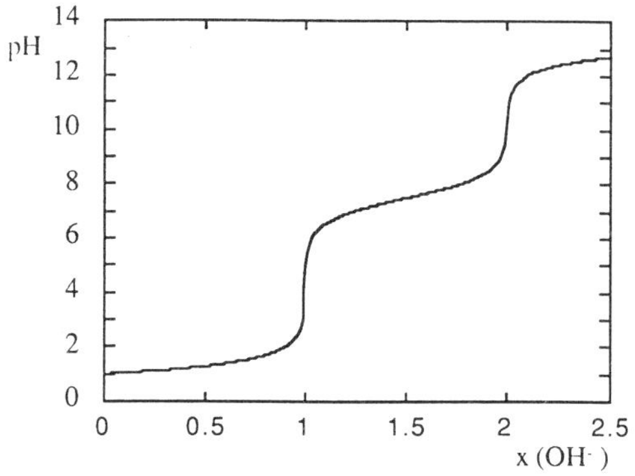


Figure E2.13

La première équivalence ($V_1$) correspond à la neutralisation des protons libérés par la réaction de dismutation de $Cl_2$ en HClO et en $Cl^-$ (acidité forte). L'acide hypochloreux, qui est un acide faible ($pK_A = 7{,}5$), peut ensuite être neutralisé par la soude et la deuxième équivalence ($V_2$) est obtenue à la fin de cette neutralisation :

$$HClO + OH^- \rightleftharpoons ClO^- + H_2O$$

La courbe de dosage permet :

– de vérifier que $V_2 = 2\ V_1$.

– de titrer l'eau de chlore : $M_{Cl_2} \bullet V_{Cl_2} = M_{OH^-} \bullet V_1$.

– de déterminer la valeur du $pK_A$ du couple acidobasique $HClO / ClO^-$.

# 3. INFLUENCE DE LA COMPLEXATION SUR LES REACTIONS D'OXYDOREDUCTION

## 3.1. STABILISATION DE L'OXYDANT D'UN COUPLE VIS-A-VIS DE LA REDUCTION

L'oxydant d'un couple 1 de potentiel $E_1$ peut être réduit par le réducteur d'un couple 2 de potentiel $E_2$ inférieur à $E_1$. Si l'on forme avec $Ox_1$ un complexe suffisamment stable pour que le potentiel devienne $E'_1$ inférieur à $E_2$, le réducteur 2 est inefficace.

### ■ EXPERIENCE 2.3/1

**Stabilisation du mercure (II) par l'ion iodure**

**Produits et matériel**

*– chlorure mercurique à 5% ; iodure de potassium 0,1 mol.l$^{-1}$.*

*– lame de cuivre.*

*– verres à pied.*

**Mode opératoire**

*Dans un verre à pied, verser quelques cm$^3$ de la solution de chlorure mercurique, puis introduire une lame de cuivre. On constate un dépôt de mercure.*

*Dans un autre verre, verser du chlorure mercurique, puis ajouter de l'iodure de potassium jusqu'à redissolution du beau précipité orange d'iodure mercurique. Placer une lame de cuivre dans la solution ainsi obtenue. Pas de dépôt de mercure.*

### ■ EXPERIENCE 2.3/2

**Diminution du pouvoir oxydant du fer (III) en milieu fluorure**

**Produits et matériel**

*– solutions 0,1 mol.l$^{-1}$ d'iodure de potassium et de chlorure ferrique.*

*– fluorure de sodium.*

*– verres à pied.*

**Mode opératoire**

*A la solution d'iodure de potassium, placée dans un verre, ajouter quelques gouttes de chlorure ferrique. Il apparaît la coloration brune de l'iode. Ajouter ensuite du fluorure de sodium. La coloration brune de l'iode disparaît.*

□ DISCUSSION

Les potentiels normaux des couples mis en jeu sont (cf. annexe) :
$Hg^{2+}/Hg$ : 0,80V; $Cu^{2+}/Cu$ : 0,34V ; $Fe^{3+}/Fe^{2+}$ : 0,77V; $I_2/I^-$ : 0,62V.

En présence d'iodure, le cation mercurique peut donner le complexe $HgI_4^{2-}$ :

$$Hg^{2+} + 4\,I^- \rightleftharpoons HgI_4^{2-} \qquad pK_D = 30$$

Le potentiel normal du couple $HgI_4^{2-}/Hg$ vaut donc - 0,10V. Il est inférieur au potentiel normal du couple $Cu^{2+}/Cu$, ainsi qu'aux potentiels des couples tels que $CuI/Cu$ que l'on peut envisager à partir de $Cu^{2+}$ ou $Cu^+$ en milieu iodure . Le cuivre ne réduit donc pas $HgI_4^{2-}$.

De même, le fluorure forme un complexe avec $Fe^{3+}$ :

$$Fe^{3+} + F^- \rightleftharpoons FeF^{2+} \qquad pK_D = 6$$

Le potentiel normal du couple $FeF^{2+}/Fe^{2+}$ vaut donc 0,41 V, et l'iodure ne peut donc réduire $FeF^{2+}$ en $Fe^{2+}$ avec libération de $F^-$.

## 3.2. RENFORCEMENT DU POUVOIR D'UN REDUCTEUR PAR COMPLEXATION DE L'OXYDANT CONJUGUE

La diminution du potentiel d'un couple par complexation de l'oxydant se traduit par un renforcement du pouvoir du réducteur conjugué.

### ■ EXPERIENCE 2.3/3

**Oxydation de l'or en milieu cyanure**

**Produits et matériel**

*– cyanure de potassium 1 mol.$l^{-1}$ (POISON !)*

*– feuilles d'or pour dorure.*

*– béchers.*

**Mode opératoire**

*Deux petits béchers sont remplis l'un d'eau, l'autre de la solution de cyanure. On dépose à la surface de chaque liquide un morceau de feuille d'or. Au bout de quelques minutes, la feuille déposée sur la solution de cyanure a disparu.*

***Elimination du cyanure :*** *verser en quantité suffisante un sel ferrique, qui complexe le cyanure à l'état de ferricyanure, complexe extrêmement inerte, qui peut être éliminé sans danger.*

### ■ EXPERIENCE 2.3/4

**Réduction du bleu de méthylène par le cobalt (II)**

**Produits et matériel**

*– chlorure de cobalt $10^{-2}$mol.$l^{-1}$ ; cyanure de potassium 1 mol.$l^{-1}$ (POISON !) ; bleu de méthylène.*

*– verres à pied.*

**Mode opératoire**

*A quelques $cm^3$ de la solution de cobalt (II), ajouter du bleu de méthylène jusqu'à ce que la solution soit bleue. A quelques $cm^3$ de la solution de cyanure, ajouter un peu de bleu de méthylène (BM) : la solution est bleue. Mélanger le contenu des deux verres précédents. Observer la décoloration.*

***Elimination du cyanure*** *: voir ci-dessus l'expérience 2.3/3.*

□ DISCUSSION

Les potentiels normaux des couples mis en jeu sont :
$Au^+ / Au$ : 1,68V ; $Au^{3+} / Au$ : 1,50V ; $O_2 / H_2O$ : 1,23V ; $BM_{OX} / BM_R$ : 0,52 V ; $Co^{3+} / Co^{2+}$ : 1,80 V.

En milieu cyanure, les cations métalliques donnent lieu à la formation des complexes suivants :

$$Au^{3+} + 4\,CN^- \rightleftharpoons Au(CN)_4^- \quad pK_D = 56$$
$$Au^+ + 2\,CN^- \rightleftharpoons Au(CN)_2^- \quad pK_D = 38$$
$$Co^{3+} + 6\,CN^- \rightleftharpoons Co(CN)_6^{3-} \quad pK_D = 64$$
$$Co^{2+} + 4\,CN^- \rightleftharpoons Co(CN)_4^{2-} \quad pK_D = 19$$

Il en résulte donc les valeurs des potentiels normaux des couples faisant intervenir les espèces complexées :

$$E^\circ_{Au(CN)_4^-/Au} = 0{,}38V$$
$$E^\circ_{Au(CN)_2^-/Au} = -0{,}60V$$
$$E^\circ_{Co(CN)_6^{3-}/Co(CN)_4^{2-}} = -0{,}90V$$

On constate donc que l'or (I) est stable à l'état de complexe $Au(CN)_2^-$, alors qu'en l'absence de cyanure, $Au^+$ se dismute en $Au^{3+}$ et Au. De plus, l'or est un métal très réducteur en milieu cyanure. Il peut être facilement oxydé au degré (I) en $Au(CN)_2^-$, par exemple par l'eau, et en présence d'oxydants plus forts tels que $O_2$, on peut obtenir le degré (III) sous forme $Au(CN)_4^-$.

En ce qui concerne le cobalt, le très grand écart entre les constantes de dissociation des complexes des degrés d'oxydation (II) et (III) montre qu'en l'absence de cyanure, $Co^{3+}$ est un oxydant très fort, alors qu'en milieu cyanure, le cobalt (II), sous forme de $Co(CN)_4^{2-}$ est un réducteur très puissant.

## 3.3. DISMUTATION SOUS L'EFFET D'UNE COMPLEXATION

La dismutation d'une espèce correspondant à un degré d'oxydation donné d'un élément en une espèce de degré d'oxydation supérieur et une espèce de degré d'oxydation inférieur peut intervenir sous l'effet de la formation de complexes suffisamment stables, soit au degré d'oxydation supérieur, soit au degré d'oxydation inférieur.

### ■ EXPERIENCE 2.3/5

**Dismutation du mercure (I) par complexation du mercure (II)**

**Produits et matériel**

*– solutions 0,1 mol.l$^{-1}$ de nitrate mercureux (POISON !) et d'E.D.T.A.*

*– verre à pied.*

**Mode opératoire**

*A quelques cm$^3$ de nitrate mercureux, ajouter quelques gouttes de solution d'EDTA. Il se forme un précipité gris de mercure.*

***Récupération du mercure :*** *dans un flacon bouché, prévu à cet effet.*

□ DISCUSSION

L'éthylènediaminetétracétique dont la formule, représentée ci-dessous, peut être schématisée par $H_4Y$ présente quatre fonctions acide carboxylique et deux fonctions amine :

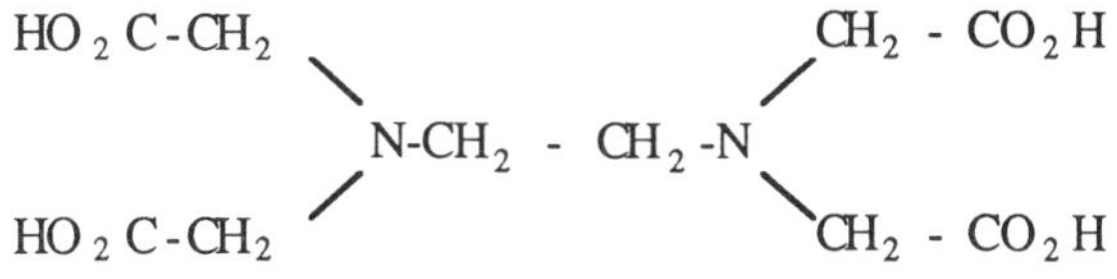

Il est généralement employé dans des milieux de pH suffisamment élevé pour réagir soit à l'état de d'ion dicarboxylate $H_2Y^{2-}$ soit d'ion tétracarboxylate $Y^{4-}$.

En présence de cation mercurique, il se forme le complexe :

$$Hg^{2+} + Y^{4-} \rightleftharpoons HgY^{2-} \quad pK_D = 22$$

dont la stabilité est telle qu'il y a dismutation du mercure(I) selon :

$$Hg_2^{2+} + Y^{4-} \rightleftharpoons Hg + HgY^{2-}$$

## 3.4. STABILISATION D'UN DEGRE D'OXYDATION PAR COMPLEXATION

La complexation par des ligands choisis permet de stabiliser certains degrés d'oxydation que l'on n'observe pas avec les seuls ligands aqua. En solution aqueuse, il peut s'agir de:

– diminuer le pouvoir oxydant d'une espèce correspondant à un potentiel trop élevé et qui oxyde l'eau (cas du manganèse(III)).

– diminuer le pouvoir réducteur d'une espèce correspondant à un potentiel trop négatif et qui réduit l'eau (cas du chrome(II)).

– stabiliser des degrés d'oxydation conduisant à une dismutation en l'absence de complexation.

### ■ EXPERIENCE 2.3/6

**Stabilisation du manganèse(III) par les phosphates**

**Produits et matériel**

*– solutions 0,1 mol.l⁻¹ de chlorure de manganèse(II) et de bichromate de potassium.*

*– acide phosphorique concentré.*

*– tube à essai.*

**Mode opératoire**

*A un cm³ de la solution de manganèse, ajouter quelques cm³ d'acide phosphorique, puis, goutte à goutte du bichromate. Il apparaît la coloration vieux rose du manganèse(III), différente de la couleur violette du permanganate de potassium.*

### ■ EXPERIENCE 2.3/7

**Stabilisation du chrome(II)**

**Produits et matériel**

*– solution d'acétate de sodium 1 mol.l⁻¹ ; acide chlorhydrique concentré (11 mol.l⁻¹).*

*– bichromate de potassium ; zinc en grenaille.*

*– erlenmeyers, tubulures et bouchons percés ; agitateur magnétique et barreau aimanté ; mortier et pilon.*

**Mode opératoire**

*Réaliser le montage représenté sur la figure E2.14. Placer dans l'erlenmeyer de droite la solution d'acétate de sodium. Introduire dans l'erlenmeyer de gauche 50 cm³ d'eau et 100 cm3 d'acide chlorhydrique concentré, puis 30 g de zinc en grenaille et 5 g de bichromate de potassium finement broyé. Agiter. La réaction est assez vive. Progressivement, les deux erlenmeyers sont purgés d'air et se trouvent en atmosphère d'hydrogène, ce qui évite l'oxydation du chrome(II). La solution prend une teinte bleutée due au chrome(II). Quand la réaction parait complète, abaisser le tube en U dans les deux erlenmeyers : la légère surpression d'hydrogène dans l'erlenmeyer de gauche permet le trans-*

*fert d'une partie de la solution de chrome(II) : beau précipité rouge d'acétate de chrome(II) dans l'erlenmeyer de droite.*

*Prélever une partie de la solution bleue de chrome(II) restant dans l'erlenmeyer de gauche et la placer à l'air : la solution devient verte par oxydation du chrome(II) en chrome(III).*

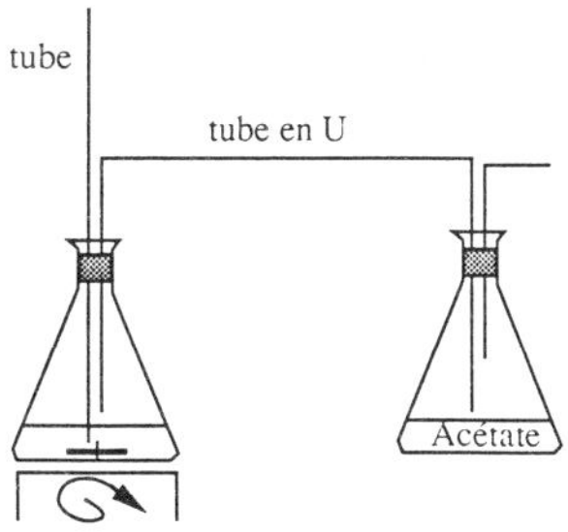


Figure E2.14

## ■ EXPERIENCE 2.3/8

### Stabilisation du cuivre(I) par l'ammoniac

**Produits et matériel**

*– solution d'ammoniaque concentrée (d = 0,88).*

*– chlorure cuivrique et chlorhydrate d'hydroxylamine.*

**Mode opératoire**

*Dissoudre 1 g de chlorure cuivrique dans quelques dizaines de cm$^3$ d'eau et ajouter 5 cm$^3$ d'ammoniaque concentrée. La solution devient bleu intense. Ajouter 3 g de chlorhydrate d'hydroxylamine. La solution se décolore.*

■ Remarques :

– En l'absence d'ammoniaque, l'hydroxylamine donne avec les ions cuivriques un complexe vert.

– Le réactif ainsi préparé, parfaitement incolore, est approprié à la caractérisation de l'acétylène et du monoxyde de carbone.

## ■ EXPERIENCE 2.3/9

### Stabilisation du cuivre(I) par l'ion chlorure

**Produits et matériel**

*– acide chlorhydrique concentré ; acide nitrique concentré.*

*– tournure de cuivre.*

*– ballon équipé d'un réfrigérant ascendant ; support et pince de fixation ; bec bunsen , trépied et grille.*

**Mode opératoire**

*Réaliser l'expérience sous une hotte. Placer de la tournure de cuivre dans le ballon, recouvrir d'acide chlorhydrique concentré, ajouter un peu d'acide nitrique concentré. Porter à ébullition. La solution prend d'abord une teinte noirâtre. Après quelques minutes d'ébullition, la solution devient transparente ; laisser refroidir et verser avec précaution la solution dans un grand verre à pied rempli d'eau froide, et si possible désoxygénée. Le chlorure cuivreux, blanc, précipite.*

□ DISCUSSION

**Manganèse(III)**

Le potentiel standard du couple $Mn^{3+}$ / $Mn^{2+}$ vaut 1,50 V. $Mn^{3+}$ est donc susceptible d'oxyder l'eau. En fait, en milieu acide, $Mn^{3+}$ se dismute en $Mn^{2+}$ et $MnO_2$. $Mn^{3+}$ donne cependant de nombreux complexes, avec les méta et pyrophosphates notamment. La coloration rose est due aux complexes phosphate du manganèse(III). Le potentiel normal apparent en milieu $H_3PO_4$ 8 mol.l$^{-1}$ vaut 1,27V.

**Chrome(II)**

Le potentiel du couple $Cr^{3+}$ / $Cr^{2+}$ vaut - 0,41 V. En milieu acide, les ions chromeux sont extrêmement réducteurs et ils s'oxydent rapidement à l'air. En l'absence de catalyseur, ils réagissent cependant lentement sur les protons selon :

$$2\ Cr^{2+} + 2\ H^+ \rightleftharpoons 2\ Cr^{3+} + H_2$$

En présence d'acétate, il y a formation de complexes et précipitation de l'acétate de chrome(II), de structure binucléaire, analogue à l'acétate de cuivre(II) :

$$Cr^{2+} + CH_3CO_2^- \rightleftharpoons Cr(CH_3CO_2)^+ \qquad pK_1 = 1,8$$

$$Cr(CH_3CO_2)^+ + CH_3CO_2^- \rightleftharpoons Cr(CH_3CO_2)_2 \qquad pK_2 = 1,1$$

**Cuivre(I)**

Le cuivre(I) est à la fois le réducteur du couple $Cu^{2+}$ / $Cu^+$ ($E°_{Cu^{2+}/Cu^+}$ = 0,16V) et l'oxydant du couple $Cu^+$ / Cu ($E°_{Cu^+/Cu}$ = 0,52V). Une étude simplifiée prend en compte la formation en milieu ammoniacal des complexes :

$$Cu^{2+} + 4\ NH_3 \rightleftharpoons Cu(NH_3)_4^{2+} \qquad pK_D = 12$$

$$Cu^+ + 2\ NH_3 \rightleftharpoons Cu(NH_3)_2^+ \qquad pK_D = 9,8$$

d'où l'on tire les valeurs des potentiels normaux :

$$E°_{Cu(NH_3)_4^{2+} / Cu(NH_3)_2^+} = 0,29V \text{ et } E°_{Cu(NH_3)_2^+ / Cu} = -\ 0,07V$$

qui montrent la stabilisation du cuivre(I) en milieu ammoniacal.

En milieu chlorure, en tenant compte de la formation des complexes :

$$Cu^{2+} + Cl^- \rightleftharpoons CuCl^+ \qquad pK_D = 0,1$$

$$Cu^+ + 2\ Cl^- \rightleftharpoons CuCl_2^- \qquad pK_D = 8,7$$

on calcule les potentiels normaux :

$$E°_{CuCl^+ / CuCl_2^-} = 0,68V \text{ et } E°_{CuCl_2^- / Cu} = 0,06V$$

qui montrent la stabilité du cuivre (I) en milieu chlorure.

Pour une étude plus détaillée, tenant compte de la concentration du complexant et des complexes successifs, voir chapitre 2, § 2.2 et § 3.2.

■ Remarque : De façon analogue, on explique l'oxydation de l'or par l'eau régale (mélange d'acide chlorhydrique et d'acide nitrique) par la formation du complexe $AuCl_4^-$ :

$$Au^{3+} + 4\ Cl^- \rightleftharpoons AuCl_4^- \qquad pK_D = 25$$

d'où $E°_{AuCl_4^- / Au}$ = 1,00V, potentiel assez bas pour que l'oxydation par l'acide nitrique se produise (7).

## 3.5. DETERMINATION POTENTIOMETRIQUE DE LA CONSTANTE DE DISSOCIATION D'UN COMPLEXE

### ■ EXPERIENCE 2.3/10

**Produits et matériel**

*– solutions de nitrate d'argent 1 et 3 $10^{-2}$mol.l$^{-1}$ ; solution de cyanure de potassium 3 $10^{-2}$mol.l$^{-1}$ (POISON !) ; solution de nitrate de potassium saturé ;*

*acide nitrique concentré (11 mol.l$^{-1}$).*

*– bandelettes de papier filtre ou ponts ioniques de nitrate de potassium saturé dans l'agar-agar ; béchers ; 2 électrodes d'argent et voltmètre électronique.*

**Mode opératoire**

*Placer la solution de nitrate d'argent 3 $10^{-2}$mol.l$^{-1}$ dans le bécher de gauche. Dans le bécher de droite, verser 20 cm$^3$ de nitrate d'argent $10^{-2}$mol.l$^{-1}$ et 40 cm$^3$ de la solution de cyanure. Relier les deux solutions par un pont ionique constitué d'une bande de papier filtre imbibée de la solution de nitrate de potassium. Placer dans chaque solution une électrode d'argent (après attaque par l'acide nitrique et rinçage à l'eau). Mesurer la différence de potentiel entre les deux électrodes.*

***Elimination du cyanure :** cf. l'expérience 2.3/3*

□ DISCUSSION

Les solutions sont diluées et l'on néglige les corrections d'activité. Le potentiel de l'électrode de gauche est donné par :

$$E_g = E°_{Ag^+/Ag} + 0{,}06 \lg [Ag^+]_g \text{ avec } [Ag^+]_g = 3\ 10^{-2} \text{mol.l}^{-1}$$

Celui de l'électrode de droite vaut :

$$E_d = E°_{Ag^+/Ag} + 0{,}06 \lg [Ag^+]_d$$

$$E_d = E°_{Ag^+/Ag} + 0{,}06 \lg [Ag(CN)_2^-]\, K_D / [CN^-]^2$$

Le complexe étant assez stable, on peut négliger la concentration des ions $Ag^+$ libres dans la solution de droite. En tenant compte de la dilution intervenue au cours de la préparation du complexe :

$$[Ag(CN)_2^-] = (2/3)\ 10^{-2} \text{mol.l}^{-1} \text{ et } [CN^-] = (4/3)\ 10^{-2} \text{mol.l}^{-1}$$

d'où la relation entre la force électromotrice E de la pile et la constante $K_D$ de dissociation du complexe :

$$pK_D = -E / 0{,}06 + 3{,}1 = 20{,}7^{(1c)} \quad (\text{avec } E = E_d - E_g)$$

■ Remarque : La complexation influe également sur des aspects non thermodynamiques de l'oxydoréduction. Ainsi, par exemple, la complexation de l'ion aluminium par $OH^-$ à l'état d'aluminate $Al(OH)_4^-$ n'augmente pas l'écart des potentiels entre les couples $H_2O$ / $H_2$ et Al(III) / Al(0) mais empêche en milieu basique la formation inhibitrice de la couche d'alumine obtenue en milieu neutre. Grâce à la formation par complexation d'une espèce soluble, l'aluminium est attaqué rapidement par l'eau en milieu basique (cf. l'expérience 1. 1/13).

La cinétique d'étapes de décomplexation qui interviennent lors de certaines réactions de réduction influe sur la qualité de dépôts métalliques. Ainsi, le complexe diamminoargent (I)$\{Ag(NH_3)_2^+\}$, du « nitrate d'argent ammoniacal », est thermodynamiquement plus difficile à réduire que le cation $Ag^+$. La réduction de l'une ou l'autre de ces espèces par un aldéhyde conduit à de l'argent métallique, qui peut se déposer sous forme d'un beau miroir d'argent brillant dans le cas de $\{Ag(NH_3)_2^+\}$ et sous forme d'une poudre noirâtre dans le cas de $Ag^+$.

Ces propriétés sont mises à profit pour la préparation de certains métaux par électrolyse (cf. chapitre 5).

# 4. INFLUENCE DE LA PRECIPITATION SUR LES REACTIONS D'OXYDOREDUCTION

## 4.1. DEPLACEMENT D'UNE REACTION D'OXYDOREDUCTION PAR PRECIPITATION

La précipitation du réducteur d'un couple augmente la force de l'oxydant conjugué. Inversement, la précipitation de l'oxydant d'un couple renforce le pouvoir du réducteur conjugué.

## ■ EXPERIENCE 2.4/1

### Oxydation de l'ion iodure par l'ion ferricyanure

**Produits et matériel**

*– solutions 0,1 mol.l$^{-1}$ d'iodure de potassium et de ferricyanure de potassium et 1 mol.l$^{-1}$ de chlorure de zinc ; empois d'amidon fraîchement préparé.*

*– verre à pied.*

**Mode opératoire**

*Placer de l'iodure de potassium dans le verre à pied. Y ajouter un peu d'empois d'amidon. La solution reste pratiquement incolore. Ajouter du ferricyanure de potassium. Il n'y a pas de réaction. Ajouter ensuite de la solution de chlorure de zinc. Observer l'apparition du précipité (blanc) de ferrocyanure de zinc et la coloration violette due à la présence d'iode.*

## ■ EXPERIENCE 2.4/2

### Oxydation des iodures par les ions cuivriques

**Produits et matériel**

*– solutions 0,1 mol.l$^{-1}$ de sulfate cuivrique, d'iodure de potassium et de thiosulfate de potassium.*

*– toluène.*

*– ampoule à décanter et verre à pied.*

**Mode opératoire**

*A quelques cm$^3$ de la solution d'ions cuivriques, ajouter de l'iodure de potassium en excès : la solution se trouble et devient marron. Ajouter du toluène, agiter : l'iode est extrait par la phase organique qui prend une couleur violette et la coloration blanche du chlorure cuivreux précipité devient alors visible.*

> ■ Remarque : La couleur du précipité peut également être mise en évidence par réduction de l'iode au moyen de thiosulfate.

## ■ EXPERIENCE 2.4/3

### Couples d'oxydoréduction du fer et du plomb

**Produits et matériel**

*– solution 0,1 mol.l$^{-1}$ de sel de Mohr et de nitrate de plomb ; solutions de soude 4 mol.l$^{-1}$ et d'acide sulfurique 6 mol.l$^{-1}$.*

*– verres à pied.*

**Mode opératoire**

*Placer quelques cm$^3$ de la solution ferreuse dans un verre à pied. Ajouter quelques cm$^3$ de la solution de nitrate de plomb. Il n'y a pas de réaction.*

*A la solution ferreuse placée dans un verre à pied, ajouter de la soude. L'hydroxyde ferreux (blanc-vert) précipite. Ajouter quelques cm$^3$ de la solution de nitrate de plomb. Le milieu devient noir avec des reflets rouille.*

*A une fraction du mélange de précipités précédemment obtenu, ajouter avec précaution de l'acide sulfurique. Les précipités noir et rouille disparaissent au profit d'un précipité blanc.*

## □ DISCUSSION

### Oxydation des iodures par le ferricyanure

Le potentiel du couple ferricyanure / ferrocyanure (E° = 0,35V) n'est pas assez élevé pour que le ferricyanure puisse oxyder les iodures à l'état d'iode

($E° = 0,62V$) avec formation de l'ion ferrocyanure.

En présence de $Zn^{2+}$, il se forme le précipité :

$$Fe(CN)_6^{4-} + 2\ Zn^{2+} \rightleftharpoons Zn_2Fe(CN)_6 \qquad pKs = 15,4$$

Le couple $Fe(CN)_6^{3-} / Zn_2Fe(CN)_6$ correspond à la demi-équation électronique

$$Fe(CN)_6^{3-} + 2\ Zn^{2+} + e^- \rightleftharpoons Zn_2Fe(CN)_6$$

et le potentiel vaut :

$$E = E°_{Fe(CN)_6^{3-} / Zn_2Fe(CN)_6} + 0,06\ lg\ ([Fe(CN)_6^{3-}]\ [Zn^{2+}]^2)$$

avec $E°_{Fe(CN)_6^{3-} / Zn_2Fe(CN)_6} = E°_{Fe(CN)_6^{3-} / Fe(CN)_6^{4-}} + 0,06\ pKs$

d'où $E°_{Fe(CN)_6^{3-} / Zn_2Fe(CN)_6} = 1,28\ V.$

L'oxydation des iodures en iode s'effectue donc selon :

$$Fe(CN)_6^{3-} + I^- + 2\ Zn^{2+} \rightleftharpoons 1/2\ I_2 + Zn_2Fe(CN)_6$$

**Oxydation des iodures par le cuivre(II)**

Le potentiel du couple $Cu^{2+} / Cu^+$ ($E° = 0,16V$) n'est pas assez élevé pour que $Cu^{2+}$ puisse oxyder les iodures en iode ($E° = 0,62V$) avec formation du cation $Cu^+$ en solution.

En milieu iodure, le cation cuivreux conduit à la précipitation de l'iodure cuivreux :

$$Cu^+ + I^- \rightleftharpoons CuI \qquad pKs = 12$$

Aussi peut-on calculer le potentiel normal du couple $Cu^{2+} / CuI$ :

$$E°_{Cu^{2+} / CuI} = E°_{Cu^{2+} / Cu^+} + 0,06\ pKs = 0,88V$$

$Cu^{2+}$ peut donc oxyder les iodures en iode avec formation d'iodure cuivreux CuI selon la réaction :

$$Cu^{2+} + 2\ I^- \rightleftharpoons CuI + 1/2\ I_2$$

dont la constante d'équilibre vaut :

$$([I_2]^{1/2} / [Cu^{2+}]\ [I^-]^2) = K \quad \text{avec } lg\ K = (E°_{Cu^{2+} / CuI} - E°_{I_2 / I^-}) / 0,06 = 4,3$$

**Couples d'oxydoréduction du fer et du plomb**

En milieu acide, le fer aux degrés d'oxydation (II) et (III) se présente sous la forme de cations hydratés $Fe^{2+}$ et $Fe^{3+}$, et le plomb aux degrés d'oxydation (II) et (0) sous la forme du cation hydraté $Pb^{2+}$ et du métal Pb. Les potentiels normaux correspondants sont : $E°_{Fe^{3+} / Fe^{2+}} = 0,77V$ et $E°_{Pb^{2+} / Pb} = -0,13V$.

L'équilibre : $Fe(II) + Pb(II) \rightleftharpoons Fe(III) + Pb(0)$ est déplacé vers la gauche. Ainsi, il n'y a pas réaction lorsque l'on mélange $Fe^{2+}$ et $Pb^{2+}$.

En milieu basique, les ions considérés donnent lieu à des réactions de précipitation :

$$Fe^{2+} + 2\ OH^- \rightleftharpoons Fe(OH)_2 \qquad pKs_{II} = 15$$

$$Fe^{3+} + 3\ OH^- \rightleftharpoons Fe(OH)_3 \qquad pKs_{III} = 37$$

$$Pb^{2+} + 2\ OH^- \rightleftharpoons Pb(OH)_2 \qquad pKs = 15$$

et les potentiels normaux des couples mis en jeu sont donc :

$$E°_{Fe(OH)_3 / Fe(OH)_2} = E°_{Fe^{3+} / Fe^{2+}} + 0,06\ lg\{Ks_{III} / Ks_{II}\} = -0,55V$$

$$E°_{Pb(OH)_2 / Pb} = E°_{Pb^{2+} / Pb} + 0,03\ lg\ Ks = -0,58\ V$$

Les deux valeurs sont suffisamment proches pour que l'addition de $Pb^{2+}$ à la solution basique de fer(II) entraine la réaction de formation de plomb et d'hydroxyde ferrique selon :

$$2\ Fe(OH)_2 + Pb^{2+} + 2\ OH^- \rightleftharpoons 2\ Fe(OH)_3 + Pb$$

En milieu acide sulfurique, le couple du fer mis en jeu est $Fe^{3+} / Fe^{2+}$ et celui du plomb est $PbSO_4 / Pb$ puisque $Pb^{2+}$ donne le précipité :

$$Pb^{2+} + SO_4^{2-} \rightleftharpoons PbSO_4 \qquad pKs = 7,8$$

On a donc : $E°_{PbSO_4 / Pb} = E°_{Pb^{2+} / Pb} + 0{,}03 \lg Ks = -0{,}36V$

Dans ces conditions, l'ion $Fe^{3+}$ oxyde le plomb en $PbSO_4$ selon :

$$2\ Fe^{3+} + Pb + SO_4^{2-} \longrightarrow PbSO_4 + 2\ Fe^{2+}$$

## 4.2. DISMUTATION PROVOQUEE PAR LA PRECIPITATION

La dismutation d'une espèce correspondant à un degré d'oxydation donné d'un élément en une espèce de degré supérieur et une espèce de degré inférieur peut intervenir sous l'effet de la formation, au degré d'oxydation inférieur, comme au degré d'oxydation supérieur, de précipités suffisamment insolubles.

### ■ EXPERIENCE 2.4/4

**Dismutation de l'iode en présence d'ion $Ag^+$**

**Produits et matériel**

*– solutions 0,1 mol.$l^{-1}$ d'iode en milieu iodure de potassium, et de nitrate d'argent.*

*– verre à pied.*

**Mode opératoire**

*Placer quelques $cm^3$ de solution d'iode dans le verre. Ajouter du nitrate d'argent en excès. La solution se décolore et on observe la formation d'un précipité jaune.*

### ■ EXPERIENCE 2.4/5

**Dismutation du cation mercureux en milieu basique**

**Produits et matériel**

*– solutions de nitrate mercureux 0,1 mol.$l^{-1}$ et de soude 4 mol.$l^{-1}$.*

*– verre à pied.*

**Mode opératoire**

*Placer du nitrate mercureux dans le verre et ajouter de la soude. Il se forme un précipité noir de mercure mêlé au précipité jaune d'oxyde mercurique.*

### ■ EXPERIENCE 2.4/6

**Dismutation du thiosulfate en présence d'ion mercurique**

**Produits et matériels**

*– solutions 0,1 mol.$l^{-1}$ de thiosulfate de potassium et de chlorure mercurique.*

*– verre à pied, pipette à boule.*

**Mode opératoire**

*Introduire du thiosulfate dans le récipient, y ajouter goutte à goutte du chlorure mercurique. Il se forme un précipité noir de sulfure mercurique.*

### □ DISCUSSION

**Dismutation de l'iode**

L'iode est le réducteur du couple $IO_3^- / I_2$ et l'oxydant du couple $I_2 / I^-$. Il est stable en milieu acide :

$$IO_3^- + 6\ H^+ + 5\ e^- \rightleftharpoons 1/2\ I_2 + 3\ H_2O \qquad E°_{IO_3^-/I_2} = 1{,}19V$$

$$I_2 + 2\ e^- \rightleftharpoons 2\ I^- \qquad E°_{I_2/I^-} = 0{,}62V$$

En présence de cation argent, les iodates et les iodures donnent lieu aux réactions de précipitation :

$$Ag^+ + I^- \rightleftharpoons AgI \qquad pKs = 16{,}5$$
$$Ag^+ + IO_3^- \rightleftharpoons AgIO_3 \qquad pKs = 7{,}5$$

En présence d'ion argent, l'iode se dismute donc en iodure d'argent et iodate d'argent selon :

$$3\ I_2 + 6\ Ag^+ + 3\ H_2O \rightleftharpoons 5\ AgI + AgIO_3 + 6\ H^+$$

**Dismutation du cation mercureux**

Le cation mercureux intervient dans les deux couples oxydoréducteurs :

Hg(II) / Hg(I) : $Hg^{2+} / Hg_2^{2+}$ : $E°_{Hg^{2+}/Hg_2^{2+}} = 0{,}91V$

Hg(I) / Hg(0) : $Hg_2^{2+} / Hg$ : $E°_{Hg_2^{2+}/Hg} = 0{,}79V$

La précipitation de l'oxyde mercurique est définie par le produit de solubilité Ks :

$$Hg^{2+} + 2\ OH^- \rightleftharpoons HgO + H_2O \qquad pKs = 25{,}4$$

et le potentiel normal du couple $HgO / Hg_2^{2+}$ vaut donc :

$$E°_{HgO/Hg_2^{2+}} = E°_{Hg^{2+}/Hg_2^{2+}} + 0{,}06 \lg Ks = -0{,}61V$$

Il en résulte qu'en milieu basique, le cation mercureux se dismute en oxyde mercurique et mercure.

■ Remarque : Cette conclusion peut être tirée à la lecture du diagramme potentiel-pH du mercure (cf. chapitre 2, § 1.4)

**Dismutation de l'ion thiosulfate**

L'ion thiosulfate intervient dans les deux couples oxydoréducteurs :

- $SO_4^{2-} / S_2O_3^{2-}$ : $2\ SO_4^{2-} + 10\ H^+ + 8e^- \rightleftharpoons S_2O_3^{2-} + 5\ H_2O$

$E°_{SO_4^{2-}/S_2O_3^{2-}} = 0{,}10V$

- $S_2O_3^{2-} / S^{2-}$ : $S_2O_3^{2-} + 6\ H^+ + 8e^- \rightleftharpoons 2\ S^{2-} + 3\ H_2O$

$E°_{S_2O_3^{2-}/S^{2-}} = 0{,}30V$

L'ion thiosulfate est en faux équilibre et peut se dismuter, quel que soit le pH, même en l'absence de précipitation, selon :

$$S_2O_3^{2-} + H_2O \rightleftharpoons SO_4^{2-} + S^{2-} + 2\ H^+$$

avec $\lg K_1 = (E°_{S_2O_3^{2-}/S^{2-}} - E°_{SO_4^{2-}/S_2O_3^{2-}}) / 0{,}06 = 13{,}3$

Cette réaction est très lente. La dismutation ne devient rapide que si l'on forme un sulfure insoluble, comme HgS.

$$Hg^{2+} + S^{2-} \rightleftharpoons HgS \qquad pKs = 52$$

et la constante de l'équilibre de dismutation est également beaucoup plus grande :

$$S_2O_3^{2-} + H_2O + Hg^{2+} \rightleftharpoons SO_4^{2-} + HgS + 2\ H^+ \quad pK_2 = 65{,}3$$

■ Remarque : En milieu acide, le thiosulfate se dismute en soufre et dioxyde de soufre (cf. chapitre E3)

## 4.3. STABILISATION D'UN DEGRE D'OXYDATION PAR PRECIPITATION

La formation d'un composé insoluble peut favoriser l'existence du degré d'oxydation correspondant.

### ■ EXPERIENCE 2.4/7

**Réaction de la liqueur de Fehling avec le glucose**

**Produits et matériel**

*– liqueur de Fehling A + B.*

*– glucose.*

*– tube à essai + bec Bunsen, pinces en bois.*

**Mode opératoire**

*Placer dans le tube à essai deux volumes identiques de chaque solution mère de la liqueur de Fehling. Ajouter un peu de glucose. Homogénéiser, chauffer doucement à la flamme. L'oxyde cuivreux, rouge, précipite.*

□ DISCUSSION

■ Remarque : La liqueur de Fehling A est une solution de sulfate de cuivre(II) (7 g de $CuSO_4, 5H_2O$ dans 100 $cm^3$ d'eau). La liqueur de Fehling B est une solution basique de tartrate de sodium et de potassium — sel de Seignette ou de Rochelle — (34,6 g de tartrate et 10 g de soude dans 100 $cm^3$ d'eau). Les deux solutions séparées sont stables indéfiniment. On les mélange volume à volume au moment de l'emploi.

La liqueur de Fehling est composée de cuivre(II) complexé par l'ion tartrate. Il est ainsi possible d'obtenir en milieu basique une solution de cuivre(II) à concentration notable, sans précipitation de l'hydroxyde. La réduction du complexe par l'aldéhyde conduit au cuivre(I) à l'état d'oxyde solide $Cu_2O$ :

$$2\ Cu(II)(tartrate) + RCHO + 5\ OH^- \longrightarrow Cu_2O + tartrate + RCOO^- + 3\ H_2O$$

avec $R - = CH_2OH\text{-}(CHOH)_4 -$

La réaction est suffisamment quantitative pour être appliquée au dosage du glucose. On opère alors avec des ions cuivre(II) en excès, on filtre le précipité et on le pèse après séchage. De la masse d'oxyde cuivreux ainsi déterminée, on déduit la quantité de glucose dans l'échantillon étudié.

## 4.4. DETERMINATION D'UN PRODUIT DE SOLUBILITE PAR PILE DE CONCENTRATION

■ EXPERIENCE 2.4/8

**Produits et matériel**

*– solutions 5 $10^{-3}$ mol.$l^{-1}$ de chlorure de potassium et de nitrate d'argent ; nitrate de potassium saturé.*

*– bandelettes de papier filtre ou pont ionique de nitrate de potassium saturé dans l'agar-agar ; deux électrodes d'argent et support ; béchers, éprouvettes graduées.*

*– voltmètre électronique.*

**Mode opératoire**

*Placer environ 20 $cm^3$ de chlorure de potassium dans le bécher de gauche et 20 $cm^3$ de nitrate d'argent dans le bécher de droite. Relier les deux solutions par un pont ionique constitué d'une bandelette de papier filtre imbibée de nitrate de potassium saturé. Introduire dans chaque solution une électrode d'argent, après attaque à l'acide nitrique et rinçage à l'eau. Mesurer la différence de potentiel entre les deux électrodes. Ajouter une goutte de la solution de nitrate d'argent dans le bécher de gauche contenant la solution de chlorure de potassium. Vérifier que cela ne modifie pas sensiblement le résultat de la mesure de la force électromotrice de la pile.*

□ DISCUSSION

La pile peut être schématisée par :

$$Ag\ /\ AgCl_{solide}\ /\ KCl(5\ 10^{-3}\ mol.l^{-1})\ /\ NH_4NO_3\ /\ AgNO_3(5\ 10^{-3}\ mol.l^{-1})\ /\ Ag$$

La loi de Nernst permet d'exprimer le potentiel de chaque électrode en fonction des activités ioniques et du produit de solubilité Ps du chlorure d'argent :

$$E_d = E^\circ_{Ag^+/Ag} + RT/F \ln (a_{Ag^+})_d$$

$$E_g = E^\circ_{Ag^+/Ag} + RT/F \ln (a_{Ag^+})_g$$

$$E_g = E^\circ_{Ag^+/Ag} + RT/F \ln Ks / (a_{Cl^-})_g$$

d'où la force électromotrice E mesurée :

$$E = E_d - E_g = RT/F \{\ln (a_{Ag^+})_d - \ln Ks + \ln (a_{Cl^-})_g\}$$

et $\ln Ks = \ln (a_{Ag^+})_d + \ln (a_{Cl^-})_g - EF/RT$

La loi de Debye-Hückel permet d'accéder aux valeurs des activités ioniques :

$$\lg \gamma_\pm = \frac{-0{,}5\, z^2 \sqrt{I}}{1 + \sqrt{I}} \quad \text{avec } I = \frac{1}{2} \sum_i c_i z_i^2$$

d'où :

$$(a_{Ag^+})_d = (a_{Cl^-})_g = 4{,}64\ 10^{-3}$$

et $\ln Ks = 2 \ln(4{,}64\ 10^{-3}) - EF/RT$

Une valeur de E = 298 mV conduit à $Ks = 2\ 10^{-10}$

■ Remarque : L'addition de la solution d'ion argent dans la solution de chlorure est facultative et n'a qu'un intérêt pédagogique. En effet, lorsque l'électrode d'argent est placée dans la solution de chlorure, elle est suffisamment attaquée pour que le produit de solubilité du chlorure d'argent soit atteint à sa surface. L'addition d'une très faible quantité de nitrate d'argent permet simplement d'obtenir un précipité macroscopiquement visible. On en ajoute très peu de façon à éviter la dilution et une diminution trop importante de la concentration en ion chlorure par précipitation.

## BIBLIOGRAPHIE DU CHAPITRE E2

1 – G. CHARLOT, Les réactions en solution, l'analyse qualitative minérale, 6ème éd., Masson, Paris, 1969 :
a) p. 237, b) p. 310, c) p. 311, d) p. 338.

2 – A. CAMUS, Quelques expériences sur l'oxydoréduction, *Bull. Union Phys.*, 1974, **567**, 1178.

3 – A. et O. DURUPTY, Quelques réactions d'oxydoréduction, *Bull. Union Phys.*, 1984, **664**, 1025.

4 – a) D. BRENNAN, C.F.H. TIPPER, Experiments in physical chemistry, Mc Graw Hill, Londres, 1967, p. 130.
b) E. MULLER, Fabrication d'électrodes simples, économiques, solides, fiables, pour pH-mètres d'enseignement, *Bull. Union Phys.*, 1988, **704**, 585.

5 – L. BRETHERICK, Hazards in the chemical laboratory, 3ème éd., Royal Society of chemistry, Londres, 1981.

6 – C. L. ARORA, A Lecture Demonstration of the Various Oxidation States of Manganese, *J. Chem. Educ.*, 1977, **54** (5), 302.

7 – Ph. FLEURY, Oxydation du platine et de l'or par l'eau régale, *Bull. Union Phys.*, 1978, **606**, 1349.

CHAPITRE 3

# CINETIQUE CHIMIQUE DE L'OXYDOREDUCTION

Les chapitres 1 et 2 ont été consacrés aux aspects thermodynamiques de l'oxydoréduction, en particulier dans le cas où le système est à l'équilibre chimique. Les chapitres 3 et 4 sont consacrés à la cinétique du transfert d'électrons, dans le cas d'une réaction chimique (chapitre 3) ou d'une réaction électrochimique (chapitre 4) : à quelle vitesse le système évolue-t-il ? par quel mécanisme ?

Nous rappelons dans un premier temps les définitions essentielles de la cinétique chimique et les notions de cinétique formelle nécessaires à l'analyse des données expérimentales, puis les concepts généraux relatifs aux mécanismes réactionnels et à l'état de transition [(1-2-3)]. Nous envisageons ensuite les développements spécifiques au transfert d'électron entre deux entités chimiques. Nous terminons par l'interprétation de la catalyse redox et par l'étude de quelques réactions complexes illustrées dans la partie expérimentale.

## 1. DEFINITIONS, CINETIQUE FORMELLE

### 1.1. DEFINITIONS DE LA VITESSE [(4)]

Soit la réaction :

| | | | | | | | |
|---|---|---|---|---|---|---|---|
| | aA | + | bB | $\longrightarrow$ | cC | + | dD |
| Quantité de matière /mol | $n_A$ | | $n_B$ | | $n_C$ | | $n_D$ |

La stœchiométrie de la réaction, donnée par l'équation-bilan, traduit une réalité macroscopique. On peut l'exprimer par l'équation générale :

$$0 = \Sigma_B \, \nu_B \, B$$

Dans cette formulation, les coefficients stœchiométriques sont algébriques : négatifs pour les réactifs ($\nu_A$ = -a ; $\nu_B$ = -b ) et positifs pour les produits ($\nu_C$= +c ; $\nu_D$ = +d). $n_B$ est la quantité de matière de la substance B.

On appelle degré d'avancement, la grandeur $\xi$ telle que :

$$d\xi = \nu_B^{-1} \, dn_B$$

$\xi$ s'exprime donc en mole. La définition de la vitesse dite de conversion des réactifs correspond à la vitesse d'augmentation de l'avancement de la réaction :

$$d\xi \, / \, dt = \nu_B^{-1} \, dn_B/dt$$

La vitesse s'exprime en mol $s^{-1}$. Cette définition permet de s'affranchir du réactif choisi. Elle est valable quelles que soient les conditions de la réaction (volume V variable, plusieurs phases, réacteur...). Si on divise par un volume V, clairement spécifié :

$$V^{-1} \, d\xi \, / \, dt = V^{-1} \, \nu_B^{-1} \, dn_B/dt$$

Lorsque de plus le volume est indépendant du temps (réaction isochore), on introduit la concentration en quantité de matière de B par unité de volume :

$$[B] = c_B = n_B/V$$

D'où : $v = V^{-1}\, d\xi / dt = \nu_B^{-1}\, d(n_B/V)/dt = \nu_B^{-1}\, d[B]/dt$
qui est appelée vitesse de la réaction, exprimée en fonction de la concentration[(5)]. C'est cette quantité qui est le plus souvent appelée vitesse de réaction par les chimistes qui opèrent fréquemment dans des conditions isochores et isothermes, en milieu homogène. Nous l'utiliserons souvent ainsi.

On définit aussi les grandeurs suivantes :

| | |
|---|---|
| $dn_B/dt = \nu_B\, d\xi / dt$ | vitesse de formation du composant B |
| $v_B = dc_B/dt = d[B]/dt$ | vitesse d'augmentation de la concentration de B. |

## 1.2. ORDRE ET CONSTANTE DE VITESSE

La relation entre la vitesse de la réaction et les différents paramètres expérimentaux (concentrations, température...) est appelée loi de vitesse, ou équation de la vitesse. Elle ne s'exprime pas toujours de manière simple. Si l'expression de la vitesse de la réaction peut se mettre sous la forme :

$$v = k\,[A]^{\alpha}\,[B]^{\beta}...$$

on dit que la réaction possède un ordre partiel $\alpha$ par rapport à A, un ordre partiel $\beta$ par rapport à B,... et un ordre global $n = (\alpha + \beta + ...)$. La constante k est appelée coefficient de vitesse d'ordre n ou constante de vitesse de la réaction, en particulier dans le cas d'une réaction élémentaire [(5)]. Sa dimension dépend de l'ordre global n, comme l'indique le tableau T3.1. La constante de vitesse est numériquement égale à la vitesse de la réaction quand les concentrations sont égales à l'unité. Les ordres partiels $\alpha$ et $\beta$ ne sont pas nécessairement égaux aux coefficients stœchiométriques de la réaction a et b. Ce sont des constantes, indépendantes de la concentration des réactifs, nombres entiers ou fractionnaires, positifs ou négatifs.

La notion d'ordre est une notion d'origine expérimentale, définie au niveau macroscopique. Il arrive fréquemment qu'une réaction n'ait pas d'ordre.

■ Remarques : 1) La vitesse est exprimée en fonction des concentrations et non des activités. 2) L'U.I.C.P.A. recommande [(5)] la notation $n_B$ pour exprimer l'ordre partiel par rapport à B et n pour exprimer l'ordre global. Nous n'avons pas retenu cette notation, afin de ne pas introduire de confusion avec les quantités de matière (également appelées $n_B$...).

## 1.3. EQUATION DE LA VITESSE

L'égalité : $v = -\,d[A]/dt = k\,[A]^{\alpha}\,[B]^{\beta}$
est une forme de la loi de vitesse, exprimée sous forme différentielle. Une autre forme possible est la forme intégrale, [A] =f(t) par exemple. La cinétique formelle est la partie de la cinétique qui permet de formuler les lois de vitesse, soit à partir de données expérimentales, soit à partir d'hypothèses mécanistiques.

### 1.3.1. METHODES DE DETERMINATION DE L'EQUATION DE VITESSE

Les données expérimentales directement accessibles en cinétique chimique sont les concentrations des réactifs, des produits ou des intermédiaires réactionnels, et leur évolution au cours du temps. A partir de ces données, diverses méthodes sont applicables pour remonter à l'expression de la vitesse.

La méthode la plus simple est la méthode différentielle : le graphe de la variation des concentrations en fonction du temps ([A] =f(t), par exemple) permet de trouver la vitesse de la réaction à l'instant t, car elle est proportionnelle à la dérivée de la courbe $-d[A]/dt$ en ce point. La valeur de la vitesse à l'origine, où t=0, est $v_0$, vitesse de la réaction relative aux concentrations initiales.

Cette méthode est souvent la seule utilisable. De trés nombreuses réactions chronomètres (cf. E3.2) sont fondées sur l'utilisation de la méthode différentielle, à un temps proche de l'origine, dite méthode des vitesses initiales.

Un autre méthode trés utilisée est la méthode intégrale. Elle consiste à intégrer l'équation différentielle donnant la vitesse en fonction des concentrations. On obtient ainsi une expression analytique de la vitesse, qui peut être utilisée pour ajuster les résultats expérimentaux. Diverses lois sont essayées par essais et erreurs successifs. Les tableaux T3.1 à T3.4 donnent les expressions de la vitesse dans quelques cas fréquemment rencontrés [2]. Les expressions sont à la fois sous forme différentielle et intégrale. On trouvera d'autres expressions dans les références 1-3.

Tableau T3.1

**Lois de vitesse pour des réactions d'ordre n n'impliquant qu'un réactif**

| Ordre | Equation de la loi de vitesse – Forme différentielle | Equation de la loi de vitesse – Forme intégrée[a] | Unités de la constante de vitesse |
|---|---|---|---|
| 0 | $\frac{dx}{dt} = k$ | $k = \frac{x}{t}$ | $mol\ l^{-1}\ s^{-1}$ |
| 1/2 | $\frac{dx}{dt} = k(a_0-x)^{1/2}$ | $k = \frac{2}{t}[a_0^{1/2} - (a_0-x)^{1/2}]$ | $mol^{1/2}\ l^{-1/2}\ s^{-1}$ |
| 1 | $\frac{dx}{dt} = k(a_0-x)$ | $k = \frac{1}{t}\ln\frac{a_0}{a_0-x}$ | $s^{-1}$ |
| 3/2 | $\frac{dx}{dt} = k(a_0-x)^{3/2}$ | $k = \frac{2}{t}[\frac{1}{(a_0-x)^{1/2}} - \frac{1}{a_0^{1/2}}]$ | $mol^{-1/2}\ l^{1/2}\ s^{-1}$ |
| 2 | $\frac{dx}{dt} = k(a_0-x)^2$ | $k = \frac{1}{t}\frac{x}{a_0(a_0-x)}$ | $mol^{-1}\ l\ s^{-1}$ |
| 3 | $\frac{dx}{dt} = k(a_0-x)^3$ | $k = \frac{1}{2t}\frac{2a_0x - x^2}{a_0^2(a_0-x)^2}$ | $mol^{-2}\ l^2\ s^{-1}$ |

[a] Dans chacun des cas, la constante de vitesse k est relative à la disparition du réactif A.

Tableau T3.2

**Lois de vitesse dans quelques cas simples de réaction [a]**

| Equation stœchiométrique | Equation de la vitesse | Equation intégrée |
|---|---|---|
| A + B ⟶ X + ... | $\frac{dx}{dt} = kab = k\ (a_0-x)\ (b_0-x)$ | $k = \frac{1}{t}\frac{1}{b_0-a_0}\ln\frac{a_0(b_0-x)}{b_0(a_0-x)}$ |
| A + 2 B ⟶ X + ... | $\frac{dx}{dt} = kab = k\ (a_0-x)\ (b_0-2x)$ | $k = \frac{1}{t}\frac{1}{b_0-2a_0}\ln\frac{a_0(b_0-2x)}{b_0(a_0-2x)}$ |
| A + B + C ⟶ X +.. | $\frac{dx}{dt} = kabc = k\ (a_0-x)\ (b_0-x)(c_0-x)$ | $k = \frac{1}{t}\frac{1}{(a_0-b_0)(b_0-c_0)(c_0-a_0)}\ln(\frac{a}{a_0})^{b_0-c_0}(\frac{b}{b_0})^{c_0-a_0}(\frac{c}{c_0})^{a_0-b_0}$ |
| 2 A + B ⟶ X + ... | $\frac{dx}{dt} = ka^2b = k\ (a_0-2x)^2\ (b_0-x)$ | $k = \frac{1}{t}\frac{1}{2b_0+a_0}(\frac{1}{a} - \frac{1}{a_0}) + \frac{1}{(2b_0-a_0)^2}\ln\frac{b_0a}{a_0b}$ |
| A ⟶ X + ... (autocatalyse) | $\frac{dx}{dt} = kax = k\ (a_0-x)\ (x+x_0)$ | $k = \frac{1}{t}\frac{1}{a_0-x_0}\ln\frac{a_0(x_0+x)}{x_0(a_0-x)}$ |

[a] Dans ces exemples, les concentrations initiales ne sont pas nécessairement égales, l'équation de vitesse ne coïncide pas nécessairement avec la stœchiométrie. Les concentrations initiales sont $a_0$, $b_0$, $c_0$, et les concentrations au temps t sont x, a, b et c.

Tableau T3.3
**Lois de vitesse de réactions simultanées** [a]

| Equations | Equation de la vitesse | Equation intégrée |
|---|---|---|
| $A \longrightarrow X$ (Ordres 1 et 2 en A, simultanés) | $\frac{dx}{dt} = k_1(a_0-x) + k_2(a_0-x)^2$ | $k = \frac{1}{t}\ln\frac{k_1a_0 + k_2a_0(a_0-x)}{(k_1 + k_2a_0)(a_0-x)}$ |
| $A \longrightarrow X_i\ (i = 1,2,3)$ (3 réactions parallèles) | $\frac{dx_i}{dt} = k_i(a_0-x_1-x_2-x_3)$ | $x_i = \frac{k_ia_0}{k_1 + k_2 + k_3}[1 - \exp-(k_1+k_2+k_3)t]$ |
| $A \longrightarrow X + ...$ (ordre 1 en A) | | |
| $A + B \longrightarrow X + ...$ (réaction d'ordre partiel 1 en A et B) (2 réactions parallèles d'ordre global 1 et 2) | $\frac{dx}{dt} = k_1(a_0-x) + k_2(a_0-x)(b_0-x)$ | $k_2 = \frac{1}{t}\frac{1}{(k_1/k_2) + b_0 - a_0}\ln\frac{a_0[(k_1/k_2) + b_0 - x]}{[(k_1/k_2) + b_0 - x][a_0-x]}$ |

[a] Dans ces exemples, les concentrations initiales ne sont pas nécessairement égales, l'équation de vitesse ne coïncide pas nécessairement avec la stœchiométrie. Les concentrations initiales sont $a_0$ et $b_0$ et les concentrations au temps t sont a, b, x et $x_i$.

Tableau T3.4
**Lois de vitesse de réactions équilibrées** [a]

| Equations | Equation de la vitesse | Equation intégrée |
|---|---|---|
| $A \rightleftharpoons X$ | $\frac{dx}{dt} = k_1(a_0-x) - k_{-1}x$ | |
| $A \rightleftharpoons X$ | $\frac{dx}{dt} = k_1(a_0-x) - k_{-1}(x+x_0)$ | $k_1 = \frac{1}{t}\frac{x_e}{a_0}\ln\frac{x_e}{x_e-x}$ |
| $2A \rightleftharpoons X$ | $\frac{dx}{dt} = k_1(a_0-x) - k_{-1}\frac{x}{2}$ | |
| $A \rightleftharpoons 2X$ | $\frac{dx}{dt} = k_1(a_0-\frac{x}{2}) - k_{-1}x$ | |
| $A \rightleftharpoons X + Y$ | $\frac{dx}{dt} = k_1(a_0-x) - k_{-1}x^2$ | $k_1 = \frac{1}{t}\frac{x_e}{(2a_0-x_e)}\ln\frac{ax_e + x(a_0-x_e)}{a_0(x_e-x)}$ |
| $A + B \rightleftharpoons X$ | $\frac{dx}{dt} = k_1(a_0-x)^2 - k_{-1}x$ | $k_1 = \frac{1}{t}\frac{x_e}{(a_0^2-x_e^2)}\ln\frac{x_e(a_0^2-xx_e)}{a_0^2(x_e-x)}$ |
| $A + B \rightleftharpoons X + Y$ | $\frac{dx}{dt} = k_1(a_0-x)^2 - k_{-1}x^2$ | |
| $2A \rightleftharpoons X + Y$ | $\frac{dx}{dt} = k_1(a_0-x)^2 - k_{-1}(\frac{x}{2})^2$ | $k_1 = \frac{1}{t}\frac{x_e}{(2a_0-x_e)}\ln\frac{ax_e + x(a_0-x_e)}{a_0(x_e-x)}$ |

[a] Dans ces exemples, les concentrations initiales sont $a_0$ et $x_0$ les concentrations au temps t sont a et x, et les concentrations à l'équilibre sont indicées $x_e$.

### 1.3.2. EXPRESSIONS DE QUELQUES LOIS DE VITESSE

1) Réactions d'ordre n par rapport à un seul constituant A.

Soit la réaction d'ordre n par rapport à A, où l'on peut confondre ordre et stœchiométrie :

$$nA \longrightarrow P$$

La concentration initiale de A est $a_0$, x est la quantité de A qui disparait par unité de volume dans le temps t. Au temps t, il reste une concentration $a_0$-x et la vitesse de diminution de la concentration de A est :

$$v = - d[A] / dt = - d(a_0-x) / dt = - dx / dt = k(a_0-x)^n$$

L'intégration de cette équation différentielle, compte tenu des conditions initiales (x = 0 quand t = 0), conduit à :

$$k = x/t \qquad \text{si } n = 0$$
$$k = 1/t \ln \{a_0/(a_0-x)\}, \qquad \text{si } n = 1$$
$$k = \{1 / t(n-1)\}[\{1/(a_0-x)^{n-1}\} - \{1/a_0^{\,n-1}\}] \qquad \text{si } n \neq 1$$

Dans ces conditions, les expressions de la vitesse de diminution de la concentration de A pour différentes valeurs de n sont données dans le tableau T3.1 avec les unités de la constante de vitesse correspondante.

2) Réactions où l'ordre dépend de plusieurs constituants A, B...

Nous envisageons les cas suivants :

– n molécules de A réagissent sur m molécules de B.
– A réagit avec B et C.
– un produit de la réaction de A peut catalyser la réaction (autocatalyse).

Les équations de vitesse sont données dans le tableau T3.2. On y parvient après des calculs plus ou moins laborieux d'intégration des équations différentielles.

– cas d'une réaction impliquant A et B :

Par exemple, dans le cas d'une réaction de A sur B, d'ordre partiel 1 en A et B, où les concentrations initiales sont $a_0$ et $b_0$, où la quantité de A disparue par unité de volume au temps t est x, les concentrations de A et B qui demeurent au temps t sont $a_0$-x et $b_0$-x. La vitesse de diminution de la concentration de A, égale à la vitesse de diminution de la concentration de B est :

$$dx / dt = k(a_0-x)(b_0-x)$$

Dans le cas où $a_0$ et $b_0$ sont égaux :

$$dx / dt = k(a_0-x)^2$$

on est ramené au cas précédent d'une réaction du deuxième ordre (tableau T3.1).

Dans le cas contraire, l'intégration conduit simplement en utilisant les conditions au temps t = 0 à :

$$k = \frac{1}{t} \frac{1}{b_0-a_0} \ln \frac{a_0(b_0-x)}{b_0(a_0-x)}$$

– réactions parallèles :

Dans le cas où le composé A est susceptible de donner différentes réactions, en réagissant sur lui-même ou sur d'autres réactifs, on parle de réactions parallèles, qui interviennent à partir d'un même mélange réactionnel initial. Un certain nombre d'entre elles sont envisagées dans le tableau T3.3.

– autocatalyse :

Le cas de l'autocatalyse mérite qu'on s'y arrête : c'est le cas où l'un des produits de la réaction se comporte comme un catalyseur. Le phénomène de la catalyse est envisagé au paragraphe 6 ci-dessous. Il suffit ici de connaître l'ordre de la réaction par rapport au catalyseur et sa concentration initiale (nulle si l'espèce est uniquement produite au cours de la réaction) pour écrire l'expression de la vitesse sous forme différentielle. Le calcul est sans difficulté.

3) Réactions sans ordre : cas des réactions équilibrées.

Dans le cas où la réaction n'a pas d'ordre, la détermination de la loi de vitesse est plus difficile. Elle nécessite de nombreuses expériences où l'on fait varier de manière systématique les conditions initiales en réactifs et en produits.

Un cas particulier est celui des réactions qui donnent lieu à un équilibre. Le tableau T3.4 leur est consacré. Soit la réaction limitée :

$$A \rightleftharpoons X$$

Le produit X est à la fois créé par la réaction directe de constante de vitesse $k_1$ et détruit par la réaction inverse de constante $k_{-1}$. La vitesse globale de l'apparition de X résulte donc des deux termes $k_1(a_0$-x) (réaction directe) et - $k_{-1}$ x (réaction inverse) :

$$dx / dt = k_1(a_0-x) - k_{-1} x$$

A l'équilibre la concentration en produit X est $x_e$. La vitesse résultante est nulle par définition, soit : $(dx / dt)_e = k_1(a_0-x_e) - k_{-1}x_e = 0$

ou encore : $k_{-1} = k_1 (a_0-x_e) / x_e$

Cette relation entre $k_1$ et $k_{-1}$ permet d'exprimer la vitesse en fonction de la constante $k_1$, de $a_0$ et de $x_e$ et d'intégrer l'équation différentielle correspondante puisqu'à $t = 0, x = 0$ : $dx / dt = \{k_1 a_0 / x_e\} (x_e-x)$

$$k_1 = \frac{1}{t}\frac{x_e}{a_0}\ln\frac{x_e}{x_e-x}$$

On peut ainsi déterminer simplement $k_1$ et $k_{-1}$ à partir de la valeur $x_e$ de x à l'équilibre, et des mesures réalisées en fonction du temps. La relation entre $k_1$ et $k_{-1}$ permet d'exprimer $x_e/a_0$, qui reporté dans l'expression de $k_1$ permet de montrer l'analogie formelle avec une réaction simple d'ordre 1, où l'on remplace $a_0$ par $x_e$ et k par $k_1 + k_{-1}$ :

$$x_e / a_0 = k_1 / (k_1 + k_{-1})$$

$$k_1 + k_{-1} = \{1/t\} \ln [x_e / (x\text{-}x_e)]$$

Le tableau T3.4 montre que des réactions équilibrées de stœchiométries diverses relèvent de la même loi de vitesse.

L'obtention de l'équation de la vitesse permet de connaitre et de contrôler les caractéristiques macroscopiques de la réaction. Elle ne permet pas en général de comprendre comment la réaction se produit réellement, au niveau atomique, ionique ou moléculaire. Ceci fait l'objet d'un domaine de recherche particulièrement actif, celui de l'étude des mécanismes réactionnels.

# 2. MECANISMES DES PROCESSUS ELEMENTAIRES. ETAT DE TRANSITION

## 2.1. DEFINITIONS : ACTE OU REACTION ELEMENTAIRE, ETAT DE TRANSITION ET MOLECULARITE

D'une façon générale, même lorsque sa cinétique obéit à une équation simple de la vitesse, une réaction est une suite complexe d'étapes chimiques plus simples que la réaction globale. Pour chaque étape, les réarrangements atomiques sont réduits au minimum. Ces étapes simples sont appelées processus, réactions ou *actes élémentaires*. L'étude du mécanisme de la réaction vise à déterminer la nature, le nombre et la succession des divers actes élémentaires puis à établir un schéma mécanistique et cinétique compatible avec les données expérimentales.

Dans un acte élémentaire, qui est un acte chimique microscopique [4c], pour qu'un réactif A agisse sur un réactif B il faut qu'il y ait rencontre ou collision entre A et B et que l'entité $X^{\ddagger} = AB^{\ddagger}$ formée transitoirement soit susceptible d'évoluer pour donner les produits du processus élémentaire. On passe ainsi par un état transitoire, dit *état de transition*, et l'entité $X^{\ddagger}$ est dite *complexe activé*. Le nombre d'entités moléculaires impliquées dans l'acte élémentaire et dans la structure du complexe activé, est appelé *molécularité*. La molécularité traduit donc le phénomène cinétique au niveau moléculaire ou atomique. Il n'y a pas de détermination expérimentale simple et sûre de la molécularité d'un acte élémentaire dans une réaction complexe.

On retiendra cependant la règle dite de Van't Hoff, selon laquelle pour qu'une étape donnée soit un acte élémentaire, il faut, mais il ne suffit pas, que stœchiométrie, ordre et molécularité soient identiques et qu'ordres partiels et coefficients stœchiométriques de chacun des réactifs soient confondus. Une réaction ne comportant qu'un acte élémentaire est généralement appelée réaction simple.

Le paragraphe suivant donne quelques indications sur l'influence de la température sur les réactions chimiques, qui est l'un des paramètres qui ont permis de mieux comprendre le mécanisme intime des réactions chimiques.

## 2.2. INFLUENCE DE LA TEMPERATURE : LA LOI D'ARRHENIUS

La température a depuis longtemps été reconnue comme l'un des paramètres importants qui fixe la vitesse de réaction. On retient souvent, par exemple, que pour les réactions en solution, la vitesse double lorsque la température croit de 10°C. C'est par exemple une loi qu'utilisent les photographes pour déterminer le temps d'exposition en fonction de la température de leur bain.

Van't Hoff en 1884 et Arrhénius en 1889 ont été les premiers à proposer une relation réaliste entre la constante de vitesse k et la température. Cette relation est aujourd'hui connue sous le nom de loi d'Arrhénius :

$$\log k = B - C/T = B - E_{exp}/RT$$

B et C sont des constantes déterminées expérimentalement. C = $E_{exp}$ a la dimension d'une énergie. Les arguments conduisant à cette expression sont fondés sur l'étude d'un équilibre dynamique :

$$A + B \rightleftarrows C + D$$

La constante d'équilibre dans un système idéal où l'on peut assimiler activités et concentrations peut s'exprimer en fonction des concentrations :

$$K = [C]\,[D] / [A]\,[B]$$

La variation de la constante d'équilibre K avec la température à volume constant est :

$$d(\ln K)/dT = \Delta_r U° / RT^2$$

$\Delta_r U°$ est l'énergie interne de réaction. L'équilibre est un phénomène dynamique. Lorsqu'il est atteint, les réactions dans le sens direct (sens 1) et inverse (sens -1) ont la même vitesse v. Si ce sont des actes élémentaires :

$$v = k_1\,[A]\,[B] = k_{-1}\,[C]\,[D]$$

$k_1$ et $k_{-1}$ sont les constantes de vitesse des deux réactions du deuxième ordre (en $l\ mol^{-1}\ s^{-1}$). L'expression de K est donc :

$$K = k_1 / k_{-1} = [A][B] / [C][D]$$

Dans ce qui suit, le logarithme d'une grandeur dimensionnée est en fait le logarithme du nombre correspondant au quotient de la grandeur par l'unité correspondante :

$$d\,(\ln k_1) / dT - d\,(\ln k_{-1}) / dT = \Delta_r U° / RT^2$$

soit encore, en séparant réaction directe et réaction inverse :

$$d\,(\ln k_1)/dT = I + E_1 / RT^2$$

$$d\,(\ln k_{-1})/dT = I + E_{-1} / RT^2$$

avec : $$E_1 - E_{-1} = \Delta_r U°$$

L'expérience montre que le terme I est égal à zéro, ce qui permet d'analyser le chemin réactionnel en deux parties indépendantes, la première relative à la vitesse $v_1$ de gauche à droite (réaction directe), et l'autre relative à la vitesse $v_{-1}$ de droite à gauche (réaction inverse).

Il existe donc un état de transition, dont l'énergie est supérieure de $E_1$ à celle des réactifs A et B et de $E_{-1}$ à celle des produits C + D. La vitesse $v_1$ dépend de l'énergie $E_1$ et la vitesse $v_{-1}$ dépend de l'énergie $E_{-1}$. On peut dire également qu'il existe un état d'équilibre entre les réactifs A + B d'une part et le *complexe activé*, $AB^‡$ ou $X^‡$, issu de la collision des molécules A et B. $E_1$, ou encore $E_{exp}$, énergie nécessaire pour franchir la barrière d'énergie entre réactifs et produits, est appelée *énergie d'activation*. Les relations précédentes, dans l'hypothèse où l'énergie d'activation $E_{exp}$ ne dépend pas de la température, conduisent aux expressions :

$$\ln k = C^{te} - E_{exp} / RT$$

$$k = A \exp(-E_{exp} / RT)$$

$$d\,(\ln k) / dT = E_{exp} / RT^2$$

A est appelé le *facteur de fréquence* ou encore constante absolue de la réaction. Le facteur exponentiel est l'expression de Boltzmann pour la partie des molécules du système qui possèdent l'énergie supplémentaire $E_{exp}$, que l'on peut assimiler aux molécules de réactifs entrant en collision pour former le complexe activé.

La vérification expérimentale de la relation d'Arrhénius, la détermination de A et de $E_{exp}$ sont réalisées en traçant les graphes ln k ou $\lg_{10} k$ en fonction de 1/T.

Le calcul théorique du facteur de fréquence et de l'énergie d'activation est plus difficile. Il a été envisagé dans le cadre de diverses théories (collisions et mécanique statistique, complexe activé et mécanique quantique) qui sortent du cadre de notre étude. Nous ne donnons que les résultats nécessaires à l'analyse des données de la partie expérimentale.

■ Remarque : L'historique de la loi donnant la constante de vitesse en fonction de la température a été récemment traité par Laidler (6). L'auteur y évoque les travaux pionniers de Wilhelmy, Berthelot, Van't Hoff, Arrhénius, Harcourt et Esson notamment. Il montre comment la relation d'Arrhénius a fini par s'imposer, à la fois parce qu'elle permet l'ajustement correct de résultats expérimentaux obtenus sur de grands intervalles de température nécessaires pour distinguer entre les différents modèles qui sont équivalents dans des domaines de température proches de la température ambiante, et parce qu'elle débouche sur un fondement théorique solide avec la théorie du complexe activé.

## 2.3. SURFACE D'ENERGIE POTENTIELLE ET ETAT DE TRANSITION

Les développements ci-dessus peuvent être précisés à l'aide de la notion de *surface d'énergie potentielle* (1-3-7-8), pour mieux cerner ce que l'on entend par état de transition. La surface d'énergie potentielle est un hypersurface (surface à n dimensions), qui donne la variation de l'énergie potentielle du système E en fonction des positions relatives des atomes qui le constituent. On entend par système l'ensemble des atomes qui constituent en fonction du temps les réactifs, les produits ou le complexe activé ainsi que le solvant pour les réactions en solution, le catalyseur... La dimensionnalité du diagramme dépend de la complexité du système. Il s'agit de deux dimensions pour la dissociation unimoléculaire d'une molécule gazeuse A-A : c'est la courbe de l'énergie potentielle du système en fonction de la distance A-A : $E = f(R = d_{AA})$. La dimension est de trois pour un complexe activé à trois atomes A-B-C linéaire $E = f(R= d_{AB}, R'= d_{BC})$, quatre dimensions pour un complexe activé non linéaire à trois atomes $E = f(R= d_{AB}, R'= d_{BC}, R''= d_{AC}$ ou angle ABC), etc.

Dans le cas d'un système où les réactifs sont constitués d'une molécule A-B et d'un atome C (le système le plus simple est H-H + H), où le complexe activé est un complexe linéaire, on peut représenter la surface d'énergie potentielle de diverses manières, en privilégiant dans la représentation les deux paramètres décisifs de la réaction que sont les distances A-B et B-C portées sur deux axes perpendiculaires. Le troisième axe est celui des énergies (figure 3.1). Le chemin réactionnel, qui conduit de A-B + C à B-C + A est en première approximation celui qui correspond à chaque instant au minimum de l'énergie potentielle du système dans les « vallées ». Il est représenté à proximité de l'état de transition, au voisinage du « col » entre les deux « vallées », sur la figure 3.2a. La figure 3.2b montre que le chemin réactionnel peut être projeté sur une surface non plane, où l'axe vertical est celui des énergies, et l'abscisse une fonction complexe des coordonnées. A proximité du col, le chemin choisi correspond à la direction d'élongation de la liaison qui va être rompue. La projection du chemin réactionnel sur la surface non plane est donnée sur la figure 3.2c. Cette dernière met en évidence les énergies potentielles des réactifs, AB + C, des produits, BC + A, et du complexe activé $A \cdots B \cdots C^{\ddagger}$, noté $X^{\ddagger}$. L'état de transition est situé au « col », en un point d'énergie maximale sur le chemin réactionnel ainsi défini, qui est également un minimum de l'énergie potentielle pour les autres coordonnées du système, en particulier dans la direction perpendiculaire au chemin réactionnel. La projection sur le plan Oxy des lignes de niveau (d'énergie constante) de la surface d'énergie potentielle, est représentée sur la figure 3.2d, où sont indiqués les « vallées », le « col », l'état de transition et le chemin réactionnel choisi. La figure explicite en outre les modes de vibration symétrique et antisymétrique du complexe linéaire A···B···C$^{\ddagger}$.

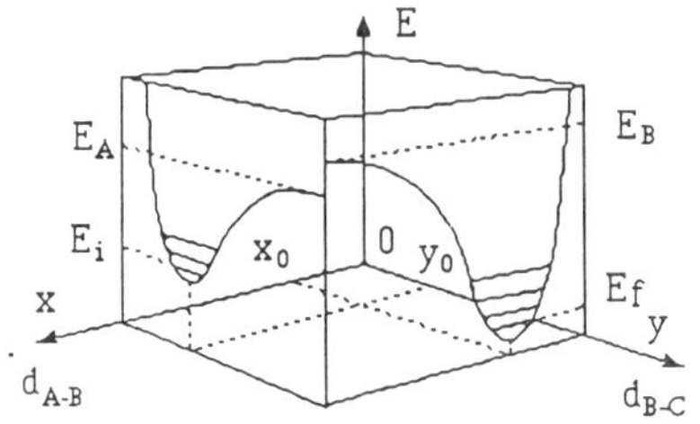


Figure 3.1

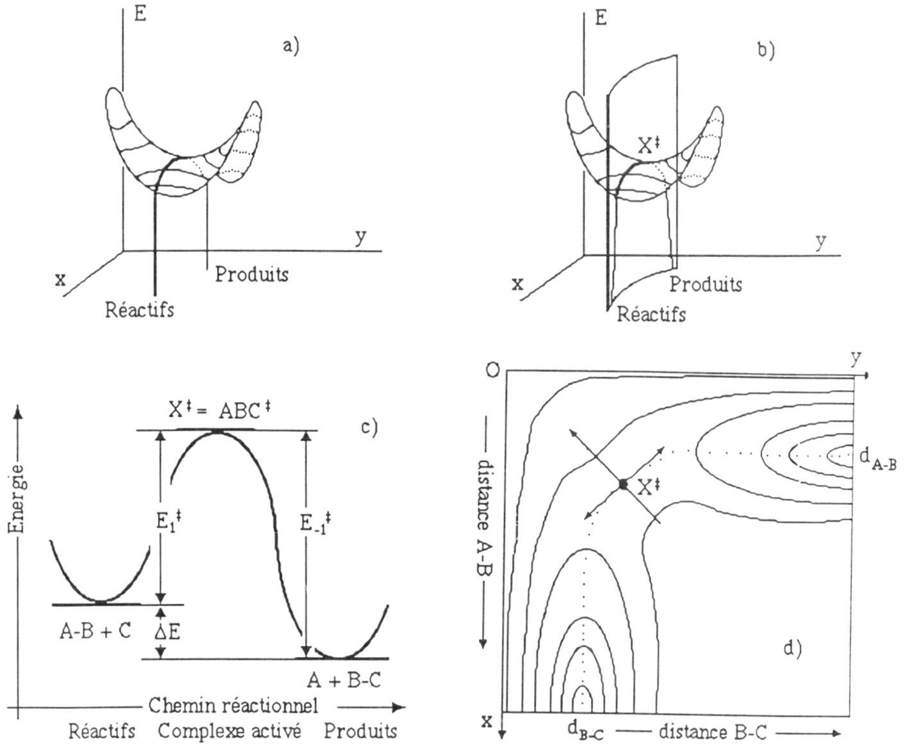


Figure 3.2 : énergie potentielle et état de transition

Dans ces conditions, l'état de transition apparait comme un état situé au « point de selle » de la surface d'énergie potentielle. Le complexe activé correspondant est une pseudo-espèce chimique, auquel on peut attribuer des propriétés thermodynamiques (énergie, fonctions d'état et de partition) et structurales (molécularité, stéréochimie...). Cette espèce est en équilibre avec réactifs et produits. Sa concentration peut être déterminée par les lois classiques de la thermodynamique, en fonction des autres concentrations. La vitesse de décomposition du complexe activé dans le sens Réactifs ⟶ Produits est la vitesse de la réaction. Elle peut être déterminée en fonction de la fréquence à laquelle le complexe activé « traverse le col », ou encore en fonction de la fréquence de la vibration d'élongation antisymétrique qui conduit à la rupture de la liaison A···B dans le complexe activé A···B···C$^‡$. Nous ne saurions donner ici le détail des calculs qui conduisent à l'expression de la vitesse dans le cadre des diverses théories de la réactivité. Nous n'en donnons que les résultats essentiels.

## 2.4. THEORIE DES PROCESSUS ELEMENTAIRES : CALCUL DE LA CONSTANTE DE VITESSE

### 2.4.1. THEORIE CINETIQUE DES COLLISIONS

Cette théorie [1-3] exprime que la vitesse est proportionnelle au nombre de collisions qui permettent d'obtenir le complexe activé et les produits. La vitesse de la réaction entre deux molécules A et B assimilées à des sphères rigides de rayons $r_A$ et $r_B$, de masses $m_A$ et $m_B$, de concentrations par unité de volume, $n_A$ et $n_B$, est exprimée en fonction de la section efficace de collision $d_{AB}^2$ ($d_{AB} = r_A + r_B$) et de l'énergie d'activation E :

$$v = n_A \bullet n_B \bullet d_{AB}^2\ [8\pi kT(m_A + m_B) / m_A \bullet m_B]^{1/2} \exp(-E/RT) = k' \bullet n_A \bullet n_B$$

k' est ici la constante de vitesse pour la réaction exprimée en unités moléculaires ($cm^3$ molécule$^{-1}$ $s^{-1}$). Pour une mole de quantité de matière, on multiplie par la constante d'Avogadro $N_A$ :

$$k = N_A \bullet d_{AB}^2\ [8\pi kT(m_A + m_B) / m_A \bullet m_B]^{1/2} \exp(-E/RT)\ (cm^3\ mol^{-1}\ s^{-1})$$

L'identification avec la relation d'Arrhénius conduit à une expression du facteur de fréquence A, appelé également nombre de collisions, Z :

$$A = Z = N_A \bullet d_{AB}^2\ [8\pi kT(m_A + m_B) / m_A \bullet m_B]^{1/2}\quad (cm^3\ mol^{-1}\ s^{-1})$$

Comme il existe une grande différence entre les vitesses calculées à l'aide de ces expressions et les vitesses expérimentales, on postule que toutes les collisions ne sont pas efficaces et l'on introduit un facteur de probabilité ou facteur stérique, P :

$$k = P \bullet Z \exp(-E/RT)$$

### 2.4.2. THEORIE DES VITESSES ABSOLUES DE REACTION EXPRESSION DE LA VITESSE

Cette théorie permet d'accèder à la vitesse de la réaction. On exprime que la vitesse est égale au produit de la concentration $[X^‡]$ du complexe activé par la fréquence $\nu^‡$ de sa dissociation selon un mode privilégié de vibration, appelée vibration critique :

$$v = \nu^‡ [X^‡]$$

On calcule $[X^‡]$ en supposant que le complexe activé $X^‡$ est en équilibre avec les réactifs. On calcule $\nu^‡$ en prenant en compte statistiquement les niveaux d'énergie accessibles aux espèces étudiées. Le calcul fait appel à la description du système à l'aide des « fonctions de partition » de ces espèces. Le calcul complet peut être trouvé dans la référence 2.

La fonction de partition Z d'une molécule est :

$$Z = \sum_{i=1}^{N} g_i \exp(-\varepsilon_i / kT)$$

$\varepsilon_i$ est l'énergie d'un niveau d'énergie quelconque de la molécule, défini par rapport au point-zéro en énergie (à la température 0K), et $g_i$ le degré de dégénerescence (ou le nombre d'états) correspondant à ce niveau. Tous les états d'énergie quelle que soit leur nature (électroniques, translationnels, rotationnels et vibrationnels) participent à la sommation.

Dans le cas d'une réaction équilibrée conduite en milieu dilué, où l'on peut assimiler activité et concentration des espèces :

$$A + B \rightleftharpoons C + D$$

où le complexe activé $X^{\ddagger}$ est en équilibre avec les réactifs et les produits :

$$A + B \rightleftharpoons X^{\ddagger}$$

on a : $K^{\ddagger} = [X^{\ddagger}] / \{[A]\,[B]\} = \{Z^{\ddagger} / Z_A Z_B\} \exp(-E_0 / RT)$

Dans cette expression, $E_0$ est l'énergie de point zéro égale à la différence à 0K entre les énergies de point zéro par mole de complexe activé et de réactifs : c'est donc l'énergie d'activation hypothétique à la température de 0K. $Z^{\ddagger}$ est la fonction de partition du complexe activé, qui est le produit de la fonction de partition de vibration critique ($kT / h\nu^{\ddagger}$) par le produit des autres fonctions de partition, $Z_{\ddagger}$.

$$Z^{\ddagger} = \{kT / h\nu^{\ddagger}\} \cdot Z_{\ddagger}$$

On parvient alors simplement à l'expression de la vitesse v :

$$v = \nu^{\ddagger} [X^{\ddagger}] = [A]\,[B]\,\{kT / h\}\{Z_{\ddagger} / Z_A Z_B\} \exp(-E_0 / RT)$$

La constante de vitesse de la réaction est :

$$k = \{kT/h\}\{Z_{\ddagger} / Z_A Z_B\} \exp(-E_0 / RT) = A \exp(-E_0 / RT) = \{kT / h\} K_{\ddagger}$$

en notant $K_{\ddagger} = \{Z_{\ddagger} / Z_A Z_B\} \exp(-E_0 / RT)$, on obtient :

$$v = \{kT / h\} K_{\ddagger}\,[A]\,[B]$$

Ces expressions appellent quelques remarques :

1) Le facteur $kT/h$ a la dimension d'une fréquence ($s^{-1}$). Il est parfois appelé facteur universel de fréquence ou fréquence de la vibration universelle. Il est égal à $\approx 6\ 10^{12}\ s^{-1}$ à 300K.

2) Chaque complexe activé ne pas réagit pas nécessairement dans le sens de la formation des produits. Pour en rendre compte, on introduit un coefficient de transmission $\kappa$ (< 1) :

$$k = \kappa\,\{kT/h\}\{Z_{\ddagger} / Z_A Z_B\} \exp(-E_0 / RT) = \kappa\,\{kT/h\}\,K_{\ddagger}$$

L'un des cas où le coefficient de transmission $\kappa$ s'éloigne de l'unité de manière significative est celui des réactions d'oxydoréduction qui entrainent un changement important d'état électronique de la molécule, de spin en particulier.

3) La mécanique quantique autorise un système qui n'a pas l'énergie nécessaire à franchir une barrière énergétique par effet tunnel. L'effet tunnel est particulièrement important pour les réactions de transfert de protons et d'électrons.

4) Le facteur de fréquence A n'est pas indépendant de la température, qui intervient à la fois dans le facteur $kT/h$ et dans l'expression des fonctions de partition. Dans de nombreux cas, il est possible d'exprimer k sous la forme :

$$k = a\,T^{n'} \exp(-E_0 / RT)$$

La valeur de n' dépend de la nature exacte des fonctions de partition du système. La loi d'Arrhénius, qui traduit la variation expérimentale de k avec la température, conduit à une valeur expérimentale de l'énergie d'activation $E_{exp}$, par le tracé de $\ln k = f(1/T)$ :

$$d(\ln k) / dT = E_{exp} / RT^2$$

La différenciation logarithmique de l'expression théorique précédente de k et l'identification à la loi d'Arrhénius conduisent à :

$$d(\ln k) / dT = n' / T + E_0 / RT^2 = (E_0 + n'RT) / RT^2$$

$$E_{exp} = E_0 + n'RT$$

L'énergie d'activation expérimentale varie donc avec la température, puisqu'elle est la somme de l'énergie d'activation à 0K ($E_0$, énergie de point zéro, qui est constante), et d'un terme proportionnel à T. Cela traduit le fait qu'à toute température (sauf à 0K), l'énergie d'activation est la différence d'énergie entre les énergies moyennes du complexe activé et des réactifs, qui dépendent les unes et les autres de la température. Cependant, cette variation thermique est le plus souvent faible et difficile à mettre en évidence expérimentalement car $n'RT \ll E_0$.

### Formulation thermodynamique de la constante de vitesse

Il est souvent utile de ne pas s'en tenir aux expressions de la constante de vitesse en fonction des fonctions de partition et de l'exprimer à l'aide des fonctions thermodynamiques d'état [1,2,3]. Pour y parvenir de façon rigoureuse, il convient de prendre en considération les délicats problèmes d'états de référence et d'états standard et d'exprimer les constantes thermodynamiques d'équilibres impliquant des espèces dissoutes en fonction du rapport de leur concentration à celle, c°, de la concentration de référence (cf. chapitre 1, § 3.2.2). Une telle démarche, que nous ne souhaitons pas détailler ici, nécessite un important effort de réflexion. Nous renvoyons à la référence 9 pour un approfondissement de ces notions. Nous ne rappelons ici que les résultats sous une forme traditionnelle qui ne satisfait ni les auteurs, ni le lecteur exigeant.

Nous avons établi ci-dessus l'expression générale de la vitesse d'une réaction en solution du type :

$$A + B \rightleftharpoons (X^{\ddagger}) \rightleftharpoons \text{produits}$$

$$v = (kT / h)\, K_{\ddagger}\, [A]\, [B]$$

Il est possible de définir, à partir de la constante $K_{\ddagger}$ déterminée plus haut, les grandeurs standard $\Delta G^{o\ddagger}$, $\Delta H^{o\ddagger}$ et $\Delta S^{o\ddagger}$ que l'on appelle respectivement enthalpie libre, enthalpie et entropie standard d'activation :

$$- RT \ln K_{\ddagger} = \Delta G^{o\ddagger} = \Delta H^{o\ddagger} - T\, \Delta S^{o\ddagger}$$

D'où :

$$k = (kT / h) \exp(-\Delta G^{o\ddagger}/RT)$$

$$k = (kT/h) \{\exp(\Delta S^{o\ddagger}/R)\} \{\exp(-\Delta H^{o\ddagger}/RT)\}$$

La comparaison avec la relation d'Arrhénius montre que le facteur de fréquence A contient un terme de nature entropique.

■ Remarque : Il n'est pas nécessairement inutile à ce stade de formuler une remarque sur la représentation de l'évolution de l'énergie au cours d'une réaction chimique. Nous avons représenté sur la figure 3.2 l'énergie potentielle de deux entités moléculaires. Les divers états du système peuvent être reliés par une ligne continue qui schématise l'énergie des espèces le long du chemin réactionnel (figure 3.2) ou bien placés côte à côte, sans que ne soit précisée l'abscisse (figure 3.3).

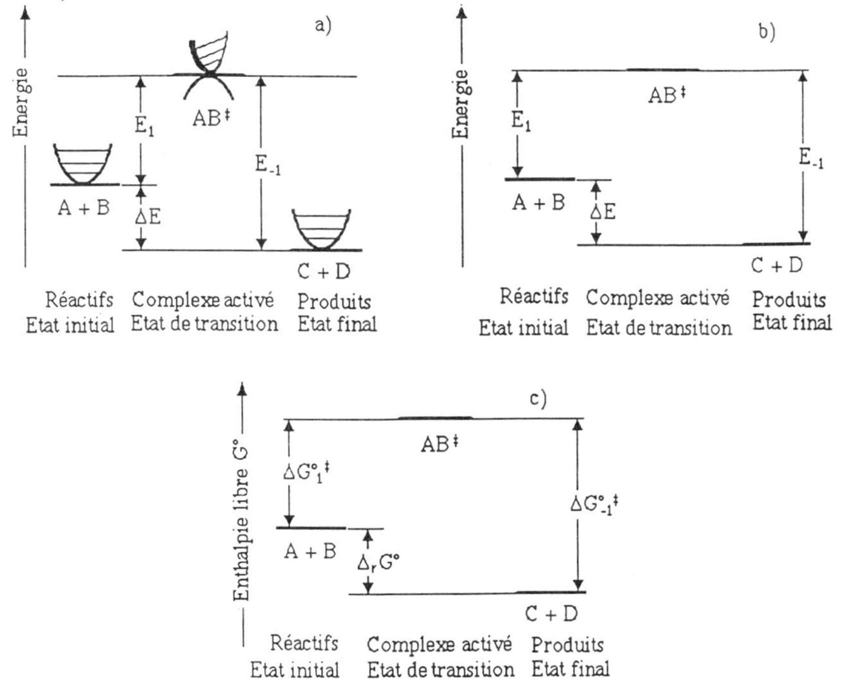


Figure 3.3 : diverses représentations de l'énergie de l'état de transition

En aucun cas cependant, l'abcisse ne représente l'avancement de la réaction, introduit au § 1.1 ci-dessus. Cette précision prend tout son sens si l'on représente non plus l'énergie potentielle du système moléculaire mais l'enthalpie libre standard pour une mole de quantité de matière, comme sur la figure 3.3c. Nous avons vu en effet au § 3.3 du chapitre 1 que l'enthalpie libre du système en fonction de l'avancement de la réaction passe non pas par un maximum mais par un minimum. Ce point est commenté plus longuement dans la référence 10.

## 2.5. POSTULAT DE HAMMOND ET RELATIONS D'ENERGIE LIBRE

Sans entrer dans le détail des calculs, il est souvent utile de pouvoir répondre à des questions relativement simples :

– est-il possible d'avoir une idée sur la vitesse d'une réaction chimique, si l'on connait ses caractéristiques thermodynamiques et celles de réactions voisines ?
– la structure de l'état de transition est-elle plus proche de celle des réactifs ou de celle des produits ?

Un certain nombre de conclusions qualitatives ou semi-quantitatives répondant à ces questions ont été tirées de l'étude des profils d'énergie potentielle le long du chemin réactionnel : postulat de Hammond, relation de Leffler par exemple. Nous les évoquons brièvement :

1) Le postulat dit de Hammond indique que le passage de l'état de transition à une espèce d'énergie voisine s'effectue avec une réorganisation minimale de structure. On peut en déduire les conclusions suivantes :

– plus une réaction est exergonique ($\Delta_rG° < 0$ et grande), plus l'état de transition ressemble à l'état initial (réactifs) : l'état de transition est « précoce ». Plus une réaction est endergonique ($\Delta_rG° > 0$ et grande), plus l'état de transition ressemble à l'état final : l'état de transition est « tardif ».

La figure 3.4 illustre le raisonnement qui conduit aux conclusions du postulat de Hammond, en schématisant les surfaces par de simples courbes d'énergie potentielle : une stabilisation des produits (figure 3.4a et 3.4c) déplace l'état de transition vers les réactifs, la vitesse augmente ; une stabilisation des réactifs (figure 3.4b et 3.4d) déplace l'état de transition vers les produits, la vitesse diminue.

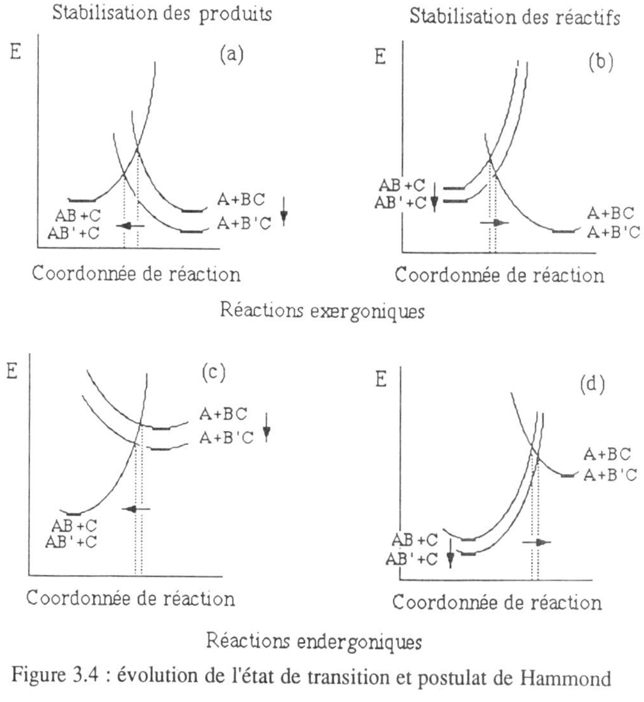


Figure 3.4 : évolution de l'état de transition et postulat de Hammond

2) La relation de Leffler repose sur les mêmes hypothèses simplificatrices : elle exprime que la variation d'enthalpie libre standard d'activation $\Delta(\Delta G^{\circ\ddagger})$ est proportionnelle à la variation d'enthalpie libre standard de réaction $\Delta(\Delta_r G^\circ)$ :

$$\Delta(\Delta G^{\circ\ddagger}) \propto \Delta(\Delta_r G^\circ)$$

Le coefficient de proportionnalité est compris entre 0 et 1. Il traduit le degré de ressemblance entre le complexe activé et les réactifs ou les produits. Un coefficient de proportionnalité proche de zéro traduit un état de transition proche des réactifs. Plus le coefficient tend vers 1, plus le complexe activé est proche des produits. Il s'agit en fait d'une relation vitesse / équilibre. Ces approximations ont été trés utilisées par Brönsted et Hammet, pour étudier les relations entre constantes de vitesse $k_i$ (ou $\Delta G^{\circ\ddagger}$) de réactions acidobasiques et les constantes d'équilibre acidobasiques (ou $\Delta_r G^\circ$) correspondantes $K_{ai}$. Ces relations sont connues sous le nom de relations linéaires d'enthalpie libre [8,9,11] :

$$\log k_i = a + b\, pK_{ai}$$

Nous verrons au paragraphe 5 de ce chapitre ce que devient cette relation dans le cas du transfert d'électron.

# 3. MECANISMES DES PROCESSUS ELEMENTAIRES EN SOLUTION

## 3.1. COMPARAISON AVEC LES REACTIONS EN PHASE GAZEUSE

### 3.1.1. GENERALITES

Les réactions que nous étudierons expérimentalement sont des réactions d'oxydoréduction en solution aqueuse. Nous donnons donc ci-dessous quelques aspects spécifiques de la cinétique en solution, sans aborder cependant la théorie du rôle du solvant dans la réaction chimique, puisque nous opérons essentiellement dans un milieu constant, qui est l'eau. Nous considérons que le solvant est en grand excès par rapport au soluté et que s'il intervient dans la dissolution, la solvatation et/ou l'ionisation des espèces chimiques, il ne joue pas de rôle spécifique dans la cinétique de la réaction même, c'est à dire qu'il n'intervient pas en tant que tel dans l'expression de la vitesse. Nous n'évoquons pas l'influence du changement de solvant sur la réactivité chimique, dont on sait pourtant l'importance pour l'étude de la réactivité en chimie organique [12].

Une réaction chimique en solution comporte généralement trois étapes :

1) la diffusion des molécules de réactifs les unes vers les autres.

2) la réaction chimique proprement dite.

3) la diffusion des produits formés dans la solution.

La diffusion moléculaire nécessite une énergie qui n'est pas trés élevée, de l'ordre d'une vingtaine de kJ mol$^{-1}$, le plus souvent inférieure aux énergies d'activation de la réaction chimique proprement dite. Les réactions extrêmement rapides de transfert de protons et de combinaisons ioniques sont souvent limitées par la diffusion des espèces les unes vers les autres. Pour les autres réactions, le phénomène de diffusion n'est généralement pas l'étape limitant le processus ; c'est donc l'étape 2 qui est limitante et que nous étudions.

### 3.1.2. EXPRESSION DE LA CONSTANTE DE VITESSE

On peut calculer la vitesse absolue de la réaction avec les fonctions de partition incluant le solvant. C'est difficile car l'influence du solvant est complexe à modéliser mais cela peut se faire avec succès [8]. Une approche moins ambitieuse mais plus simple consiste à extrapoler les résultats obtenus en phase gazeuse ou en solution trés diluée, en introduisant un facteur de correction grâce aux coefficients d'activité. Cela suppose évidemment que la même réaction intervienne à la fois en phase gazeuse et en solution.

Pour une réaction dans une solution réelle telle que :

$$A + B \rightleftharpoons X^{\ddagger} \longrightarrow \text{Produits}$$

la vitesse v est toujours proportionnelle à la concentration en complexe activé $[X^{\ddagger}]$ et il suffit de remplacer $[X^{\ddagger}]$ par sa valeur en fonction des coefficients d'activité en solution :

$$[X^{\ddagger}] = K_{\ddagger}\,[A]\,[B] \bullet \gamma_A \bullet \gamma_B / \gamma_{X\ddagger}$$

$K_{\ddagger}$ est la constante d'équilibre thermodynamique définie plus haut, et les coefficients $\gamma_I$ sont les coefficients d'activité, négligés en phase diluée où ils sont proches de l'unité.

D'où l'expression de la vitesse v et de la constante k :

$$v = v^{\ddagger}\,[X^{\ddagger}] = \{kT / h\}K_{\ddagger}\,[A]\,[B] \bullet \gamma_A \bullet \gamma_B / \gamma_{X\ddagger} = v_0 \bullet \gamma_A \bullet \gamma_B / \gamma_{X\ddagger}$$

$$k = k_0 \bullet \gamma_A \bullet \gamma_B / \gamma_{X\ddagger}$$

où $v_0$ et $k_0$ sont les valeurs de v et k en milieu dilué.

## 3.2. REACTIONS ENTRE IONS EN SOLUTION

Nous traitons des réactions qui se produisent lorsque deux ions de même signe ou de signe opposé s'approchent l'un de l'autre avant de donner lieu à une réaction chimique avec transfert d'électron, rupture ou formation d'une liaison covalente, etc, à l'exclusion des réactions de combinaisons ioniques simples (qui sont le plus souvent contrôlées par la diffusion). Les facteurs de fréquence dépendent énormément des charges portées par les ions, et en particulier du signe des deux charges : les réactions entre ions de signe contraire sont favorisées et celles entre ions de même signe défavorisées par les interactions électrostatiques, respectivement attractives ou répulsives entre ions. Il en va de même des énergies d'activation, où les interactions électrostatiques dominent les autres contributions énergétiques. Nous ne donnons dans ce qui suit que le calcul relatif au rôle du solvant, de la charge $z_A$ et $z_B$ des deux ions A et B qui entrent en réaction, et de la force ionique dans le cadre le plus simple où le complexe activé, est modélisé par une double sphère (figure 3.5).

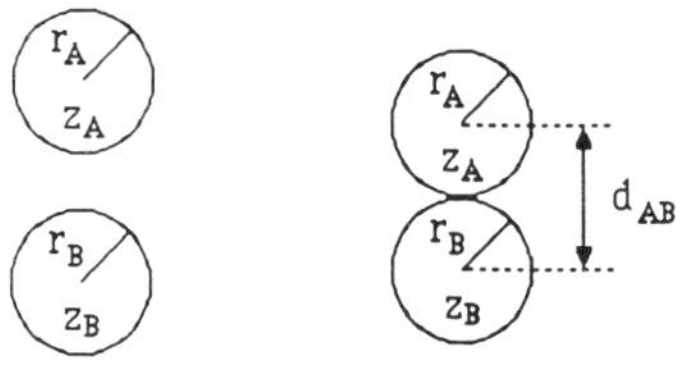


Figure 3.5 : modèle de la double sphère

### 3.2.1. EXPRESSION DE LA CONSTANTE DE VITESSE

On considère la réaction suivante :

$$A + B \rightleftharpoons X^{\ddagger} \longrightarrow \text{Produits}$$

en solution dans un solvant de constante diélectrique $\varepsilon_S$, de force ionique I, où l'expression de la force ionique I est égale à $I = 1/2\, \Sigma_i\, c_i\, z_i^2$, où la somme porte sur toutes les espèces ioniques i, de concentration $c_i$ , de charge $z_i$.

A l'état initial les ions-réactifs A et B sont à l'infini et leur interaction électrostatique est nulle. La force qui s'exerce entre eux, à une distance x est :

$$f = z_A z_B e^2 / 4\pi\varepsilon_S x^2$$

A l'état de transition, dans le modèle de la double sphère, les deux ions sphériques rigides gardent leur charge et sont au contact. Les deux centres sont à une distance $d_{AB} = r_A + r_B$. Le travail nécessaire pour passer de l'état initial au complexe activé est égal à :

$$w = z_A z_B e^2 / 4\pi\varepsilon_S d_{AB}$$

Ce travail est la contribution électrostatique $\Delta G_\varepsilon^\ddagger$ à l'enthalpie libre d'activation totale $\Delta G_{Tot}^\ddagger / N_A$, ($N_A$ est la constante d'Avogadro) par paire d'ions. Il est positif si les ions sont de même signe, négatif s'ils sont de signe contraire. Il s'ajoute à la contribution chimique, non électrostatique, $\Delta G_\chi^\ddagger / N_A$.

Pour une mole de paire d'ions : $\Delta G^\ddagger = \Delta G_{Tot}^\ddagger = \Delta G_\chi^\ddagger + \Delta G_\varepsilon^\ddagger$

Pour une paire d'ions : $\Delta G_{Tot}^\ddagger / N_A = \Delta G_\chi^\ddagger / N_A + z_A z_B e^2 / 4\pi\varepsilon_S d_{AB}$

Or : $k = (kT / h) \exp(-\Delta G^\ddagger / RT)$

$$k = (kT / h) \exp(-\Delta G_\chi^\ddagger / RT) \exp(-z_A z_B e^2 / 4\pi\varepsilon_S d_{AB} kT)$$

Soit : $\ln k = \ln (kT / h) - \Delta G_\chi^\ddagger/RT - z_A z_B e^2 / 4\pi\varepsilon_S d_{AB} kT$

ou encore : $\ln k = \ln k_0 - z_A z_B e^2 / 4\pi\varepsilon_S d_{AB} kT$

### 3.2.2. INFLUENCE DU SOLVANT

La constante de vitesse $k_0$ est la constante dans un milieu de constante diélectrique infinie, ou dans un milieu où les forces électrostatiques sont négligeables. La relation ci-dessus montre entre outre que le logarithme de k varie linéairement avec l'inverse de la constante diélectrique du solvant. Ceci a été vérifié sur de nombreuses réactions, au moins pour des valeurs élevées de la constante. On peut alors expérimentalement calculer la valeur de $d_{AB}$, dans le complexe activé. La valeur généralement trouvé, de l'ordre de quelques Å, est le plus souvent conforme à ce que permet de prévoir la dimension des ions solvatés.

### 3.2.3. INFLUENCE DE LA FORCE IONIQUE

Nous avons vu à la fin du paragraphe 3.1 que :

$$k = k_0 \{\gamma_A \bullet \gamma_B / \gamma_{X\ddagger}\}$$

Soit en prenant les logarithmes décimaux :

$$\lg k = \lg k_0 + \lg \{\gamma_A \bullet \gamma_B / \gamma_{X\ddagger}\}$$

Une expression approchée des valeurs des coefficients d'activité moyen $\gamma_\pm$ d'espèces cationique ou anionique de charge $|z_\pm|$ dans un milieu de force ionique I, est donnée par la relation de Debye et Hückel :

$$\lg \gamma_\pm = cI - a\, z_\pm^2 \sqrt{I} / (1 + b\sqrt{I}) \approx - a\, z_\pm^2 \sqrt{I}$$

Dans un mileu dilué, on peut le plus souvent négliger le premier terme cI et égaler le dénominateur à 1 (si $\sqrt{I} \ll 1$). La valeur de la constante a à 25°C est égale à 0,51. En utilisant le fait que dans le modèle de la double sphère la charge du complexe activé est égale à la somme des charges, $z_{X\ddagger} = z_A + z_B$, on obtient :

$$\lg k = \lg k_0 + \lg \gamma_A + \lg \gamma_B - \lg \gamma_{X\ddagger} = \lg k_0 - a \sqrt{I} (z_A^2 + z_B^2 - z_{X\ddagger}^2)$$

$$\lg k = \lg k_0 - a \sqrt{I} (z_A^2 + z_B^2 - [z_A + z_B]^2) = \lg k_0 + 2a \bullet z_A \bullet z_B \sqrt{I}$$

$$\lg k = \lg k_0 + 1{,}02 \bullet z_A \bullet z_B \sqrt{I}$$

Le graphe représentant lg k en fonction de la racine de la force ionique est une droite, dont la pente est égale à 1,02 $z_A z_B$ et l'ordonnée à l'origine lg $k_0$. Cette relation a été vérifiée par de nombreux auteurs. La figure 3.6 en donne quelques exemples en montrant l'évolution de lg $k/k_0$ en fonction de $\sqrt{I}$ pour quelques réactions où la valeur du produit $z_A z_B$ varie de +4 à -6. La courbe B correspond par exemple à la réaction d'oxydoréduction entre iodure et persulfate ($z_Az_B = 2$) qui est étudiée dans l'expérience 3.2/2 ; la courbe D correspond à toutes les réactions où $z_Az_B = 0$ et la courbe G à la réduction du tris-(oxalato)cobaltate(III) par le fer(II) ($z_Az_B = -6$) (2).

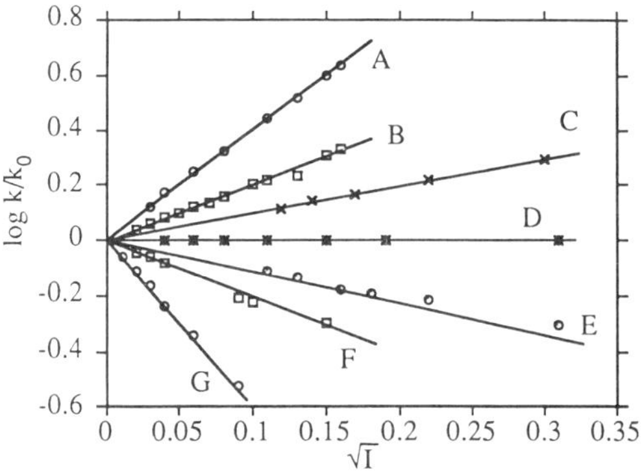


Figure 3.6 : Influence de la force ionique

L'accord entre les résultats expérimentaux et la théorie la plus simple ne doit pas cacher qu'à force ionique plus élevée où la relation de Debye-Hückel perd sa validité, et dans tous les cas où s'ajoutent aux effets de charge des effets dipolaires, il faut traiter le solvant non plus simplement comme un milieu diélectrique continu, mais en prenant en compte sa structure moléculaire et sa participation à la première couche de solvatation, tant pour les réactifs que pour le complexe activé. Nous renvoyons ici encore à la bibliographie (2-8).

# 4. REACTIONS COMPLEXES

## 4.1. LES DIVERS TYPES DE REACTIONS COMPLEXES

Certains auteurs distinguent, en classant les réactions selon l'ordre, les réactions qui ont un ordre (acte élémentaire, succession simple d'actes simples), les *réactions sans ordre*, ou d'ordre compliqué, que l'on peut diviser en deux : « les *réactions composées* qui résultent de l'opposition, de la succession ou de la concurrence de réactions élementaires et les *réactions complexes*, constituées de plusieurs réactions composées » (1). Le plus souvent, les réactions complexes sont à leur tour divisées en *réactions par stades* (constituées d'une succession -ou séquence- de réactions, en séquence ouverte), et en *réactions en chaine*, où l'un des intermédiaires est régénéré au cours d'une étape transitoire, ce qui permet à une série d'actes élémentaires de se répéter en cycle (1).

En tout état de cause, réactions composées et complexes sont constituées de la succession plus ou moins complexe d'actes élémentaires et les problèmes posés dans l'un et l'autre cas sont analogues.

Voici un exemple fréquemment rencontré d'une réaction :

$$A \longrightarrow B, \text{ catalysée par } C$$

Bilan global : $A \longrightarrow B$

Mécanisme :(1) $A + C \rightleftharpoons AC$ sens direct, $k_1$; sens inverse, $k_{-1}$

(2) $AC \longrightarrow C + B \quad k_2$

La première étape comporte deux réactions opposées : une réaction qui se produit dans le sens 1 ($k_1$) et l'autre dans le sens inverse, noté -1 ($k_{-1}$). C'est un cas fréquemment rencontré dans les réactions catalytiques, où le catalyseur C, consommé à l'étape 1 est régénéré à l'étape 2 (voir § 6 de ce chapitre).

## 4.2. LE PRINCIPE DE L'ETAT STATIONNAIRE

Il est parfois difficile de parvenir à l'établissement rigoureux de la loi de vitesse dans une réaction complexe, car le système d'équations différentielles que l'on peut écrire n'est pas toujours facile à résoudre. Il est alors utile de recourir au principe ou méthode de l'état stationnaire de Bodenstein, du nom du premier cinéticien à l'avoir utilisé avec succès en 1913 (2) : on considère que lorsque la réaction a atteint un régime d'état stationnaire ou quasi-stationnaire les intermédiaires réactionnels, comme AC ci-dessus ont une concentration à la fois faible et constante : $d[AC]/dt = 0$. Cette approximation rend de grands services dans de nombreux cas. Ainsi, dans l'exemple du § 4.1 ci-dessus :

$$v = + \, d[B]/dt = k_2 [AC]$$

Pour déterminer la vitesse, il faut déterminer [AC]. La méthode de l'état stationnaire permet d'écrire :

$$d[AC]/dt = 0 = k_1 [A] [C] - k_{-1} [AC] - k_2 [AC]$$

$$[AC] = k_1 [A] [C] / (k_{-1} - k_2)$$

et : $v = k_2 [AC] = k_1 k_2 [A] [C] / (k_{-1} + k_2) \approx k_1 k_2 [A] [C]_0 / (k_{-1} + k_2)$

si l'on admet que $[AC] \ll [C]_0$.

■ Remarques :

1) L'intermédiaire réactionnel AC ne doit pas être confondu avec le complexe activé de l'acte élémentaire. L'entité AC correspond à un minimum d'énergie sur le chemin réactionnel, contrairement au complexe activé. La figure 3.7 illustre ce point important, en distinguant l'intermédiaire AC des complexes activés $[\ddagger]_1$ et $[\ddagger]_2$.

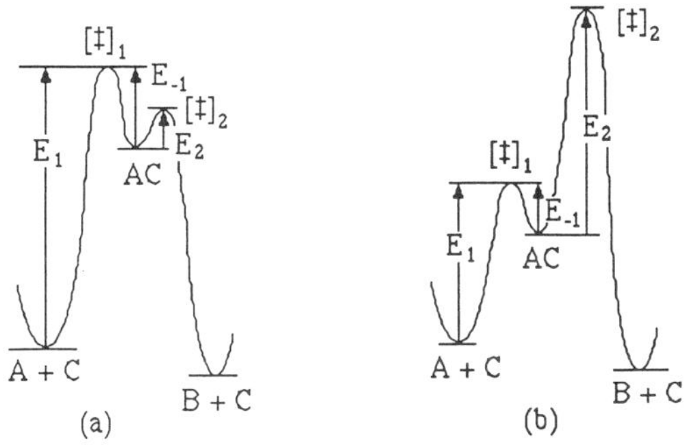


(a) Cas d'un complexe de van't Hoff, $k_2 \gg k_1$, $E_2 \ll E_1$

(b) Cas d'un complexe d'Arrhénius, $k_2 \ll k_1$, $E_2 \gg E_1$

Figure 3.7 : intermédiaires réactionnels

2) Un traitement un peu différent des équations ci-dessus, trés utilisé en catalyse enzymatique (13), conduit aux expressions suivantes :

On pose : $([C]_0 - [AC]) [A] / (k_{-1} + k_2) = K_M$

$$[AC] = k_1 [C]_0[A] / (k_1 [C] + k_{-1} + k_2) = [C]_0[A] / (K_M + [A])$$

et : $v = k_2 [AC] = k_2 [C]_0[A] / (K_M + [A])$

Lorsque $K_M \ll [A]$ :

$$v_{max} = k_2 [C]_0$$

$$v = v_{max} [A] / (K_M + [A])$$

Cette équation est généralement connue sous le nom de Michaelis-Menten (13a). Elle est trés utilisée en catalyse enzymatique dont l'expérience montre qu'elle correspond au schéma mécanistique précédent. Une représentation graphique habilement choisie (13b) permet de déterminer de différentes manières la constante $K_M$ :

$1/v = 1/v_{max} + K_M / (v_{max} [A])$ (équation de Lineweaver-Burk)

$v = v_{max} - K_M \, v / [A]$ (équation de Eadie-Hofstee)

### 4.3. COMPLEXE DE VAN'T HOFF, COMPLEXE D'ARRHENIUS

Lorsqu'une réaction composée présente la succession d'actes élémentaires ci-dessus comportant l'intermédiaire réactionnel AC, l'équation de la vitesse est :

$$v = k_2 [AC] = k_1 k_2 [A] [C] / (k_{-1} + k_2)$$

Le diagramme d'énergie potentielle, en fonction de la coordonnée de la réaction peut présenter deux aspects schématisés sur la figure 3.7. Dans le premier cas, la constante de vitesse $k_2$ de décomposition de AC pour donner les produits est $k_2 \gg k_{-1}$, car l'énergie d'activation $E_2 \ll E_{-1}$. L'équation de vitesse devient simplement : $v = k_1 [A] [C]$.

Le passage au-dessus de la première barrière contrôle la vitesse de la réaction. On dit que l'on a un complexe de Van't Hoff.

Dans le deuxième cas, $k_2 \ll k_{-1}$, car l'énergie d'activation $E_2 \gg E_{-1}$. L'équation de vitesse devient : $v = (k_2 k_1 / k_{-1}) [A] [C])$

Dans ces conditions, le franchissement de la deuxième barrière d'activation contrôle la vitesse. L'étape précédente intervient par le rapport des constantes de vitesse ($K_1 = k_1 / k_{-1}$), qui fixe la concentration en intermédiaire réactionnel AC. On dit que l'on a affaire à un complexe d'Arrhénius, qui correspond à l'établissement d'un préequilibre rapide.

Dans l'un et l'autre cas, on observe que l'étape qui correspond à la plus haute énergie d'activation joue un rôle central dans la cinétique.

■ Remarque : *Etape lente ? rapide ? déterminante?* Dans le vocabulaire courant relatif à la cinétique chimique des mécanismes en séquence ouverte, on entend ou on lit parfois que telle étape est lente ou rapide. Il s'agit « au mieux d'abus de langage », selon GIELEN, qui discute ce point dans l'Actualité chimique[14]. En effet, si nous reprenons l'exemple ci-dessus, dans l'hypothèse de l'état stationnaire la vitesse de formation du complexe AC (étape (1)) est égale à sa vitesse de disparition (étape (2)) puisque sa concentration est constante. Les deux étapes ont donc la même vitesse, quelles que soient les valeurs des constantes de vitesse. Il est donc judicieux de proscrire les termes étape lente, étape rapide. En ce qui concerne l'emploi du terme déterminant ou limitant pour définir l'étape qui détermine la vitesse globale, il faut garder en mémoire que la vitesse est le produit d'un facteur relatif aux concentrations par la constante de vitesse alors que les diagrammes d'énergie potentielle ne nous renseignent que sur les barrières d'énergie, donc sur les constantes de vitesse : il convient de n'utiliser ce terme qu'après un examen soigneux du mécanisme réactionnel. Nous en donnons un autre exemple dans l'étude du mécanisme du transfert d'électron par sphère externe au § 5.2.1. ci-dessous.

# 5. TRANSFERT D'ELECTRONS

## 5.1. INTRODUCTION

Nous poursuivons l'étude des mécanismes réactionnels en nous concentrant maintenant plus précisément sur le transfert d'électron, à l'aide notamment des modèles élaborés par Marcus et Hush [15-16].

Le transfert d'électron a donné lieu à énormément d'études où sont étroitement imbriquées théorie et expérience [17]. Que ce soit en solution ou aux électrodes le mécanisme correspond aux trois mêmes étapes, diffusion des réactifs, réaction ou transfert à proprement parler et diffusion des produits.

Prenons l'exemple simple suivant d'un transfert d'électron en solution, qui est une réaction d'auto-échange sans changement chimique macroscopique ($\Delta_r G° = 0$) :

$$[^*Fe^{II}(H_2O)_6]^{2+} + [Fe^{III}(H_2O)_6]^{3+} \rightleftharpoons [^*Fe^{III}(H_2O)_6]^{3+} + [Fe^{II}(H_2O)_6]^{2+}$$

Les étapes sont les suivantes :

**Etape 1** : diffusion des réactifs, l'un vers l'autre et formation du complexe précurseur, antérieur au transfert :

$$^*Fe^{II} + Fe^{III} \rightleftharpoons [^*Fe^{II}\cdots Fe^{III}] \qquad k_d \text{ et } k_{-d}$$

La diffusion des réactifs est caractérisée par les constantes de diffusion $k_d$ et $k_{-d}$

**Etape 2** : transfert électronique *stricto sensu* :

$$[^*Fe^{II}\cdots Fe^{III}] \longrightarrow [^*Fe^{III}\cdots Fe^{II}] \qquad k_{él}$$

$k_{él}$ est la constante de vitesse qui correspond au transfert d'électron *stricto sensu* .

**Etape 3** : décomposition du complexe postérieur au transfert, diffusion des réactifs :

$$[^*Fe^{III}\cdots Fe^{II}] \longrightarrow {}^*Fe^{III} + Fe^{II} \qquad k_3$$

Cette dernière étape n'est que rarement déterminante. La figure 3.8 schématise l'enthalpie libre des diverses espèces.

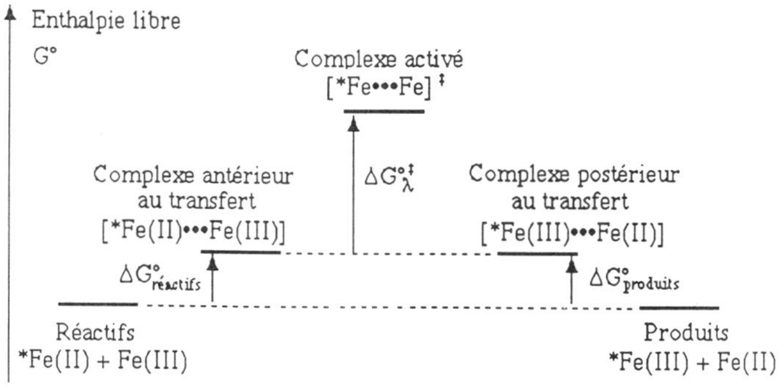


Figure 3.8 : diagramme énergétique d'une réaction d'auto-échange

L'expression de la constante de vitesse généralement observée $k_{obs}$ est donc de la forme (cf. § 4.2) :

$$k_{obs} = k_d\, k_{él} / (k_{él} + k_{-d})$$

La réaction peut être contrôlée par la diffusion ($k_{diff}$, régime de diffusion) ou par le transfert d'électron (régime d'activation, $k_{act}$) :

$$1 / k_{obs} = (1 / k_d) + k_{-d} / (k_{él}\, k_d) = 1 / k_{diff} + 1 / k_{act}$$

où : $$k_{act} = k_{él}\, k_d / k_{-d} = k_{él}\, K_A$$

$K_A$ est la constante de formation du complexe « précurseur », antérieur au transfert d'électron. La valeur de la constante de stabilité du complexe précurseur $K_A$ dépend des charges des complexes initiaux et de la constante diélectrique statique du solvant. On peut trouver son calcul dans la littérature[18a].

C'est dans ce dernier cas de régime d'activation que nous nous plaçons par la suite car c'est l'étape de transfert d'électron qui est évidemment la plus intéressante. On peut la schématiser comme sur la figure 3.9 par :

$$[^*Fe^{II}\cdots Fe^{III}] \rightleftharpoons [^*Fe^{III}\cdots Fe^{II}]$$

ou : $$[^*2\cdots 3] \rightleftharpoons [^*3\cdots 2]$$

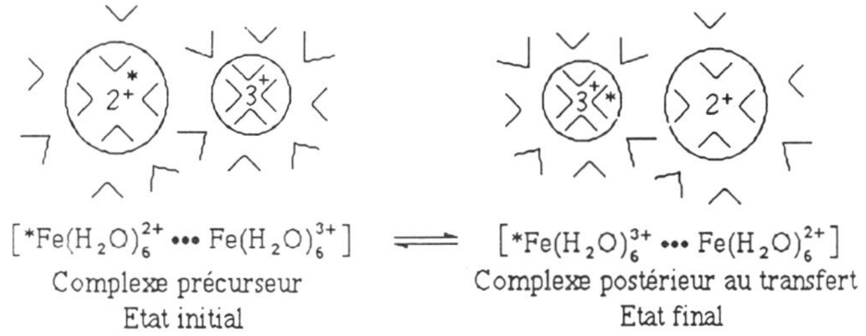


Figure 3.9 : transfert électronique en solution

La figure montre schématiquement que le transfert d'électron, processus *électronique*, s'accompagne d'un double phénomène de changement des configurations *nucléaires* : à l'intérieur de la sphère de coordination, il y a variation des distances Fe-O, tandis qu'à l'extérieur de la sphère de coordination, il y a réorganisation des molécules de solvant. La constante $k_{él}$ prend alors généralement la forme d'un produit de facteurs électronique, de fréquence et nucléaire (18b-19) :

$$k_{él} = \kappa_{él} \, \nu_n \, \Gamma_n \exp(-\Delta G^{\circ\ddagger}_{\lambda}/RT)$$

$\kappa_{él}$ est le facteur électronique. Il dépend de l'interaction entre les fonctions d'onde décrivant les deux réactifs : plus l'interaction est grande, plus le transfert d'électron est rapide. Nous y revenons ci-dessous.

$\nu_n$ est le facteur de fréquence nucléaire, qui dépend de la configuration des réactifs, des produits et du solvant : moins le changement de la configuration nucléaire est grand au cours du transfert d'électron, plus la réaction est rapide. On peut considérer que c'est la fréquence de destruction du complexe activé. Il est essentiellement déterminé par la fréquence de vibration dans la sphère de coordination, car les énergies d'élongation des liaisons métal-ligand sont de l'ordre de $\approx 2kT \approx 300\text{-}500\ cm^{-1}$, trés supérieures aux énergies de réorientation du solvant (18c,19). Ce facteur de fréquence nucléaire est de l'ordre de $10^{11}$ à $10^{13}\ s^{-1}$.

$\Gamma_n$ est un terme correctif d'effet tunnel nucléaire d'origine quantique. La mécanique quantique autorise un système qui n'a pas l'énergie nécessaire à franchir une barrière énergétique par effet tunnel. L'effet est calculable (18d). $\Gamma_n$ est faible à la température ambiante (= 3,2 pour le couple $Fe^{3+}/Fe^{2+}$ à 298K, mais peut devenir considérable à basse température (= $10^{80}$ à 20K), et il est souvent postulé dans les transferts d'électron en biologie (18d).

Dans la formulation thermodynamique de la constante de vitesse, $\Delta G^{\circ\ddagger}_{\lambda}$ est l'enthalpie libre standard d'activation de réorganisation, nécessaire pour que les réactifs atteignent la configuration nucléaire de l'état de transition. On peut la décomposer en deux parties, l'une relative à la réorganisation interne de la sphère de coordination $\Delta G^{\circ\ddagger}_{int}$, l'autre relative à la réorganisation de la gaine de solvatation $\Delta G^{\circ\ddagger}_{ext}$ :

$$\Delta G^{\circ\ddagger}_{\lambda} = \Delta G^{\circ\ddagger}_{int} + \Delta G^{\circ\ddagger}_{ext}$$

Ces grandeurs sont également calculables (18e-19).

Nous traitons dans ce qui suit du transfert d'électron en solution en mettant l'accent sur des exemples qui relèvent de la chimie des éléments de transition car c'est dans ce domaine que le plus d'études sont disponibles et que les idées sont les plus claires.

## 5.2. CLASSIFICATION DES REACTIONS DE TRANSFERT : SPHERE EXTERNE, SPHERE INTERNE (20)

Dans une première approche, on peut classer les réactions de transfert d'électrons en deux mécanismes : sphère externe et sphère interne. Dans le mécanisme par sphère externe, après la diffusion des réactifs les uns vers les autres, le transfert d'électrons s'effectue sans interpénétration des sphères de coordination, qui gardent leur individualité : une liaison chimique n'est pas indispensable entre les réactifs ; dans le mécanisme à sphère interne, l'un au moins des ligands des deux ions est mis en commun et permet le transfert électronique : c'est une liaison chimique qui permet l'interaction électronique. Il s'agit cependant d'une vision un peu statique des sphères de coordination, car le nombre de ligands peut varier au cours de la réaction. Elle ne convient pas nécessairement lorsque des réactifs neutres non métalliques sont impliqués, le brome ou l'iode par exemple, où la définition sphère interne et externe diffère légèrement (cf. chapitre 0, § 4).

En tout état de cause, il n'est pas si simple de distinguer entre les deux mécanismes, y compris pour les métaux de transition car les deux peuvent être présents simultanément. L'un des critères les plus significatifs est l'échange d'un ligand marqué (Cl) entre deux complexes inertes, *i.e.* qui ont des constantes de vitesse d'échange de leurs ligands faibles devant les constantes de vitesse d'échange électronique, par exemple [(20a)] :

$$[Cr^{II}(H_2O)_6]^{2+} + [Co^{III}(NH_3)_5Cl]^{2+} + 5H_2O \rightleftharpoons [Co^{II}(H_2O)_6]^{2+} + [Cr^{III}(H_2O)_5Cl]^{3+} + 5NH_3$$

5.2.1. REACTIONS PAR SPHERE EXTERNE

La réaction la plus simple est évidemment celle où il n'y a pas de changement chimique macroscopique : c'est le cas des réactions d'auto-échange électronique. Par exemple dans la réaction entre les ions hexaaqua-fer(II) et fer(III) envisagée en introduction il n'y a pas de changement chimique macroscopique, mais un transfert d'électron d'un fer isotopiquement marqué *Fe à un fer non marqué Fe :

$$[{}^*Fe(H_2O)_6]^{2+} + [Fe(H_2O)_6]^{3+} \rightleftharpoons [{}^*Fe(H_2O)_6]^{3+} + [Fe(H_2O)_6]^{2+}$$

La loi de vitesse est de la forme :

$$v = k\,[Fe(H_2O)_6^{3+}]\,[{}^*Fe(H_2O)_6^{2+}]$$

alors que dans de nombreuses autres réactions entre ions aqueux $M(H_2O)_6^{n+}$, il apparait dans l'équation de vitesse un terme en $[H^+]^{-1}$, caractéristique de la formation d'un pont $OH^-$ entre les ions, et donc d'un mécanisme par sphère interne :

$$v' = k'\,[M(H_2O)_6^{3+}]\,[M(H_2O)_6^{2+}]\,[H^+]^{-1}$$

Ce terme est beaucoup plus important que le terme précédent qui ne peut donc être mis en évidence. Quelques caractéristiques cinétiques de réactions dont le mécanisme à sphère externe est bien établi sont données dans le tableau T3.5.[(18f)]

Tableau T3.5
**Caractéristiques cinétiques de quelques réactions d'oxydoréduction par sphère externe (à T = 25°C, et I = 1,0 mol l$^{-1}$)[a]**

| Réducteur | Oxydant | k/l mol$^{-1}$ s$^{-1}$ | $\Delta H^{\ddagger}$/kJ mol$^{-1}$ | $\Delta S^{\ddagger}$/J mol$^{-1}$K$^{-1}$ |
|---|---|---|---|---|
| $Cr^{2+}$ | $[Co(NH_3)_6]^{3+}$ | $8{,}9\ 10^{-5}$ [b] | - | - |
| $Cr^{2+}$ | $[Ru(NH_3)_5py]^{3+}$ | $3{,}4\ 10^{3}$ | 17,5 | -134 |
| $V^{2+}$ | $[Co(NH_3)_6]^{3+}$ | $3{,}7\ 10^{-4}$ | 38,1 | -167 |
| $V^{2+}$ | $[Ru(NH_3)_6]^{3+}$ | $1{,}3\ 10^{3}$ [c] | 2,5 | +176 |
| $V^{2+}$ | $[Co(phen)_3]^{3+}$ | $4{,}0\ 10^{3}$ | 15,9 | -121 |

[a] I force ionique ; k constante de vitesse ; $\Delta H^{\ddagger}$ et $\Delta S^{\ddagger}$ enthalpie et entropie d'activation ; py = pyridine ; phen = 1,10-phénantroline; [b] I = 0,4 mol l$^{-1}$ ; [c] I=0,1 mol l$^{-1}$

La valeur importante de l'enthalpie d'activation est liée à la nécessité de vaincre la répulsion entre charges de même signe dans le complexe activé. Les valeurs négatives de l'entropie d'activation sont expliquées en grande partie par une charge élevée du complexe activé qui organise davantage les molécules de solvant dans l'état de transition (voir § 3.2.3).

Les résultats expérimentaux dans le cas de réaction d'auto-échange d'électron montrent l'effet spectaculaire de la configuration électronique des ions de transition sur la constante de vitesse (Tableau T3.6[(18g)]).

Tableau T3.6
**Influence de la configuration sur la vitesse des réactions d'auto-échange**

| Réactifs | Electrons d | k /l mol$^{-1}$ s$^{-1}$ |
|---|---|---|
| $[Cr(H_2O)_6]^{3+/2+}$ | σ* | 5 $10^{-10}$ |
| $[Fe(H_2O)_6]^{3+/2+}$ | π* | 4 |
| $[Ru(NH_3)_6]^{3+/2+}$ | n | 4,3 $10^3$ |
| $[Ru(NH_3)_2(bipy)_2]^{3+/2+}$ [a] | π | 8,4 $10^7$ |
| a) bipy = 2, 2'-bipyridine | | |

Cet effet est simplement compréhensible si l'on utilise les rudiments de théorie des orbitales moléculaires introduits au chapitre 0. Lorsqu'un ion de transition comporte des électrons d antiliants σ*, une diminution du nombre de ces électrons entraine une augmentation de l'ordre de liaison σ et une diminution importante des longueurs de liaison pendant la réaction d'oxydation. Ce processus est nécessaire pour atteindre l'état de transition qui est donc à haute énergie, ce qui diminue la constante de vitesse. Une modification du nombre d'électrons π* ou n (non liants) s'accompagne d'une réactivité modérée tandis que le départ d'électrons π liants entraine une augmentation de la constante de vitesse : la diminution du nombre d'électrons π liants augmente la longueur des liaisons π ($d_{ML}$ tend à augmenter) mais renforce les liaisons σ, car la charge augmente ($d_{ML}$ tend à diminuer). Les deux effets contradictoires conduisent à des longueurs de liaison inchangées et à une constante de vitesse accrue.

Un exemple frappant de l'influence de la structure électronique sur la vitesse du transfert d'électron est fourni par les réactions de complexes à ligands mixtes, comme $[Ru(NH_3)_5py)]^{3+}$ ou $[Co(NH_3)_5py)]^{3+}$ avec des ions de signe opposé, comme $[Fe(CN)_6]^{4-}$. On peut en effet imaginer deux approches possibles pour la formation du complexe activé :

$$[M(NH_3)_5py)]^{3+} + [Fe(CN)_6]^{4-} \rightleftharpoons [(NH_3)_5Mpy\bullet\bullet\bullet NCFe(CN)_5]^{-}$$

$$[M(NH_3)_5py)]^{3+} + [Fe(CN)_6]^{4-} \rightleftharpoons [(NH_3)_4pyMNH_3\bullet\bullet\bullet NCFe(CN)_5]^{-}$$

Le premier cas est expérimentalement observé avec le ruthénium(III), et le second avec le cobalt(III). En effet, le ferrocyanure, complexe à spin faible $(t_{2g})^6(e_g)^0$, réagit mieux, à travers le système π de la pyridine avec l'accepteur Ru(III), de structure $(t_{2g})^5(e_g)^0$, qu'avec le Co(III), de structure $(t_{2g})^6 (e_g)^0$ : l'ion Ru(III) peut accepter un électron sur une orbitale $t_{2g}$ en interaction π avec la pyridine, l'ion Co(III) est au contraire accepteur d'un électron dans une orbitale $e_g$*, antiliante, en interaction σ avec l'ammoniac.

### 5.2.2. REACTIONS PAR SPHERE INTERNE

Il s'agit des réactions qui interviennent avec interpénétration des sphères de coordination et création d'une liaison A-X-B entre les deux réactifs. On peut distinguer trois étapes dans la réaction entre entre un réducteur A(II)L et un oxydant B(III) (en n'écrivant que les ligands qui interviennent dans la réaction) :

**Etape 1** : association des réactifs avec formation de la liaison entre eux. Il se forme un complexe précurseur :

$$A(II)L + XB(III) \rightleftharpoons A(II)XB(III) + L \qquad k_1 \text{ et } k_{-1}$$

Cette étape est souvent la somme de deux processus distincts :

$$A(II)L \rightleftharpoons A(II) + L \quad \text{dissociation de L}$$
$$A(II) + XB(III) \rightleftharpoons A(II)XB(III) \quad \text{formation du précurseur}$$

**Etape 2** : modification des longueurs de liaison jusqu'à obtenir la géométrie la mieux adaptée au transfert d'électron ; transfert d'électron et formation du complexe postérieur au transfert :

$$A(II)XB(III) \rightleftharpoons A(III)XB(II) \qquad k_2 \text{ et } k_{-2}$$

**Etape 3** : dissociation des sphères de coordination et formation des produits

$$A(III)XB(II) + L' \longrightarrow A(III)X + B(II)L' \qquad k_3$$

En fonction des caractéristiques cinétiques des trois étapes, les processus à sphère interne sont classés selon trois modèles I, II, III (figure 3.10).

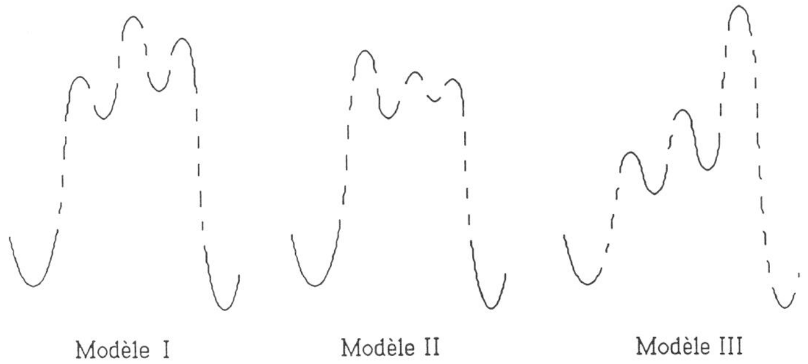


Figure 3.10 : schéma énergétique des trois modèles de transfert à sphère interne

Le lecteur peut vérifier que l'application du principe de l'état stationnaire aux deux intermédiaires réactionnels, le précurseur {A(II)XB(III)}, antérieur au transfert, et {(A(III)XB(II)}, postérieur au transfert, conduit à l'expression suivante de la vitesse :

$$v=k_3\{k_2/(k_{-2}+k_3[L'])\}\{k_1/[k_{-1}[L']+k_2\{1+k_{-2}/(k_{-2}+k_3[L'])\}]\} [A(II)L] [B(III)X] [L']$$

Dans la mesure où les ligands L et L' sont trés souvent identiques et où leur concentration est constante (molécules de solvant), on définit les constantes de vitesse apparentes, $k'_3 = k_3[L] = k_3[L']$ ; $k'_{-1} = k_{-1}[L']$ ; $k'_{-2}= k_{-2}[L']$, etc.. ce qui conduit aux équations de vitesse suivantes :

Modèle I : $v = k_2\{k'_1/(k'_{-1}\} [A(II)L] [B(III)X]$
Modèle II : $v = k'_1 [A(II)L] [B(III)X]$
Modèle III : $v = k'_3\{k_2/(k_{-2}\} \{k_1/(k'_{-1}\} [A(II)L] [B(III)X]$

L'étape qui correspond à l'énergie potentielle d'activation la plus haute intervient toujours directement dans l'équation de vitesse. Les étapes précédentes interviennent également par le rapport de leurs constantes de vitesse $k_i / k_{-i}$ qui définissent les constantes de formation des intermédiaires réactionnels.

Dans le modèle II, c'est la formation du complexe précurseur qui est déterminante. Dans le modèle III, c'est la dissociation du complexe successeur qui limite la vitesse d'ensemble.

Exemples [18h] :

**Modèle I :**

$$Cr^{2+} + [Co(NH_3)_5(CH_3COO)]^{2+} \rightleftharpoons [Cr(CH_3COO)]^{2+} + [Co(NH_3)_5]^{2+}$$

Le transfert d'électron limite le processus. La constante de vitesse $k_2\{k'_1/k'_{-1}\}$ est le produit de la constante de transfert de l'électron $k_2$, ou $k_{él}$ et de $K_1$ $(k'_1/k'_{-1})$, constante de formation du complexe précurseur.

**Modèle II :**

$$Cr^{2+} + [Co(NH_3)_5Cl]^{2+} + 5\,H^+ \rightleftharpoons [CrCl]^{2+} + Co^{2+} + 5[NH_4]^+$$

Dans cette réaction, c'est la réaction de substitution des ligands sur $Cr^{2+}$ qui limite le processus. Il en est de même pour les réactions de $V^{2+}$.

**Modèle III :**

$$Cr^{2+} + [Ru(NH_3)_4Cl_2]^+ + 4\,H^+ \rightleftharpoons [CrCl]^{2+} + RuCl^+ + 4[NH_4]^+$$

Dans ce dernier cas, le mécanisme est en compétition avec un mécanisme par sphère externe. Seule la présence de complexes inertes du type $[CrCl]^{2+}$ peut être considérée comme une signature de l'existence du modèle III.

**Transfert à deux électrons**

Les modèles ci-dessus ne valent que pour les transferts monoélectroniques. Les réactions impliquant le transfert de deux électrons sont plus rares et plus lentes que les réactions monoélectroniques. Trés souvent également, une réaction dont le bilan est à deux électrons se décompose en deux réactions à un électron avec un état d'oxydation intermédiaire (18i).

## 5.3. THEORIE DU TRANSFERT D'ELECTRON

Le transfert d'électrons intervient le plus souvent entre espèces chimiques différentes, mais sa théorie est plus facile à établir dans le cas d'un transfert d'auto-échange dans une réaction à sphère externe telle que :

$$*[Fe(H_2O)_6]^{2+} + [Fe(H_2O)_6]^{3+} \rightleftharpoons *[Fe(H_2O)_6]^{3+} + [Fe(H_2O)_6]^{2+}$$

Nous avons déjà schématisé cette réaction sur la figure 3.9 en la ramenant au processus de transfert entre le complexe précurseur antérieur au transfert et le complexe immédiatement postérieur au transfert :

$$*Fe^{II}\cdots Fe^{III} \rightleftharpoons *Fe^{III}\cdots Fe^{II}$$

ou : $$[*2\cdots 3] \rightleftharpoons [*3\cdots 2]$$

La théorie du transfert d'électron s'efforce d'expliciter et de calculer les termes de l'équation donnée en introduction de ce chapitre (§5.1) dans le cadre de divers modèles, classique, semi-classique, quantique qui prennent en compte de manière différente le fait que lors du transfert d'électron, les distances internucléaires et les vitesses des noyaux atomiques doivent être les mêmes pour les réactifs et pour les produits. C'est ce que l'on connait sous le nom de principe de Franck et Condon qui traduit que le transfert d'électron doit s'effectuer à énergie et à quantité de mouvement du système constants.

Dans le modèle quantique, le transfert d'électron est traité comme une transition non radiative entre réactifs et produits. Les calculs sont réalisés à l'aide de fonctions d'onde dépendant du temps pour différentes configurations nucléaires (18j). Cette approche trop complexe n'est pas développée ici.

Dans le modèle classique (figure 3.11), le transfert d'électron intervient dans un complexe activé, à l'intersection des deux surfaces d'énergie potentielle qui décrivent l'état initial ($E_i$) et l'état final ($E_f$). A l'intersection, énergie et géométrie des réactifs et des produits sont les mêmes. Ces surfaces de potentiel sont dites diabatiques ou d'ordre zéro. Les électrons sont localisés. Les surfaces sont sans interaction. Chaque surface a un minimum qui correspond respectivement aux configurations nucléaires de l'état initial et de l'état final. La figure 3.11 est tracée pour un transfert d'électron où les surfaces d'énergie potentielle du réactif et du produit sont décrites par des oscillateurs harmoniques, de constantes de force identiques f, dans le cas d'une réaction d'auto-échange (fig. 3.11a) et d'une réaction entre espèces différentes (fig. 3.11b). On appelle x la coordonnée nucléaire, a l'abscisse du minimum de l'état final par rapport au minimum de l'état initial,

$X = x / a$ la coordonnée réduite, $E_0$ l'ordonnée en énergie de l'état final, $\lambda = fa^2/2$ le paramètre de réorganisation qui a la dimension d'une énergie. Dans ces conditions :

$$E_i = f \cdot x^2/2 \qquad E_f = f \cdot (x-a)^2/2 + E_0$$

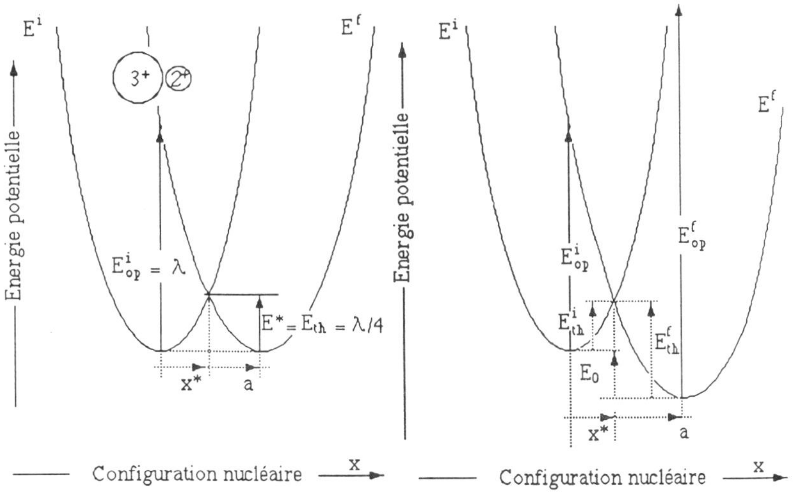


(a) Cas d'un transfert d'électron où $E_0 = 0$ (b) Cas d'un transfert d'électron où $E_0 \neq 0$

Figure 3.11 : énergie potentielle en fonction de la configuration nucléaire

L'intersection des deux surfaces a pour coordonnées la coordonnée nucléaire X* et l'énergie $E^* = E_{th}$ qui est la barrière d'activation pour un transfert *thermique* de l'électron ; au minimum d'énergie de l'état initial, $E_f - E_i = E^i_{op}$ est l'énergie nécessaire pour un transfert *optique* de l'électron (parfois appelée transition d'intervalence). De simples considérations géométriques conduisent alors à :

| Grandeurs | $E_0 = 0$ (Fig 3.10a) | $E_0 \neq 0$ (Fig 3.10b) |
|---|---|---|
| $X^*$ | $= 1/2$ | $= 1/2\ (1 + E_0/\lambda)$ |
| $E^i_{th}$ | $= \lambda/4$ | $= \lambda/4\ (1 + E_0/\lambda)^2$ |
| $E_{th}$ | $= E_{op} / 4$ | $= E^2_{op}/\ 4(E_{op} - E_0)$ |
| $E^f_{th}$ | $= \lambda/4$ | $= \lambda/4\ (1 + E_0/\lambda)^2 + E_0$ |
| Pour $x = 0$ : $E_f - E_i$ | $= E^i_{op} = \lambda$ | $= \lambda + E_0$ |
| Pour $x = a$ : $E_i - E_f$ | $= E^f_{op} = \lambda$ | $= \lambda - E_0$ |
| D'où,quand $E_0 \neq 0$ : | | $E^i_{op} - E^f_{op} = 2E_0$ |
| et : | | $E^i_{th} - E^f_{th} = E_0$ |

Ce modèle n'est qu'une première approche. En effet, si l'on s'en tient à ces états d'ordre zéro, sans interaction électronique, le transfert d'électron ne peut avoir lieu puisque, par définition, les électrons restent localisés sur chacun des centres... L'intérêt du modèle est de montrer simplement que l'énergie d'activation $E^i_{th}$ (paramètre cinétique) est liée à l'énergie de la réaction $E_0$ (paramètre thermodynamique) par une relation quadratique, et non plus linéaire (cf. § 2.5) :

$$E^i_{th} = \lambda/4(1 + E_0/\lambda)^2$$

**Transfert d'électron adiabatique, cas d'une réaction d'auto-échange**

Pour qu'il y ait transfert, il faut qu'il existe une interaction électronique entre réactifs et produits. Dans une description quantique, cette interaction lève la dégénérescence des niveaux à l'intersection des deux surfaces et on obtient alors les surfaces d'énergie potentielle d'ordre un, ou adiabatiques, schématisées sur la figure 3.12. Sans faire de calcul, nous remarquons simplement que dans ce cas l'importance de l'interaction est donnée par un écart en énergie noté $H_{AB}$ sur la figure. La vitesse du transfert est liée à l'importance de l'interaction $H_{AB}$. Si $H_{AB}$ est faible (par exemple si les centres métalliques sont éloignés ou s'il y a un changement de spin important), l'interaction est faible et le transfert d'électron est lent. En effet, à proximité de l'intersection la probabilité que le système atteigne la surface d'énergie potentielle supérieure est importante. Le système change d'état quantique. On dit que la réaction est non adiabatique. Au contraire, plus $H_{AB}$ est grand, plus le système a tendance à rester sur la surface inférieure de basse énergie, *i.e.* à rester dans un même état quantique au cours de la réaction, d'où l'appellation de réaction adiabatique.

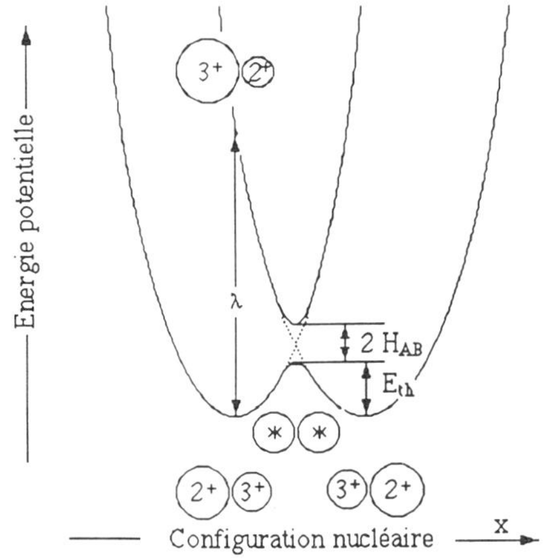


Figure 3.12 : énergie potentielle en fonction de la configuration nucléaire dans le cas d'un échange d'électron où E° = 0

Ceci peut prendre une forme plus quantitative, en utilisant $\nu_{él}$ la fréquence du transfert de l'électron dans le complexe activé et $\nu_n$ la fréquence de vibration nucléaire. On peut en effet montrer(18c) que le coefficient de transfert électronique $\kappa_{él}$ est défini par l'expression :

$$\kappa_{él} = 2\,[1 - \exp(-\nu_{él}/2\nu_n)]\ /\ [2 - \exp(-\nu_{él}/2\nu_n)]$$

qui conduit simplement à :

$\kappa_{él} = 1$ quand $\nu_{él} \gg 2\nu_n$ transfert adiabatique

$\kappa_{él} = \nu_{él} / \nu_n$ quand $\nu_{él} \ll 2\nu_n$ transfert non adiabatique

Si l'on ajoute que la fréquence du transfert d'électron est proportionnelle au carré de l'énergie d'interaction $H_{AB}$ entre réactifs et produits, et inversement proportionnelle à la racine carrée du paramètre de réorganisation λ (18c) :

$$\nu_{él} = g\ H_{AB}^2 / \lambda^{1/2} \quad (s^{-1})\ ;\ g = 1{,}8\ 10^{13}\ kJ^{-1}.mol.s^{-1}$$

on parvient à une interprétation physique claire : le transfert d'électron a une fréquence d'autant plus grande que l'énergie d'interaction $H_{AB}$ entre réactifs est plus forte et que l'énergie λ à produire pour déformer les liaisons jusqu'à atteindre la configuration du complexe activé est plus faible.

Dans ce cas simple de réaction d'auto-échange ($E_0 = 0$), l'étude des surfaces d'énergie en fonction de ces paramètres permet de proposer une classification des réactions de transfert d'électrons. La figure 3.13 et le Tableau T3.7 regroupent les principaux résultats.

La plupart des systèmes appartiennent aux classes I et IIA ($\kappa_{él} \ll 1$ ou $\kappa_{él} \approx 1$).

Cette classification est la même que celle des complexes dits à valence mixte où deux centres métalliques sont présents dans une même structure avec des degrés d'oxydation différents (21). Dans le cas des cyanures de fer(II) et de fer(III), il s'agit par exemple du bleu de Prusse.

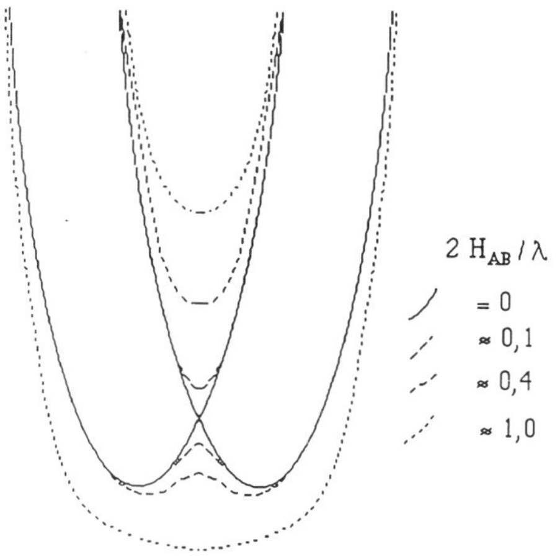


Figure 3.13 : surface d'énergie potentielle en fonction de $H_{AB}/\lambda$

Tableau T3.7
**Classification des systèmes dans les réactions d'auto-échange**

| Paramètre / Classe | Classe I | Classe II | Classe III |
|---|---|---|---|
| Energie d'interaction | $2\|H_{AB}\| \ll \lambda$ | $2\|H_{AB}\| < \lambda$ | $2\|H_{AB}\| \geq \lambda$ |
| Minima | Double | Double | Unique |
| Positions des minima[a] | $X \approx 0, \approx 1$ | $0<X<1/2$, $1/2<X<1$ | $X = 1/2$ |
| Orbitale[b] | Localisée | Localisée | Délocalisée |
| Coefficient de couplage[b] | $\alpha \approx 0$ | $0<\alpha<\sqrt{2}/2$ | $\alpha = \sqrt{2}/2$ |
| Energie optique $E_{op}$ | $E_{op} = \lambda$ | $E_{op} = \lambda$ | $E_{op} = 2\|H_{AB}\|$ |
| Transfert de l'électron | Non adiabatique | Adiabatique | Adiabatique |
| | | IIA IIB | |
| Interaction | Trés faible | Faible[c] Fort[c] | Trés fort |
| Coeff. de transmission[d] | $\kappa_{él} \ll 1$ | $\kappa_{él} \approx 1$ $\kappa_{él} = 1$ | |

[a] Voir figure 3.11 ; [b] caractérisation de l'orbitale monoélectronique décrivant l'électron transféré à la position d'équilibre de l'état initial ; [c] dans le cas d'interaction faible, $H_{AB}$ peut être négligé pour le calcul de $E_{th}$ ; [d] le coefficient n'a pas de signification dans ce cas d'interaction forte.

## Transfert d'électron adiabatique, avec changement chimique macroscopique

C'est évidemment le cas le plus intéressant pour le chimiste. Dans le cas du § 5.2.2 par exemple :

(1) A(II)L + XB(III) $\rightleftarrows$ A(II)XB(III) + L $k_1$ et $k_{-1}$
(2) A(II)XB(III) $\rightleftarrows$ A(III)XB(II) $(\Delta G^0)$ $k_2$ et $k_{-2}$
(3) A(III)XB(II) + L $\longrightarrow$ A(III)X + B(II)L $k_3$
(4) A(II)L + XB(III) $\rightleftarrows$ A(III)X + B(II)L $\Delta_r G^0$

On peut extrapoler l'analyse menée dans le cas précédent. La différence provient ici du fait que le minimum de la surface d'énergie potentielle du produit, le complexe A(III)XB(II) postérieur au transfert, est décalé en énergie de la valeur $E_0$, par rapport à celle du réactif, le complexe précurseur A(II)XB(III), comme le montre la figure 3.14a qui représente l'évolution de l'énergie potentielle des diverses espèces. Cela correspond à une enthalpie libre de transfert d'électron $\Delta G^0 \neq 0$ (figure 3.14b relative aux enthalpies libres). On note que la grandeur $\Delta G^0$ n'est pas l'enthalpie libre de réaction (notée $\Delta_r G^0$ et correspondant à la réaction globale (4)). $\Delta G^0$ est la différence d'enthalpie libre entre le complexe précurseur antérieur au transfert et le complexe postérieur au transfert (étape 2 ci-dessus).

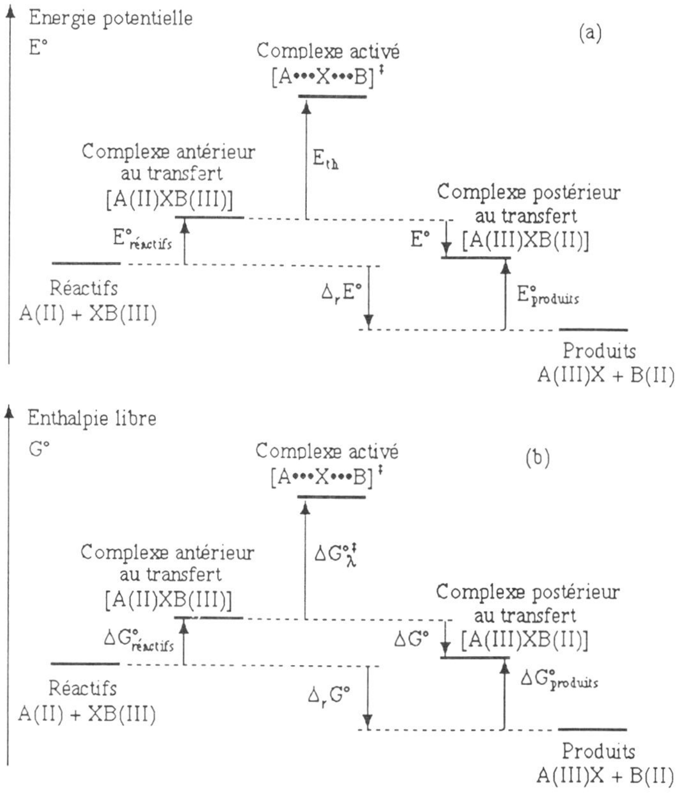


Figure 3.14 : diagrammes d'énergie au cours du transfert d'électron
Cas d'une réaction chimique entre espèces différentes

L'expression de la constante de vitesse, dans sa formulation thermodynamique, est la même que celle donnée dans l'introduction (en négligeant l'effet tunnel $\Gamma_n$) :

$$k_{obs} = k_d\, k_{él} / (k_{él} + k_{-d}) \qquad \text{avec} \quad k_{él} = \kappa_{él}\, \nu_n\, \kappa_n$$

et :

$$\kappa_n = \exp(-\Delta G^{\circ\ddagger}_{\lambda}/RT)$$

Les constantes de diffusion des réactifs $k_d$ et $k_{-d}$, et la constante $K_A$ de formation du complexe précurseur ne sont pas modifiées. Dans le cas de surfaces de potentiel harmoniques, l'expression de $\kappa_{él}$ établie pour $\Delta G^0 = 0$ peut être utilisée lorsque $\Delta G^0 \neq 0$. L'introduction d'une enthalpie libre $\Delta G^0$ non nulle n'intervient donc que sur les termes nucléaires. En première approximation, en utilisant le terme de réorganisation $\lambda$ défini plus haut, on peut écrire :

$$\Delta G^{\circ\ddagger}_{\lambda} = \lambda/4\ (1 + \Delta G^0/\lambda)^2$$

On retrouve l'expression quadratique obtenue précédemment. Cela conduit à distinguer trois situations, en fonction de la valeur du rapport $\Delta G^0/\lambda$, comme le résume la figure 3.15. A gauche de la figure, $\Delta G^0 > -\lambda$, on se trouve dans une région d'enthalpie libre normale, où $\Delta G^{o\ddagger}{}_{\lambda} > 0$ et $\kappa_n < 1$. Dans cette région, $\Delta G^{o\ddagger}{}_{\lambda}$ diminue et $\kappa_n$ augmente quand $\lambda$ ou $\Delta G^0$ diminuent. Au centre, lorsque $\Delta G^0 = -\lambda$, la réaction ne comporte pas d'énergie d'activation, $\Delta G^{o\ddagger}{}_{\lambda} = 0$ et $\kappa_n = 1$. A droite, on se trouve dans une région dite d'enthalpie libre anormale ou inversée où $\Delta G^0 < -\lambda$, où $\Delta G^{o\ddagger}{}_{\lambda} > 0$ et $\kappa_n < 1$. L'appellation « anormale » est dûe à ce que $\Delta G^{o\ddagger}{}_{\lambda}$ augmente et $\kappa_n$ diminue quand $\lambda$ diminue ou quand $\Delta G^0$ devient plus négatif. Les expressions dans les différents cas (classique, semi-classique, quantique) peuvent être trouvées dans la littérature (18).

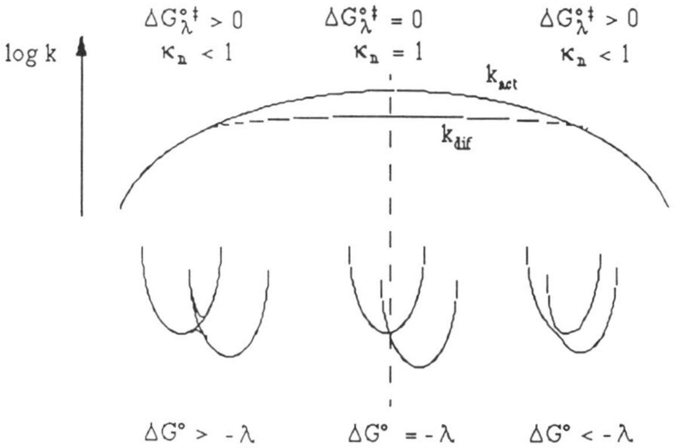


Figure 3.15 : surfaces de potentiel et variation de l'enthalpie libre de la réaction

■ Remarques :

1) L'expression de $\Delta G^{o\ddagger}{}_{\lambda}$ conduit à une expression non linéaire de la constante de vitesse en terme de la constante d'équilibre K définie par $\log K = -\Delta G^0/RT$ :

$$\log k \propto -(\Delta G^{o\ddagger}{}_{\lambda}) \propto -[\lambda/4\ (1 + \Delta G^0/\lambda)^2] = a + b \log K + c \log K^2$$

Cette relation est à la fois une justification des relations linéaires de Brönsted et Hammett, considérées comme premières approximations, et une expression plus exacte des relations vitesse/équilibre.

2) Nous avons mis l'accent uniquement sur l'enthalpie libre d'activation $\Delta G^{o\ddagger}{}_{\lambda}$ entre le complexe précurseur et le complexe activé, correspondant au transfert d'électron au sens strict. L'enthalpie libre d'activation de la réaction globale $\Delta G^{o\ddagger}$ est obtenue en ajoutant à cette enthalpie libre d'activation l'enthalpie libre de formation du complexe précurseur ($\Delta G^{o}{}_{\text{réactifs}}$ sur la figure 3.14b).

# 6. CATALYSE / INFLUENCE DES CATALYSEURS

Un catalyseur est une substance chimique, qui, présente dans un système chimique en réaction, accélère la vitesse de cette réaction, sans pour autant entrer dans le bilan réactionnel. Le catalyseur apparaitra donc dans la loi de vitesse, mais pas dans le bilan stœchiométrique. L'intervention du catalyseur peut être diverse : en catalyse homogène, le catalyseur appartient à la même phase que réactifs et produits, en catalyse hétérogène le catalyseur appartient à une phase différente (en général le catalyseur est solide et la phase réactionnelle est un gaz — synthèse de l'ammoniac — ou une solution — obtention de l'aldéhyde à partir de l'éthylène par le procédé Wacker —), en catalyse enzymatique, le catalyseur appartient à un milieu organisé, structuré, sans que l'on puisse parler de phase différente. Chacune de ces catalyses a ses spécificités : la catalyse homogène a une loi de vitesse proportionnelle à la concentration du catalyseur, la catalyse hétérogène présente une loi de vitesse où la vitesse est proportionnelle à la surface active du catalyseur, tandis que la catalyse enzymatique présente des spécificités dans l'équation de vitesse (relation de Michaelis-Menten, voir § 4.2. ci-dessus), comme dans la très haute spécificité et efficacité du processus.

Le catalyseur modifie en l'abaissant l'énergie d'activation d'une réaction. Il modifie les actes élémentaires en créant des espèces chimiques nouvelles. Celles-ci peuvent modifier l'énergie de transition, sans changer le cours de la réaction et les produits. Elles peuvent orienter la réaction vers un des produits quand plusieurs sont thermodynamiquement possibles. Elles peuvent modifier le cours de la réaction vers des produits nouveaux. Dans tous les cas, le catalyseur ne modifie pas les données thermodynamiques d'une réaction qui se serait faite sans lui. A l'issue de la réaction, il est régénéré. Pour traduire le fait qu'une même molécule de catalyseur permet de produire plusieurs molécules de produit, en étant régénéré à chaque fois, on introduit la notion de cycle catalytique parcouru par le catalyseur et d'activité du catalyseur ou de « turn over », qui correspond au nombre de molécules de produit formé par molécule de « catalyseur » initialement introduite. Dans ces conditions, il devient difficile de préciser quelle est l'espèce catalytique. Très souvent la substance chimique introduite évolue (perd ou gagne des ligands par exemple) et entre dans le cycle catalytique sous une forme complètement différente de la forme initiale. La notion de cycle catalytique permet de préciser les diverses étapes et les divers intermédiaires réactionnels possibles, en faisant progresser la compréhension du mécanisme.

La catalyse peut également être analysée en fonction de la nature de la réaction où elle intervient : acidobasique (acide, basique, acidobasique généralisée, Lewis...), d'oxydoréduction (que seule nous aborderons ici), catalyse par les métaux ou les complexes des éléments de transition, qui relève très souvent de l'un ou de l'autre cas (Lewis, redox).

### Principes de la catalyse redox

Pour qu'il y ait catalyse redox, il faut d'abord qu'il y ait catalyse, et catalyse impliquant des processus redox. On peut retenir qu'il peut y avoir catalyse d'oxydoréduction lorsque le potentiel standard d'oxydoréduction du couple où est engagé le catalyseur est compris entre les potentiels standard d'oxydoréduction des deux couples de la réaction lente à accélérer. Ainsi, pour deux couples redox $Ox_1 / R_1$ et $Ox_2 / R_2$, où l'action de $Ox_1$ sur $R_2$, par exemple est cinétiquement lente, *i.e.* a une constante de vitesse $k_{12}$ faible, il faut que le potentiel standard du couple catalytique $E°_{Ox_{Cat} / R_{Cat}}$ soit tel que : $E°_{Ox_1 / R_1} \geq E°_{Ox_{Cat} / R_{Cat}} \geq E°_{Ox_2 / R_2}$.

De la sorte, si :

$$Ox_1 + ne^- \rightleftharpoons R_1 \qquad E°_1$$
$$Ox_2 + ne^- \rightleftharpoons R_2 \qquad E°_2$$
$$Ox_1 + R_2 \rightleftharpoons R_1 + Ox_2 \qquad (k_{12} \text{ faible})$$

Si le potentiel standard $E°_{Cat}$ du couple catalytique $Ox_{Cat} / R_{Cat}$, dont la demi-équation électronique est :

$$Ox_{Cat} + ne^- \rightleftharpoons R_{Cat}$$

vérifie les inégalités ci-dessus, on peut avoir :

$$Ox_1 + R_{Cat} \rightleftharpoons R_1 + Ox_{Cat} \qquad (k_{1Cat} \text{ grand})$$
$$Ox_{Cat} + R_2 \rightleftharpoons R_{Cat} + Ox_2 \qquad (k_{2Cat} \text{ grand})$$

---

$$Ox_1 + R_2 \rightleftharpoons R_1 + Ox_2$$
$$(k_{12Cat}, \text{ avec catalyse, grand})$$

La forme oxydée du catalyseur $Ox_{Cat}$ réagit, dés qu'elle est formée, avec la forme réduite $R_2$ du couple 2, en redonnant l'espèce réduite initiale $R_{Cat}$. Ceci peut être schématisé sous la forme de cycle catalytique, comme indiqué ci-dessous :

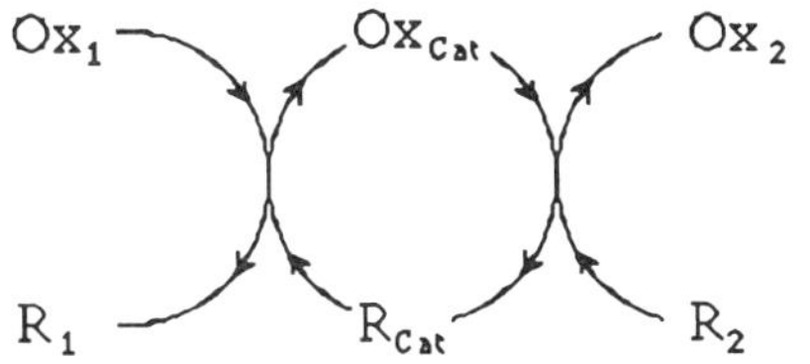


### Chaine de transfert d'électrons

Le mécanisme de l'activité du catalyseur n'est pas pris en compte dans ce qui précède. On peut avoir des réactions successives, impliquant divers couples catalytiques, de potentiels standards adaptés, en cascade, et conduisant finalement à la réaction recherchée.

Par exemple, avec deux couples $Ox_{Cat1} / R_{Cat1}$ et $Ox_{Cat2} / R_{Cat2}$ tels que :

$$E^\circ_{Ox1 / R1} \geq E^\circ_{OxCat1 / RCat1} \geq E^\circ_{OxCat2 / RCat2} \geq E^\circ_{Ox2 / R2}$$

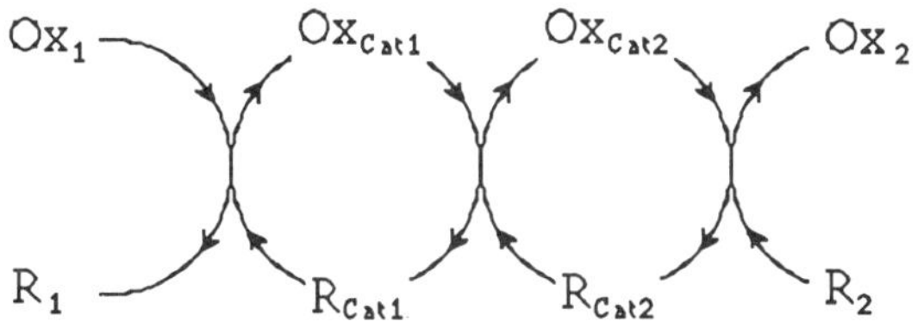


Ceci est le plus souvent le cas dans les processus biologiques, où les processus dits de transferts d'électrons mettent en jeu de véritables chaines de réactions redox, entre couples redox de potentiels standard décroissants ou croissants. Un exemple particulièrement bien connu est celui de la photosynthèse, que nous avons évoqué au chapitre 0 (cf. figure 0.12).

### Un exemple de catalyse d'oxydoréduction dans l'industrie

Ceci est également le cas de processus industriels comme la production de l'éthanal par oxydation de l'éthylène, en milieu aqueux, en présence d'un système catalytique à base de chlorure de cuivre et de palladium (procédé Wacker). La réaction globale est :

$$C_2H_4 + 1/2\ O_2 \longrightarrow CH_3CHO$$

Le mécanisme de la réaction n'est pas simple, mais on peut en écrire ainsi les principales étapes, en explicitant les éléments qui changent de degré d'oxydation formel. Chaque réaction n'est pas nécessairement un acte élémentaire :

Hydrolyse oxydante de l'éthylène :

$$H_2C^{(-II)}{=}C^{(-II)}H_2 + H_2O + Pd^{II}Cl_2 \rightleftharpoons C^{(-III)}H_3C^{(I)}HO + Pd^0(s) + 2HCl$$

Oxydation du palladium par le chlorure cuivrique :

$$Pd^0(s) + 2Cu^{II}Cl_2 \rightleftharpoons Pd^{II}Cl_2 + 2Cu^ICl$$

Oxydation du chlorure cuivreux par le dioxygène de l'air, en milieu chlorhydrique :

$$2Cu^ICl + 2HCl + 1/2O_2^{(0)} \rightleftharpoons 2Cu^{II}Cl_2 + H_2O^{(-II)}$$

Ceci peut être mis sous la forme de cycles catalytiques successifs :

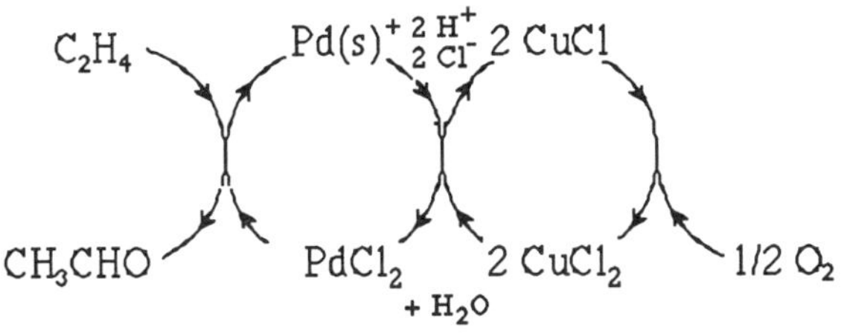

# 7. UN EXEMPLE DE REACTIONS COMPLEXES D'OXYDOREDUCTION EN SOLUTION : LES REACTIONS OSCILLANTES

La thermodynamique a d'abord étudié les systèmes isolés, dans des conditions proches de l'équilibre chimique. Elle a ensuite abordé la question plus difficile des systèmes ouverts, qui peuvent évoluer loin de l'équilibre chimique et qui peuvent tendre vers l'équilibre de manière non monotone. C'est le cas évidemment de tous les systèmes vivants, dont le fonctionnement loin de l'équilibre est essentiellement déterminé par des considérations cinétiques. Si la thermodynamique prévalait, l'état d'équilibre des systèmes vivants isolés serait un ensemble de molécules de dioxyde de carbone, d'eau, de diazote et de quelques oxydes métalliques...

L'intérêt des réactions ci-dessous est de montrer de manière à la fois simple et spectaculaire quelques uns des principes sur lesquels reposent les systèmes qui évoluent loin de l'équilibre, en particulier les systèmes oscillants. Il s'agit de systèmes dans lesquels une ou plusieurs concentrations évoluent de manière périodique au cours du temps : le système tend vers l'équilibre mais de manière non monotone. La figure 3.16 illustre simplement l'évolution de ces concentrations au cours du temps.

La condition cinétique de cette évolution est relativement simple : c'est l'existence dans une série de réactions successives d'une étape qui puisse interagir sur l'une des réactions qui la précède (par un mécanisme de *feed-back*) : par exemple une réaction autocatalysée (catalyse par un produit de la réaction), ou une réaction à la fois autocatalysée et inhibée par l'un des produits de la série de réactions. Ainsi, lorsque dans la suite de réactions :

$$A \longrightarrow B \longrightarrow C \longrightarrow D$$

la réaction $A \longrightarrow B$ est catalysée par B et inhibée par C, la réaction $A \longrightarrow B$ se produit de manière de plus en plus rapide, jusqu'au moment où B a produit une concentration suffisante de C pour bloquer la réaction ; à cet instant B n'est plus produit ; il est progressivement détruit pour donner C qui continue de réagir pour donner D ; lorsque B et C sont en quantité négligeables, la réaction $A \longrightarrow B$ reprend, avec la production conséquente de B et de C. Les concentrations de B et C évoluent donc de manière périodique, oscillante, en fonction des caractéristiques cinétiques du système. Les concentrations du produit initial A et du produit final D, quant à elles, évoluent de manière monotone : la concentration de A décroit et la concentration de D croit de manière continue. De trés nombreuses études fondamentales ont été consacrées à ces systèmes, découverts au début du siècle et dont l'étude active a repris dans les années soixante. Les efforts se poursuivent pour en trouver de nouveaux, et parfaire notre connaissance des mécanismes.

Nous donnons dans la partie expérimentale quelques exemples classiques avec la description de leurs mécanismes. Les références[22] ci-dessous permettent de poursuivre l'étude de ce sujet passionnant.

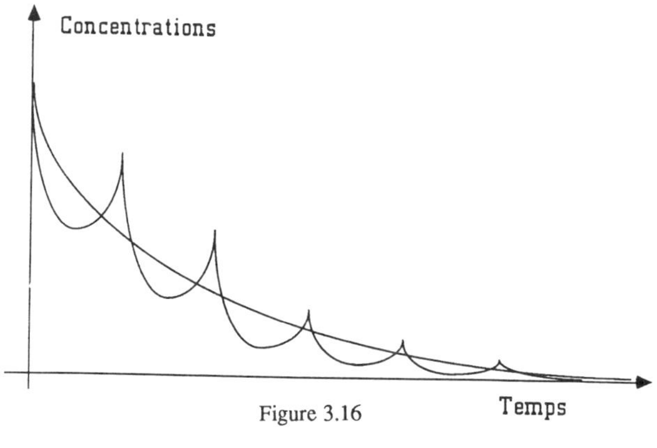


Figure 3.16

# BIBLIOGRAPHIE DU CHAPITRE 3

1 – G. PANNETIER, P. SOUCHAY, Cinétique chimique, Masson, Paris, 1964.
2 – K.J. LAIDLER, Chemical kinetics, 2ème éd., Mc Graw Hill, New York, 1965.
3 – On trouvera d'autres mises au au point sur l'aspect cinétique dans les livres de chimie physique, par exemple :
a) Niveau premier cycle : P. ARNAUD, Chimie physique, Dunod, 1988.
b) Niveau licence-maîtrise :
– P.W. ATKINS, Physical chemistry, 4ème éd., Oxford, 1990.
– W. MOORE, Physical chemistry, 5ème éd., §9,Longman, Londres, 1972.
– G.M. BARROW, Physical chemistry, 3ème éd., § 16 et 17, McGraw Hill, Kogakusha,Tokyo,1973.
4 – a) I.U.P.A.C., Quantities, units and symbols in physical chemistry, éd. Jan Mills, Blackwell, Oxford, 1988.
b) U.I.C.P.A., Manuel des symboles, Actualité chimique, Supplément au N° 9, 1982.
c) U.I.C.P.A., Glossaire des termes de chimie organique physique, *Actualité chimique*, Supplément au numéro 6, SFC Paris, 1985 ; *Pure Appl. Chem.*, 1983, **55**, 1281.
5 – Réf. 4a p. 49.
6 – K.J. LAIDLER, The development of the Arrhenius equation, *J. Chem. Educ.*, 1984, **61**, 494.
7 – Référence 4c p. 52 et p. 22, 24, 44.
8 – M.F. RUASSE, Approches expérimentales quantitatives de la réactivité des systèmes organiques complexes, *Actualité chimique*, 1988, 215.
9 – a) J. DELLACHERIE, G. SCACCHI, J.F. FOUCAUT, *Actualité chimique*, 1980, septembre, 35.
b) J. DELLACHERIE, G. SCACCHI, J.F. FOUCAUT, *Bull. Union Phys.*, 1981, **635**, 1233 et 1239.
c) Y. NOEL, *Bull.Union Phys.*, 1978, **606**, 1261.
10 – a) D.M. GOLDEN, *J. Chem. Educ.*, 1971, **48**, 235.
b) P.J. ROBINSON, *J. Chem. Educ.*, 1978, **55**, 509.
c) R. GABORIAUD, D. LEMORDANT, *Bull Union Phys.*, 1981, **635**, 1247.
11 – L.P. HAMMETT, Physical organic chemistry, McGraw Hill, New York, 1940.
12 – Effet de solvant en chimie organique. Voir par exemple :
a) J. MARCH, Advanced Organic Chemistry, 3ème éd., Wiley, New-York, 1985.
b) F.A. CAREY, R.J. SUNDBERG, Advanced Organic Chemistry, 2ème éd., Plenum/Rosetta, New-York, 1984.
13 – A.L. LEHNINGER, Biochemistry, 2ème éd., §8, a) p. 189 ; b) p. 195, Worth, New York, 1975.
14 – M. GIELEN, *Actualité chimique*, 1978, Avril, 38.
15 – a) R.A.MARCUS, *J. Chem. Phys.*, 1956, **24**, 966.
b) R.A.MARCUS, *Ann. Rev. Phys. Chem.*, 1964, **15**, 555.
c) R.A.MARCUS, *Faraday Discuss. Chem. Soc.*, 1982, **74**, 7.
d) R.A.MARCUS, N. SUTIN, *Biochim. Biophys. Acta*, 1985, **811**, 265.
16 – a) N.S. HUSH, *Trans.Faraday Soc.*, 1961, **57**, 557.
b) N.S. HUSH, *Electrochimica Acta*, 1968, **13**, 1005.
17 – Voir par exemple les trois références suivantes qui comportent de très nombreux renvois à la littérature primaire :
a) *Progress in inorganic chemistry*, Vol. 30, 1983.
b) H. TAUBE, Electron transfer between metal complexes, a retrospective view, *Angew. Chem. Int. Ed. Engl.*, 1984, **23**, 329.

c) Inorganic reactions and methods, éd. J.J. Zuckerman, Vol. 15 Electron transfer and electrochemical reactions, VCH, Deerfield Beach, 1986.

18 – Réf. 17c a) N. SUTIN, p. 17 ; b) p. 26 ; c) p. 23 ; d) p. 29 ; e) p. 26 ; f) R.G. LINCK, p. 6 ; g) p. 9 ; p. 11*sq* ; i) p. 78 et 81 ; j) p. 45.

19 – N. SUTIN, Nuclear, electronic and frequency factors in electron-transfer reactions, *Acc. Chem. Res.*, 1982, **15**, 275.

20 – a) H. TAUBE, H. MYERS, R.L. RICH, *J. Am. Chem. Soc.*, 1953, **75**, 4118.
b) Réf. 17b ; Réf. 17c, p. 3*sq*.

21 – a) M.B. ROBIN, P. DAY, *Adv. Inorg. Chem. Radiochem.*, 1967, **10**, 247.
b) P. DAY, *La Recherche,* 1981, **120,** 304.

22 – On trouvera des éléments d'informations et une bibliographie dans les articles de revue ou les ouvrages suivants, qui ont fait le point au cours de ces quinze dernières années :
a) G. NICOLIS, J. PORTNOW, Chemical oscillations, *Chem. Rev.* 1973, **73**, 365.
b) U.F. FRANCK, Chemical oscillations, *Angew. Chem. (Int. Ed.Engl.),* 1978, **17**, 1.
c) Non linear phenomena in chemical dynamics, C. Vidal, A. Pacault éditeurs, Springer-Verlag, Berlin, 1981.
d) Oscillations and Traveling waves in chemical systems, Field, R.J. et M. Burger éditeurs, Wiley, New-York, 1985.
e) R.M. NOYES, Some models of chemical oscillators, *J. Chem. Educ.*, 1989, **66**, 190.
f) R.J. FIELD, F.W. SCHNEIDER, Oscillating chemical reactions and non-linear dynamics, *J. Chem. Educ.*, 1989, **66**, 195.

CHAPITRE E 3

# CINETIQUE CHIMIQUE DE L'OXYDOREDUCTION : EXPERIENCES

## 1. MISE EN EVIDENCE DE LA VITESSE D'UNE REACTION

### ■ EXPERIENCE 3.1/1

**La bouteille bleue** (1a,2)

Il s'agit d'une belle expérience, colorée, simple à réaliser, propre à introduire à l'étude de la cinétique et des mécanismes réactionnels. Elle a été disséquée par Campbell (2).

**Produits et matériel**

*– solution de bleu de méthylène (0,25g dans 1000 cm³ d'eau) ; quelques cm³.*

*– potasse ; glucose.*

*– bouteille ou ballon à fond plat de 250 cm³ environ, munis d'un bouchon.*

**Mode opératoire**

*Dissoudre 10 g de potasse dans 500 cm³ d'eau ; refroidir ; dissoudre 10 g de glucose dans la solution ainsi obtenue ; ajouter quelques cm³ de la solution de bleu de méthylène. La solution, initialement bleue, devient rapidement incolore au bout de quelques secondes à quelques dizaines de secondes, en fonction de la température ambiante.*

*Agiter alors le flacon : la solution redevient bleue, puis se décolore lentement, au bout d'un temps $\Delta t$. Un film bleu de faible épaisseur, est souvent observé à la surface. Agiter à nouveau : la solution redevient bleue puis se décolore.*

*Varier le mode, la vigueur et le nombre d'agitations : le temps de décoloration $\Delta t$ peut être corrélé de manière semiquantitative au nombre d'agitations pour un mode d'agitation donné. L'unité d'agitation peut être par exemple un tour donné au ballon. On peut continuer le cycle jusqu'à épuisement de l'atmosphère au-dessus de la solution si le flacon est fermé hermétiquement ou jusqu'à l'épuisement du glucose, i.e... plusieurs jours ! La solution devient progressivement jaunâtre.*

### ■ EXPERIENCE 3.1/2

**La bouteille rouge** (3)

Il s'agit d'une expérience très analogue à la précédente, tout aussi colorée et simple à réaliser, mais un peu moins connue.

**Produits et matériel**

*– solution de resazurine (1,1g dans 100 cm³ d'eau) ; quelques cm³.*

*– potasse ; glucose.*

*– bouteille ou ballon à fond plat de 250 $cm^3$ environ, munis d'un bouchon.*

**Mode opératoire**

*Dissoudre 8 g de potasse dans 300 $cm^3$ d'eau ; refroidir à la température ambiante ; dissoudre 10 g de glucose dans la solution ainsi obtenue. Préparer séparément la solution de resazurine.*

*Ajouter la solution de resazurine, goutte à goutte, dans la solution basique de glucose, jusqu'à apparition d'une fluorescence bleu violacé qui se transforme en un rouge fluorescent en moins de deux minutes. La solution devient incolore après une minute supplémentaire. Quand la solution est devenue incolore, secouer légèrement le flacon; le rouge réapparait puis disparait en quelques minutes ($\Delta t$).*

## EXPERIENCE 3.1/3

### La bouteille multicolore (3)

**Produits et matériel**

*– solution A : dissoudre 4 g de potasse dans 150 $cm^3$ d'eau puis refroidir à la température ambiante ; solution B : 5 g de glucose dans 150 $cm^3$ d'eau ; solution C : 0,1g de benzoïne dans 100 $cm^3$ de méthanol ; solution D : 0,5g de carmin d'indigo dans 100 $cm^3$ d'eau.*

*– flacon bouché de 100 $cm^3$ ; 2 éprouvettes de 10 $cm^3$ ; 2 pipettes graduées de 2 $cm^3$.*

**Mode opératoire**

*Dans un flacon de 100 $cm^3$, mélanger 10 $cm^3$ de A et 10 $cm^3$ de B. Ajouter 1,5 $cm^3$ de la solution C et 1,2 $cm^3$ de la solution D. Le carmin d'indigo, d'abord bleu, devient immédiatement vert. Boucher le flacon.*

*Après une courte période d'induction, la solution verte devient violette, rouge, orange et, en dernière instance, jaune. On revient directement à la coloration verte en agitant vigoureusement le flacon. On revient progressivement au vert en passant par toutes les couleurs, dans l'ordre inverse, en secouant le flacon d'abord doucement, puis de plus en plus vigoureusement. On peut recommencer l'expérience plusieurs fois. Quand la couleur verte s'atténue, on peut ajouter de la solution D si l'on souhaite continuer l'expérience.*

## DISCUSSION

### La bouteille bleue (2)

Il s'agit d'une réaction d'oxydation du glucose (GlOH) par l'oxygène dissous, catalysée par les ions hydroxyde $OH^-$ et par le bleu de méthylène (BM). Le bleu de méthylène est à la fois un catalyseur et un indicateur d'oxydoréduction qui permet de suivre les propriétés redox du milieu. Sa forme oxydée $BM_{Ox}$ est bleue, sa forme réduite $BM_R$ ou forme leuco, est incolore (figure E3.1). $BM_{Ox}$ est réduit par le glucose. L'oxygène de l'air, qui se dissout lorsque l'on agite le flacon, oxyde la forme réduite $BM_R$ et ce, jusqu'à épuisement du dioxygène dissous.

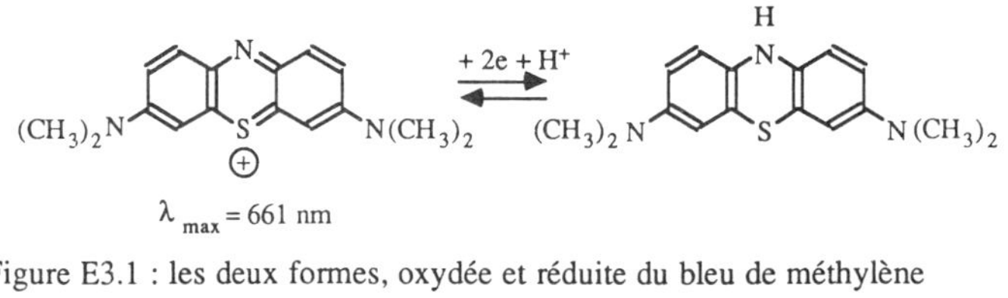


Figure E3.1 : les deux formes, oxydée et réduite du bleu de méthylène

Dans les conditions de l'expérience, la loi de vitesse peut s'écrire :

$$v = k\,[GlO^-]\,[OH^-]\,[BM] \propto 1/\Delta t$$

Le mécanisme proposé par Campbell est :

| | | | |
|---|---|---|---|
| $O_2(g)$ | ⟶ | $O_2(aq)$ | étape non limitante |
| $O_2(aq)$ + $BM_R$ incolore | ⟶ | $BM_{Ox}$ bleu | étape non limitante |
| $GlOH(aq) + OH^-$ | ⟶ | $GlO^- + H_2O$ | étape non limitante |
| $GlO^- + BM_{Ox}$ | ⟶ | $BM_R + OH^-$ + Produits d'oxydation du glucose | |

Cette dernière étape est l'étape limitante. Le bilan réactionnel s'écrit :

$O_2(g)$ + GlOH(aq) ⟶ Produits incolores d'oxydation du glucose

On peut étudier l'influence de multiples facteurs sur la vitesse de réaction :

– l'agitation du ballon (plus on agite, plus on dissout de dioxygène et plus $\Delta t$ est grand).

– la nature du gaz surmontant la solution (air, $O_2$, gaz inerte...).

– la concentration des réactifs ($\Delta t$ est inversement proportionnel à la concentration en glucose, en bleu de méthylène, en $OH^-$).

– la température ($\Delta t$ diminue quand T augmente).

### La bouteille rouge

L'explication est analogue à celle donnée pour la décoloration du bleu de méthylène. Il s'agit d'une réaction d'oxydation du glucose (GlOH) par l'oxygène dissous, catalysée par les ions hydroxyde $OH^-$ et par la resazurine (Res) qui joue également le rôle d'indicateur redox : $Res_{Ox}$ est rouge, $Res_R$ est incolore (figure E3.2) (4a,5).

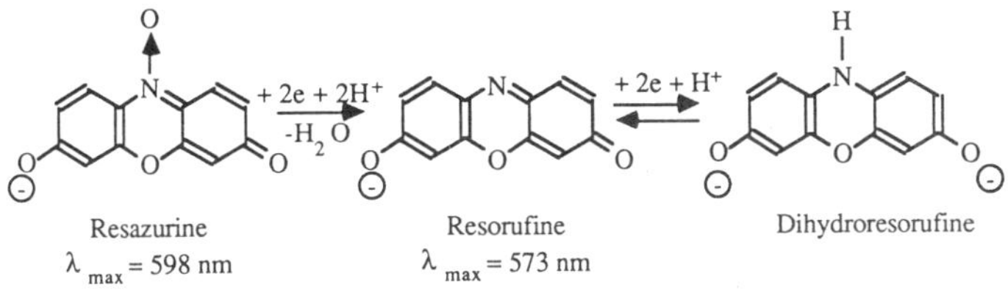


Figure E3.2

Dans les conditions de l'expérience, la loi de vitesse s'écrit :

$$v = k\,[GlO^-]\,[OH^-]\,[Res] \propto 1/\Delta t$$

Le bilan réactionnel est :

$O_2(g)$ + GlOH(aq) ⟶ Produits incolores d'oxydation du glucose

On peut étudier l'influence des différents facteurs sur la vitesse de réaction comme avec le bleu de méthylène.

### La bouteille multicolore

L'expérience est plus spectaculaire que les deux précédentes, mais l'interprétation est fondamentalement la même : le carmin d'indigo dont la forme oxydée $Ind_{Ox}$ est verte en milieu basique (4b) est à la fois indicateur d'oxydoréduction et catalyseur. Il est réduit par le glucose et sa forme réduite $Ind_R$ est de couleur jaune (figure E3.3a). L'oxygène de l'air, qui se dissout lorsque l'on agite le flacon, oxyde la forme réduite jaune du carmin d'indigo en forme oxydée verte.

L'article initial (3) ne précise pas la nature des diverses espèces colorées, ni les potentiels standard d'oxydoréduction, ni le mécanisme de la réaction. Il est cependant probable que la couleur violette est due à un produit d'oxydation de la benzoïne (figure E3.3b) (4c). En outre, celle-ci accélère la réaction qui se produit en son absence, mais plus lentement.

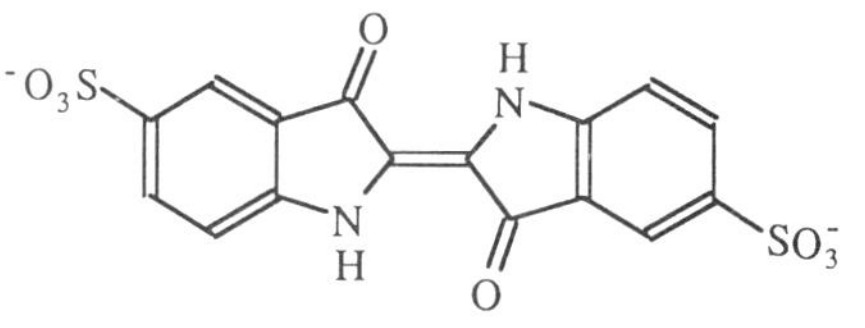

$\lambda_{max} = 661$ nm

a) carmin d'indigo

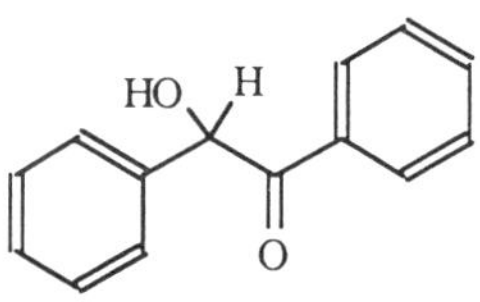

b) benzoïne

Figure E3.3

# 2. REACTIONS CHRONOMETRES

On appelle réaction chronomètre une réaction dont il est possible d'étudier simplement la cinétique, dans une de ses variantes. Le mode opératoire est choisi de manière à ce que la durée entre deux instants faciles à repérer soit commodément reliée aux caractéristiques cinétiques de la réaction. Nous en donnons quelques exemples ci-dessous, qui vont des exemples les plus simples aux exemples les plus complexes.

Les expériences de cinétique sont faciles à réussir si elles sont réalisées avec un minimum de soin, avec une organisation rigoureuse et après une préparation sérieuse. Elles peuvent donner lieu dans le cas contraire à des résultats catastrophiques. Par exemple, la vitesse dépend très étroitement des concentrations en réactifs et en catalyseurs, ainsi que de la température. On veillera donc à travailler :

a) avec de la verrerie très propre, pour éviter des effets catalytiques, inattendus et dévastateurs.

b) en homogénéisant avec grand soin tous les mélanges réactionnels, car tout gradient de concentration au sein du mélange compromet le résultat de la mesure de manière irrémédiable.

c) en contrôlant la température. L'homogénéisation peut se faire en utilisant une agitation mécanique ou magnétique (barreau aimanté et agitateur magnétique, agitation manuelle). Une précaution utile, lorsque la réaction n'est pas trop rapide, est de rincer, avec le mélange réactionnel, les béchers ayant contenu les réactifs, pour s'assurer que la concentration des réactifs est bien la concentration analytique et qu'une partie n'est pas restée sur les parois d'un récipient. Pour le contrôle de la température, si la constance de la température ambiante n'est pas suffisante, on peut utiliser un bain ou un réacteur thermostaté. On veillera enfin, à procéder avec ordre et méthode, en étiquetant lisiblement les flacons de réactifs et les vases réactionnels souvent nombreux dans les études systématiques.

## ■ EXPERIENCE 3.2/1

### Dismutation de l'ion thiosulfate en milieu acide

Il s'agit d'une expérience classique, dont de très nombreuses variantes peuvent être trouvées dans la littérature [(6)]. On peut ainsi concevoir divers modes opératoires correspondant à des expériences de cours ou bien à des manipulations de travaux pratiques.

**Produits et matériel**

*– solutions d'acide chlorhydrique 1, $10^{-1}$ et $10^{-2}$ mol.$l^{-1}$ ; solutions de thiosulfate de sodium 1, 1,6 $10^{-1}$, $10^{-1}$ et $10^{-2}$ mol.$l^{-1}$ ; eau distillée.*

*– bechers de 100 cm$^3$, agitateurs de verre ; stylo feutre noir ; cuve à faces parallèles.*

*– lampe 6 Volts ; rétroprojecteur ; écran.*

## Mode opératoire

*Variante 1 :*

*On verse 1 cm³ de la solution 1 mol.l⁻¹ d'acide chlorhydrique dans des volumes égaux de solutions 1, 10⁻¹ et 10⁻² mol.l⁻¹ de thiosulfate de sodium. Bien homogénéiser. D'autre part, on verse dans un même volume (5 cm³ par exemple) de solution de thiosulfate 10⁻¹ mol.l⁻¹ des volumes égaux (5 cm³ par exemple) de solutions d'acide chlorhydrique 1, 10⁻¹ et 10⁻² mol.l⁻¹. On repère dans chaque cas le temps nécessaire à l'apparition de soufre colloïdal dans le mélange, et l'on montre qu'il dépend étroitement des molarités initiales en réactifs.*

*Variante 2 :*

*Dans un becher de 100 cm³, on place 50 cm³ d'un mélange, préparé selon les proportions indiquées dans le tableau E3.1., de thiosulfate de sodium 1,6 10⁻¹ mol.l⁻¹ et d'eau. Ajouter 5 cm³ de solution chlorhydrique 1 mol.l⁻¹, agiter rapidement et déclencher simultanément le chronomètre. Poser le bécher sur une feuille de papier où l'on a tracé un repère voyant (une croix noire, ou le symbole de l'élément soufre S, par exemple). Observer à la verticale du becher. Arrêter le chronomètre quand le repère n'est plus visible. Le tableau E3.1 donne les conditions opératoires et les temps moyens de durée de disparition du repère.*

Tableau E3.1.

**Préparation des solutions pour la réaction de dismutation du thiosulfate en milieu acide**

| Essais No | Thiosulfate de sodium (a) | Eau (a) | Acide chlorhydrique (a) | Temps (b) |
|---|---|---|---|---|
| En fonction de la molarité, à température constante = 16 °C | | | | |
| 1 | 10 | 40 | 5 | 240 |
| 2 | 20 | 30 | 5 | 110 |
| 3 | 30 | 20 | 5 | 80 |
| 4 | 40 | 10 | 5 | 58 |
| 5 | 50 | 0 | 5 | 35 |
| En fonction de la température, à molarités constantes | | | | |
| 6 : 40 °C | 10 | 40 | 5 | 50 |
| 7 : 60 °C | 10 | 40 | 5 | 18 |

(a) Volume de solution, exprimé en cm³ ; (b) Temps nécessaire pour rendre le repère invisible, exprimé en secondes.

*Variante 3 :*

*Il s'agit d'une variante pour expérience de cours. On remplace le papier précédent par un rétroprojecteur, et le repère est maintenant tracé sur le fond extérieur de deux ou trois béchers. Dans chaque récipient, on mène à bien l'une des expériences ci-dessus, devant toute la classe. On peut faire plusieurs expériences simultanément, pour montrer sur trois expériences parallèles par exemple, soit l'influence de la molarité en acide soit celle de la molarité en thiosulfate soit l'influence de la température. Pour obtenir de meilleurs résultats, et pour minimiser le laps de temps entre le mélange des réactifs et le déclenchement du chronomètre, on peut se faire aider pour homogénéiser les mélanges réactionnels. L'élévation de température provoquée par le rétroprojecteur joue un rôle non négligeable dans la cinétique. Les temps mesurés seront différents avec et sans rétroprojecteur. On minimise les gradients de température dans les béchers et les différences entre les béchers en agitant régulièrement et de manière analogue les trois béchers.*

*Variante 4 : le coucher de soleil :*

*La variante suivante n'est pas directement liée à l'étude cinétique de la réaction. Elle illustre les phénomènes physiques de diffusion et d'absorption de la lumière par les particules de soufre formées et par la croissance de la taille de ces particules en fonction du temps, ce qui ne relève plus directement de l'oxydoréduction. Elle est cependant extrêmement spectaculaire.*

*On réalise le montage de la figure E3.4. On place la solution de thiosulfate dilué, $10^{-2}$ mol.$l^{-1}$, dans la cuve à face parallèles. L'écran est orienté de manière à permettre l'observation de la trace du faisceau lumineux par l'auditoire. A l'instant t = 0, on ajoute 1 $cm^3$ d'acide chlorhydrique 1 mol.$l^{-1}$, voire plus concentré. On homogénéise rapidement et soigneusement, et l'on observe la cuve : au début, le faisceau lumineux n'est pas diffusé ; lors de l'apparition de soufre colloïdal, le faisceau « s'allume » progressivement. La lumière est diffusée perpendiculairement au faisceau lumineux par les particules de soufre formées. L'intensité de la lumière diffusée est proportionnelle à $\lambda^4$ : le faisceau diffusé apparait bleuté perpendiculairement au faisceau. Au contraire, le faisceau absorbé, visible sur l'écran dans l'axe du faisceau, apparait blanc, puis jaune, puis rouge, en fonction de la taille des particules de soufre formées au cours de la réaction. C'est cette évolution de la couleur de la lumière absorbée qui donne son nom à l'expérience présentée sous cette forme, expérience dite « du coucher de soleil ».*

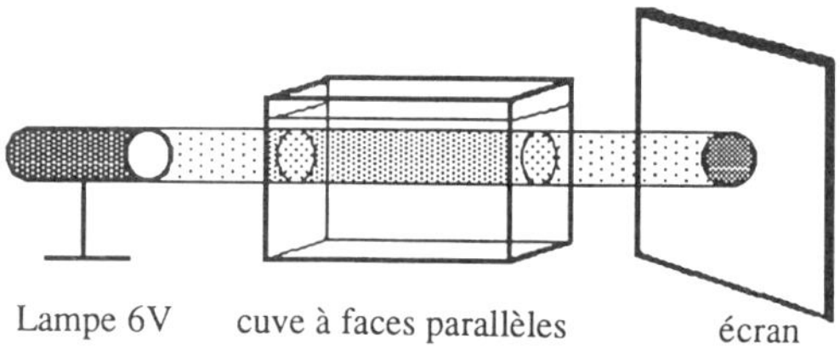


Figure E3.4 : expérience du "coucher de soleil"

## ■ EXPERIENCE 3.2/2

### Oxydation de l'ion iodure par l'ion peroxodisulfate (1b,7-9)

La réaction de l'ion iodure sur l'ion peroxodisulfate est une réaction lente. Sa vitesse est du premier ordre en iodure et en peroxodisulfate. Elle dépend beaucoup de la température et de la force ionique de la solution. Nous présentons ci-dessous diverses variantes qui permettent soit de mettre en évidence qualitativement, soit d'analyser quantitativement l'influence des différents facteurs.

**Produits et matériel**

*– solutions 0,2 mol.$l^{-1}$ d' iodure de potassium, de peroxodisulfate d'ammonium (plus soluble que le dérivé de potassium), de sulfate d'ammonium, de nitrate de potassium ; solution de nitrate de cuivre(II) 0,02 mol.$l^{-1}$; solution de thiosulfate de sodium 0,01 mol.$l^{-1}$; solution d'empois d'amidon à 0,2% environ ; eau distillée.*

*– bechers de 100 $cm^3$ et de de 250 $cm^3$, fioles jaugées de 100 $cm^3$, pipettes jaugées de 10 $cm^3$.*

*– barreau aimanté, agitateur magnétique.*

**Mode opératoire**

*Variante 1 : mise en évidence qualitative de l'influence des divers facteurs :*

*Cette variante ne constitue pas, à proprement parler, une réaction chronomètre, dans la mesure où l'apparition de l'un des réactifs est continue, et ne* *donne pas lieu à une mesure de temps. On verse 10 cm³ de la solution de peroxodisulfate d'ammonium dans 10 cm³ de la solution d'iodure de potassium et on homogénéise : apparition progressive de la teinte, jaune, or, puis brune de l'iode moléculaire ou plutôt de l'ion complexe triiodure $I_3^-$ en solution aqueuse.*

*Recommencer en diluant tour à tour chacune des solutions, en gardant un volume global constant pour permettre des comparaisons simples : la vitesse d'apparition de la coloration brune augmente avec la molarité initiale de l'un ou l'autre des réactifs. Recommencer en portant chacune des solutions à 50°C : l'apparition de la coloration brune est plus rapide quand la température augmente. Recommencer en ajoutant à la solution de peroxodisulfate initiale 5 gouttes de la solution de cuivre(II) : l'apparition de la couleur d'iode est accélérée, les ions cuivre(II) catalysent la réaction.*

*Variante 2 : étude quantitative :*

*On transforme le mode opératoire précédent, en introduisant une quantité de thiosulfate de sodium faible devant celle des autres réactifs. Le thiosulfate réagit rapidement avec le triiodure formé et permet de mesurer la vitesse initiale moyenne de la réaction, à molarité en ion iodure pratiquement constante, (cf. discussion). On introduit pour cela un indicateur sensible, qui devient bleu foncé en présence d'iode, lorsque la molarité en ion iodure est suffisante : l'empois d'amidon soluble, parfois commercialisé en France sous le nom de thiodène. L'intervalle de temps au bout duquel on obtient le virage de l'indicateur, Δt, est relié simplement à la vitesse initiale moyenne : $v_0 \propto 1/\Delta t$. On contrôle en outre très soigneusement la pureté des réactifs, la propreté des récipients, la force ionique, la température : l'un quelconque de ces facteurs peut en effet faire varier de manière importante la vitesse de la réaction et conduire à des observations apparemment aberrantes, sans rapport avec les phénomènes attendus.*

*On prépare les solutions suivantes, à partir des solutions initiales : solution $10^{-1}$ mol.l$^{-1}$ en peroxodisulfate d'ammonium et $10^{-1}$ mol.l$^{-1}$en sulfate d'ammonium ; solution 5 $10^{-2}$ mol.l$^{-1}$en peroxodisulfate d'ammonium et 0,15 mol.l$^{-1}$ en sulfate d'ammonium ; solution 0,1 mol.l$^{-1}$ en iodure de potassium et 0,1 mol.l$^{-1}$ en nitrate de potassium ; solution 5 $10^{-2}$ mol.l$^{-1}$ en iodure de potassium et 0,15 mol.l$^{-1}$ en nitrate de potassium.*

*On est alors en mesure d'effectuer les expériences avec les volumes de réactifs initiaux indiqués dans le tableau E3.2. Le mélange des réactifs est effectué dans un becher de 250 cm³, pourvu d'une agitation magnétique, dans l'ordre suivant : 25 cm³ d'iodure de potassium, 5 cm³ de solution d'amidon, 10 cm³ de thiosulfate de sodium puis, rapidement, 25 cm³ de solution de peroxodisulfate d'ammonium de molarité requise, tandis que l'on déclenche le chronomètre. Rincer éventuellement le bécher du peroxodisulfate avec le mélange réactionnel.*

Tableau E3.2.
**Préparation des solutions pour la réaction d'oxydation des iodures par le peroxodisulfate**

| Essai | KI (a) | Amidon (b) | Thiosulfate (c) | Persulfate (d) | Δt (e) | k.10⁴ (f) |
|---|---|---|---|---|---|---|
| 1 | 0,2 | 5 | 10 | 0,2 | 21 | 62 |
| 2 | 0,2 | 5 | 10 | 0,1 | 44 | 60 |
| 3 | 0,2 | 5 | 10 | 0,05 | 91 | 57 |
| 4 | 0,1 | 5 | 10 | 0,2 | 42 | 62 |
| 5 | 0,05 | 5 | 10 | 0,2 | 79 | 66 |

(a) Molarité de l'iodure de potassium (volume : 25 cm³) ; (b) Volume de la solution d'amidon en cm³ ; (c) Volume de la solution de thiosulfate, en cm³ ; (d) Molarité de la solution de peroxodisulfate (volume 25 cm³) ; (e) Durée nécessaire à l'apparition de la coloration bleu foncé, en secondes ; (f) Valeur de la constante de vitesse, exprimée en l mol$^{-1}$ s$^{-1}$.

*On peut compléter l'étude précédente par une étude en fonction de la température et du catalyseur. On reprend l'expérience 4 ci-dessus, en portant séparément les réactifs à différentes températures, avant de les mélanger sous agitation. Les tableaux E3.3 et E3.4 montrent respectivement l'influence de la température et du catalyseur.*

Tableau E3.3.
**Influence de la température sur la réaction d'oxydation de l'ion iodure par le peroxodisulfate**

| Essai | T / °C | $\Delta t$ / s | $k.10^4$ / $l.mol^{-1}.s^{-1}$ |
|---|---|---|---|
| 6 | 3 | 189 | 14 |
| 7 | 33 | 21 | 120 |

Tableau E3.4.
**Influence de la quantité de catalyseur sur la réaction d'oxydation de l'ion iodure par le peroxodisulfate**

| Essai | Catalyseur (a) | $\Delta t$/s |
|---|---|---|
| 8 | 1 | 31 |
| 9 | 2 | 24 |
| 10 | 3 | 19 |

(a) Nombre de gouttes de la solution de Cu(II)

*On peut également étudier l'influence catalytique des ions Fe(III) et du mélange des ions Cu(II) et Fe(III). Lors d'une expérience de cours, il est préférable de reprendre simultanément l'expérience 4, de manière à opérer par comparaison.*

## EXPERIENCE 3.2/3

### Réduction de l'ion iodate par l'ion hydrogénosulfite (10)

#### Produits et matériel

*– solution A : 2 g d'iodate de potassium dans 1000 $cm^3$ d'eau ; solution B : 2 g d'amidon soluble dans 500 $cm^3$ d'eau bouillante ; refroidir ; ajouter 0,4 g d'hydrogénosulfite (bisulfite) de sodium et 5 $cm^3$ d'acide sulfurique 1 $mol.l^{-1}$ avant de compléter à 1000 $cm^3$.*

*– fioles jaugées 1000 $cm^3$, bechers de 250 $cm^3$, barreau aimanté, agitateur magnétique.*

#### Mode opératoire

*On prépare des volumes déterminés de solutions d'iodate de concentrations données, à partir de la solution A comme indiqué dans le tableau E3.5 (béchers n°1). De même, à partir de la solution B, on prépare les béchers n°2 (cf. tableau E3.5). Bien homogénéiser les mélanges et rincer les béchers. Déclencher le chronomètre lors du mélange des réactifs contenus dans les béchers n°1 et n°2. Agiter avec un barreau aimanté et un agitateur magnétique en cours de réaction. Arrêter le chronomètre à l'apparition du complexe bleu amidon-iode. L'intervalle de temps nécessaire au changement de couleur $\Delta t$ dépend des molarités et de la température.*

Tableau E.3.5.
**Volume des réactifs pour l'étude de la réaction de l'ion iodate sur l'ion hydrogénosulfite**(a)

| Essai | T / °C | Becher No 1 | | Becher No 2 | | Temps /s |
|---|---|---|---|---|---|---|
| | | Solution A | Eau | Solution B | Eau | |
| 1 | 20 | 50 | 0 | 50 | 0 | 35 |
| 2 | 20 | 25 | 50 | 25 | 0 | 205 |
| 3 | 20 | 12,5 | 75 | 12,50 | | |
| 4 | 20 | 25 | 25 | 50 | 0 | 92 |
| 5 | 20 | 12,5 | 37,5 | 50 | 0 | |
| 6 | 20 | 50 | 0 | 25 | 25 | 125 |
| 7 | 20 | 50 | 0 | 12,5 | 37,5 | |
| 8 | 0 | 50 | 0 | 50 | 0 | |
| 9 | 80 | 50 | 0 | 50 | 0 | |

(a) Les volumes sont exprimés en $cm^3$

*Pour réaliser les deux dernières expériences, on porte les béchers 1 et 2 dans un milieu thermostaté (glace fondante ou bain thermostaté à 80°C) avant de les mélanger. Il est spectaculaire de réaliser simultanément les expériences 1, 8 et 9. Il faut pour cela ajouter les réactifs simultanément, ce qui nécessite une aide.*

## ■ EXPERIENCE 3.2/4

### Réaction de la « Maison de Nassau » (1c)

Cette réaction porte dans la littérature didactique en anglais le nom de « Old Nassau », ou Vieux Nassau, ou encore vieille Maison de Nassau, que nous traduisons par Maison de Nassau. Cette appellation est due aux couleurs que l'on observe au cours de la réaction, orange et bleu. Ce sont les couleurs de la famille de Nassau. Ces couleurs sont également celles de l'université de Princeton, où le « Old Nassau Hall » fut le premier laboratoire de chimie générale à être fréquenté par des étudiants...

Au-delà de son appellation, la réaction est extrêmement spectaculaire, faisant apparaître successivement les deux couleurs orange puis bleu de manière contrastée et rapide.

**Produits et matériel**

*– solution A : 15 g d'iodate de potassium dans 1000 $cm^3$ d'eau ; solution B : 4 g d'amidon soluble dissous dans 500 $cm^3$ d'eau bouillante, ajouter 15 g d'hydrogénosulfite (bisulfite) de sodium et ajuster à un litre avec de l'eau distillée — NB : cette solution évolue rapidement et doit être utilisée peu après sa préparation — ; solution C : 3 g de chlorure mercurique ($HgCl_2$) dissous dans un litre d'eau.*

*– becher de 250 $cm^3$, barreau aimanté, agitateur magnétique, chronomètre.*

**Mode opératoire**

*On mélange des volumes égaux des solutions C + B + A, en respectant cet ordre. La solution devient jaune puis orange vif, et vire brutalement au bleu foncé, en quelques dizaines de secondes à la température ambiante.*

## ■ EXPERIENCE 3.2/5

### Oxydation de l'ion iodure par l'ion ferrique (11,12)

L'aspect thermodynamique de la réaction a déjà été envisagé au chapitre 2, (cf. expérience 2.2/3). La cinétique de la réaction est lente :

$$2\,Fe^{3+} + 2I^- \longrightarrow 2\,Fe^{2+} + I_2$$

La stœchiométrie est simple, mais le mécanisme est particulièrement complexe. La réaction est de mise en œuvre délicate, dans la mesure où il faut contrôler les divers paramètres, en particulier le pH, et la complexation des ions Fe(III) qui dépend des anions présents.

**Produits et matériel**

*– solution A : nitrate ferrique 0,017 $mol.l^{-1}$ dans de l'acide nitrique 0,01 $mol.l^{-1}$ ; solution B : nitrate de potassium 0,1 $mol.l^{-1}$ ; solution C : iodure de potassium 0,025 $mol.l^{-1}$ ; solution D : acide nitrique 0,1 $mol.l^{-1}$; solution E : thiosulfate de potassium 0,01 $mol.l^{-1}$ ; solution F : sulfate de potassium 0,05 $mol.l^{-1}$ ; solution G : empois d'amidon fraîchement préparé ; eau distillée.*

*– 5 burettes de 50 $cm^3$, 1 microburette, bechers de 150 $cm^3$ ou réacteur thermostaté de même volume (figure E3.5), barreau aimanté, agitateur magnétique, chronomètre.*

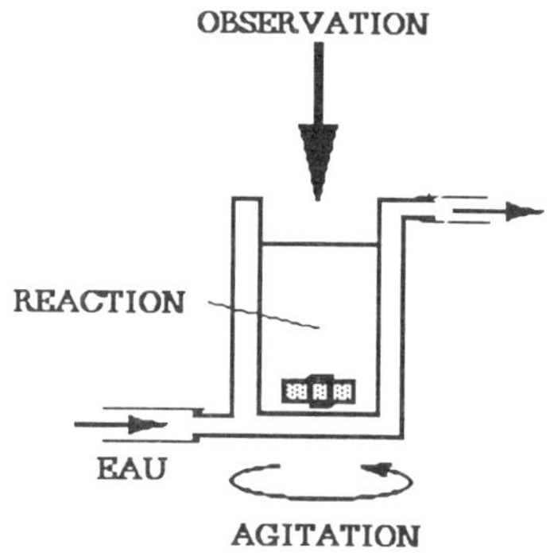


Figure E3.5

## Mode opératoire

*On mélange dans un récipient de 150 cm*$^3$*, équipé d'un barreau aimanté, les volumes de solutions A, B, D, G et d'eau distillée indiquées dans le tableau E3.6 Au temps* $t = 0$*, à l'aide d'un bécher, on ajoute rapidement le volume souhaité de solution C d'iodure de potassium et on déclenche le chronomètre. La solution bleuit. Après 20 à 30 secondes, on ajoute un léger excès* $x_1$ *de solution E de thiosulfate pour décolorer la solution bleue. On note* $x_1$ *et le temps* $t_1$ *au bout duquel la solution redevient bleue. On recommence de la même manière, à intervalles de 30 secondes environ, et l'on obtient deux nouvelles valeurs,* $x_2$ *et* $t_2$*,* $x_3$ *et* $t_3$*. Deux nouvelles mesures à une minute d'intervalle environ fournissent deux nouveaux couples de valeurs* $x_4$ *et* $t_4$ *,* $x_5$ *et* $t_5$*. L'extrapolation à* $t = 0$ *du rapport* $v_i = x_i / t_i$ *donne la valeur de la vitesse initiale* $v_0 = x_0 / t_0$*. Pour mener à bien l'ensemble de l'étude cinétique, effectuer les essais correspondant au tableau E3.6, qui est établi pour un volume total de 101 cm*$^3$*. On peut opérer avec des volumes moitié.*

Tableau E3.6
**Préparation des solutions pour la réaction d'oxydation de l'ion iodure par l'ion ferrique**

| Paramètre / Solution (a) | A | B | C | D | E | F | Eau |
|---|---|---|---|---|---|---|---|
| Premier essai | 10 | 40 | 20 | 10 | 1 | 0 | 20 |
| Ordre partiel / ions Fe (III) | 20 | 30 | 20 | 10 | 1 | 0 | 20 |
| | 30 | 20 | 20 | 10 | 1 | 0 | 20 |
| | 40 | 10 | 20 | 10 | 1 | 0 | 20 |
| Ordre partiel / ions iodure | 20 | 32,5 | 10 | 10 | 1 | 0 | 27,5 |
| | 20 | 27,5 | 30 | 10 | 1 | 0 | 22,5 |
| | 20 | 25 | 40 | 10 | 1 | 0 | 15 |
| Influence du pH | 10 | 30 | 20 | 20 | 1 | 0 | 20 |
| | 10 | 43 | 20 | 7 | 1 | 0 | 20 |
| | 10 | 47 | 20 | 3 | 1 | 0 | 20 |
| Influence force ionique | 10 | 30 | 20 | 10 | 1 | 0 | 30 |
| | 10 | 20 | 20 | 10 | 1 | 0 | 40 |
| Influence des ions sulfate | 10 | 22,5 | 20 | 20 | 1 | 5 | 22,5 |

(a) La première colonne indique le paramètre étudié; les autres colonnes indiquent le volume de solution nécessaire pour un volume total de 101 cm$^3$.

*Pour ces différentes études, nous avons trouvé commode d'utiliser des cellules de verre de 50 cm*$^3$ *environ, thermostatées par circulation d'eau (cf. figure E3.5). Pour déceler correctement le virage de l'indicateur, l'observateur se place à la verticale de la cellule ; l'observation s'effectue dans le sens de la plus grande épaisseur de solution et sur fond blanc. L'apparition de la teinte bleue lors du virage est ainsi plus sensible. Même dans ces conditions, la fin de la réaction est difficile à déceler, ce qui rend l'étude délicate. Il est exclu de la présenter en classe. C'est une bonne expérience de travaux pratiques pour étudiants expérimentés.*

□ DISCUSSION

**Dismutation du thiosulfate en milieu acide**

Il s'agit d'une réaction simple et spectaculaire. Dans des conditions de température et de molarité parfaitement reproductibles, il est possible d'annoncer, dos tourné à l'expérience, l'apparition du soufre colloïdal. Cela nécessite cependant une bonne préparation antérieure.

L'équation bilan de la réaction est la suivante :

$$S_2O_3^{2-} + H^+ \longrightarrow HSO_3^- + S^0$$

ou

$$S_2O_3^{2-} + 2H^+ \longrightarrow SO_2 + S^0 + H_2O$$

Les équations de demi-réaction sont :

$$S_2O_3^{2-} + 3H_2O \rightleftharpoons 2HSO_3^- + 4H^+ + 4e^-$$

$$S_2O_3^{2-} + 6H^+ + 4e^- \rightleftharpoons 2S + 3H_2O$$

Dans le dianion tétraédrique $S_2O_3^{2-}$, de géométrie proche de celle de l'ion sulfate, l'élément soufre existe dans deux environnements chimiques différents. Les deux atomes de soufre n'ont pas le même comportement chimique : l'un des atomes est comparable à un soufre de disulfure $[S\text{-}S]^{2-}$, l'autre à atome de soufre dans un dithionate, $[O_3S\text{-}SO_3]^{2-}$. La réaction de dismutation conduit à la rupture de la liaison S-S.

**Oxydation de l'ion iodure par le peroxodisulfate**

La réaction globale d'oxydation par le peroxodisulfate des ions iodure en iode s'écrit simplement :

$$S_2O_8^{2-} + 2I^- \longrightarrow 2SO_4^{2-} + I_2$$

$$S_2O_8^{2-} + 3I^- \longrightarrow 2SO_4^{2-} + I_3^-$$

Les équations de demi-réaction sont :

$$S_2O_8^{2-} + 2e^- \rightleftharpoons 2SO_4^{2-} \qquad E° = 2{,}00V$$

$$2I^- \rightleftharpoons I_2 + 2e^- \qquad E° = 0{,}62V$$

$$3I^- \rightleftharpoons I_3^- + 2e^- \qquad E° = 0{,}54V$$

La réaction est lente, comme l'indiquent les valeurs des constantes de vitesse du tableau E3.2. Cependant, la coloration brune de l'iode apparait très rapidement dans la plupart des cas, et fonce progressivement, ce qui ne permet pas a priori de mesures de durée de réaction, sauf à mesurer une grandeur proportionnelle à la molarité en iode, par exemple l'absorbance de la solution par spectrophotométrie [(13)].

La variante « chronomètre » permet au contraire la mesure simple de la vitesse moyenne initiale. En effet, l'introduction de thiosulfate de sodium, en quantité très inférieure à celle des réactifs initiaux, permet l'intervention de la réaction suivante, qui est rapide :

$$S_2O_3^{2-} + I_2 \longrightarrow 2S_4O_6^{2-} + 2I^-$$

La réduction de l'iode est réalisée par le thiosulfate, du couple tétrathionate/thiosulfate, $S_4O_6^{2-}/S_2O_3^{2-}$ pour lequel :

$$S_4O_6^{2-} + 2e^- \rightleftharpoons 2S_2O_3^{2-} \qquad E° = 0{,}09V$$

Dans ces conditions, l'iode formé par l'oxydation lente de l'iodure par le peroxodisulfate est très rapidement réduit, tant qu'il reste du thiosulfate. Quand celui-ci a totalement réagi, l'iode apparait, et l'empois d'amidon prend la couleur bleue caractéristique. La vitesse initiale moyenne de la réaction s'écrit, si la molarité en thiosulfate est x : $v_0 = \Delta x / \Delta t \propto 1 / \Delta t$. On peut ainsi vérifier que :

$$v_0 = k\,[S_2O_8^{2-}]_0^m\,[I^-]_0^n, \quad \text{ou} \ \ln(\Delta x/\Delta t) = \ln k + m \ln [S_2O_8^{2-}]_0 + n \ln [I^-]_0$$

avec m et n = 1 ± 0,1

k = 0,1 ± 0,04 $l.mol^{-1}\ min^{-1}$

L'un des intérêts de cette réaction est la possibilité, si l'on dispose du temps nécessaire, d'exploiter les résultats obtenus en fonction de la force ionique du milieu, en utilisant les résultats du chapitre 3.2.3. La vitesse de la réaction, qui implique deux ions de charges négatives augmente en effet avec la force ionique.

**Réduction de l'ion iodate par l'ion hydrogénosulfite**

La réaction globale s'accompagne de nombreuses réactions et l'interprétation est moins simple qu'il n'y parait au premier abord. La réaction globale peut s'écrire :

$$2IO_3^- + 5HSO_3^- + 2H^+ \longrightarrow I_2 + 5HSO_4^- + H_2O \qquad (I)$$

L'iode formé selon la réaction (I) peut réagir avec le sulfite selon :

$$I_2 + HSO_3^- + H_2O \longrightarrow 2I^- + HSO_4^- + 2H^+ \qquad (II)$$

Le bilan des réactions (I) et (II) est donc :

$$2IO_3^- + 6HSO_3^- \longrightarrow 2I^- + 6HSO_4^-$$

Par ailleurs, en milieu acide, il intervient les réactions :

soit : $IO_3^- + 5I^- + 6H^+ \longrightarrow 3I_2 + 3H_2O$

ou : $IO_3^- + 8I^- + 6H^+ \longrightarrow 3I_3^- + 3H_2O$ (III)

La réaction (II) montre que l'iode n'apparait en solution que lorsqu'il n'y a plus d'hydrogénosulfite. A cet instant, il y a formation du complexe bleu iode-amidon.

La cinétique de la réaction dépend fortement du pH. Elle est relativement rapide si le pH est inférieur à 3 ; elle devient lente au-dessus de pH 3. Le pH contrôle en particulier les équilibres acidobasiques où sont engagés les ions $HSO_3^-$ et $HSO_4^-$. Une proposition de mécanisme a été formulée par Lambert et Fina [14]. On peut l'adapter ainsi :

| | | | | |
|---|---|---|---|---|
| $2IO_3^- + 2HSO_3^-$ | $\longrightarrow$ | $2IO_2^- + 2HSO_4^-$ | étape à 2 électrons | (1) |
| $2IO_2^- + H^+$ | $\longrightarrow$ | $HIO + IO_3^-$ | dismutation | (2) |
| $IO_3^- + 3HSO_3^-$ | $\longrightarrow$ | $I^- + 3HSO_4^-$ | étape à 2 électrons | (3) |
| $I^- + HIO$ | $\longrightarrow$ | $I_2 + OH^-$ | amphotérisation | (4) |
| $2I_2 + I^-$ | $\longrightarrow$ | $I_5^-$ | complexation | (5) |
| $I_5^-$+ hélice d'amylose | $\longrightarrow$ | Complexe bleu $I_5^-$/amylose linéaire | | (6) |

Les étapes (4) à (6) sont des étapes de grande constante de vitesse. L'étape (1), à deux électrons est qualifiée de spéculative par les auteurs du mécanisme. Il semble cependant que l'étape déterminante implique essentiellement l'iodate, qui est un oxydant à deux électrons, ou la dismutation de l'iodite.

Quel que soit le détail du mécanisme, l'étude quantitative de la cinétique de la réaction permet de vérifier la loi de vitesse :

$$v = k\,[IO_3^-]^m\,[I^-]^n[H^+]^p$$

avec m = 1 ; n = 1 ; p = 1.

■ Remarque sur le complexe bleu amidon-iode : Ce complexe résulte de l'inclusion d'ions polyiodures dans l'hélice de l'amylose $\alpha$, et d'un transfert de charge glucose/iodure, d'où la couleur bleue. L'amidon n'est pas véritablement soluble dans l'eau, il forme en effet des micelles hydratées, avec une hélice de masse molaire pouvant aller jusqu'à 500 000, formée d'une chaîne linéaire d'unités de D-glucose, reliées par des liaisons $\alpha(1-4)$[15a]. Les polyiodures s'écrivent $I_n^-$, avec n = 5 vraisemblablement [15b,c]. La dimension de l'ion linéaire $I_5^-$, 15,5 Å est pratiquement égale à deux fois la période de l'hélice, 16 Å, ce qui explique la remarquable spécificité de la réaction. Les cyclodextrines, produits de décomposition de l'amylose, peuvent donner d'autres complexes, de couleur différente avec des polyiodures de formule différente — on peut observer une couleur rougeâtre avec des solutions vieillies d'amidon —. Il convient donc de toujours utiliser l'amidon fraîchement préparé.)

### Réaction de la maison de Nassau

La réaction de réduction de l'ion iodate par l'hydrogénosulfite s'écrit comme dans le cas précédent. Mais ici, le début de la formation d'iodure (à l'étape (3) du mécanisme) entraîne la formation d'un précipité d'iodure mercurique, d'un bel orange vif. Plutôt que la réaction de précipitation simple :

$$Hg^{2+} + 2I^- \rightleftharpoons HgI_2 \qquad pKs = 23{,}9$$

les auteurs cités précédemment (référence 13) suggèrent la succession de réactions suivantes pour interpréter le mécanisme :

$$Hg^{2+} + 2HSO_3^- \rightleftharpoons [Hg(SO_3)_2]^{2-} + 2H^+$$

$$[Hg(SO_3)_2]^{2-} + I^- + H^+ \rightleftharpoons [Hg(SO_3)I]^- + HSO_3^-$$

$$[Hg(SO_3)I]^- + I^- + H^+ \rightleftharpoons HgI_2 + HSO_3^-$$

L'iode, le triiodure, et les polyiodures ne se forment que lorsque l'hydrogénosulfite a été totalement oxydé. Il se produit alors les réactions (4) à (6) ci-dessus et il apparait brutalement le complexe bleu iode-amidon.

■ Remarque sur le précipité d'iodure mercurique :

1) La couleur du précipité varie en fonction du mode opératoire : il peut apparaître un début de précipité jaune avant le précipité orange. Il s'agit d'un intéressant phénomène de compétition entre contrôle cinétique et contrôle thermodynamique de la formation du précipité : la forme jaune, rhombique, obtenue à partie de solutions diluées, est le produit cinétique ; la forme orange, quadratique, est le produit thermodynamique (16).

2) Le précipité peut se redissoudre dans un excès d'iodure :

$$HgI_2 + I^- \rightleftharpoons HgI_3^- \qquad pK_3 = 3{,}7$$

$$HgI_3^- + I^- \rightleftharpoons HgI_4^{2-} \qquad pK_4 = 2{,}0$$

En milieu basique, il s'agit du réactif de Nessler, réactif de l'ion ammonium.

### Réaction d'oxydation de l'ion iodure par l'ion ferrique

L'expérience illustre bien comment une équation-bilan très simple peut masquer la complexité possible d'un mécanisme réactionnel. Le mode opératoire proposé, semblable dans son principe à celui de l'étude de la réaction d'oxydation de l'ion iodure par l'ion peroxodisulfate, permet cependant, en laissant fixes certains paramètres, de retrouver la loi de vitesse. Il est plus ambitieux, en outre car l'extrapolation à $t = 0$ des valeurs de $v_i$ permet en principe d'obtenir la vitesse initiale effective et non plus la vitesse initiale moyenne.

Ainsi : $v_0 = k\,[Fe^{3+}]^m\,[I^-]^n$

et $\log\{v_0\} = \log k + m \log [Fe^{3+}] + n \log [I^-]$

m et n sont les ordres partiels de la réaction par rapport aux ions ferrique et iodure ; k est la constante de vitesse apparente. On vérifiera que $m = 1$ et $n = 1$.

Le mode opératoire proposé permet également d'étudier la constante de vitesse apparente, en fonction du pH, de la force ionique et de la molarité en ions sulfate $SO_4^{2-}$, qui complexent les ions ferriques.

# 3. CATALYSE DES REACTIONS D'OXYDOREDUCTION

## ■ EXPERIENCE 3.3/1

**Réduction de l'ion peroxodisulfate par l'eau, catalysée par l'ion argent(I)** (17)

Une solution de peroxodisulfate peut être conservée au laboratoire, sans évolution sensible du titre de l'oxydant. Lorsqu'on y introduit un ion métallique, le peroxodisulfate est lentement réduit par les réducteurs d'autres couples d'oxydoréduction de plus faible potentiel standard, en particulier l'eau. On peut simplement mettre en évidence le phénomène de la manière suivante.

**Produits et matériels**

*– solutions 0,1 mol.l$^{-1}$ de peroxodisulfate de potassium ou d'ammonium, et de nitrate d'argent ; solution 0,05 mol.l$^{-1}$ d'orthophénantroline ferreuse.*

*– tubes à essai ; pipettes à boule.*

**Mode opératoire**

*Placer quelques cm$^3$ de la solution de peroxodisulfate dans deux tubes à essai propres. Observer les parois : on n'observe aucun dégagement. Ajouter quelques gouttes de nitrate d'argent dans le premier tube, mélanger. Après quelques dizaines de secondes, observer l'apparition de bulles gazeuses de dioxygène sur les parois du tube où l'on a versé le catalyseur et l'absence de réaction dans l'autre tube. Il est difficile d'identifier le dégagement car le débit est insuffisant.*

*Variante :*

*Placer quelques cm$^3$ de la solution de peroxodisulfate dans un tube à essai. Ajouter quelques gouttes d'orthophénantroline ferreuse. Placer la solution rouge ainsi obtenue dans deux tubes à essai. Verser dans l'un des tubes quelques gouttes de nitrate d'argent. Au bout de quelques minutes, la couleur du tube où le catalyseur est présent vire au bleu, tandis que la solution de l'autre tube reste rouge.*

## ■ EXPERIENCE 3.3/2

**Dismutations du peroxyde d'hydrogène ou eau oxygénée** (18)

Une solution de peroxyde d'hydrogène ne se décompose pratiquement pas en milieu acide ou neutre. En milieu basique, ou en présence de catalyseurs, elle se dismute à l'état d'eau et de dioxygène, donnant tout son sens à l'appellation commune, en langue française, d' « eau oxygénée ».

**Produits et matériels**

*– solutions d'eau oxygénée à 11 volumes et à 20 volumes ; solution de soude concentrée (10 mol.l$^{-1}$).*

*– catalyseurs : solution cuivrique, bioxyde de manganèse, sulfate ferreux ou ferrique ou sel de Mohr, sang ; fluorure de sodium.*

*– tubes à essai, éprouvettes à pied, cristallisoir.*

**Mode opératoire**

*Dans un tube à essai, ou un verre à pied, verser quelques cm$^3$ de la solution d'eau oxygénée à 20 volumes. Si le récipient est propre, on n'observe rien. Ajouter alors : soit un cm$^3$ de la solution de soude ; soit une pointe de spatule de bioxyde de manganèse ; soit une ou deux gouttes de sang fraîchement recueilli. Dans les trois cas, on observe un dégagement gazeux abondant de dioxygène.*

*Variante :*

*Verser 3 ou 4 $cm^3$ d'eau oxygénée à 110 volumes dans une éprouvette à pied que l'on place au centre d'un cristallisoir destiné à recueillir les débordements. Ajouter une pointe de spatule de sel ferreux ou ferrique. Le dégagement gazeux de dioxygène accélère progressivement et la solution s'échauffe. Attention aux projections éventuelles ! Si l'on ajoute le contenu d'une spatule de fluorure de sodium, le dégagement gazeux s'arrête instantanément.*

## ■ EXPERIENCE 3.3/3

### Réaction autocatalytique : oxydation de l'acide oxalique par l'ion permanganate (19)

La réaction d'oxydation de l'acide oxalique par l'ion permanganate est lente et catalysée par les ions $Mn^{2+}$ qui sont l'un des produits de la réaction. Elle est dite autocatalytique.

**Produits et matériels**

*– solutions 0,1 $mol.l^{-1}$ d'acide oxalique et 0,02 $mol.l^{-1}$ de permanganate de potassium ; solution de nitrate de manganèse à 50 g $l^{-1}$.*

*– burette de 25 $cm^3$ et support ; pipettes jaugées de 10 $cm^3$ et graduée de 1 $cm^3$ ; agitateur magnétique et barreau aimanté ; bec Bunsen, trépied et grille ; thermomètre gradué de -10 à 110°C ; bechers de 100 $cm^3$.*

*– éventuellement, électrodes de platine, électrode au calomel saturée, millivoltmètre électronique, enregistreur potentiométrique.*

**Mode opératoire**

*Variante 1 :*

*a) Placer 10 $cm^3$ de la solution d'acide oxalique à la température ambiante, ou refroidie, dans un becher de 100 $cm^3$ disposé sur un agitateur magnétique. La solution de permanganate est dans la burette. Ajouter une goutte de permanganate à la solution d'acide oxalique, agiter à l'aide du barreau aimanté : couleur violette persistante. A la température ambiante (20-25°C), la décoloration de la première goutte nécessite deux à trois minutes. Après cette première décoloration, ajouter une deuxième goutte. Observation comparable. Après plusieurs additions de permanganate, la décoloration intervient de manière de plus en plus rapide, jusqu'à paraître instantanée.*

*b) Recommencer dans les mêmes conditions qu'en a), mais en ajoutant une quantité connue de la solution de nitrate de manganèse, de l'ordre d'une fraction de $cm^3$, à l'aide de la pipette graduée. La décoloration de la première goutte intervient d'autant plus rapidement que la quantité d'ions manganeux ajouté est importante : les ions $Mn^{2+}$ catalysent la réaction.*

*c) Recommencer l'expérience dans les mêmes conditions, mais en ayant chauffé au préalable la solution d'acide oxalique à une température de 70°C environ. La décoloration de la première goutte de permanganate ajoutée est instantanée : la température augmente la vitesse de la réaction.*

*Variante 2 :*

*Recommencer l'expérience dans les mêmes conditions qu'en a) ci-dessus, mais en suivant le potentiel d'oxydoréduction des couples en présence à l'aide d'une électrode indicatrice de platine et d'une électrode de référence (calomel saturée), lors de l'addition de permanganate et de sa décoloration. On peut relier les électrodes à un enregistreur potentiométrique : spectaculaire comportement de la différence de potentiel au cours du temps, qui alterne d'une valeur supérieure à 1 volt quand la solution est violette à une valeur négative lors de la décoloration.*

## ■ EXPERIENCE 3.3/4

### Réaction autocatalytique : oxydation de l'eau oxygénée par l'ion permanganate

**Produits et matériels**

*– les mêmes que dans l'expérience précédente ; une solution d'eau oxygénée 0,1 mol.l$^{-1}$ (à 1 volume) remplace la solution réductrice d'acide oxalique.*

**Mode opératoire**

*Le mode opératoire est le même que précédemment. La solution d'eau oxygénée 0,1 mol.l$^{-1}$ est placée dans le becher. Il faut opérer rapidement, car les ions métalliques catalysent la dismutation de l'eau oxygénée (expérience 3.2). Les conclusions sont identiques.*

## ■ EXPERIENCE 3.3/5

### Catalyse et intermédiaires réactionnels (20,21)

**Produits et matériels**

*– solution d'eau oxygénée à 20 volumes (2 mol.l$^{-1}$) ; solution de chlorure de cobalt(II) à 40 g l$^{-1}$.*

*– tartrate double de sodium et de potassium (sel de Rochelle ou de Seignette).*

*– bechers de 100 cm$^3$ ; bec Bunsen, trépied et grille ; thermomètre ; bain de glace.*

**Mode opératoire**

*Préparer une solution de 3 g de tartrate double de sodium et de potassium dans 50 cm$^3$ d'eau, dans un becher de 250 cm$^3$ de forme haute. Tiédir la solution à 70°C environ. Ajouter 20 cm$^3$ de la solution d'eau oxygénée. On n'observe pas ou peu de réaction. Ajouter alors 5 cm$^3$ de la solution de chlorure de cobalt.*

*Après quelques secondes d'induction, la couleur rose devient vert sombre et l'on observe simultanément un abondant dégagement gazeux ($CO_2$ et $O_2$). On peut, à cet instant, prélever une partie de la solution, la verser dans un deuxième becher que l'on trempe dans un bain de glace : la réaction est alors bloquée. La couleur verte est observée quelques minutes sans changement. Au contraire, dans le premier récipient, la réaction se poursuit, avec un dégagement gazeux de moins en moins abondant tandis que la couleur de la solution redevient progressivement rose.*

## ■ EXPERIENCE 3.3/6

### Procédé Wacker (22)

**Produits et matériel**

*– solution de chlorure de palladium(II) à 10% ; solution de chlorure cuivrique 1 mol.l$^{-1}$ ; acide acétique pur ; réactif de Schiff ou solution de 2,4-dinitrophénylhydrazine ; bouteille d'éthylène ; bouteille d'air comprimé.*

*– ballon, chauffe-ballon, flacon laveur, tubulures selon figure E3.6.*

**Mode opératoire**

*Préparer le catalyseur en mélangeant les réactifs dans la proportion suivante : 100 cm$^3$ de la solution de chlorure de cuivre(II), 100 cm$^3$ d'acide acétique et 0,5 cm$^3$ de solution de chlorure de palladium. Le placer dans le ballon.*

*Faire barboter éthylène et air avec un débit relativement lent dans 50 cm$^3$ de* *catalyseur porté à 90°C. On peut caractériser l'éthanal formé par le rosissement du réactif de Schiff ou par la précipitation du dérivé caractéristique avec la 2,4-dinitrophénylhydrazine.*

***Attention danger** : ne pas utiliser d'oxygène pur car il existe alors des dangers d'explosion.*

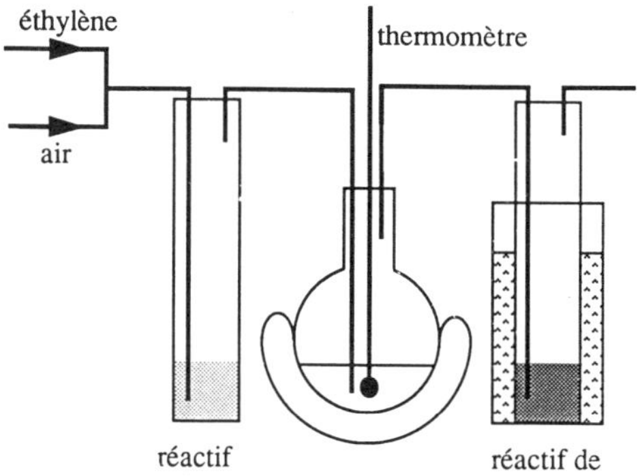


Figure E3.6 : schéma du procédé Wacker

☐ DISCUSSION

Les différentes expériences présentées permettent de mettre en évidence quelques unes des caractéristiques de la catalyse redox.

**Réduction du peroxodisulfate par l'eau, catalysée par l'ion argent(I)**

Le premier exemple met en jeu la réduction du peroxodisulfate par l'eau, en présence d'ion argent(I). Les demi-équations redox sont les suivantes :

$$S_2O_8^{2-} + 2e^- \rightleftharpoons 2SO_4^{2-} \qquad E° = 2{,}00V$$

$$2H_2O \rightleftharpoons O_2(g) + 4H^+ + 4e^- \qquad E° = 1{,}23V$$

La réaction globale, dont la cinétique est lente, s'écrit :

$$2S_2O_8^{2-} + 2H_2O \longrightarrow 4SO_4^{2-} + O_2(g) + 4H^+ \quad (k \text{ faible})$$

Le rôle du catalyseur peut être résumé ainsi :

$$S_2O_8^{2-} + 2\,Ag^+ \longrightarrow 2\,SO_4^{2-} + 2\,Ag^{2+} \qquad (k_{1cat} \text{ grand})$$

$$4\,Ag^{2+} + 2\,H_2O \longrightarrow O_2(g) + 4\,H^+ + 4\,Ag^+ \qquad (k_{2cat} \text{ grand})$$

Ces réactions font intervenir le couple $Ag^{2+}$ / $Ag^+$, dont le potentiel normal est proche de celui du couple $S_2O_8^{2-}$ / $SO_4^{2-}$ et supérieur à celui du couple $H_2O$ / $O_2(g)$ :

$$Ag^{2+} + e^- \rightleftharpoons Ag^+ \qquad E° = 2{,}00V$$

NB : les valeurs des potentiels standard des couples $S_2O_8^{2-}$ / $SO_4^{2-}$ et $Ag^{2+}$ / $Ag^+$ varient suivant les tables de données utilisées. Les valeurs données ici sont égales. On remarque cependant que même dans cette hypothèse, le persulfate en présence d'ion $Ag^+$ provoque l'apparition d'une concentration d'ion $Ag^{2+}$ suffisante pour catalyser la réaction.

**Dismutation du peroxyde d'hydrogène**

L'eau oxygénée est engagée dans les deux couples d'oxydoréduction ci-dessous, où elle joue, dans l'un le rôle d'oxydant, et dans l'autre celui de réducteur :

$$H_2O_2 + 2\,H^+ + 2e^- \rightleftharpoons 2\,H_2O \qquad E°_{H_2O_2/H_2O} = 1{,}78 - 0{,}06pH$$

$$O_2 + 2\,H^+ + 2e^- \rightleftharpoons H_2O_2 \qquad E°_{O_2/H_2O_2} = 0{,}69 - 0{,}06pH$$

L'eau oxygénée n'est donc pas thermodynamiquement stable en solution aqueuse, quel que soit le pH, et elle devrait spontanément se dismuter. Pour le liquide pur, la réaction de dismutation, exothermique et exergonique, s'écrit :

$$2H_2O_2(l) \longrightarrow 2H_2O(l) + O_2(g)$$

$$(\Delta_rH° = -98{,}2 \text{ kJ mol}^{-1} \text{ et } \Delta_rG° = -119{,}2 \text{ kJ mol}^{-1})$$

Cependant, en milieu acide, ou neutre, et en l'absence de catalyseurs, la réaction de dismutation est lente, et la décomposition de l'eau oxygénée négligeable (23). En récipient de verre, la réaction est considérée comme partiellement hétérogène. Dans des récipients de quartz, ou de matière plastique, on peut la considérer comme homogène. La réaction est catalysée par de nombreux catalyseurs, parmi lesquels les surfaces métalliques (Pt,Ag), les oxydes, les poussières ou les ions alcalins à l'état de traces (par exemple par dissolution du verre). Ceci amène à manipuler et à conserver l'eau oxygénée en récipients de matière plastique, bien bouchés, à l'abri de la poussière et d'ions métalliques.

Le mécanisme de la catalyse par les ions fer(II) a été étudié par divers auteurs et Barb et alii. ont proposé le mécanisme suivant (24) :

$$Fe^{2+} + HOOH \longrightarrow Fe^{3+} + OH^- + OH^\bullet$$
$$Fe^{2+} + OH^\bullet \longrightarrow Fe^{3+} + OH^-$$
$$OH^\bullet + HOOH \longrightarrow H_2O + HOO^\bullet$$
$$Fe^{2+} + HOO^\bullet \longrightarrow Fe^{3+} + HOO^-$$
$$Fe^{3+} + HOO^\bullet \longrightarrow Fe^{2+} + O_2(g) + H^+$$

qui rend compte de tous les résultats expérimentaux. La constante de vitesse de la première réaction est $k = 4{,}45 \cdot 10^8 \exp(-9{,}400/RT)$ l mol$^{-1}$ s$^{-1}$. Avec de l'eau oxygénée marquée à l'oxygène $^{18}O$, on constate peu d'échange avec l'oxygène de l'eau : le dioxygène qui se dégage lorsque $H_2O_2$ est réducteur provient de l'eau oxygénée, ce qui indique que la liaison O-O n'est pas dissociée (25).

En présence d'ion fluorure, qui complexe le fer(III) à l'état de $FeF^{2+}$ et $FeF_2^+$, le fer(III) n'est pas un oxydant assez fort (cf. chapitre 3, § 6) pour oxyder le peroxyde d'hydrogène, et la catalyse de décomposition est stoppée.

Avec le sang, il s'agit d'une catalyse enzymatique, par une enzyme présente dans le sang, la catalase. Ainsi, l'eau oxygénée est utilisée comme désinfectant doux pour les blessures bénignes (observer le dégagement de dioxygène lors de l'application) et comme produit de désinfection et d'oxygénation d'eaux polluées.

■ Remarque sur les différentes manières d'exprimer le titre d'une eau oxygénée :

Nous avons donné dans la liste des produits le titre de l'eau oxygénée en l'exprimant à la fois en mol.l$^{-1}$ et en volume. Les indications « en volume » correspondent au volume de dioxygène que peut dégager un litre de solution par dismutation : une solution à une mole par litre, peut libérer 1/2 mole de dioxygène, c'est une solution à 11,2 volumes. Inversement une solution à 112 volumes contient 10 moles par litre. (26)

### Réactions autocatalytiques : oxydation de l'acide oxalique et de l'eau oxygénée par l'ion permanganate

Les expériences montrent successivement que la réaction d'oxydation de l'acide oxalique est lente (essai a) et catalysée par un produit de la réaction (essai a), qui est l'ion $Mn^{2+}$ (essai b). Sa vitesse augmente avec la température (essai c).

Les demi-réactions électroniques sont les suivantes :

$$MnO_4^- + 8H^+ + 5e^- \rightleftharpoons Mn^{2+} + 4H_2O \quad E°_{MnO_4^-/Mn^{2+}} = 1{,}51 - 0{,}096 \text{ pH}$$

$$2CO_2 + 2H^+ + 2e^- \rightleftharpoons H_2C_2O_4 \quad E°_{CO_2/H_2C_2O_4} = -0{,}49 - 0{,}06 \text{ pH}$$

$$O_2 + 2H^+ + 2e^- \rightleftharpoons H_2O_2 \quad E°_{O_2/H_2O_2} = 0{,}69 - 0{,}06 \text{ pH}$$

La réaction globale est, dans le cas de l'acide oxalique :

$$2MnO_4^- + 6H^+ + 5H_2C_2O_4 \rightleftharpoons 2Mn^{2+} + 8H_2O + 10CO_2$$

et dans le cas de l'eau oxygénée :

$$2MnO_4^- + 6H^+ + 5H_2O_2 \rightleftharpoons 2Mn^{2+} + 8H_2O + 5O_2$$

Le mécanisme fait probablement intervenir des degrés d'oxydation intermédiaires $Mn^{III}$, $Mn^{IV}$ et $Mn^{V}$ du manganèse, mais n'est pas encore parfaitement connu.

■ Remarques :

– Une étude quantitative de l'oxydation autocatalytique d'amines organiques par le permanganate est proposée dans la référence (27). Les auteurs suivent par spectrophotométrie l'évolution de la concentration du permanganate.

– Un dosage volumétrique de l'eau oxygénée, et de certains de ses dérivés utilisés comme antiseptiques est proposée dans la référence (28). Il peut s'agir d'une variante intéressante, montrant en outre l'intérêt de l'eau oxygénée et des peroxydes en pharmacie.

– L'eau oxygénée est un dérivé peroxo. Il est donc instable, et peut donner lieu à des accidents, quand il est utilisé concentré en grandes quantités, au contact de catalyseurs (poussières notamment). On ne l'utilisera qu'en faible quantité, relativement dilué, dans des conditions de propreté contrôlées. On évitera tout contact involontaire avec la peau et les vêtements (décoloration, brûlures possibles en milieu concentré).

**Catalyse et intermédiaires réactionnels**

La réaction globale est la suivante :

$$\{OOC\text{-}(CHOH)_2\text{-}COO\}^{2-} + 2\,H^+ + 5\,H_2O_2 \rightleftharpoons 4\,CO_2 + 8H_2O$$

Elle s'accompagne d'un abondant dégagement de dioxyde de carbone, mélangé à du dioxygène provenant de la dismutation de l'eau oxygénée :

$$2H_2O_2 \rightleftharpoons 2H_2O + O_2(g)$$

L'ion cobalt(II), rose, est oxydé, en présence de tartrate et d'eau oxygénée, en un complexe vert de cobalt(III). Ce complexe apparait comme un véritable intermédiaire réactionnel, suffisamment stable pour que l'on puisse mettre en évidence sa couleur pendant un temps assez long. C'est l'objectif de la trempe du système dans l'eau glacée. Ce complexe tartrique du cobalt(III) favorise la rupture des liaisons carbone-carbone et le dégagement de dioxyde de carbone. Après la réaction, il est réduit, ce qui restaure la couleur rose initiale de la solution de cobalt(II).

**Procédé Wacker**

C'est le procédé industriel d'obtention de l'acétaldéhyde, qui est ainsi préparé par oxydation de l'éthylène par l'oxygène de l'air. Les équations des réactions d'oxydoréduction qui interviennent s'écrivent :

$$CH_2{=}CH_2 + PdCl_2 + H_2O \longrightarrow CH_3CHO + Pd + 2\,HCl$$

$$2\,CuCl_2 + Pd \longrightarrow 2\,CuCl + PdCl_2$$

$$1/2\,O_2 + 2\,CuCl \longrightarrow 2\,CuCl_2 + H_2O$$

Le fonctionnement du système peut être schématisé sous la forme d'un cycle catalytique (cf. chapitre 3, § 6).

# 4. REACTIONS OSCILLANTES (29)

## ■ EXPERIENCE 3.4/1

### Réaction de Belousov-Zhabotinskii (30)

Nous donnons ci-dessous quelques exemples classiques qui montrent l'essentiel et quelques références permettant de poursuivre l'étude de ce sujet passionnant.

Il s'agit de la réaction d'oxydation de l'acide malonique $CH_2(COOH)_2$ par l'ion bromate, catalysée par le cérium (IV), dont l'étude commencée par Belousov (31), a été poursuivie, sur d'autres substrats organiques et sur d'autres catalyseurs par Zhabotinskii (32). La réaction est catalysée par toutes sortes de couples redox dont le potentiel standard d'oxydoréduction est compris entre 1,0 et 1,5V.

**Produits et matériels**

*Variante 1 :*

*– solution A : acide malonique (ou propanedioïque 1,3) 0,55 mol.$l^{-1}$ (15,6 g $l^{-1}$).*

*– solution B : bromate de potassium $KBrO_3$ 0,25 mol.$l^{-1}$ (41,75 g $l^{-1}$) et bromure de potassium KBr 5 $10^{-4}$ mol.$l^{-1}$ (0,0595 g $l^{-1}$) ; solution de sulfate de cérium(IV), $Ce(SO_4)_2$ , 8 $10^{-3}$ mol.$l^{-1}$ (3,232 g $l^{-1}$) dans $H_2SO_4$ 6 mol.$l^{-1}$ ; solution 0,025 mol.$l^{-1}$ de tris(orthophénantroline) fer(II) ou orthophénantroline ferreuse, (i.e. 0,695 g de sulfate ferreux à 7 molécules d'eau et 1,485 g d'orthophénantroline monohydratée, pour 100 $cm^3$).*

*– becher de 100 $cm^3$ ; verrerie graduée : une éprouvette de 25 $cm^3$ et deux éprouvettes de 10 $cm^3$ ; pipette de 1 $cm^3$ ; agitateur magnétique ; barreau aimanté.*

*Variante 2 : mêmes solutions et verrerie que dans la variante 1 ; et, pour des études plus détaillées, le réacteur thermostaté de la figure E.3.5.*

*– jeu d'électrodes : électrode au sulfate mercureux ou au calomel saturée munie d'un pont ionique de nitrate de potassium ; électrode de platine ; électrode à bromure (cf. expériences E1.3).*

*– millivoltmètre électronique ; enregistreur potentiométrique à double voie.*

**Mode opératoire**

*Variante 1 : démonstration qualitative :*

*Mélanger dans le becher de 100 $cm^3$ : 20 $cm^3$ de solution A et 20 $cm^3$ de solution B. Ajouter alors 10 $cm^3$ de solution C et 1 $cm^3$ de solution D. La solution devient bleue, car le complexe tris (orthophénantroline) du fer est sous sa forme oxydée, en présence de cérium(IV). Au bout d'un temps d'induction qui peut atteindre 10 minutes, il se produit un phénomène oscillant, dont la période est de l'ordre de 2 minutes : la solution évolue périodiquement du bleu au bleu vert, puis au rose, au bleu vert pour revenir au bleu...*

*Variantes 2 : études quantitatives :*

*Le mélange est effectué dans un récipient de 100 $cm^3$ thermostaté, dans lequel on introduit une électrode de référence et deux électrodes indicatrices du potentiel redox (platine) et de l'activité en bromure (argent recouvert de bromure d'argent). On recommence l'expérience dans les mêmes conditions que précédemment, mais en contrôlant la température et en mesurant deux paramètres expérimentaux importants : l'activité en ion bromure et le potentiel redox. L'enregistreur à double voie permet d'enregistrer simultanément les deux variables en fonction du temps, par rapport à la même électrode de référence. Il devient alors possible de mesurer quantitativement : la période des oscillations, l'amplitude des variations de $[Br^-]$ et de $[Ce^{4+}]$ / $[Ce^{3+}]$ (les activités étant confondues avec les concentrations), et leur amortissement au cours du temps en fonction de différents paramètres : température, concentrations relatives des réactifs, addition d'inhibiteurs ($Br^-$,$Cl^-$), éclairement par une lumière ultraviolette ($\lambda$< 300 nm).*

*Les résultats essentiels sont les suivants :*

*a) une augmentation de la température provoque une augmentation de la cinétique d'ensemble (une diminution de la période des oscillations et une fin plus rapide des oscillations).*

*b) la variation des concentrations initiales modifie l'amplitude des variations des concentrations au cours du temps, et la forme des oscillations (figure E3.7).*

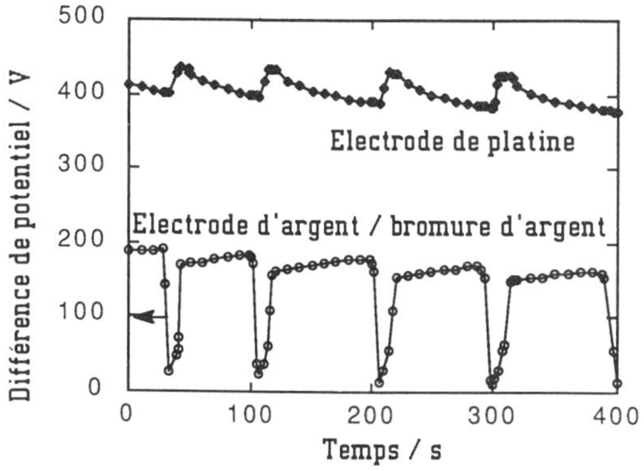


Figure E3.7

*c) l'addition des inhibiteurs ($Br^-$,$Cl^-$) et l'éclairement dans l'U.V. bloquent la réaction.*

## ■ EXPERIENCE 3.4/2

### Réaction de Bray (33)

C'est la première réaction oscillante mise en évidence par Bray en 1921. Il s'agit d'une simple dismutation de l'eau oxygénée, avec dégagement périodique de dioxygène. Briggs et Rauscher en ont proposé une variante, proche de la réaction de Belousov-Zhabotinskii, catalysée par les ions manganèse(II), en milieu iodate.

**Produits et matériels**

*Variante 1 : solution A : eau oxygénée 4,5 mol.l$^{-1}$ ; solution B : iodate de potassium $KIO_3$ 0,2 mol.l$^{-1}$ (42,8 g l$^{-1}$) dans $H_2SO_4$ 0,16 mol.l$^{-1}$(160 cm$^3$ d'acide sulfurique 1,0 mol.l$^{-1}$ par litre) ; solution C : acide malonique (ou propanedioïque 1,3) 0,55 mol.l$^{-1}$ (15,6 g l$^{-1}$) et sulfate de manganèse ($MnSO_4$, $4H_2O$) 0,02 mol.l$^{-1}$ (4,45 g l$^{-1}$) ; solution D : amidon aqueux (3%).*

*– 2 bechers de 100 cm$^3$ ; verrerie graduée : une éprouvette de 25 cm$^3$ et deux éprouvettes de 10 cm$^3$ ; pipette de 1 cm$^3$.*

*– agitateur magnétique ; barreau aimanté.*

*Variante 2 : mêmes solutions et verrerie que dans la variante 1 :*

*– jeu d'électrodes : électrode au sulfate mercureux ou au calomel saturée, munie d'un pont ionique au nitrate de potassium ; électrode de platine ; électrode à iodure.*

*– millivoltmètre électronique ; enregistreur double voie.*

*– thermocouple relié à un dispositif d'enregistrement.*

**Mode opératoire**

*Variante 1 : démonstration qualitative :*

*Mélanger dans un becher de 100 cm$^3$, 10 cm$^3$ de solution B, 10 cm$^3$ de solution C et et 1 cm$^3$ de solution D. Ajouter alors ce mélange à 10 cm$^3$ de solution A préalablement placée dans un deuxième bécher. Placer sur l'agitateur magnétique et agiter de manière continue. La période d'induction est très courte, quelques dizaines de secondes. Il se produit alors un phénomène oscillant, dont la période est de l'ordre de 20 secondes : la couleur de la solu-*

*tion évolue périodiquement en passant par les stades suivants : bleu foncé, bleu pâle, incolore, jaune clair, or, marron et retour au bleu foncé. En l'absence d'amidon, la réaction est également observable, mais moins bien. La couleur varie de l'incolore à l'or. Les oscillations s'arrêtent après 5 à 10 minutes.*

*Variantes 2 : études quantitatives :*

*Le mélange est effectué dans un récipient de 100 cm$^3$ thermostaté, dans lequel on introduit l'électrode de référence et les deux électrodes indicatrices du potentiel redox (platine) et de l'activité en iodure (argent recouvert d'iodure d'argent). On recommence l'expérience dans les mêmes conditions que pour la variante 1, mais en contrôlant la température et en mesurant les deux paramètres expérimentaux importants que sont ici l'activité en ion iodure et le potentiel redox. L'enregistreur permet, après un règlage préalable, de tracer les courbes log $[IO_3^-] / [I_2]$ et log $[I^-]$ en fonction du temps et de comparer leur évolution. Il devient alors possible de mesurer quantitativement : la période des oscillations, l'amplitude des variations de $[I^-]$ et de $[IO_3^-] / [I_2]$, leur évolution comparée et leur amortissement au cours du temps en fonction des différents paramètres expérimentaux contrôlés : température, concentrations relatives des réactifs, addition d'inhibiteurs ($Cl^-$, alcools -méthanol, 2-propanol-).*

*Les résultats essentiels sont les suivants :*

*a) une augmentation de la température provoque une augmentation de la cinétique d'ensemble (une diminution de la période des oscillations et une fin plus rapide des oscillations) ; la période étant relativement courte à 25°C, il vaut mieux opérer à plus basse température pour avoir le temps d'observer correctement les phénomènes.*

*b) la dilution de tous les réactifs entraîne une augmentation de la période des oscillations.*

*c) la variation relative des concentrations modifie l'amplitude des variations des concentrations au cours du temps, et la forme des oscillations.*

*d) l'addition d'inhibiteurs ($Cl^-$, ou alcools) bloque la réaction ; l'addition d'alcools provoque d'abord une diminution de la période puis un arrêt de la réaction.*

*e) la réaction globale est exothermique ; à l'aide du thermocouple et d'un dispositif enregistreur sensible à une élévation de quelques dixièmes de degrés, on peut mettre en évidence les paliers thermiques, à chacune des périodes de la réaction.*

## ■ EXPERIENCE 3.4/3

### Réaction oscillante dans l'espace (34)

Les deux expériences précédentes montrent des oscillations dans le temps. Il est également possible, en jouant sur les conditions initiales de montrer de spectaculaires oscillations dans l'espace. C'est ce qui est proposé ici, dans une variante de la réaction de Belouzov-Zhabotinskii :

**Produits et matériels**

*– solution A : placer dans un erlenmeyer 67 cm$^3$ d'eau distillée ; y ajouter avec précaution (à cause de l'échauffement important) 2 cm$^3$ d'acide sulfurique concentré (18 mol.l$^{-1}$), puis 5 g de bromate de sodium ; solution B : acide malonique (ou propanedioïque 1,3) 1 mol.l$^{-1}$ (≈10,0 g pour 100 cm$^3$) ; solution C :*

*bromure de sodium NaBr 1 mol.l$^{-1}$ (≈ 10,0 g pour 100 cm$^3$) ; solution de sulfate de cérium(IV), Ce(SO$_4$)$_2$ , 8 10$^{-3}$ mol.l$^{-1}$ (3,232 g l$^{-1}$) dans H$_2$SO$_4$ 6 mol.l$^{-1}$; solution D : orthophénantroline ferreuse 0,025 mol.l$^{-1}$ (i.e. 0,43 g de sulfate ferreux et 1,45 g d'orthophénantroline, monohydratée pour 100 cm$^3$).*

*– boîte de Pétri de 8 cm environ de diamètre ; un erlenmeyer de 100 cm$^3$ et un de 10 cm$^3$ ; trois pipettes graduées de 1 cm$^3$ et une de 10 cm$^3$.*

**Mode opératoire**

*Mélanger dans l'erlenmeyer de 10 cm$^3$ : 6 cm$^3$ de la solution A, 1 cm$^3$ de la solution B et 0,5 cm$^3$ de la solution C. Il se dégage des vapeurs de brome. Il est donc recommandé de se placer sous une hotte. A la fin du dégagement (après quelques dizaines de secondes), ajouter 1 cm$^3$ de la solution D. Bien agiter le mélange. Verser quelques cm$^3$ de ce mélange dans la boite de Pétri de manière à obtenir une hauteur de solution d'environ 1,5 mm. Placer sur un rétro-projecteur. Couleur rouge.*

*Peu à peu se forment périodiquement, et se déplacent à partir de leur point de formation, des vagues de couleur bleu clair, en forme de cercles concentriques ou de spirales. Il s'agit souvent d'un spectacle d'une grande beauté qui peut devenir fascinant. Au cas où les oscillations spatiales ne démarrent pas rapidement, on peut les provoquer, en touchant la solution en un point avec une pointe métallique chauffée, ou encore en remuant la solution pour provoquer l'apparition de spirales. Sinon, ne pas toucher et éviter les courants d'air.*

*La chimie du système est très proche de celle de l'expérience 4.3 /1.*

☐ DISCUSSION

### Réaction de Belousov et Zhabotinskii (35,36)

La discussion ci-dessous s'inspire des interprétations proposées par Field, Körös et Noyes dans la référence 35a, qui est l'étude fondamentale pour ce système. Nous en reprenons également les notations.

L'équation globale de la réaction est la suivante :

$$3BrO_3^- + 5CH_2(COOH)_2 + 3H^+ \longrightarrow 3CHBr(COOH)_2 + 2HCOOH + 4CO_2 + 5H_2O \quad (\Delta G° < 0)$$

On peut considérer qu'elle est la somme de trois réactions principales :

$$BrO_3^- + 2Br^- + 3CH_2(COOH)_2 + 3H^+ \longrightarrow 3CHBr(COOH)_2 + 3H_2O \quad (A)$$
$$BrO_3^- + 4Ce^{3+} + CH_2(COOH)_2 + 5H^+ \longrightarrow CHBr(COOH)_2 + 4Ce^{4+} + 3H_2O \quad (B)$$
$$4Ce^{4+} + CHBr(COOH)_2 + 2H_2O \longrightarrow Br^- + 4Ce^{3+} + HCOOH + 2CO_2 + 5H^+ \quad (R_{10})$$

Le mécanisme lui-même comporte au moins les dix étapes R$_1$ à R$_{10}$, considérées soit comme des actes élémentaires, soit comme des étapes à cinétique bien définie :

$$HBrO + Br^- + H^+ \rightleftharpoons Br_2 + H_2O \quad (R_1)$$
$$HBrO_2 + Br^- + H^+ \longrightarrow 2HOBr \quad (R_2)$$
$$BrO_3^- + Br^- + 2H^+ \longrightarrow HBrO_2 + HOBr \quad (R_3)$$
$$2HBrO_2 \longrightarrow BrO_3^- + HOBr + H^+ \quad (R_4)$$
$$BrO_3^- + HBrO_2 + H^+ \rightleftharpoons 2BrO_2^\bullet + H_2O \quad (R_5)$$
$$BrO_2^\bullet + Ce^{3+} + H^+ \rightleftharpoons HBrO_2 + Ce^{4+} \quad (R_6)$$
$$BrO_2^\bullet + Ce^{4+} + H_2O \longrightarrow BrO_3^- + Ce^{3+} + 2H^+ \quad (R_7)$$
$$Br_2 + CH_2(COOH)_2 \longrightarrow CHBr(COOH)_2 + Br^- + H^+ \quad (R_8)$$
$$6Ce^{4+} + CH_2(COOH)_2 + 2H_2O \longrightarrow 6Ce^{3+} + HCOOH + 2CO_2 + 6H^+ \quad (R_9)$$

On remarque que l'étape autocatalytique correspond à l'ensemble des deux réactions R$_5$ et R$_6$, qui à partir d'une molécule de HBrO$_2$ en forme deux, par l'intermédiaire de $BrO_2^\bullet$ ; les étapes d'inhibition correspondent au contraire à la disparition de $HBrO_2$ et de $BrO_2^•$ (réactions $R_2$ et $R_7$). Les caractéristiques principales de la réaction sont résumées sur la figure E3.8. On y distingue clairement les deux grandes phases d'oxydation et de réduction, liées respectivement à la prédominance de l'autocatalyse ($[BrO_2^•]$ important et $[Br^-]$ faible) et de l'inhibition (augmentation de $[Br^-]$ qui bloque la réaction).

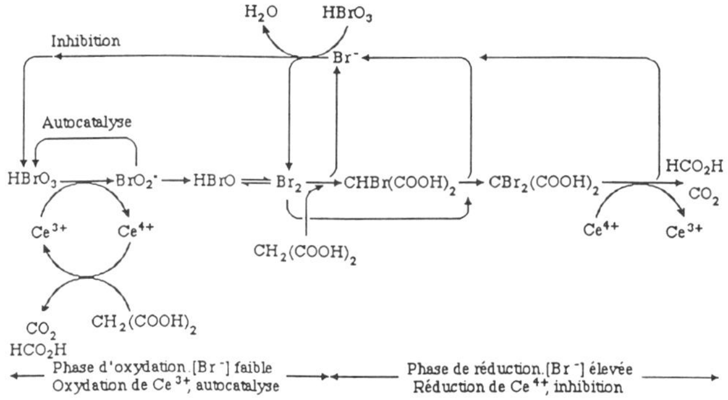


Figure E3.8 : Schéma de la réaction de Belousov

**Réaction de Bray** (37)

La réaction globale s'écrit simplement (voir expérience 3.3/2) :

$$2H_2O_2 \longrightarrow H_2O + 1/2O_2$$

On peut la décomposer en deux réactions principales :

$$5H_2O_2 + I_2 \longrightarrow 2HIO_3 + 4H_2O$$

$$5\,H_2O_2 + 2\,HIO_3 \longrightarrow 5O_2 + I_2 + 6H_2O$$

qui correspondent aux deux phases, oxydante et réductrice, des oscillations.

Le mécanisme apparait plus complexe encore que celui de la réaction de Belousov-Zhabotinskii (38). Le mécanisme de la variante de Briggs et Rauscher, proposée ici, est proche de celui de la réaction de Belousov-Zhabotinskii ci-dessus, et nous renvoyons le lecteur intéressé à la littérature originale (39).

**Discussion de la réaction oscillante dans l'espace**

L'apparition de phénomènes oscillatoires spatiaux est liée à l'existence de gradients de concentrations dans le système étudié. Ceux-ci peuvent être volontairement provoqués ou peuvent provenir des conditions initiales qui ont une importance fondamentale dans le déclenchement des oscillations. La chimie est la même que celle explicitée pour les oscillations temporelles. On se reportera à la référence 40, pour découvrir ou approfondir ce domaine passionnant, dans des ouvrages clairs et souvent illustrés de manière superbe (40f).

# 5. REACTIONS REDOX PHOTOCHIMIQUES

Les réactions d'oxydoréduction peuvent être provoquées par l'arrivée d'un photon sur une substance sensible, qui forme une image latente, révélée ultérieurement. Ce processus est à la base de la plupart des procédés photographiques. En particulier les ions argent, dans le bromure d'argent, peuvent être réduits à l'état d'argent métallique, noir. La chimie du procédé photographique a été très étudiée et des variantes pour démonstrations qualitatives sont disponibles dans la littérature (41).

Nous donnons ci-dessous une seule expérience, connue sous le nom de « photographie en bleu » (blue printing), particulièrement spectaculaire et facile à réaliser avec les produits courants du laboratoire de chimie.

## ■ EXPERIENCE 3.5/1

### Photographie en bleu (42)

#### Produits et matériels

*– solution A : dans un becher de 200 $cm^3$, mélanger 10 $cm^3$ d'acide oxalique 0,22 $mol.l^{-1}$, 20 $cm^3$ d'une solution 1,75 $mol.l^{-1}$ d'hydrogénophosphate d'ammonium $(NH_4)_2HPO_4$ ; agiter le mélange vigoureusement ; puis, en se plaçant à l'abri de la lumière, ajouter en agitant 100 $cm^3$ d'une solution 0,22 $mol.l^{-1}$ de chlorure ferrique $FeCl_3$. S'il se produit un précipité, le redissoudre par agitation énergique. Stocker la solution vert-jaune dans un récipient inactinique ou à l'abri de la lumière ; solution d'hexacyanoferrate(III) de potassium, $K_3Fe(CN)_6$ ,0,03 $mol.l^{-1}$ ; solution de bichromate de potassium $K_2Cr_2O_7$ , 0,015 $mol.l^{-1}$ ; solution d'acide chlorhydrique 0,1 $mol.l^{-1}$.*

*– un becher de 200 $cm^3$ ; 4 boîtes de Pétri de grand diamètre (15 cm environ) ; plaques de verre mince, 15 •15 cm ; quarts de feuilles de papier 21•29,7 cm ; feuilles de papier filtre ; bain de lavage à eau courante.*

*– une lampe de 150 à 250 watts et support ; objets à photographier (clef, silhouettes de personnages découpées dans du carton rigide, négatifs de films bien contrastés...).*

#### Mode opératoire

*1) Préparation du papier « photographique » :*

*Cette opération doit être effectuée à l'abri de la lumière, ou en lumière atténuée. Placer une quantité suffisante de solution A dans une des boites de Pétri de façon à pouvoir y tremper commodément les feuilles de papier blanc, coupées aux dimensions souhaitées. Bien humecter la feuille des deux côtés. Retirer le papier. Le sécher sommairement entre deux feuilles de papier filtre, en évitant un contact prolongé, car le papier filtre contient des agents réducteurs. Préparer ainsi autant de feuilles de papier que d'expériences prévues. Laisser sécher à l'air : une durée de séchage de 10 à 15 minutes est suffisante si l'on opère ensuite avec des originaux très contrastés et qui ne craignent pas d'oxydation ; 12 heures sont préférables si l'on souhaite réaliser un travail plus délicat avec des négatifs de films, dont la gélatine peut être attaquée par le chlorure ferrique.*

*2) Exposition :*

*Placer le papier ainsi préparé et sec sur une plaque de verre. Le recouvrir par l'objet à reproduire. Placer une deuxième plaque de verre sur le tout. Exposer à la lumière, sans toucher au montage pendant la durée de l'exposition (de 5 à 30 minutes avec une lampe située à 20 cm du papier sensible, par exemple).*

*3) Révélation :*

*A l'issue de l'exposition, tremper le papier dans le bain de révélation d'hexacyanoferrate, contenu dans une boite de Pétri : immerger rapidement et continûment l'ensemble du papier, pour assurer une révélation uniforme du cliché. Laisser quelques dizaines de secondes. Retirer le papier et le plonger d'abord dans le bain de bichromate puis dans le bain d'acide chlorhydrique contenus chacun dans une boite de Pétri. Laver enfin dans un bain à grande eau. Laisser sécher. On obtient des clichés blancs sur fond bleu. On peut améliorer les résultats en variant les conditions d'éclairement (place de la lampe, durée d'exposition). Des clichés bien contrastés sont obtenus après illumination pendant une demi heure environ d'objets à silhouettes bien définies (clef plate, silhouette en carton).*

*NB : malgré sa grande stabilité, le complexe hexacyanoferrate placé en milieu acide dégage du cyanure d'hydrogène, extrêmement toxique. Prendre garde à ne pas mélanger, notamment lors de l'élimination des bains résiduels, hexacyanoferrate et solutions acides* [43].

☐ DISCUSSION

La chimie du système est relativement simple : la solution d'imprégnation du papier contient du tris(oxalato)ferrate(III), $\{Fe^{III}(C_2O_4)_3\}^{3-}$, de couleur jaune-vert. Les ions hydrogénophosphate complexent les ions ferriques et donnent des complexes incolores, comme le tris(hydrogénophosphato) ferrate(III), $\{Fe^{III}(HPO_4)_3\}^{3-}$, qui diminuent la sensibilité de l'oxalate ferrique à la lumière ambiante. Le complexe ferrique, sous l'effet des photons lumineux, subit une oxydoréduction interne ; l'ion fer(III) est réduit à l'état de fer(II), tandis qu'une partie des anions oxalate est oxydée à l'état de dioxyde de carbone :

$$Fe(III) + e^- \rightleftharpoons Fe(II) \quad E°_{Fe^{3+}/Fe^{2+}} = 0{,}77 \text{ V}$$

$$2CO_2(g) + 2H^+ + 2e^- \rightleftharpoons H_2C_2O_4 \quad E°_{CO_2/H_2C_2O_4} = -0{,}49 -0{,}06 \text{ pH} \quad (V)$$

La réaction totale est donc :

$$2\{Fe^{III}(C_2O_4)_3\}^{3-} \rightleftharpoons 2Fe^{2+} + 2CO_2(g) + 5C_2O_4^{2-} \text{ (avec } h\nu)$$

La révélation est réalisée par la formation de bleu de Prusse :

D'abord : $Fe^{2+} + \{Fe^{III}(CN)_6\}^{3-} \longrightarrow Fe^{3+} + \{Fe^{II}(CN)_6\}^{4-}$

Puis : $4Fe^{3+} + 3\{Fe^{II}(CN)_6\}^{4-} \longrightarrow \{Fe^{III}_4[Fe^{II}(CN)_6]_3\}$

Les solutions de bichromate de potassium et d'acide chlorhydrique jouent le rôle de fixateurs de l'image. Elles permettent d'éliminer les produits qui n'ont pas réagi, sans détruire l'image ainsi formée.

## BIBLIOGRAPHIE DU CHAPITRE E3


1 – Tested Demonstrations in Chemistry, 6ème éd., Éditeurs H.N. Alyea et F.B. Dutton, Journal of Chemical Education, Easton, 1965 ; a) p. 187 ; b) p. 179 ; c) p. 19.

2 – J.A. CAMPBELL, Why do chemical reactions ocur ? Prentice Hall, New York, 1964.

3 – Tested Demonstrations, *J. Chem. Educ.*, 1970, **47**, A335.

4 – The Merck Index, 9ème éd., Éditeur M. Windholz, Merck, Rahway, 1976 : Resazurine, Article 7933 ; Carmin d'indigo, Article 4828 ; Benzoïne, Article 1102.

5 – E. BISHOP, Indicators, Pergamon, Oxford, 1972, p. 501.

6 – a) Manipulations de chimie, Éditeur S. Rouault, *Bull. Union Phys.*, 1976, **589**, 353 ainsi que *Bull. Union Phys.*, **629**, 343, **644**, 872.
b) Nuffield Chemistry, The sample scheme Stages I and II, The Basic Course, p. 336, Nuffield Foundation, Longmans/Penguin Books, Londres, 1968.

7 – P.C. MOEWS, R.H. PETRUCCI, The oxidation of iodide ion by persulfate ion, *J. Chem. Educ.*, 1964, **41**,549.

8 – Modern Experiments for Introductory College Chemistry, p. 81, Éditeurs H.A. Neidig, W.F. Kieffer, Journal of Chemical Education, Easton, 1967.

9 – C. KAPPENSTEIN, *Bull. Union Phys.*, 1982, **644**, 866.

10 – a) D.P. SHOEMAKER, C.W. GARLAND, J.I. STEINFELD, Experiments in physical chemistry, 3ème éd., p. 273 *sq*, McGraw Hill, New York, 1974.
b) G. CHARLOT, L'analyse qualitative et les réactions en solution, 5ème éd., p. 347 et 368, Masson, Paris, 1963.

11 – D. BRENNAN et C.F.H. TIPPER, Experiments in physical chemistry, Mc Graw Hill, Londres, 1967, p. 166.

12 – I.M. KOLTHOFF, P.J. ELVING, Treatise on analytical chemistry, Vol. I, Part I, Wiley-Interscience, 1959, p. 190 *sq*.

13 – La cinétique de la réaction par spectrophotométrie, avec utilisation parallèle d'un microordinateur est décrite dans : L.M. JULIEN, *J. Chem. Educ.*, 1984, **61**, 827.
14 – J.L. LAMBERT, G.T. FINA, Iodine clock reaction mechanisms, *J. Chem. Educ.*, 1984, **61**, 1037.
15 – a) A.L. LEHNINGER, Biochemistry, 2ème éd.,Worth, New York, 1975, p. 264.
b) R.C. TEITELBAUM, S.L. RUBY, T.J. MARKS, *J. Am. Chem. Soc.*, 1980, **102**, 3322.
c) A.F. WELLS, Structural inorganic chemistry, 4ème éd., Oxford University Press, Oxford, 1975.
16 – I.J. MC NAUGHT, Thermodynamic versus kinetic control : a lecture demonstration, *J. Chem. Educ.* , 1978, **55**, 722.
17 – F. MINISCI, A. CITTERO, Electron-Transfer Processes : Peroxodisulfate, a Useful and Versatile Reagent in Organic Chemistry, *Acc. Chem. Res.*, 1983, **16**, 27.
18 – Tested Overhead Projections Series, Démonstrations 30 à 41, Editeur H.N. Alyea, *J. Chem. Educ.*, Easton, 1967.
19 – a) Nuffield Advanced Science, Chemistry, Vol. II, Exp.14.5, Nuffield Foundation, Penguin, Harmondsworth, 1970.
b) P. RENDLE, M. VOKINS, P. DAVIS, Experimental Chemistry, 2ème éd., p. 137, Arnold, Londres, 1972.
c) A.M. JAMES, F.E. PRITCHARD, Practical Physical Chemistry, 3ème éd., Longman, Harlow, 1974, p. 209.
20 – Nuffield Chemistry, Collected Experiments, Exp. E 14.17, Nuffield Foundation, Longmans/Penguin Books, Londres, 1968.
21 – P.T. RUDA, A versatile kinetics demonstrations (T.D.), *J. Chem. Educ.*, 1978, **55**, 652.
22 – a) M. GOURSON, *Bull. Union Phys.*, 1971, **537**, 1059.
b) F. A. COTTON, G. WILKINSON, Advanced Inorganic Chemistry, 5ème éd., p. 1276, Wiley, New York, 1988.
23 – K.J. LAIDLER, Chemical kinetics, p. 485, Mc Graw Hill, New York, 1965.
24 – W.G. BARB, J.H. BAXENDALE, P. GEORGE, K.R. HARGRAVE, *Trans. Faraday Soc.*, 1951, **47**, 462.
25 – N.N. GREENWOOD, A. EARNSHAW, Chemistry of the elements, Pergamon Press, Oxford, 1984, p. 742 *sq.*
26 – M.J. WEBB, Aqueous hydrogen peroxide : its household uses and concentration units, *J. Chem. Educ.*, 1985, **62**, 152.
27 – F. MATA-PEREZ, J.F. PEREZ BENITO, The kinetic rate law for autocatalytic reactions, *J. Chem. Educ.*, 1987, **64**, 925.
28 – J.D. WORLEY, Hydrogen peroxide in cleansing antiseptics, *J. Chem. Educ.*, 1983, **60**, 678.
29 – On trouvera des éléments d'information générale dans la bibliographie donnée à la référence 22 de la partie théorique de ce chapitre.
30 – a) R.J. FIELD, A reaction periodic in time and space, *J. Chem. Educ.* 1972, **49**, 308.
b) J.F. LEFELHOCZ, The color blind traffic, *J. Chem. Educ.*, 1972, **49**, 312.
c) H.D. HAWKINS, H. SMITH, K. SQUARE, *Ed. Chem.*, Oscillating chemical reactions, 1975, **12**, 144.
d) J.L. BRISSET, *Bull. Union Phys.*, 1980, **629**, 371.
e) A.T. WINFREE, *J. Chem. Educ.* 1984, **61**, 661.
f) B.Z. SHAKASHKIRI, Chemical demonstrations : a handbook for teachers of chemistry, Vol. 1, 232-307, University of Wisconsin, Madison, 1985.
31 – B.P. BELOUSOV, *Sb. Ref. Rad. Med.*, p. 145, Megdiz, Moscou, 1958.

32 – A.M. ZHABOTINSKII, *Dokl. Akad. Nauk SSSR*, 1964, **157**, 392.

33 – T.S. BRIGGS, W.C. RAUSHER, An oscillating iodine clock, *J. Chem. Educ.* 1973, **50**, 496.

34 – a) R.J. FIELD, A.T. WINFREE, Travelling waves of chemical activity, *J. Chem. Educ.* 1979, **56**, 754.
b) J. WALKER, Comment obtenir des systèmes chimiques oscillant entre deux couleurs, *Pour la Science*, 1978, 107.

35 – a) R.J. FIELD, E.KOROS, R.M. NOYES, *J. Am. Chem. Soc.*, 1972, **94**, 8649.
b) R.J. FIELD, R.M. NOYES, Mechanisms of chemical oscillators :
I Conceptual bases, *Acc. Chem. Res.*, 1977, **10**, 214.
II Experimental examples, *Acc. Chem. Res.*, 1977, **10**, 273.

36 – a) P. RUOFF, M. VARGA, E. KOROS, How bromate oscillators are controlled, *Acc. Chem. Res.*, 1988, **21**, 326.
b) R.M. NOYES, Oscillatory reactions, in Mc Graw Hill Encyclopedia of chemistry, p. 716, S.P. Parker éditeur, New-York, 1982.
c) J. LIVAGE, Les réactions oscillantes, Universalia 1978, p. 205, Encyclopaedia universalis, Paris.

37 – J.C. BRAY, *J. Am. Chem. Soc.*, 1921, **43**, 1262.

38 – K. SHARMA, R.M. NOYES, *J. Am. Chem. Soc.*, 1976, **98**, 4345.

39 – a) S.D. FURROW, R.M. NOYES, *J. Am. Chem. Soc.*, 1982, **104**, 38.
b) P. DE KEPPER, I.R. EPSTEIN, *J. Am. Chem. Soc.*, 1982, **104**, 49.

40 – a) A.T. WINFREE, Rotating chemical reactions, *Scientific American*, 1974, 82.
b) C. VIDAL, J.C. ROUX, Comment nait la turbulence, *Pour la Science*, 1981, 50.
c) A. PACAULT, C. VIDAL, *J. Chim. Phys.*, 1982, **79**, 691.
d) P. BERGE, Y. POMEAU, Ch. VIDAL, L'ordre dans le chaos, Hermann, Paris, 1984.
e) F. ARGOUL, A. ARNEODO, P. RICHETTI, J.C. ROUX, H.L. SWINNEY, Chemical chaos : from hints to confirmation, *Acc. Chem. Res.*, 1987, **20**, 436.
f) Ch. VIDAL, H. LEMARCHAND, La réaction créatrice, Hermann, Paris, 1988.
g) I.R. EPSTEIN, The role of flow-system in far-from-equilibrium dynamics, *J. Chem. Educ.*, 1989, **66**, 191.
h) Ch. VIDAL, Les ondes chimiques, *La Recherche*, Décembre 1989.

41 – a) M. DUBUSC, M. SOULIE, J. REY, N. de BEAUNE, Oxydoréduction en photographie, *Bull. Union Phys.*, 1979,**619**, 285.
b) R. FAVERGE, Principe de la photographie, *Bull. Union Phys.*, 1967,**497**, 723.
c) M. BOURTON, Logiciel photo-couleur, *Bull. Union Phys.*, 1985, **671**, 621.
d) A. DELMOTTE, Photographie, *Bull. Union Phys.*, 1985, **671**, 641.
e) M. DUBUSC, A. SOULIE, Couleur et colorants, *Bull. Union Phys.*, 1983, **658**, 129.
f) M. DUBUSC, A. SOULIE, Procédés photographiques instantanés en couleur, *Bull. Union Phys.*, 1983, **658**, 147.
g) J. BELLONI-COFIER, J. AMBLARD, J.L. MARIGNIER, M. MOSTAFAVI, La photographie révélée, *La Recherche*, 1990, **217**, 48.

42 – J.D.Mc CULLOUGH, H.W. STONE, Experimental general chemistry, Expérience N° 33, p. 203, Mc Graw Hill, New York, 1963.

43 – C. HOUK, C. HART, A cyanide incident case study, *J. Chem. Educ.*, 1987, **64**, A234 .

# CHAPITRE 4

# REACTIONS ELECTROCHIMIQUES ET ELECTROLYSE

L'étude thermodynamique du chapitre 1 indique la valeur du potentiel prise par une électrode placée dans des conditions d'équilibre thermodynamique. Par exemple, une électrode de platine plongeant dans une solution aqueuse d'un mélange d'ions ferreux et ferriques prend le potentiel d'équilibre $E_{eq}$ dont la valeur est donnée par la loi de Nernst :

$$E_{eq} = E°_{Fe^{3+}/Fe^{2+}} + RT / F \ln ([Fe^{3+}]_{initial} / [Fe^{2+}]_{initial})$$

Si l'on impose à cette électrode, à l'aide d'un dispositif électrique, un potentiel E différent de $E_{eq}$, le système évolue vers un nouvel état d'équilibre : cette évolution est une modification des concentrations des cations ferreux et ferriques jusqu'à ce que soit satisfaite la relation :

$$E = E°_{Fe^{3+}/Fe^{2+}} + RT / F \ln ([Fe^{3+}]_{final} / [Fe^{2+}]_{final})$$

Si $E > E_{eq}$, le rapport des concentrations doit croître au cours de l'évolution : il y a donc oxydation de $Fe^{2+}$ en $Fe^{3+}$. Si $E < E_{eq}$, le rapport des concentrations doit décroître au cours de l'évolution : il y a donc réduction de $Fe^{3+}$ en $Fe^{2+}$. On appelle surtension $\eta$ (et quelquefois polarisation) la différence entre le potentiel appliqué E à l'électrode et son potentiel d'équilibre $E_{eq}$ :

$$\eta = E - E_{eq}$$

Ainsi, la thermodynamique permet de prévoir le sens d'évolution du système selon le potentiel imposé à l'électrode. Cependant, elle ne dit rien de la vitesse de cette évolution. La cinétique de telles évolutions fait l'objet de ce chapitre.

## 1. CINETIQUE DES REACTIONS ELECTROCHIMIQUES

### 1.1. DEFINITIONS

#### 1.1.1. REACTION ELECTROCHIMIQUE (1)

Considérons la réaction $Ox + n e^- \rightleftharpoons R$ se produisant à la surface d'une électrode. Une telle réaction, dite électrochimique, est le transfert de n électrons entre une phase à conduction électronique, métal ou semi conducteur, et une phase à conduction ionique, liquide ou solide. Ce transfert de charge se produit à l'interface entre deux phases de natures différentes ; la cinétique électrochimique relève donc de la cinétique chimique hétérogène.

#### 1.1.2. VITESSE DE REACTION

Soit la réaction électrochimique d'équation très générale :

$$\nu_1 A_1 + \nu_2 A_2 + \ldots + \nu_i A_i + ne^- \rightleftharpoons \nu'_1 A'_1 + \ldots + \nu'_i A'_i + \ldots$$

Comme en cinétique chimique, pour un système fermé, on peut définir la vitesse de réaction dans le sens direct : la vitesse de réduction est la quantité, ramenée à l'unité de coefficient stoechiométrique, $N_i / \nu_i$, de l'espèce $A_i$ transformée par unité de temps et de surface d'électrode :

$$v_{red} = - (1 / \nu_i) \, dN_i / dt$$

Cette vitesse est indépendante du composé $A_i$ choisi. Elle est aussi égale à $+ (1 / \nu'_i) \, dN'_i / dt$.

Inversement, la vitesse d'oxydation est définie par :

$$v_{ox} = - (1 / \nu'_i) \, dN'_i / dt = (1 / \nu_i) \, dN_i / dt$$

A la vitesse de réaction est associée la densité de courant j qui circule dans l'électrode, du fait du transfert des n $e^-$ à sa surface, définie comme la quantité d'électricité transférée par unité de temps et de surface à l'interface conducteur électronique / conducteur ionique :

$$j = dQ / dt \qquad \text{avec} \qquad Q = n F N_i / \nu_i$$

F est la constante de Faraday : $F = N_A e^- = 96484{,}56 \text{ C.mol}^{-1}$.

Une convention de l'U.I.C.P.A. indique que les intensités sont comptées positivement si la réaction électrochimique est une oxydation, négativement s'il s'agit d'une réduction (2). Conventionnellement aussi, l'électrode à la surface de laquelle se produit une oxydation est appelée anode, et celle qui est le siège d'une réduction est dite cathode. Les densités de courants anodique $j_a$ et cathodique $j_c$ sont liées respectivement aux vitesses des réactions d'oxydation et de réduction :

$$j_a = n F v_{ox}$$

$$j_c = - n F v_{red}$$

Lorsque les deux réactions opposées se produisent simultanément sur la même électrode, l'intensité totale j par unité de surface du courant électrique qui traverse l'interface est :

$$j = j_a + j_c = n F (v_{ox} - v_{red})$$

### 1.1.3. LOIS DE VITESSE

Comme pour toute réaction en cinétique chimique hétérogène, la vitesse d'une réaction électrochimique peut être fonction de la concentration des espèces réagissantes, de la température et de la pression, mais aussi de l'aire S de l'interface. L'intensité i est proportionnelle à l'aire de l'électrode :

$$i = j S = n F S (v_{ox} - v_{red})$$

A la différence de la cinétique des réactions chimiques, la vitesse v d'une réaction électrochimique est fonction d'un paramètre supplémentaire, le potentiel E de l'électrode ; elle peut se mettre sous la forme générale :

$$v = k(T, P, E) \times f(c_i)$$

$f(c_i)$ est une fonction des concentrations des réactifs qui peut souvent s'écrire sous la forme d'un produit de ces concentrations $c_i$ élevées à une puissance $\omega_i$, qui définit l'ordre partiel $\omega_i$ de la réaction vis à vis de chaque constituant :

$$f(c_i) = \prod_i c_i^{\omega_i}$$

k (T, P, E) est la constante de vitesse. Elle est fonction des grandeurs intensives T, P et E. Comme nous l'avons vu au chapitre 3, k peut s'exprimer à l'aide de la théorie du complexe activé, en introduisant l'enthalpie libre $\Delta G^‡$ d'activation qui peut être ici fonction du potentiel :

$$k = A \exp \left(- \Delta G^‡ / RT\right)$$

Ainsi, la densité de courant j est une fonction du potentiel E imposé à l'électrode. Elle est proportionnelle à la vitesse de la réaction électrochimique, qu'elle permet de mesurer : au lieu de dénombrer le nombre de molécules $A_i$ transformées en A'i ou inversement, on compte les électrons qui circulent à travers l'électrode en observant le sens de cette circulation. Les courbes intensité-potentiel (ou courbes de polarisation), qui représentent les variations de j en fonction de E, sont donc une représentation de l'influence du potentiel sur la vitesse des réactions électrochimiques.

## 1.2. MECANISME DES REACTIONS ELECTROCHIMIQUES

### 1.2.1. LES ETAPES REACTIONNELLES

Les différents types d'étapes qui, de façon générale, peuvent intervenir au cours d'une réaction électrochimique sont rassemblés sur le schéma de la figure 4.1.

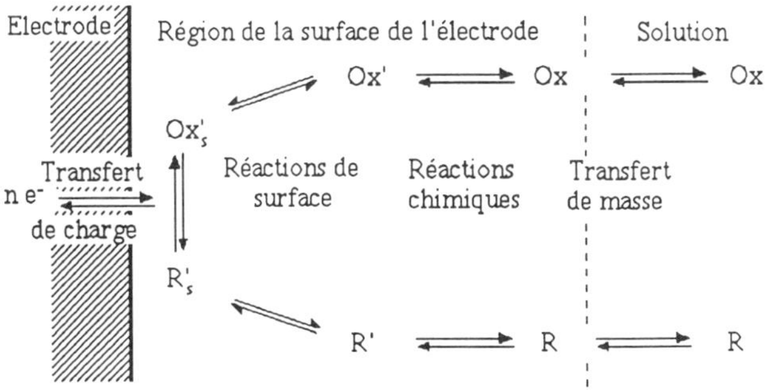


Figure 4.1

En effet, comme la réaction chimique, la réaction électrochimique est généralement une succession d'étapes élémentaires. Ces processus sont :

* **le transfert de masse** : c'est le transport de matière entre le sein de la solution et la surface de l'électrode (apport de réactif et / ou départ du produit).

On distingue trois modes de transport de matière en solution :

– la **migration** : déplacement des ions sous l'effet du champ électrique dans un gradient de potentiel électrique.

– la **diffusion** : déplacement de matière des milieux les plus concentrés vers les moins concentrés. La diffusion est le déplacement sous l'effet d'un gradient de potentiel chimique. La réaction électrochimique provoque une variation des concentrations des espèces au voisinage de l'électrode d'où il résulte que la concentration n'est pas la même à la surface de l'électrode et au sein de la solution.

– la **convection** ou convexion : les déplacements dus à des phénomènes autres que migration et diffusion sont rangés sous le nom de convection. Ils peuvent être dus à un gradient de température, de pression... L'agitation mécanique de la solution est le plus important.

* **le transfert de charge** : le transfert des électrons se produit à la surface de l'électrode dans la double couche (épaisseur de l'ordre de la dizaine d'angströms)

* **des réactions chimiques**, telles que des déshydratations, des complexations, des échanges de protons etc..., peuvent intervenir avant ou après le transfert des électrons.

* **des réactions de surface**, telles que l'adsorption et la désorption ou la croissance de cristaux.

Ainsi, des phénomènes de différente nature peuvent opposer une inertie à l'évolution du système sous l'effet d'une polarisation de l'électrode, et limiter la vitesse de la réaction électrochimique globale. Un vocabulaire un peu ancien fait état de « polarisation de concentration » lorsque la limitation est due au transfert de masse et de « polarisation d'activation » lorsque la réaction à l'électrode est limitante. Dans certains cas, il existe une « polarisation de résistance » liée à la chute ohmique dans l'électrolyte ou à un film résistant autour de l'électrode.

#### 1.2.2. MECANISMES

Comme en cinétique chimique, on peut rendre compte de la vitesse de la réaction globale à partir des lois de vitesse des étapes élémentaires ; ces étapes élémentaires doivent être thermodynamiquement permises et répondre en outre aux critères suivants :

– chaque étape élémentaire ne met en jeu qu'un petit nombre de ruptures ou de formations de liaisons chimiques ou bien le transfert d'un petit nombre d'électrons.

– le principe de l'état stationnaire peut être utilisé dans les mêmes conditions qu'en cinétique chimique.

– dans une réaction complexe résultant de réactions successives, l'étape qui impose la vitesse de la réaction globale est dite cinétiquement déterminante ou étape limitante.

En pratique, deux situations particulières, pour lesquelles il existe une étape cinétiquement déterminante, présentent une grande importance et sont abordées dans les paragraphes suivants. Le premier cas est celui où le transfert de charge est limitant (cf. § 2) et le second correspond à une limitation de la vitesse de réaction par le transfert de masse, dans le cas particulier où il s'agit de diffusion (cf. § 3).

## 2. CINETIQUE DU TRANSFERT DE CHARGE

On s'intéresse à la vitesse du transfert électronique à la surface de l'électrode. Expérimentalement, celle-ci peut être atteinte lorsque l'on se place dans des conditions telles que les autres phénomènes ne soient pas limitants (cf. § 1.2 ci-dessus).

### 2.1. DESCRIPTION PHENOMENOLOGIQUE

L'allure des courbes intensité (ou densité de courant)-potentiel permet de distinguer deux cas typiques, les systèmes rapides et les systèmes lents.

#### 2.1.1. SYSTEMES RAPIDES

C'est le cas, envisagé dans l'introduction, d'une électrode de platine immergée dans une solution d'ions ferreux et ferriques. Lorsque le courant circulant dans l'électrode est nul, celle-ci prend le potentiel d'équilibre $E_{eq}$. Si on impose $E > E_{eq}$, il circule un courant (anodique) relativement intense, même si $(E - E_{eq})$ est faible. De même, si $E < E_{eq}$, il circule un courant (cathodique) relativement intense même pour une faible valeur de la surtension. On peut dire également que même si l'électrode est parcourue par un courant intense, son potentiel est peu différent de $E_{eq}$. La vitesse du transfert électronique est élevée. Le système est dit rapide.

On peut également analyser le phénomène comme suit. Dans une solution contenant presque exclusivement des ions $Fe^{2+}$, le potentiel d'équilibre est $E_a$, inférieur au potentiel $E_{eq}$ envisagé précédemment. En appliquant $E > E_a$, on provoque uniquement l'oxydation de $Fe^{2+}$ (courbe anodique en trait fin sur la figure 4.2). Dans une solution contenant presque exclusivement des ions $Fe^{3+}$, le potentiel d'équilibre est $E_c$, supérieur à $E_{eq}$ envisagé antérieurement. En appliquant $E < E_c$, on provoque uniquement la réduction de $Fe^{3+}$ (courbe cathodique, figure 4.2). Le cas du mélange des deux cations peut être considéré comme la superposition de ces deux cas particuliers, et la courbe globale (trait plein) comme la somme des courbes anodique et cathodique :

$$j_{global} = j_a + j_c$$

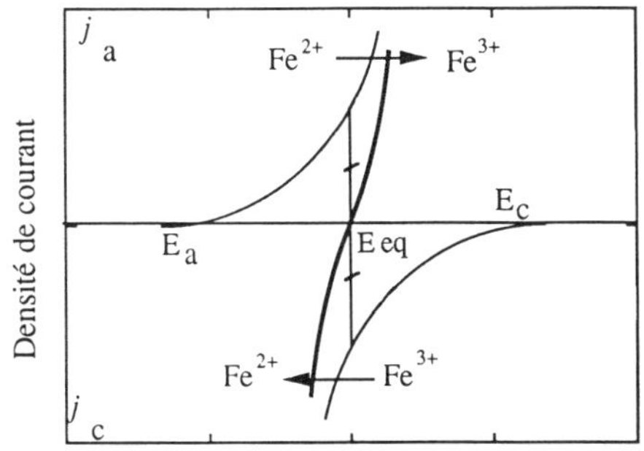


Différence de potentiel

Figure 4.2

Il existe donc, dans le cas des systèmes rapides, un domaine de potentiel pour lequel les deux réactions électrochimiques opposées $Ox + n\,e^- \rightleftarrows R$ peuvent se produire simultanément. Au potentiel d'équilibre $E_{eq}$, la densité de courant est nulle (j = 0) et les deux réactions opposées ont même vitesse :

$$j°_a = -j°_c = j°$$

j° s'appelle la densité de courant d'échange ; elle est importante, de l'ordre de $10^{-3}$ à 1 $A.dm^{-2}$, pour les systèmes rapides.

■ Remarque : De tels systèmes sont quelquefois appelés « réversibles » parce que les deux réactions opposées se produisent simultanément.

2.1.2. SYSTEMES LENTS

Considérons le couple As(V)/As(III), en milieu acide. Le potentiel d'oxydoréduction vaut $E_{eq}$. Si l'on impose à une électrode de platine immergée dans la solution un potentiel E supérieur à $E_{eq}$, l'intensité du courant reste pratiquement nulle tant que l'on n'applique pas un potentiel très différent de $E_{eq}$ (figure 4.3). Puis le courant croît de façon exponentielle. De même, il faut appliquer une surtension (négative) grande pour observer un courant notable de réduction de As(V). Un tel système est dit lent. C'est parce que les réactions sont lentes qu'il faut placer le système loin de son état d'équilibre pour qu'il évolue avec une vitesse notable. Il n'existe pas dans ce cas de domaine de potentiel où les deux réactions opposées $Ox + n\,e^- \rightleftarrows R$ ont lieu simultanément. La densité du courant d'échange est faible ($j° < 10^{-6}$ $A.dm^{-2}$). Il s'ensuit qu'une électrode de platine, plongée dans la solution As(V)/As(III) ne prend pas de potentiel bien défini. $E_{eq}$ est calculé thermodynamiquement ; il ne peut pas être mesuré.

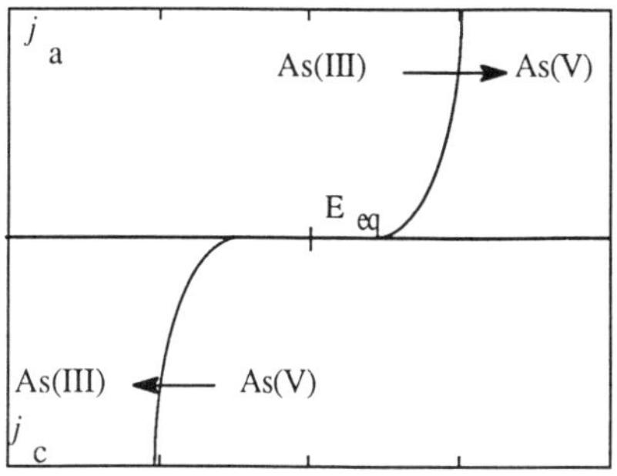


Différence de potentiel E-E eq

Figure 4.3

### 2.1.3. EXEMPLES ET CONSEQUENCES

**Systèmes rapides, systèmes lents**

Un système est constitué de l'ensemble électrode-couple oxydoréducteur : un même couple oxydoréducteur peut être lent sur une électrode et rapide sur une autre.

**Couple $H^+ / H_2$ : $2H^+ + 2e^- \rightleftharpoons H_2$**

Le couple $H^+ / H_2$ est assez rapide sur platine platiné ($j° = 10^{-3}$ A.cm$^{-2}$) mais lent sur mercure ($j° = 10^{-12,3}$ A.cm$^{-2}$) (3). Le mécanisme a fait l'objet de nombreuses études et grâce aux travaux de Frumkin, Conway, Parsons entre autres, il est possible d'avancer des propositions cohérentes avec les résultats expérimentaux.

Sans entrer dans les détails, on peut considérer que trois étapes élémentaires sont possibles (en symbolisant l'électron e sur l'électrode M, par M(e) :

| | | |
|---|---|---|
| $M(e) + H_3O^+ \rightleftharpoons MH + H_2O$ | Décharge (D) |
| $2MH \rightleftharpoons 2M + H_2$ | Désorption chimique (DC) |
| $2MH + M(e) + H_3O^+ \rightleftharpoons 2M + H_2 + H_2O$ | Désorption électrochimique(DE) |

Quatre mécanismes réactionnels sont alors possibles :

1) Deux mécanismes avec désorption chimique :

(a) $H_3O^+ \xrightarrow{D} MH \overset{DC}{\rightleftharpoons} H_2$ La décharge est limitante

(b) $H_3O^+ \overset{D}{\rightleftharpoons} MH \xrightarrow{DC} H_2$ La désorption est limitante

2) Deux mécanismes avec désorption électrochimique :

(c) $H_3O^+ \xrightarrow{D} MH \overset{DE}{\rightleftharpoons} H_2$ La décharge est limitante

(d) $H_3O^+ \overset{D}{\rightleftharpoons} MH \xrightarrow{DE} H_2$ La désorption est limitante

L'application du principe de l'état stationnaire permet de trouver les équations de vitesse compatibles avec les résultats expérimentaux ; l'influence de la fraction de surface de l'électrode recouverte d'hydrogène adsorbé (MH) sur la surtension, les valeurs du coefficient de transfert $\alpha$ (cf. § 2.2.4. ci-dessous), les ordres partiels par rapport aux divers réactifs, ont permis d'atteindre les conclusions suivantes.

Sur platine et rhodium, mécanisme (b) : l'étape limitante peut être la diffusion du dihydrogène dans la solution, pour les métaux très activés.

Sur mercure et plomb, mécanisme (c) : la décharge du proton est limitante.

Sur nickel, tungstène et or, mécanisme (d) : la désorption électrochimique est limitante.

**Couple $O_2/H_2O$ : $O_2 + 4H^+ + 4e^- \rightleftharpoons 2H_2O$**

C'est un couple particulièrement lent, qui met en jeu quatre électrons par molécule de dioxygène. Son mécanisme fait encore l'objet de recherches importantes. Il est probable que l'on trouvera, comme dans le cas du proton, des mécanismes divers. Dans le cas de l'iridium, le mécanisme le plus probable est le suivant :

$$O_2 + 2M \rightleftharpoons 2MO$$

$$MO + H_3O^+ + e^- \rightleftharpoons MOH + H_2O \qquad \text{Étape limitante}$$

$$MOH + H_3O^+ + e^- \rightleftharpoons M + 2H_2O$$

Dans le cas de l'or, l'intervention de l'eau oxygénée a été mise en évidence.

**Autres systèmes**

Les systèmes rapides sont les systèmes du premier type (cation métallique/métal ; $M^{n+}/M$), les systèmes du deuxième type (anion/sel précipité/métal ; $X^-/MX/M$) et les systèmes du troisième type relatifs à des ions monoatomiques ($Fe^{3+}/Fe^{2+}$), sur des métaux comme le platine.

Les systèmes lents sont les plus nombreux. On trouve parmi eux les systèmes faisant intervenir des ions oxygénés ($AsO_4^{3-}/AsO_3^{3-}$) et les systèmes oxydoréducteurs de l'eau ($H^+/H_2$ et $O_2/H_2O$), quelle que soit l'électrode.

### Electrodes de référence

L'une des caractéristiques essentielles d'une électrode de référence est de présenter un potentiel parfaitement défini à courant nul ou pratiquement nul. Un système lent ne peut donc pas être utilisé pour constituer une telle électrode ; seuls les systèmes rapides conviennent. De même, un système lent ne peut faire l'objet de mesures potentiométriques à intensité nulle : les dosages potentiométriques correspondants sont exclus.

### Potentiel mixte

En présence de deux systèmes lents, une électrode isolée peut prendre un potentiel parfaitement défini à courant nul si les courbes j(E) des deux systèmes sont disposées comme l'indique la figure 4.4.

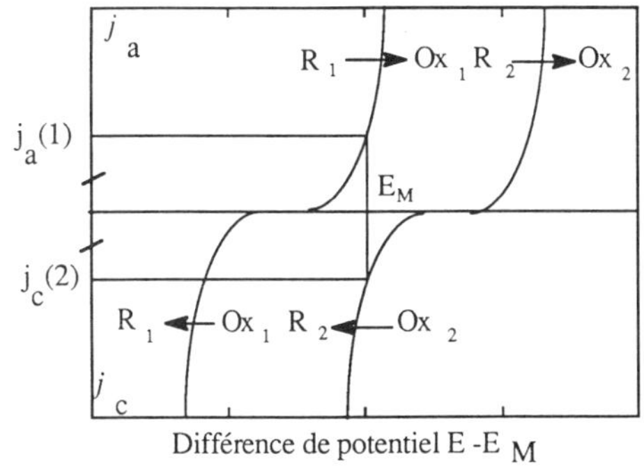


Figure 4.4

Il y a simultanément, à la surface de l'électrode, oxydation de $R_1$ et réduction de $Ox_2$, ce qui impose un potentiel mixte $E_M$, de telle façon que :

$$j_a(1) = |j_c(2)| \text{ ou que } j = j_a(1) + j_c(2) = 0.$$

### Courbes intensité-potentiel

On retrouve sur les courbes intensité-potentiel les deux aspects, thermodynamique et cinétique, des réactions d'oxydoréduction :

– aspect thermodynamique : le potentiel d'équilibre est le potentiel d'oxydoréduction donné par la loi de Nernst. Tout ce qui modifie ce potentiel (pH, précipitation, complexation), déplace la courbe de polarisation. La figure 4.5 illustre le rôle du pH sur les courbes intensité-potentiel de la réduction de l'eau sur électrode de platine.

– aspect cinétique : à densité de courant donnée, la surtension est d'autant plus grande que le système est plus lent. La figure 4.6 illustre l'influence de la nature du métal sur la cinétique de réduction de l'eau, à pH = 0.

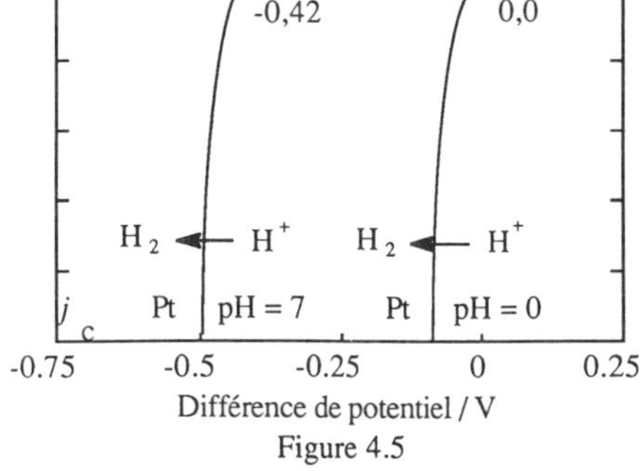


Figure 4.5

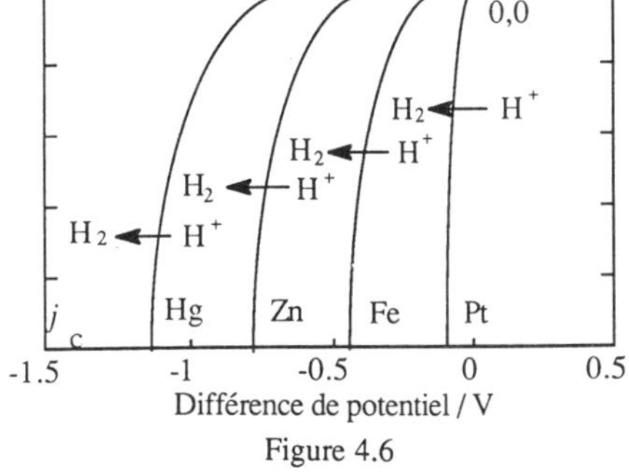


Figure 4.6

## 2.2. INTERPRETATION CINETIQUE

### 2.2.1. EQUATION DE BUTLER-VOLMER (4)

On peut établir l'équation de la courbe intensité-potentiel (ou courbe de polarisation), appelée équation de Butler-Volmer, lorsqu'aucun processus autre que le transfert d'électron ne vient limiter la vitesse de la réaction. La surtension est uniquement due au transfert de charge :

$$Ox + ne^- \rightleftharpoons R$$

En considérant que la réaction électrochimique est un acte élémentaire, au sens cinétique du terme, on peut établir l'équation à l'aide de la théorie du complexe activé. On s'appuie pour cela sur un diagramme représentant l'évolution de l'enthalpie libre des réactifs ($Ox + n\,e^-$) et celle du produit (R) en fonction de la coordonnée de réaction (figure 4.7). Ox et R sont en solution tandis que les $n\,e^-$ sont sur l'électrode où leur énergie est égale à -nFE. Nous avons insisté au chapitre 3 sur les précautions à prendre pour l'utilisation de ce type de diagramme : il ne faut pas confondre coordonnée et avancement de la réaction, ni énergie potentielle et enthalpie libre. Ce qui suit doit être considéré par le lecteur comme un moyen commode de retrouver la relation de Butler-Volmer, dans le cadre d'un modèle très simplifié du transfert d'électron, avec franchissement d'une barrière d'énergie dépendant linéairement du potentiel d'électrode, plutôt qu'une démonstration thermodynamique et cinétique rigoureuse.

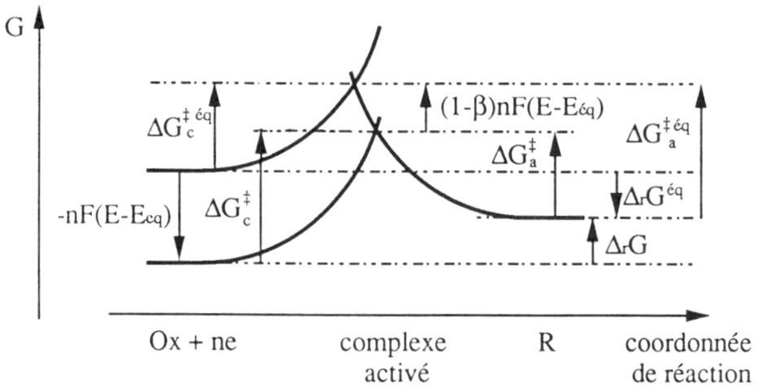


Figure 4.7

Dans un acte élémentaire, les réactions de transfert d'électron sont du premier ordre par rapport aux concentrations aux électrodes, $[R]_e$ et $[Ox]_e$ :

$$v_{ox} = k_a\,[R]_e \qquad v_{red} = k_c\,[Ox]_e$$

Les intensités correspondant aux deux réactions, sur une surface d'électrode S identique pour la réaction d'oxydation et la réaction de réduction, sont :

$$i_a = n\,F\,S\,k_a\,[R]_e \qquad i_c = -n\,F\,S\,k_c\,[Ox]_e$$

$k_a$ et $k_c$ sont les constantes de vitesse des réactions hétérogènes, qui sont fonction du potentiel E appliqué à l'électrode. Elles peuvent s'exprimer en fonction des enthalpies libres d'activation $\Delta G^{\ddagger}_a$ et $\Delta G^{\ddagger}_c$ au potentiel E, comme ci-dessus, au paragraphe 1.1.3 :

$$k_a = A_a \exp(-\,\Delta G^{\ddagger}_a / RT) \qquad k_c = A_c \exp(-\,\Delta G^{\ddagger}_c / RT)$$

Les enthalpies libres d'activation sont liées aux enthalpies libres de réaction $\Delta_r G^{éq}$ et $\Delta_r G$, pour la réaction $Ox + n\,e^- \rightleftharpoons R$ par :

$$\Delta_r G \;=\; \Delta G^{\ddagger}_c - \Delta G^{\ddagger}_a \quad \text{au potentiel E}$$
$$\Delta_r G^{éq} \;=\; \Delta G^{\ddagger\,éq}_c - \Delta G^{\ddagger\,éq}_a \quad \text{au potentiel } E_{eq}$$

Le passage de $E_{eq}$ à E provoque une variation de l'enthalpie libre de réaction égale au travail électrique :

$$\Delta_r G - \Delta_r G^{éq} = n\,F\,(E - E_{eq})$$

On admet que la courbe représentative de (Ox + ne$^-$) est translatée le long de l'axe vertical de la quantité -n F (E - $E_{eq}$), tandis que la courbe relative à R est inchangée. Le point d'intersection des deux courbes se déplace le long de la coordonnée de réaction ; les énergies d'activation $\Delta G^{\ddagger}$ au potentiel E sont donc différentes des énergies d'activation $\Delta G^{\ddagger éq}$ au potentiel d'équilibre (figure 4.7) :

$$\Delta G^{\ddagger}_{c} = \Delta G^{\ddagger}{}_{c}{}^{éq} + \beta \; n \; F \; (E - E_{eq})$$

$$\Delta G^{\ddagger}_{a} = \Delta G^{\ddagger}{}_{a}{}^{éq} - (1 - \beta) \; n \; F \; (E - E_{eq})$$

$\beta$ est appelé facteur de symétrie. Compris entre 0 et 1, il reflète la symétrie de la barrière d'activation vis à vis de l'oxydation ou de la réduction.

En introduisant ces expressions dans celles des constantes de vitesses :

$$i_a = n \; F \; S \; k°_a \; [R]_e \exp\{(1 - \beta) \; n \; F \; (E - E_{eq}) \; / \; RT\}$$

$$i_c = - \; n \; F \; S \; k°_c \; [Ox]_e \exp\{- \beta \; n \; F \; (E - E_{eq}) \; / \; RT\}$$

avec : $k°_a = A_a \exp [-\Delta G^{\ddagger}{}_{a}{}^{éq} / RT]$ ; $k°_c = A_c \exp [-\Delta G^{\ddagger}{}_{a}{}^{éq} / RT]$

Au potentiel d'équilibre $E_{eq}$, le courant global est nul :

$$i_a = - \; i_c = i°$$

et les constantes de vitesse $k°_a$ et $k°_c$ sont liées à l'intensité du courant d'échange par :

$$i° = n \; F \; S \; k°_a \; [R]_e = n \; F \; S \; k°_c \; [Ox]_e$$

En outre, dans les conditions où les réactifs à l'électrode sont en équilibre avec les réactifs au sein de la solution de concentration $c_{Ox}$ et $c_R$ :

$$i° = n \; F \; S \; k°_a \; c_R = n \; F \; S \; k°_c \; c_{Ox}$$

L'intensité totale $i = i_a + i_c$ est alors donnée par l'équation de Butler-Volmer, en fonction de l'intensité i° du courant d'échange et de la surtension $\eta = E - E_{eq}$ :

$$i = i° \;\; (\exp\{(1 - \beta) \; n \; F \; (E - E_{eq})/RT\} - \exp\{- \beta \; n \; F \; (E - E_{eq})/RT\})$$

$$i = i° \;\; (\exp\{(1 - \beta) \; n \; F \; \eta \; / \; RT\} - \exp\{- \beta \; n \; F \; \eta \; / \; RT\})$$

L'intensité du courant peut également être exprimée en fonction du potentiel normal E° du couple et de l'intensité i°° du courant d'échange normal (correspondant aux conditions standard pour Ox et R à l'électrode) :

$$i = i°° \; \{[R]_e \exp[(1\text{-}\beta) \; n \; F \; (E\text{-}E°) \; / \; RT] - [Ox]_e \exp[- \beta \; n \; F \; (E\text{-}E°) \; / \; RT]\}$$

ou

$$i = nFSk°\{[R]_e \exp[(1\text{-}\beta) \; n \; F \; (E\text{-}E°) \; / \; RT] - [Ox]_e \exp[- \beta \; n \; F \; (E\text{-}E°) \; / \; RT]\}$$

expression dans laquelle k° est appelée « constante de vitesse de transfert de charge ».

### 2.2.2. CONSEQUENCES

A partir des considérations cinétiques précédentes, il est possible de retrouver la loi de Nernst. Lorsque le courant est nul, le terme entre accolades dans la dernière relation ci-dessus est nul et :

$$E = E° + RT \; / \; n \; F \; \ln([Ox]_e \; / \; [R]_e)$$

On peut tracer l'allure des courbes de polarisation déduites de la loi de Butler-Volmer pour différentes valeurs du courant d'échange. On retrouve, exprimées de façon quantitative, les notions développées qualitativement au cours de la description phénoménologique du paragraphe 2.1. La densité j° du courant d'échange (j° = i° / S) est la grandeur qui mesure la rapidité du transfert d'électron dans un système.

La figure 4.8 montre le tracé des courbes intensité-potentiel d'un couple Ox / R, d'après l'équation de Butler-Volmer, pour n = 1 ; $\beta = 0{,}5$ ; T = 298 K et des valeurs de j° (en A $cm^{-2}$) telles que : 1) $j° = 10^{-3}$ ; 2) $j° = 10^{-5}$ ; 3) $j° = 10^{-7}$ ; 4) $j° = 10^{-9}$. Si j° est très grand, la surtension $\eta$ est pratiquement nulle quelle que soit l'intensité qui traverse l'électrode : l'électrode est dite impolarisable. Inversement, si j° est faible, l'électrode est polarisable : il faut appliquer une grande surtension $\eta$ pour que l'électrode soit parcourue par un courant même d'intensité faible. Le tableau

4.1 donne les valeurs de la densité du courant d'échange pour le couple $H^+/H_2$ et quelques couples importants, par ordre décroissant.

Tableau 4.1. : Densité du courant d'échange $j_0$ (en A $cm^{-2}$)

| Couple $H^+ / H_2$ | | | | Autres couples | | |
|---|---|---|---|---|---|---|
| **Métal** | **-lg $j_0$** | **Métal** | **-lg $j_0$** | **Métal** | **Couple** | **-lg $j_0$** |
| Palladium | 3,0 | Fer | 7 | Palladium | $Fe^{3+}/Fe^{2+}$ | 2,2 |
| Platine | 3,1 | Etain | 9 | Platine | $Fe^{3+}/Fe^{2+}$ | 2,6 |
| Rhodium | 3,6 | Cadmium | 10,8 | Platine | $Ce^{4+}/Ce^{3+}$ | 4,4 |
| Nickel | 5,2 | Manganèse | 10,9 | Cuivre | $Cu^{2+}/Cu$ | 4,7 |
| Or | 5,4 | Plomb | 12 | Zinc | $Zn^{2+}/Zn$ | 4,7 |
| Cuivre | 6 | Mercure | 12,3 | Fer | $Fe^{2+}/Fe$ | 8 |
| | | | | Platine | $O_2/H_2O$ | 11 |

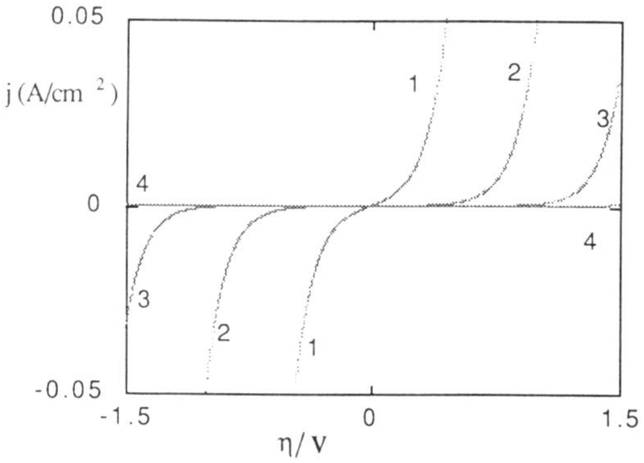


Figure 4.8

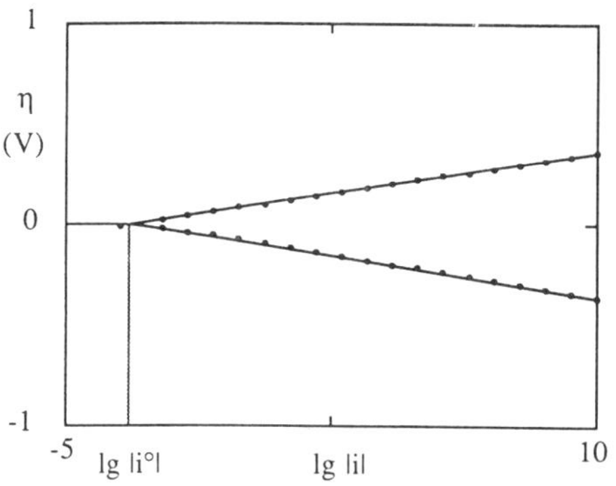


Figure 4.9

2.2.3. APPROXIMATIONS

– Pour de faibles valeurs de la surtension $\eta$, un développement limité au premier ordre des exponentielles dans l'équation de Butler-Volmer montre que la variation de i en fonction de la surtension est linéaire : lorsque x est petit, $e^x \approx (1 + x)$ et :

$$i \approx i^\circ nF\eta/RT = \sigma_{M/S}\,\eta \quad \text{où} \quad \sigma_{M/S} = i^\circ nF/RT$$

Cela met en évidence la grandeur $\sigma_{M/S}$ qui a la dimension d'une conductivité : elle représente la conductivité de l'interface métal-solution. Son inverse, $RT/nFi^\circ$ est parfois appelée « résistance de transfert de charge ».

– Pour des valeurs suffisamment grandes de la surtension $\eta$ (positive ou négative), l'une des deux exponentielles peut être négligée :

$$- \text{si } \eta = \eta_a > 0 : \quad i = i_a = i^\circ \exp\{(1 - \beta)\, n\, F\, \eta_a / RT\}$$

ou : $\eta_a = \{RT/ (1 - \beta)\, n\, F\} \ln\ i - \{RT/ (1 - \beta)\, n\, F\} \ln\ i^\circ$

$$- \text{si } \eta = \eta_c < 0 : \quad i = i_c = -i^\circ \exp\{- \beta\, n\, F\, \eta_c / RT\}$$

ou : $\eta_c = \{RT/ (- \beta\, n\, F)\} \ln\ i^\circ - \{RT/ (- \beta\, n\, F)\} \ln\ |i|$

On obtient les relations linéaires de Tafel [5] :

$- \eta_a = a + b \lg i$ ou $\lg i = (\eta_a - a) / b$

avec : $b = 2{,}3\ RT / nF(1- \beta) = 0{,}06 / n(1 - \beta)$ et : $a = -b \lg i^\circ$

$- \eta_c = a' + b' \lg i$ ou $\lg i = (\eta_c - a') / b'$

avec : $b' = -2{,}3\ RT / \beta\, n\, F \approx -0{,}06 / \beta\, n$ et : $a' = -b' \lg i^\circ$

La représentation de $\eta$ en fonction de lg |i| fait apparaître les deux branches, cathodique et anodique, qui deviennent linéaires lorsque les surtensions sont suffisamment grandes (figure 4.9). L'extrapolation des parties linéaires des branches anodique et cathodique permet la détermination de l'intensité du courant d'échange : les deux droites se coupent sur l'axe horizontal au point d'abscisse lg $i°$. La comparaison des pentes des deux branches permet, dans le cas de transferts monoélectroniques correspondant à des actes élémentaires, la détermination du facteur de symétrie $\beta$.

### 2.2.4. REACTIONS COMPLEXES

Dans le cas de réactions complexes, qui comportent plusieurs réactions successives de transfert d'électrons, lorsque l'une de ces étapes est cinétiquement déterminante, l'équation de la courbe intensité-potentiel se présente sous la forme très générale suivante, très semblable à l'équation de Butler-Volmer établie ci-dessus :

$$i = i° \ (\exp\{\alpha\ n\ F\ \eta\ /\ RT\}\ -\ \exp\{-\ \alpha'\ n\ F\ \eta\ /\ RT\})$$

$\alpha$ et $\alpha'$ sont les coefficients de transfert anodique et cathodique de la réaction électrochimique. Les pentes des droites de Tafel peuvent permettre de remonter à $\beta$, le facteur de symétrie de l'étape limitante, lorsque toutes les étapes élémentaires sont connues. Pour un approfondissement de cette question, voir la référence 6.

# 3. COURANT DE DIFFUSION

## 3.1. OBTENTION D'UN REGIME DE DIFFUSION PURE

Pour que le transfert de masse soit l'étape limitante de la réaction électrochimique, il est nécessaire que l'étape de transfert électronique soit plus rapide. Etant donné que la vitesse du transfert de charge augmente avec la surtension, on peut s'attendre à observer une limitation par le transfert de masse aux surtensions élevées.

De façon générale, le transfert de masse peut être assuré par diffusion, par migration et par convection. Le flux $J_i$ de l'espèce i peut alors s'exprimer en fonction du gradient du potentiel électrochimique $\bar{\mu}_i$ et de la vitesse v de déplacement de la solution (équation de Nernst-Planck) :

$$J_i = -\ (D_i c_i\ /\ RT)\ \text{grad}\ \bar{\mu}_i\ +\ c_i\ v$$

$D_i$ est le coefficient de diffusion de l'espèce i, $c_i$ sa concentration au point considéré. La convection n'intervient pas dans les systèmes ne présentant pas de gradient de densité et en l'absence d'agitation de la solution (v = 0). Dans ces conditions, le transfert de masse est uniquement dû à l'existence d'un gradient de potentiel électrochimique :

$$J_i = -\ (D_i c_i\ /\ RT)\ \text{grad}\ \bar{\mu}_i$$

Dans le cas d'un transfert de masse linéaire, par migration et par diffusion, on a donc :

$$J_i(x)\ =\ -\ D_i.\partial c_i/\partial x\ -\ (zF/RT)\ D_i c_i\ \partial\Phi/\partial x$$

L'intensité correspondant à l'oxydation ou à la réduction de l'espèce i à l'électrode peut être décomposée en un terme $i_d$ dû à la diffusion et un terme $i_m$ dû à la migration :

$$i_i\ =\ i_d\ +\ i_m$$

La contribution relative de la diffusion et de la migration au flux de l'espèce (i) dépend de la charge $z_i$ et du sens du champ électrique (signe de $\partial\Phi / \partial x$). Ainsi, pour la réduction cathodique d'une espèce cationique ($Ag^+$, $Cu^{2+}$...) $i_d$ et $i_m$ ont le même signe ; en revanche, dans le cas d'un anion tel que $Ag(CN)_2^-$ ou $CuCl_4^{2-}$, $i_d$ et $i_m$ sont de signe contraire. De façon symétrique, $i_d$ et $i_m$ sont de même signe pour l'oxydation anodique des espèces anioniques et de signe contraire pour l'oxydation des espèces cationiques. Enfin, les espèces neutres ne se déplacent pas par migration (figure 4.10).

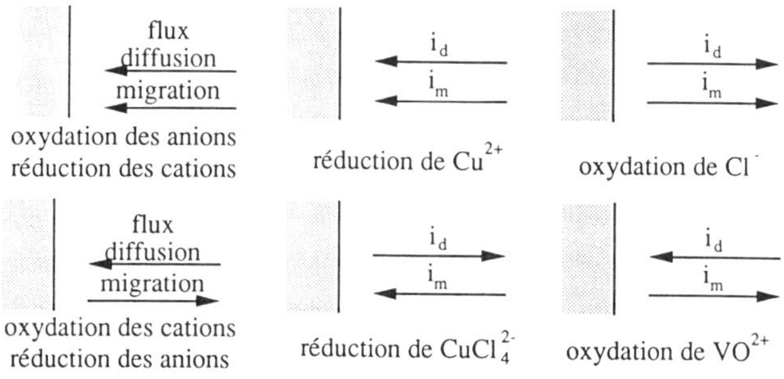


Figure 4.10 : Contribution de la diffusion et de la migration au flux d'une espèce électroactive.

Pour obtenir un régime de diffusion pure, on ajoute à la solution un électrolyte indifférent, ou électrolyte-support, choisi de telle sorte qu'il ne réagisse pas à l'électrode (non électroactif) et en concentration très supérieure à celle de l'espèce électroactive. Dans ces conditions, le courant de migration (et donc la conductivité de la solution) est assuré par l'électrolyte support, en totalité si la substance électroactive est électriquement neutre, pour l'essentiel si la substance électroactive est ionique : $i_m$ est alors proportionnel au nombre de transport, dans la solution, de l'espèce électroactive i , c'est à dire à la fraction du courant total transportée par cette espèce.

## 3.2. INTENSITE DU COURANT DE DIFFUSION

### 3.2.1. GENERALITES

L'intensité du courant de diffusion en régime stationnaire peut être obtenue à partir de la première loi de Fick (qui correspond alors à l'équation de Nernst-Planck en l'absence des termes de migration et de convection) ; dans le cas d'une électrode plane, l'expression de J est :

$$J = - D \, \partial c / \partial x$$

D est le coefficient de diffusion de l'espèce électroactive ; il est de l'ordre de $10^{-5}$ $cm^2.s^{-1}$ pour les espèces en solution et de $10^{-10}$ $cm^2.s^{-1}$ pour les espèces en phase solide ; x est la distance à l'électrode. Pour le transfert de n $e^-$ lors de la réaction :

$$Ox + n\,e^- \rightleftharpoons R$$

l'intensité du courant de diffusion est donc :

$$|i_d| = n F S D \, |\partial c/\partial x|$$

La figure 4.11 représente la variation de la concentration c en espèce électroactive en fonction de la distance x à l'électrode, l'axe x étant orienté de l'électrode vers la solution. Compte-tenu des conventions adoptées pour le signe des intensités, si la réaction électrochimique est la réduction d'un oxydant Ox, l'intensité est négative :

$$i_d = - n F S D_{Ox} \, \partial c_{Ox}/\partial x$$

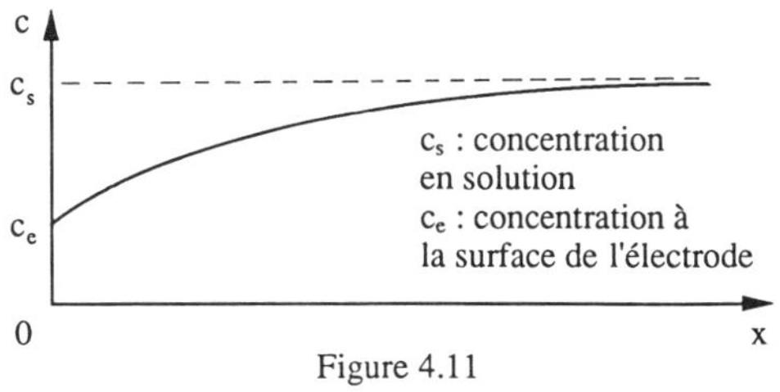


Figure 4.11

Inversement, pour l'oxydation d'un réducteur R, on a :

$$i_d = n F S D_R \partial c_R/\partial x$$

Pour calculer $\partial c/\partial x$, l'une des approximations couramment faites consiste à admettre qu'en régime stationnaire, la diffusion est limitée à une couche, dite couche de diffusion, d'épaisseur $\delta$, dans laquelle $\partial c/\partial x$ est constant (cf. figure 4.12).

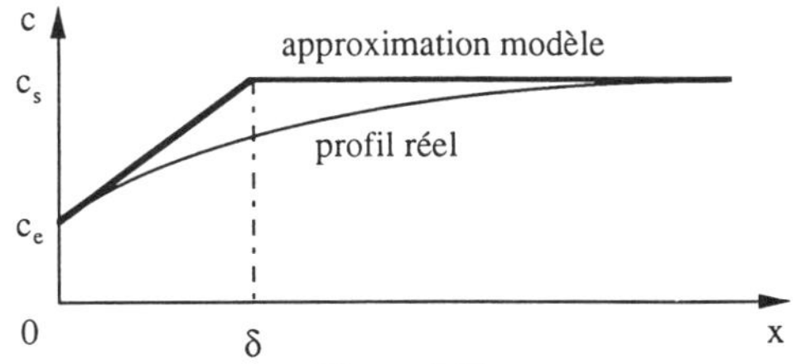


Figure 4.12

L'intensité $i_d$ du courant stationnaire lié à la diffusion de l'espèce électroactive est alors exprimée en fonction des concentrations de cette espèce $c_s$ et $c_e$ respectivement au sein de la solution et à la surface de l'électrode :

$$|i_d| = n F S D (c_s - c_e) / \delta$$

que l'on trouve souvent noté :

$$|i_d| = p (c_s - c_e) \quad \text{avec} \quad p = n F S D/\delta$$

D'autre part, $D/\delta$ est homogène à une vitesse ($cm.s^{-1}$) ; on appelle cette grandeur la constante de vitesse de diffusion de l'espèce considérée ; on peut la noter $k^d$ d'où :

$$|i_d| = n F S k^d (c_s - c_e)$$

3.2.2. COURANT DE DIFFUSION LIMITE

Lorsque l'arrivée à l'électrode de Ox ou de R n'est pas infiniment rapide *i.e.* lorsqu'elle est limitée par la diffusion de Ox ou de R, les intensités d'oxydation de R ou de réduction de Ox sont données respectivement par :

$$i_a = p_R ([R]_s - [R]_e) = n F S k^d_R ([R]_s - [R]_e)$$
$$i_c = - p_{Ox} ([Ox]_s - [Ox]_e) = - n F S k^d_{Ox} ([Ox]_s - [Ox]_e)$$

Les indices $_s$ et $_e$ désignent respectivement les grandeurs en solution et à la surface de l'électrode. [R] et [Ox] désignent les concentrations des espèces R et Ox.

Revenons à l'influence du potentiel. Dans le cas de l'oxydation de R, lorsqu'on augmente la surtension $\eta$ (positive), l'oxydation devient de plus en plus rapide. A partir d'une certaine valeur de $\eta$, toutes les espèces R arrivant à l'électrode sont aussitôt oxydées et l'intensité devient contrôlée uniquement par la diffusion de R. Une augmentation supplémentaire de $\eta$ ne modifie pas l'intensité du courant. La concentration $[R]_e$ de R à l'électrode est alors nulle et l'intensité $i_a$ atteint la valeur limite $i_a^l$ :

$$i_a^l = p_R [R]_s = n F S k^d_R c_R$$

où l'on note désormais $[R]_s = c_R$ pour simplifier la notation.

Inversement, pour la réduction de Ox, avec une surtension suffisamment négative, l'intensité est limitée par la diffusion de Ox, et l'on obtient :

$$i_c^l = - p_{Ox} [Ox]_s = - n F S k^d_{Ox} c_{Ox}$$

où l'on note de même $[Ox]_s = c_{Ox}$ pour simplifier la notation.

Les intensités limites de diffusion donc sont proportionnelles :
- au nombre n d'électrons échangés.
- au coefficient D de diffusion (et à la constante $k^d$) de l'espèce électroactive.
- à la concentration en solution de l'espèce électroactive.

Lorsque les deux premiers facteurs sont constants, cette dernière propriété peut être mise à profit pour l'analyse quantitative des espèces Ox ou R en solution.

Les considérations précédentes sont relatives soit à l'oxydation d'un réducteur R, soit à la réduction d'un oxydant Ox, qui sont des espèces dissoutes. Les conclusions ne dépendent pas de la nature du produit de la réaction électrochimique. Lorsque ce dernier est une espèce soluble, sa concentration à l'électrode est plus élevée qu'en solution, et il diffuse donc de l'électrode vers la solution. La figure 4.13 représente les variations, en fonction de la distance x à l'électrode, des concentrations de l'espèce électroactive et du produit lorsque les deux sont des espèces dissoutes. Lorsque le transfert de masse est régi par la diffusion, la loi de Fick s'applique tant au réactif qu'au produit et l'intensité qui traverse l'électrode est reliée aux concentrations :

$$i = n\ F\ S\ k^d{}_R\ (c_R - [R]_e) = -\ n\ F\ S\ k^d{}_{Ox}\ (c_{Ox} - [Ox]_e)$$

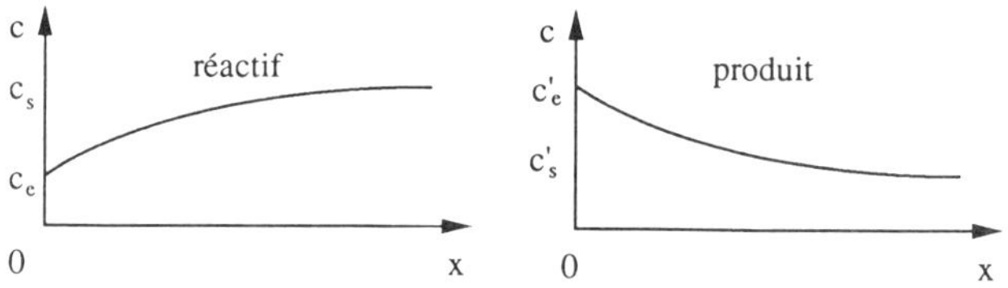


Figure 4.13

### 3.2.3. COURBES DE POLARISATION EN REGIME DE DIFFUSION POUR UN COUPLE OX / R EN SOLUTION

Il s'agit de poursuivre, pour des surtensions plus importantes et dans le cas où le transfert de masse est assuré uniquement par la diffusion, le tracé des courbes intensité-potentiel envisagées au paragraphe 2. La figure 4.14 montre la limitation de l'intensité par le transfert de masse pour les grandes surtensions.

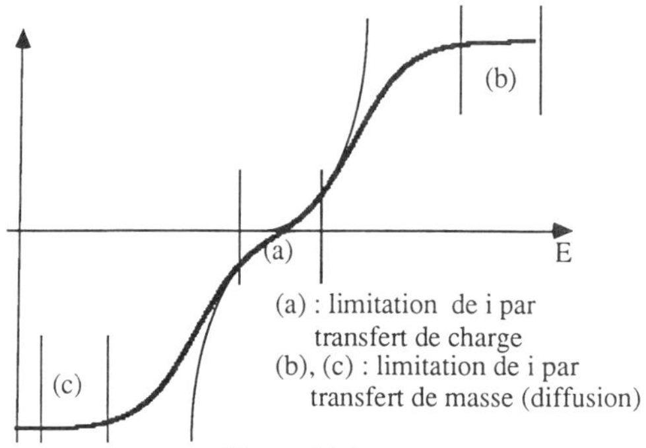


Figure 4.14

Il a été établi (cf. § 2.2.1) que l'intensité du courant traversant l'électrode est liée aux concentrations de Ox et de R à la surface de l'électrode et au potentiel E de cette dernière par la relation :

$$i = n\,F\,S\,k° \{[R]_e \exp[(1-\beta)nF(E-E°)/RT] - [Ox]_e \exp[-\beta nF(E-E°)/RT]\}$$

D'autre part, cette intensité est reliée aux concentrations de Ox et de R, en régime de diffusion, par les dernières équations du paragraphe 3.2.2, d'où :

$$[R]_e = c_R - i / n\,F\,S\,k^d{}_R$$
$$[Ox]_e = c_{Ox} + i / n\,F\,S\,k^d{}_{Ox}$$

En posant $\varepsilon = nF(E - E°) / RT$ et en éliminant les concentrations à la surface de l'électrode entre les trois équations, on obtient l'équation de la courbe intensité-potentiel suivante :

$$i = nFS \frac{c_R \exp\{(1-\beta)\,\varepsilon\} - c_{Ox} \exp\{-\beta\varepsilon\}}{\frac{1}{k°} + \frac{1}{k^d_R} \exp\{(1-\beta)\,\varepsilon\} + \frac{1}{k^d_{Ox}} \exp\{-\beta\varepsilon\}}$$

Pour les surtensions élevées, on retrouve les intensités limites attendues :

$$\varepsilon \rightarrow +\infty \quad : \quad i \rightarrow i_a^l \quad = n\,F\,S\,k^d{}_R\,c_R$$
$$\varepsilon \rightarrow -\infty \quad : \quad i \rightarrow i_c^l \quad = -\,n\,F\,S\,k^d{}_{Ox}\,c_{Ox}$$

On peut également obtenir une équation réduite de la courbe intensité-potentiel en exprimant $c_R$ en fonction de $i_a^l$ et $c_{Ox}$ en fonction de $i_c^l$ :

$$i = \frac{\frac{i_a^l}{k^d_R} \exp\{(1-\beta)\,\varepsilon\} + \frac{i_c^l}{k^d_{Ox}} \exp\{-\beta\varepsilon\}}{\frac{1}{k°} + \frac{1}{k^d_R} \exp\{(1-\beta)\,\varepsilon\} + \frac{1}{k^d_{Ox}} \exp\{-\beta\varepsilon\}}$$

Les coefficients de diffusion de Ox et de R sont généralement assez proches : $k^d{}_R = k^d{}_{Ox} = k^d$. La figure 4.15 montre l'évolution de la morphologie de la courbe de polarisation en fonction des valeurs relatives de k°, représentative de la cinétique du transfert de charge, et de $k^d$, représentative de la cinétique de la diffusion. On constate que lorsque le rapport $k°/k^d$ est supérieur à 10 environ, la courbe présente une seule vague et que sa forme ne dépend pratiquement pas de $k°/k^d$. Le système est dit rapide. Le terme 1/k° peut être négligé dans l'équation de la courbe intensité-potentiel qui peut alors se mettre sous la forme :

$$E = E° + RT/nF \ln (k^d{}_R / k^d{}_{Ox}) + RT/nF \ln \{(i - i_c^l) / (i_a^l - i)\}$$

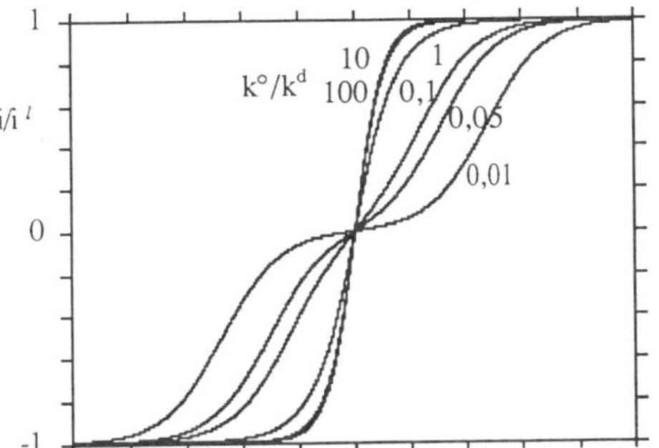

Figure 4.15

Le point de la courbe pour lequel $i = 1/2\,(i_a^l + i_c^l)$ correspond à un potentiel appelé potentiel de demi-vague. Il est noté $E_{1/2}$ :

$$E_{1/2} = E° + RT/nF \ln (k^d{}_R/k^d{}_{Ox})$$
$$E_{1/2} = E° + RT/nF \ln (D_R/D_{Ox})$$

Le potentiel de demi-vague est une grandeur **caractéristique** du couple Ox/R **dans des conditions de diffusion données**. La courbe présente un point d'inflexion pour cette valeur du potentiel. Le potentiel de demi-vague comporte un terme défini thermodynamiquement, E°, potentiel normal du couple oxydoréducteur, et un terme défini par le régime de diffusion des espèces, $(RT/nF) \ln D_R/D_{Ox}$. Il est d'autant plus proche du potentiel normal E° du couple que les coefficients de diffusion $D_{Ox}$ et $D_R$ sont plus voisins.

Lorsque le rapport $k°/k^d$ est assez faible, le système est dit lent ; la courbe intensité potentiel présente alors deux vagues, une branche cathodique et une branche anodique, d'autant plus séparées que $k°/k^d$ est plus petit. On définit alors un potentiel de demi-vague anodique $E_{1/2\,a}$ et un potentiel de demi-vague cathodique $E_{1/2\,c}$ :

$$E_{1/2\,a} = E° + \frac{RT}{(1-\beta)nF} \ln \frac{k^d_R}{k°}$$

$$E_{1/2\,c} = E° - \frac{RT}{\beta nF} \ln \frac{k^d_{Ox}}{k°}$$

Chacun de ces potentiels de demi-vague comporte un terme défini thermodynamiquement, E°, un terme défini par les conditions de diffusion, $k^d$, et deux termes qui dépendent de la cinétique du transfert d'électron (β et k°).

L'écart $\Delta E_{1/2}$ entre les deux potentiels de demi-vague peut s'exprimer par :

$$\Delta E_{1/2} = E_{1/2\,a} - E_{1/2\,c} = \frac{RT}{nF} \left( \frac{1}{1-\beta} \ln \frac{k^d_R}{k°} + \frac{1}{\beta} \ln \frac{k^d_{Ox}}{k°} \right)$$

Il est d'autant plus grand que, pour des valeurs données de $k^d_R$ et $k^d_{Ox}$, k° est plus petit.

■ Remarque : L'équation de la vague donnée ci-dessus est également valable lorsque l'une des espèces Ox ou R est seule présente ; on a alors $i_c^l$ ou $i_a^l = 0$.

3.2.4. VAGUES SUCCESSIVES ET DOMAINE D'ELECTROACTIVITE DU MILIEU

Lorsque le potentiel atteint une valeur suffisante pour qu'une seconde espèce présente soit oxydée ou réduite, l'intensité croît à nouveau. Il y a en effet additivité des intensités lorsque deux réactions se déroulent simultanément. Les courbes de polarisation peuvent donc présenter plusieurs vagues successives, comme cela est illustré sur la figure 4.16 qui montre l'exemple d'une solution qui contiendrait les espèces $Ox_3$, $R_1$, $Ox_1$ et $R_2$.

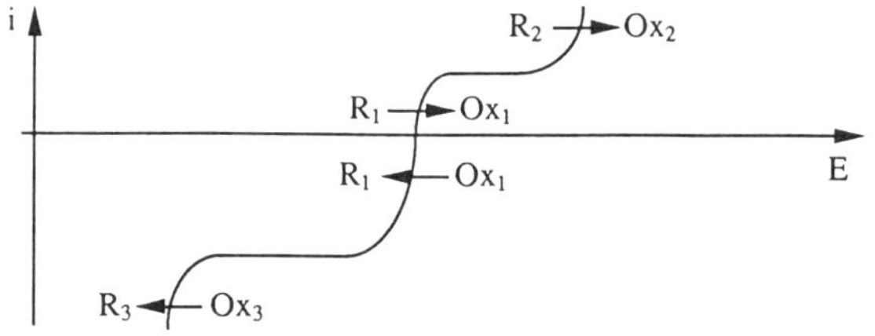


Figure 4.16

Le solvant et éventuellement l'électrolyte-support étant présents en grande quantité, leur oxydation et leur réduction ne peuvent être limitées par la diffusion : le domaine de potentiel dans lequel on peut travailler est limité par la « décharge » du solvant ou celle de l'électrolyte-support (cf. figure 4.17). Ce domaine de potentiel est souvent appelé « domaine d'électroactivité » ou « domaine de potentiel utile ». Il représente le domaine de potentiel accessible pour l'étude de réactions électrochimiques dans le milieu considéré. La limite en potentiel est parfois appelée de manière imagée « mur du solvant ».

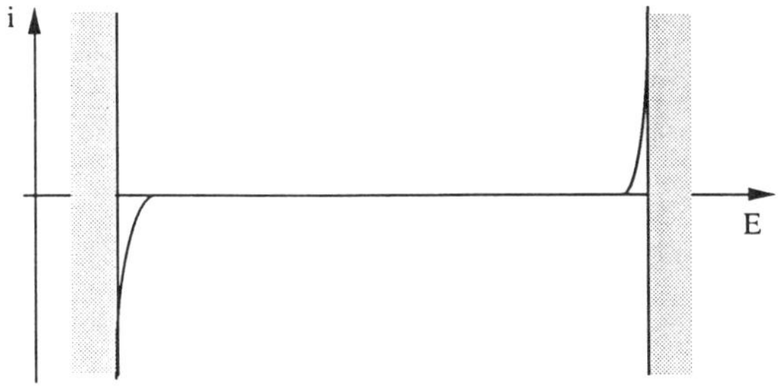


Figure 4.17

# 4. APPLICATION A L'ELECTROLYSE

Pour réaliser une électrolyse, il faut disposer d'un générateur de courant continu, de conducteurs métalliques et d'une cellule à électrolyse. Celle-ci est au minimum constituée d'un bac contenant un électrolyte dans lequel plongent deux électrodes. Si la différence de potentiel appliquée entre les électrodes est assez grande, un courant électrique circule dans le circuit.

## 4.1. GENERALITES

Un régime permanent de circulation des charges ne peut s'établir que s'il existe, à la surface des électrodes, une transition entre les deux modes de transport de charge, électronique dans les électrodes, ionique en solution. L'une des électrodes est le siège d'une oxydation, c'est l'anode, l'autre est le siège d'une réduction, c'est la cathode.

L'électrolyse permet d'effectuer des réactions d'oxydoréduction dans le sens contraire à celui de l'évolution thermodynamiquement favorable ($\Delta G > 0$) par apport d'énergie électrique. La quantité d'électrons cédée à l'anode est la même que la quantité d'électrons captée à la cathode : le courant circulant dans les deux électrodes a la même intensité, au signe conventionnel près.

Les réactions aux électrodes obéissent aux lois fondamentales de l'électrolyse formulées par Faraday en 1833 :

– la masse de substance formée à l'électrode par suite du passage du courant dans un électrolyte est proportionnelle à la quantité d'électricité qui a circulé :

$$m = k \int_0^t i \, dt$$

– la quantité de matière formée à l'électrode est fonction du nombre d'électrons transféré pour chaque ion, atome ou molécule.

Ainsi, le dépôt d'une mole d'argent par réduction du cation $Ag^+$ nécessite une quantité d'électricité :

$$Q = N_A e^- \approx 6{,}02\ 10^{23} \times 1{,}6.10^{-19} \approx 96500 \text{ C}$$

et l'obtention d'une mole de zinc à partir de $Zn^{2+}$ nécessite la circulation de deux moles d'électrons, ce qui correspond à une charge de 2 x 96500 C.

Pour qu'il y ait électrolyse, il faut que la différence de potentiel appliquée entre les électrodes soit telle qu'une réaction électrochimique soit possible sur chaque électrode : l'anode doit être portée à un potentiel $E_{ANODE}$ supérieur au potentiel d'équilibre $E_a^{éq}$ du système le plus facilement oxydable et la cathode doit être portée à un potentiel $E_{CATHODE}$ inférieur au potentiel d'équilibre $E_c^{éq}$ du système le plus facilement réductible. Pour une tension appliquée U et une intensité i, les valeurs des surtensions anodique $\eta_a$ et cathodique $\eta_c$ sont telles que :

$$i = i_a = -i_c \quad \text{avec} \quad \eta_a = E_{ANODE} - E_a^{éq} \quad \text{et} \quad \eta_c = E_{CATHODE} - E_c^{éq}$$

Ces conditions signifient qu'à la constante K près qui permet la définition des potentiels d'électrode relatifs (cf chapitre 1 paragraphe 2), la différence de potentiel entre l'électrode et la solution à son voisinage vaut :

à l'anode : $\phi_A - \phi_{A'} = E_a^{éq} + \eta_a + K$ $(\eta_a > 0)$

à la cathode : $\phi_B - \phi_{B'} = E_c^{éq} + \eta_c + K$ $(\eta_c < 0)$

Comme par ailleurs, la solution présente une résistance électrique R, les points A' et B' de la solution ne sont pas équipotentiels lorsqu'un courant circule :

$$\phi_{A'} - \phi_{B'} = Ri$$

La différence de potentiel aux bornes de la cellule d'électrolyse vaut donc (cf. figure 4.18) :

$$U = \phi_A - \phi_B = E_a^{éq} - E_c^{éq} + \eta_a - \eta_c + Ri$$

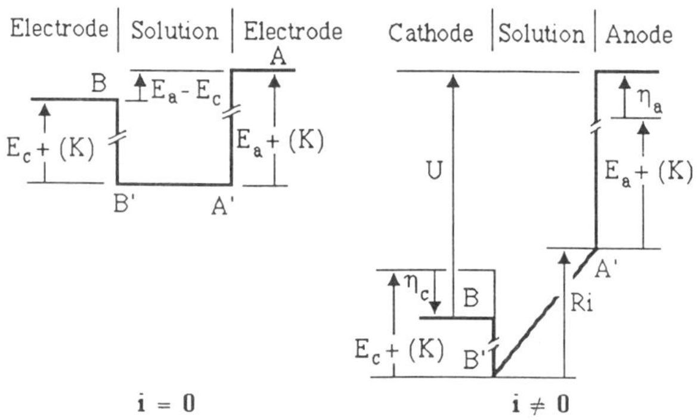


Figure 4.18

U est la somme d'un terme thermodynamique, $E_a^{éq} - E_c^{éq}$, d'un terme cinétique, $\eta_a - \eta_c$, et d'un terme ohmique, Ri.

La connaissance des courbes de polarisation de l'anode et de la cathode permet d'établir la correspondance entre l'intensité d'électrolyse et la fraction thermodynamique ou cinétique de la différence de potentiel U aux bornes : les points de fonctionnement de l'anode et de la cathode sont situés respectivement sur les courbes anodique et cathodique à des ordonnées symétriques ($i_c = - i_a$) (cf. figure 4.19).

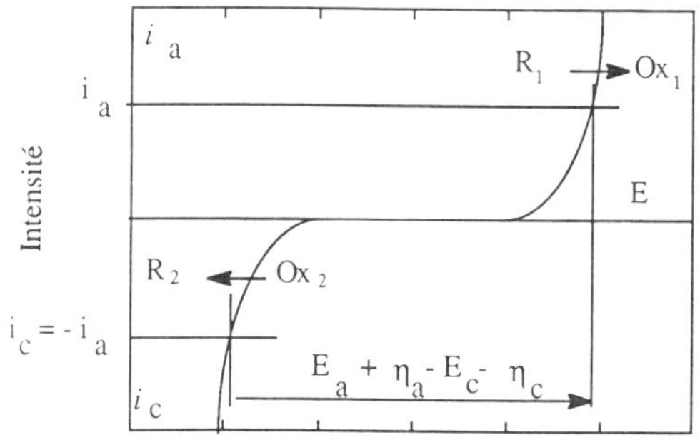


Figure 4.19

## 4.2. MISE EN ŒUVRE DE L'ELECTROLYSE

### 4.2.1. REGIMES DE FONCTIONNEMENT

Trois types d'alimentation électrique peuvent être employés pour la conduite d'une électrolyse.

**Intensité imposée**

On impose à travers l'électrolyseur un courant dont on choisit l'intensité. Ce régime de fonctionnement permet de prévoir la durée nécessaire au passage d'une quantité donnée d'électricité. Cependant, opérer à intensité imposée ne permet pas de réaliser sélectivement, avec une cuve à électrolyse à épuisement, la réaction souhaitée. En effet, lorsque la concentration de l'espèce électroactive devient trop faible, le transfert de masse devient insuffisant et l'intensité ne peut être maintenue qu'au prix d'un accroissement de la tension d'alimentation et du déroulement d'une autre réaction électrochimique.

Par exemple, tant que la concentration de $R_1$ est suffisante, on observe la seule oxydation de $R_1$ en $Ox_1$ (cf. figure 4.20). En fin d'électrolyse, la tension vaut $U_2$ et il y a oxydation simultanée de $R_1$ et de $R'_1$.

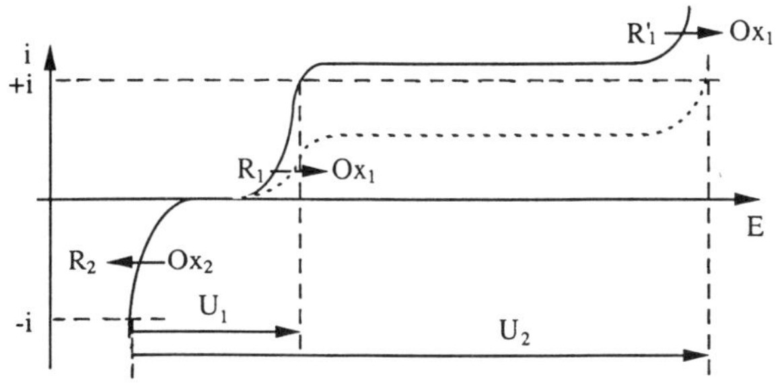


Figure 4.20

**Tension aux bornes imposée**

On impose la différence de potentiel U entre l'anode et la cathode. Ce régime de fonctionnement est le plus aisé à établir, étant donné que la plupart des générateurs dont on dispose sont des générateurs de tension. Au cours de l'électrolyse, l'intensité du courant diminue du fait de l'épuisement progressif de la substance électroactive. Or U est la somme de trois termes :

$$U = (E_a^{éq} - E_c^{éq}) + (\eta_a - \eta_c) + Ri$$

La chute ohmique diminuant, les surtensions augmentent. La méthode ne peut alors être sélective que si la chute ohmique initiale au sein de la solution n'est pas trop importante. Ces deux premières techniques permettent de travailler avec deux électrodes seulement.

**Potentiel contrôlé**

Le but est de maintenir constante la différence de potentiel entre une électrode et la solution à son voisinage. Cela nécessite un montage à trois électrodes : l'électrode de travail, une électrode de référence dont l'extrémité est placée au voisinage de cette dernière, et une électrode auxiliaire. Le générateur particulier permettant de maintenir automatiquement le potentiel de l'électrode de travail est appelé potentiostat. Le courant circule entre l'électrode de travail et l'électrode auxiliaire tandis que la différence de potentiel entre l'électrode de travail et l'électrode de référence est maintenue à la valeur choisie.

Le potentiel de l'électrode auxiliaire est fixé automatiquement pour que l'électrode de référence ne soit parcourue par aucun courant.

Un tel fonctionnement n'est pas utilisé dans les électrolyses industrielles car il est difficile de réaliser des dispositifs potentiostatiques de forte puissance. D'un point de vue synthétique, il présente cependant le mérite de permettre la conduite sélective d'une réaction électrochimique donnée. D'un point de vue analytique, il est très utilisé car il permet de tracer les courbes de polarisation et de mettre en œuvre des méthodes d'analyse qui reposent sur les propriétés de ces courbes.

### 4.2.2. CELLULES D'ELECTROLYSE

Il peut être nécessaire de séparer la cuve à électrolyse en deux compartiments pour éviter que les produits formés à une électrode aillent réagir à l'autre électrode ou sur les produits qui y sont formés. On utilise alors un diaphragme poreux qui permet la migration des ions.

La géométrie de la cellule employée doit être adaptée à l'usage que l'on veut en faire. Par exemple, pour réaliser sélectivement certaines réactions électrochimiques, en particulier lorsque l'on souhaite travailler à potentiel contrôlé, la géométrie de la cellule doit assurer une répartition identique, le long de toutes les lignes de courant, des différents termes de la tension U entre l'anode et la cathode. Au contraire, l'usinage électrochimique (7) fait appel à des champs de courant non uniformes.

## BIBLIOGRAPHIE DU CHAPITRE 4

1 – (a) G. CHARLOT, J. BADOZ-LAMBLING, B. TREMILLON, Les réactions électrochimiques, Masson, Paris, 1959.
(b) J.O'M. BOCKRIS, A.K.N. REDDY, Modern Electrochemistry, Vol. 2, Plenum, 1970.
(c) A.J. BARD, L.R. FAULKNER, Electrochimie, Principes, méthodes et applications, Masson, Paris, 1983.
(d) J. BESSON, Précis de thermodynamique et cinétique électrochimiques, Ellipses, Paris, 1984.
(e) L. ANTROPOV, Electrochimie théorique, Mir, Moscou, 1979.

2 – U.I.C.P.A., Electrochemical nomenclature, ed. R. Parsons, *Pure Appl. Chem.*, 1974, **37**, 503.

3 – (a) Référence 1b), p. $1231_{sq}$.
(b) Référence 1c), p. $100_{sq}$.

4 – (a) Référence 1b), p. $862_{sq}$.
(b) Référence 1c), p. $100_{sq}$.
(c) J.A.V. BUTLER, *Trans. Fraraday Soc.*, 1924, **19**, 729.
(d) T. ERDEY-GRUZ, M. VOLMER, *Z. Physik. Chem. (Leipzig)*, 1930, **150**, 203.

5 – J. TAFEL, *Z. Physik. Chem. (Leipzig)*, 1905, **50**, 641.

6 – Référence 1c) p. 1007.

7 – J.O'M. BOCKRIS, B.E. CONWAY, E. YEAGER, R.E. WHITE, Comprehensive Treatise of Electrochemistry, Vol. 2 : Electrochemical processing, Plenum, New York, 1981.

Les références générales n° 51 à 63 du chapitre 0 peuvent également être consultées avec profit.

# REACTIONS ELECTROCHIMIQUES ET ELECTROLYSE : EXPERIENCES

## 1. INTRODUCTION AU TRACE DE COURBES INTENSITE-POTENTIEL

On s'intéresse à l'intensité qui traverse une électrode en fonction du potentiel qui est le sien et l'on souhaite tracer expérimentalement la courbe intensité-potentiel. Cela nécessite l'emploi d'une électrode de référence et un fonctionnement à trois électrodes. L'utilisation d'un dispositif potentiostatique est particulièrement bien adapté à ce type d'étude. Cependant, certaines de ces courbes peuvent être tracées à l'aide d'un simple générateur réglable de tension continue. En outre, l'étude du fonctionnement de certains dispositifs électrochimiques (électrolyses, piles) dans les autres paragraphes de ce chapitre ou au chapitre 5 fait également appel au tracé des courbes intensité-potentiel (voir par exemple l'expérience 5.1/2).

### 1.1. SYSTEME RAPIDE, SYSTEME LENT

L'allure des courbes intensité-potentiel au voisinage du potentiel à courant nul permet de faire la distinction entre les deux types de systèmes, rapide ou lent.

■ EXPERIENCE 4.1/1

**Exemple de système rapide :**
**Système ion ferreux-ion ferrique sur électrode de platine**

**Produits et matériel**

*– solution $10^{-2}$ mol.l$^{-1}$ en sulfate ferreux, $10^{-2}$ mol.l$^{-1}$ en sulfate ferrique et 0,5 mol.l$^{-1}$ en acide sulfurique.*
*– bécher ; deux électrodes de platine (pointes) ; électrode au calomel saturée.*
*– potentiostat ou, à défaut, alimentation continue réglable de -5 à +5V ; milliampèremètre (sensibilité 0,1 mA) ; millivoltmètre.*

**Mode opératoire**

*Placer les trois électrodes dans le bécher et réaliser l'un des deux montages électriques suivants :*

*1) montage avec un générateur potentiostatique :*
*Si l'on dispose d'un potentiostat, l'électrode à étudier Pt(1) est reliée à la borne « travail » ou « électrode contrôlée » (T), l'autre électrode de platine Pt(2) à la borne auxiliaire (A), et l'ECS à la borne « Référence » (R) comme l'indique la figure E4.1 ; le milliampèremètre est placé dans le circuit entre l'électrode auxiliaire et le potentiostat. Le millivoltmètre est branché entre l'électrode de travail et l'électrode de référence .*

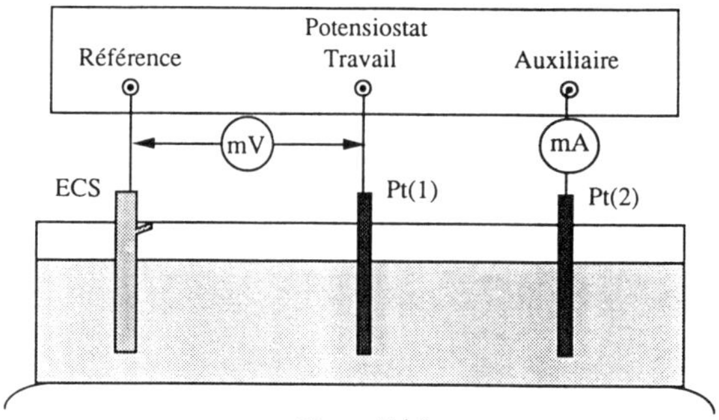


Figure E4.1

*Mesurer la différence de potentiel $\Delta E$ entre Pt(1) et l'électrode de référence lorsque i = 0. Partant de cette valeur, augmenter progressivement $\Delta E$. Si le défilement est automatique, on prendra un défilement du potentiel assez lent (environ 1V/min). En cas de défilement manuel, la courbe est tracée point par point en faisant varier $\Delta E$ de 0,1V en 0,1V par exemple, en attendant à chaque mesure la stabilisation du courant. Après avoir atteint $\Delta E$ = 1,4 ou 1,5V, revenir à la position initiale. Attendre quelques instants, pour libérer l'électrode de l'oxygène adsorbé. Faire varier ensuite $\Delta E$ dans l'autre sens jusqu'à des valeurs de l'ordre de - 0,3V.*

*2) montage sans générateur potentiostatique :*

*Si l'on ne dispose pas de potentiostat, brancher le générateur entre les deux électrodes de platine, insérer le milliampèremètre entre Pt(2) et le générateur. Brancher le millivoltmètre entre Pt(1) et l'électrode au calomel saturée (figure E4.2). Avec un tel dispositif, on peut mesurer le potentiel de l'électrode Pt(1) et l'intensité qui la parcourt. Pour i = 0, aucune différence de potentiel n'étant appliquée entre les électrodes Pt(1) et Pt(2), on mesure la différence de potentiel $\Delta E$ entre Pt(1) et l'électrode au calomel saturée. Augmenter ensuite progressivement la différence de potentiel entre les deux électrodes de platine, Pt(1) étant reliée au pôle + : il en résulte une augmentation progressive de $\Delta E$. On peut ainsi tracer la branche anodique de la courbe de polarisation de Pt(1) (se limiter à des valeurs de $\Delta E$ inférieures à 1,5V). Revenir au point de départ et inverser la polarité du générateur. On peut alors diminuer de plus en plus le potentiel de Pt(1) par rapport à l'électrode de référence, et enregistrer la branche cathodique de la courbe intensité - potentiel de Pt(1).*

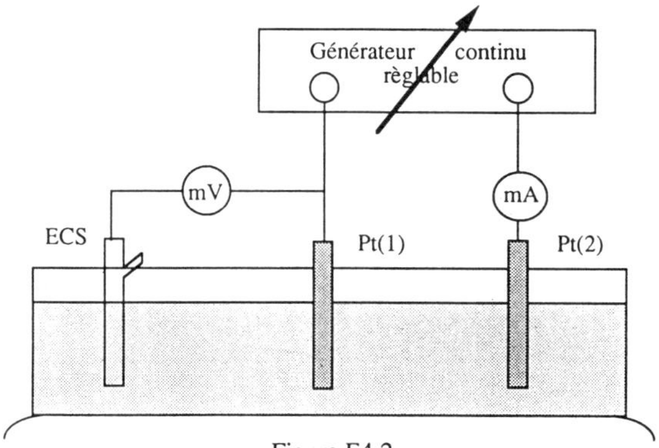


Figure E4.2

■ Remarque : On peut obtenir une tension continue U réglable à l'aide d'un générateur de tension constante (batterie d'accumulateurs de 6, 9 ou 12V...) et d'un rhéostat, en réalisant le montage de la figure E4.3, dit montage potentiométrique.

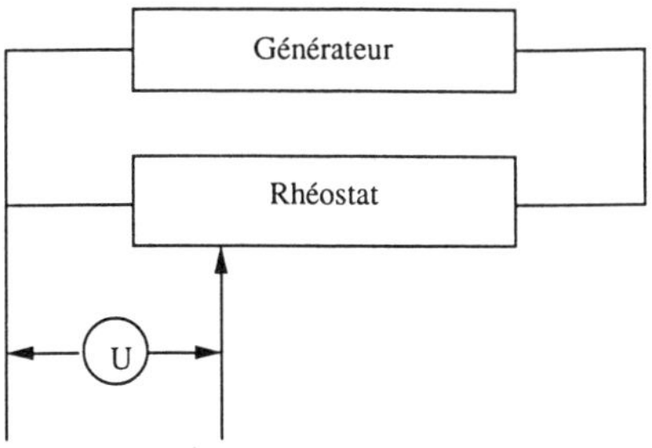


Figure E4.3 : montage potentiométrique

## ■ EXPERIENCE 4.1/2

### Exemple de système lent
### Système ion arsénite - ion arséniate sur électrode de platine

**Produits et matériel**

*– identique à l'expérience 4.1/1 à l'exception de la solution.*
*– solution $10^{-2}$ mol.l$^{-1}$ en arsénite de potassium, $10^{-2}$ mol.l$^{-1}$ en arséniate de potassium, 0,5 mol.l$^{-1}$ en acide sulfurique. POISON!*

**Mode opératoire**

*Opérer comme pour l'expérience 4.1/1. Le domaine de potentiel exploré peut être limité à ± 0,4V.*

■ Remarque : Les dérivés de l'arsenic sont des poisons. Ne pas inhaler poussières et fumées, éviter le contact avec la peau et les yeux, ne pas ingérer. Eliminer les déchets en faisant appel à un service spécialisé.

□ DISCUSSION

La pente des courbes de polarisation pour des valeurs des surtensions de l'ordre de ± 0,1V montre que le système $Fe^{3+}/Fe^{2+}$ sur platine est beaucoup plus rapide que le système arséniate/arsénite sur le même métal (figure E4.4a et b).

NB : l'acide sulfurique permet de fixer le pH du milieu, d'éviter l'hydrolyse des ions du fer et d'obtenir que les processus mis en jeu correspondent bien aux couples rédox décrits. Pour des valeurs de surtension plus élevées (cf. figure 4.4c), on observe une limitation de l'intensité par la diffusion et au delà, à la cathode, la réduction de l'eau en dihydrogène $H_2$ et à l'anode, son oxydation en dioxygène $O_2$.

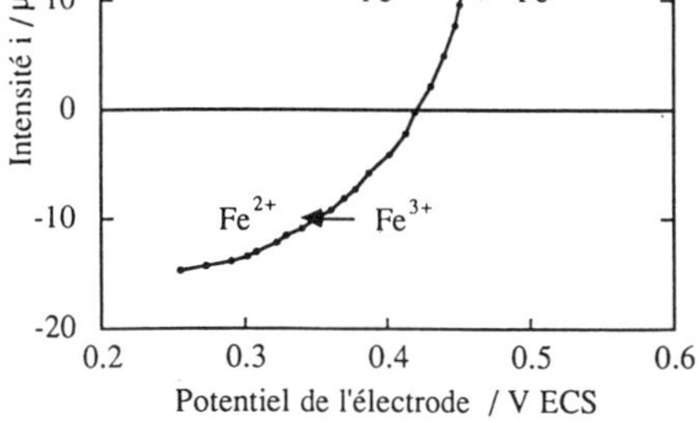


Figure E4.4a : système Fe(III)/Fe(II) sur platine

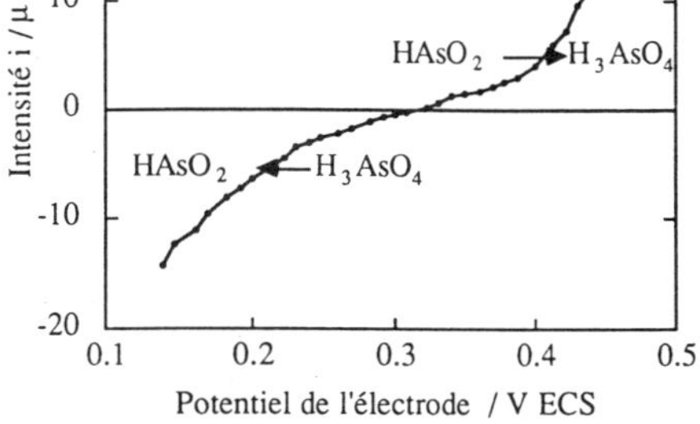


Figure E4.4b : système As(V)/As(III) sur platine

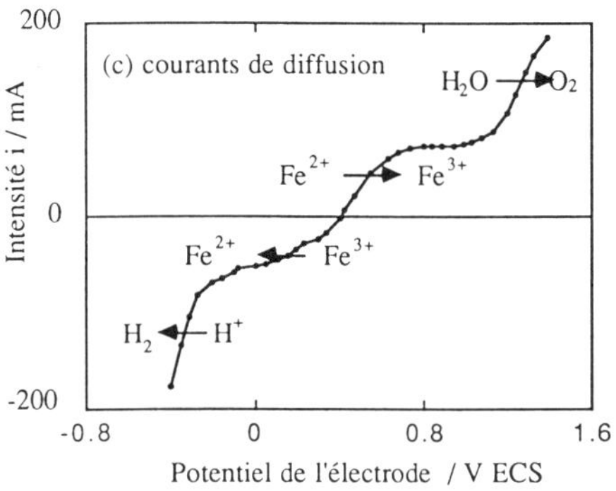


Figure E4.4c : système Fe(III)/Fe(II) sur platine

## 1.2. CARACTERISTIQUE COURANT-TENSION D'UNE ELECTRODE DE REFERENCE

Une électrode de référence est un système présentant une terminaison métallique que l'on utilise notamment pour mesurer le potentiel d'électrode d'un autre système. Une électrode de référence parfaite serait impolarisable (son potentiel ne dépendrait pas de l'intensité). Or, comme pour toute électrode réelle, le potentiel d'une électrode de référence dépend de l'intensité du courant qui la traverse.

### ■ EXPERIENCE 4.1/3

**Electrode au calomel saturée**

**Produits et matériel**

*– solution de chlorure de potassium saturée.*

*– bécher ; barreau de graphite ; électrode au calomel saturée préparée comme dans l'expérience 1.3/3 ou éventuellement ECS commerciale hors d'usage ; électrode au calomel saturée.*

*– appareil d'électroanalyse potentiostatique de type polarographe avec enregistreur.*

**Mode opératoire**

*Réaliser le montage électrique décrit sur la figure E4.5. L'électrode auxiliaire (A) est le barreau de graphite et l'électrode au calomel réalisée comme en 1.3/3 est reliée à la borne travail (T) du générateur. La deuxième électrode au calomel saturée, commerciale, est reliée à la borne référence (R). La différence de potentiel imposée entre T et R est initialement fixée à zéro. Le*

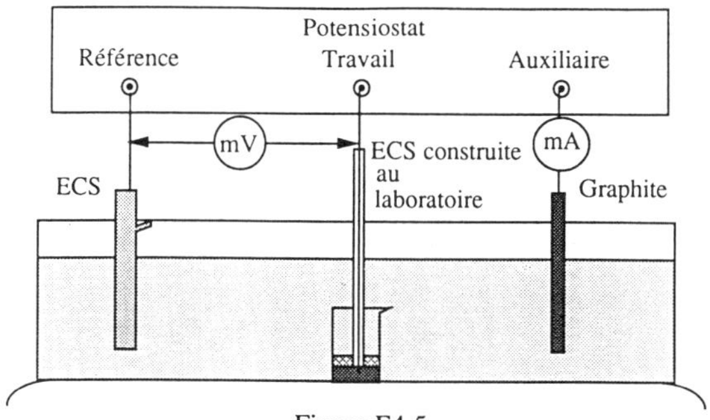


Figure E4.5

*courant est nul. Augmenter régulièrement et lentement la différence de potentiel (5mV.s$^{-1}$) dans un sens, et relever les valeurs de l'intensité et de la différence de potentiel jusqu'à une valeur de l'ordre de 0,3V. Lorsque l'une des branches de la courbe a été tracée, on remet le potentiel de travail à zéro et l'on attend que l'intensité revienne à zéro. Puis on coupe le circuit et l'électrode est abandonnée quelques minutes pour que les équilibres se rétablissent. On peut ensuite, partant de zéro, tracer l'autre branche de la courbe.*

☐ DISCUSSION

La courbe expérimentale de la figure E4.6 montre que, dans le cas de l'électrode étudiée (une ECS de série de la gamme commercialisée par la Société Tacussel), lorsque l'intensité atteint 0,5mA, le potentiel est éloigné de 0,25V de sa valeur d'équilibre à i = 0. Dans de telles conditions de fonctionnement, l'ECS est portée à 0,5V ENH. Il est donc nécessaire, pour que l'on puisse se fier au potentiel d'une électrode de référence, que cette dernière ne soit parcourue par aucun courant, ce qui est le cas pour l'utilisation qui en est faite dans le circuit « Référence » d'un potentiostat. Cela met en évidence la nécessité d'employer un voltmètre électronique pour effectuer des mesures potentiométriques avec de telles électrodes ; en effet, pour une différence de potentiel mesurée de l'ordre du volt, avec un appareil magnétoélectrique présentant une impédance de l'ordre du kiloohm, l'ECS serait parcourue par un courant d'intensité de l'ordre du mA et son potentiel différerait sensiblement de son potentiel au repos ; avec un voltmètre dont l'impédance d'entrée vaut de 1 à 100 megohms, la différence devient négligeable. En outre, lorsqu'une électrode de référence a été parcourue par un courant, elle revient très lentement à sa position d'équilibre. Il faut être particulièrement attentif à cette éventualité, en particulier lors de l'utilisation des millivoltmètres électroniques qui associent plusieurs fonctions : pHmètre, millivoltmètre et générateur de courant. Si l'on place par inadvertance le sélecteur de fonction sur la position générateur de courant, l'intensité fournie, de l'ordre de quelques microampères, peut perturber les mesures de manière non négligeable.

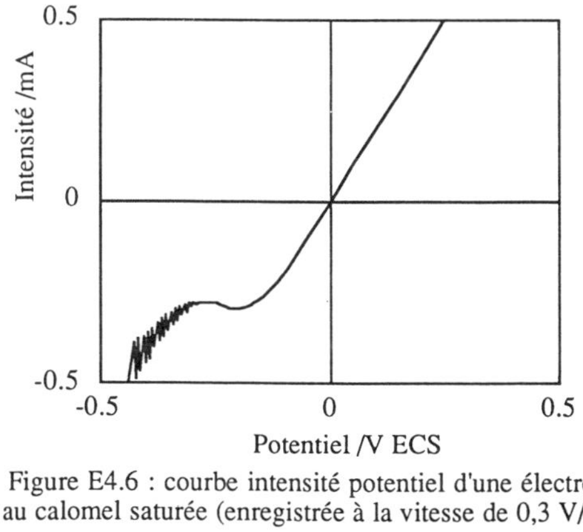


Figure E4.6 : courbe intensité potentiel d'une électrode au calomel saturée (enregistrée à la vitesse de 0,3 V/min)

## 1.3. DOMAINE D'ELECTROACTIVITE ET ELECTROLYSE DE L'EAU

Le domaine d'électroactivité, accessible pour l'étude de réactions électrochimiques, c'est à dire les valeurs de potentiel pour lesquelles le courant a une intensité pratiquement nulle en l'absence de ces réactions, est fonction de la nature du milieu (solvant, électrolyte-support...) et de celle de l'électrode.

## ■ EXPERIENCE 4.1/4

**Etude de l'électrolyse de l'eau en milieu acide, par voltampérométrie sur diverses électrodes.**

**Produits et matériel**

*– acide perchlorique 0,1 mol.l$^{-1}$.*

*– bouteille d'azote comprimé, pour désaérer les solutions.*

*– cellule d'électroanalyse ; électrode tournante, embouts interchangeables de platine, argent, mercure (déposé sur cuivre) ; électrode auxiliaire de platine ; électrode au calomel saturée et papier abrasif ultrafin (pour le décapage des embouts).*

*– appareil d'électroanalyse potentiostatique de type polarographe avec enregistreur.*

**Mode opératoire**

*Effectuer les branchements électriques. Placer la solution d'acide perchlorique dans la cellule et chasser l'oxygène par barbotage d'azote pendant quelques minutes. Maintenir ensuite un courant d'azote uniquement au dessus de la solution. Equiper l'électrode tournante de l'électrode d'argent, la polir et régler la vitesse de rotation à une valeur assez faible (quelques tours par seconde). Fixer la valeur initiale du potentiel de travail à 0V : l'intensité est pratiquement nulle. Tracer la branche cathodique de la courbe en faisant varier le potentiel vers les valeurs négatives à une vitesse de défilement de 10mVs$^{-1}$. Replacer ensuite le potentiel de travail à zéro : pendant quelques secondes, l'électrode est le siège d'un courant anodique qui débarrasse l'électrode de la gaine d'hydrogène accumulée au cours du récent balayage de potentiel. Lorsque l'intensité est retombée à zéro, démarrer l'enregistrement de la branche anodique de la courbe de polarisation. Opérer ainsi successivement avec l'embout de platine poli puis avec celui de mercure.*

## ■ EXPERIENCE 4.1/5

**Courbes intensité-potentiel de l'eau avec un montage simple à trois électrodes**

**Produits et matériel**

*– acide sulfurique 1 mol.l$^{-1}$.*

*– bécher, deux électrodes de platine ; électrodes de fer, zinc, mercure ou cuivre amalgamé, de surface peu différente de celle des électrodes de platine ; électrode au calomel saturée.*

*– générateur de tension réglable de 0 à 10V ; milliampèremètre ; millivoltmètre ; interrupteur.*

**Mode opératoire**

*Placer les électrodes de platine dans la solution sulfurique. Réaliser le circuit électrique d'électrolyse en plaçant en série le générateur et le milliampèremètre. Introduire l'extrémité de l'électrode au calomel dans la solution. Faire varier l'intensité d'électrolyse de 0 à 5mA et déterminer le potentiel de chacune des électrodes par rapport à l'électrode de référence, pour une valeur de i donnée. Tracer les courbes intensité-potentiel de chaque électrode.*

*Remplacer la cathode de platine successivement par une cathode de fer, de zinc et de mercure. Pour l'obtention de cuivre amalgamé, voir expérience 4.2/17. Tracer la courbe de polarisation cathodique dans chaque cas. Mesurer les surtensions anodique et cathodique pour i = 1mA.*

□ DISCUSSION

### Voltampérométrie d'électrodes métalliques

Les courbes enregistrées sur les électrodes tournantes sont représentées sur les figures E4.7a, b et c. La nature des réactions électrochimiques correspondantes y a été portée.

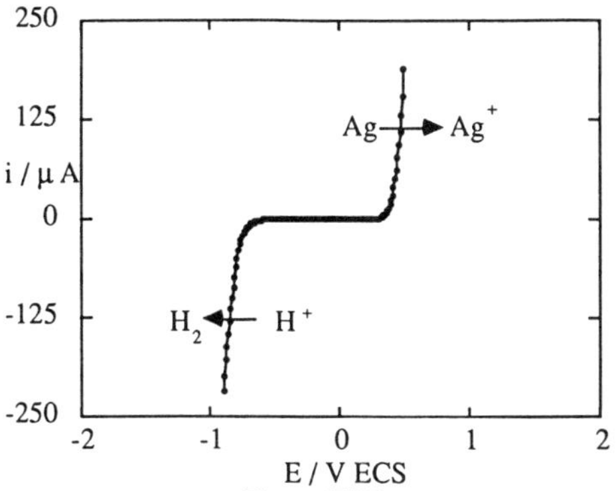

Figure E4.7a

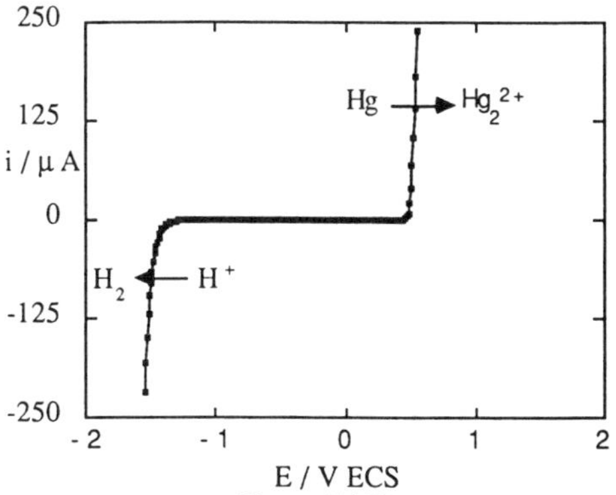

Figure E4.7b

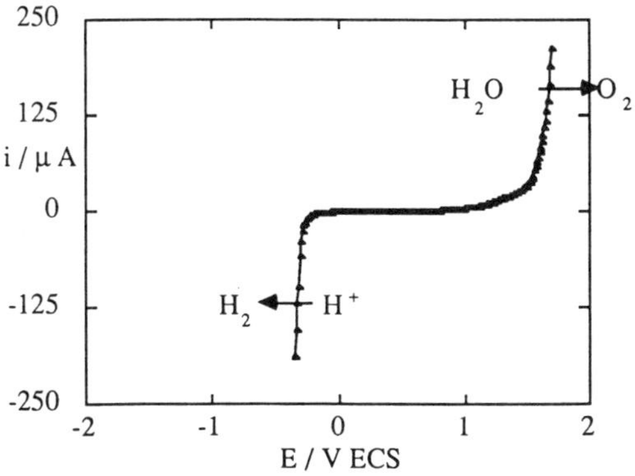

Figure E4.7c

Le domaine d'électroactivité accessible avec une électrode d'argent est limité d'une part par la réduction de l'eau (avec une surtension de l'ordre de -0,3V) et, d'autre part, par l'oxydation de l'argent (fig. E.4.7a). Avec une électrode de mercure, le domaine d'électroactivité est limité du côté anodique par l'oxydation du mercure. La réduction de l'eau n'intervient qu'à potentiel très négatif, car la surtension est de l'ordre de -1,2V (fig. E4.7b). Le mercure est donc un matériau de choix pour l'étude des réductions électrochimiques. Il est très utilisé en polarographie, avec l'électrode à goutte de mercure tombante.

Au contraire, une électrode de platine conduit à :

– la réduction de l'eau, avec une surtension cathodique faible ;

– l'oxydation de l'eau, qui ne se produit avec un courant notable que pour une grande surtension anodique (voisine de 0,5V) (fig. E.4.7c). Le couple $O_2/H_2O$ est lent sur platine. Une électrode de platine convient donc pour l'étude de réactions électrochimiques dans l'eau, même à potentiel élevé pour l'oxydation d'espèces assez difficilement oxydables.

### Electrolyse de l'eau

Les expériences d'électrolyse de l'eau, conduites avec un matériel plus simple, permettent de retrouver certains de ces résultats. La disposition relative des courbes cathodiques est celle qui a été donnée au chapitre 4, § 2.1.3. : la surtension de dégagement du dihydrogène est fonction de la nature de la cathode et décroît dans l'ordre :

$$Hg > Zn > Fe > Pt_{brillant} > Pt_{platiné}$$

La surtension de dégagement du dioxygène sur platine, supérieure à 0,5V, est élevée. C'est là l'un des facteurs principaux limitant l'intérêt de l'électrolyse de l'eau pour le stockage de l'énergie sous forme d'hydrogène et d'oxygène. En effet, le rendement énergétique de cette opération est égal au rapport de l'écart des potentiels thermodynamiques sur la tension d'électrolyse :

$$\rho = (E_{O_2/H_2O} - E_{H^+/H_2}) / (E_{O_2/H_2O} - E_{H^+/H_2} + \eta_a - \eta_c + Ri)$$

$$\rho = 1{,}23 / ( 1{,}23 + \eta_a + |\eta_c| + Ri)$$

Pratiquement un tiers de l'énergie est consommée pour surmonter la cinétique lente du dégagement d'oxygène. La recherche de matériaux d'anode présentant une surtension anodique $\eta_a$ faible est une branche active de la recherche en électrochimie.

## 1.4. TRANSFERT DE MASSE : PALIER DE DIFFUSION

L'emploi d'une électrode tournante à disque et d'un électrolyte - support permet de mettre en évidence l'existence d'un palier sur la courbe intensité - potentiel lorsque le transfert de masse est limitant. Le régime n'est pas un régime de diffusion pure : le mouvement de l'électrode fait que le terme de convection dans l'équation de Nernst-Planck (cf. chapitre 4, § 3.1) n'est pas nul. Les lois de l'hydrodynamique conduisent cependant à une équation, dite de diffusion convective, qui est intégrable. De l'intégration, on tire l'expression de l'intensité limite (équation de Lewich) :

$$| i_l | = 0{,}620 \; n \; F \; S \; D^{2/3} \, \omega^{1/2} \, \nu^{-1/6} \, C_s$$

D : coefficient de diffusion de l'espèce électroactive.
$C_s$ : concentration de l'espèce électroactive au sein de la solution.
$\omega$ : vitesse angulaire de rotation de l'électrode.
$\nu$ : viscosité cinématique du milieu.

Cette expression rappelle celle obtenue dans le modèle de la couche de diffusion (cf. chapitre 4, § 3.2.2) : $| i_l | = n F S D C_s / \delta$. Ce modèle est suffisant pour rendre compte des phénomènes à l'électrode tournante, avec $\delta$, épaisseur de la « couche de diffusion » : $\delta = D^{1/3} \omega^{-1/2} \nu^{1/6}$.

## ■ EXPERIENCE 4.1/6

### Palier de diffusion

**Produits et matériel**

*– solution 2,5 $10^{-3}$ mol.$l^{-1}$ en nitrate d'argent et 0,1 mol.$l^{-1}$ en acide perchlorique ; solution 2,5 $10^{-3}$ mol.$l^{-1}$ en chlorure de potassium et 0,1 mol.$l^{-1}$ en acide perchlorique ; solution 2,5 $10^{-3}$ mol.$l^{-1}$ en bromure de potassium et 0,1 mol.$l^{-1}$ en acide perchlorique ; $KNO_3$, solution saturée et allonge pour jonction avec l'électrode au calomel saturée.*

*– matériel identique à celui de l'expérience 4.1/4 ; embout d'argent uniquement.*

**Mode opératoire**

*L'électrode de travail est le disque d'argent poli dont est équipée l'électrode tournante. L'ECS est munie d'une allonge remplie de la solution de $KNO_3$. Effectuer les branchements électriques de façon analogue au cas de la figure E4.1. Placer la solution de nitrate d'argent dans la cellule. Désaérer par barbotage d'azote pendant quelques minutes. Maintenir ensuite un courant d'azote en surface pour éviter l'entrée d'oxygène. Régler la vitesse de rotation du disque à quelques tours par seconde. Fixer la valeur initiale du potentiel de travail à -0,2V. Un courant de réduction circule. Faire défiler le potentiel appliqué vers les valeurs positives (10mV$s^{-1}$). Pour une valeur voisine de 0,4V, le courant s'annule puis change de sens. Dès que la branche anodique a été tracée, arrêter* *l'expérience sous peine de détériorer l'électrode par dissolution anodique de l'argent. Replacer le potentiel de travail à -0,2V puis tracer la partie extrême de la branche cathodique en faisant varier le potentiel appliqué vers des valeurs plus négatives.*

*Vider la cellule, rincer à l'eau, essuyer, placer la solution de chlorure de potassium. Après désaération, opérer comme précédemment. A -0,2V, l'intensité du courant est pratiquement nulle. Après tracé de la branche anodique, l'embout d'argent doit être repoli manuellement pour éliminer la plus grande part du chlorure d'argent qui s'est formé ; cette opération est complétée électrochimiquement lorsque l'électrode est replacée à -0,2V. La branche cathodique peut ensuite être tracée.*

*Passer à l'étude de la solution de bromure de potassium sur laquelle on effectue les mêmes opérations.*

☐ DISCUSSION

Les trois courbes de polarisation enregistrées sont représentées sur la figure E.4.8.a,b,c avec les réactions électrochimiques correspondant aux différents domaines.

Dans le cas de la solution d'ion argent(I) (fig. E4.8a), la branche cathodique présente un palier ; dans cette zone de potentiel, l'intensité est limitée par la diffusion des ions $Ag^+$ vers l'électrode. Pour des valeurs du potentiel suffisamment négatives, à cette réduction des ions $Ag^+$ vient s'ajouter celle de l'eau. Lorsque l'intensité est positive, il y a oxydation de l'électrode d'argent en ions $Ag^+$ : on n'observe pas de palier de diffusion (dissolution de l'électrode).

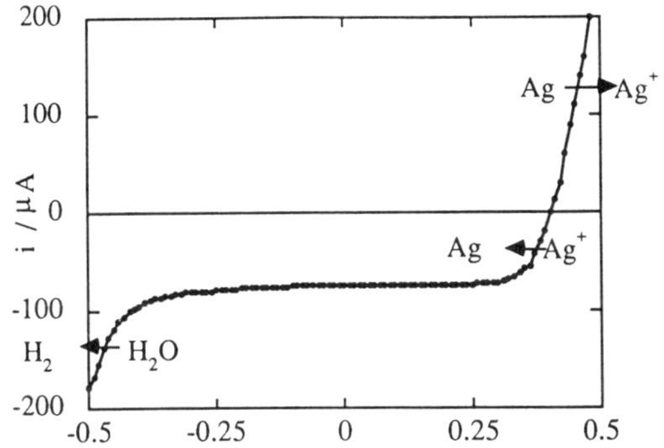


Figure E4.8a

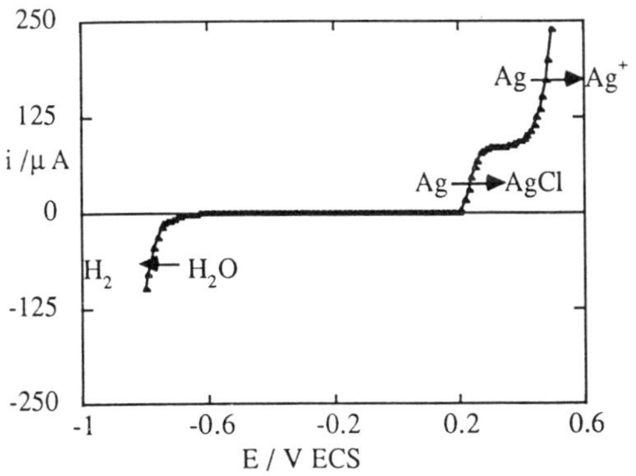


Figure E4.8b

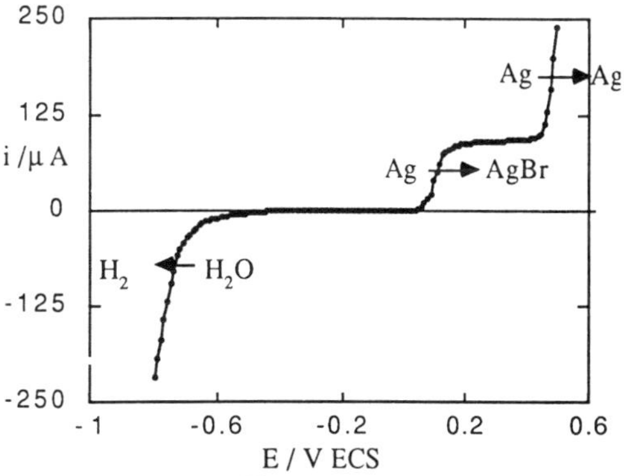


Figure E4.8c

Le potentiel pour lequel l'intensité du courant est nulle, est le potentiel d'équilibre du couple $Ag^+/Ag$ dans la mesure où l'enregistrement de la courbe est effectué assez lentement. La connaissance de la loi de Nernst permet de déduire la valeur du potentiel normal de ce couple :

$$E = E^\circ_{Ag^+/Ag} + (RT/F) \ln [Ag^+]$$

Dans le cas des solutions d'halogénure (fig. E4.8b et c), la seule réduction que l'on puisse observer est celle de l'eau. Du côté anodique, on note l'existence d'une vague d'oxydation pour des valeurs de potentiel moins élevés que dans le cas précédent : l'oxydation de l'argent est rendue thermodynamiquement plus facile par la réaction de précipitation des cations argent(I) avec les anions halogénure.

L'abscisse du point correspondant à une intensité nulle, pour lequel une quantité infinitésimale d'halogénure d'argent AgX est précipité, est le potentiel donné par la loi de Nernst pour une électrode du deuxième type $X^-/AgX/Ag$ ; on peut en déduire la valeur du produit de solubilité Ks de AgX puisque :

$$E = E^\circ_{Ag^+/Ag} + (RT/F) \ln Ks - (RT/F) \ln [Cl^-]$$

$$(Ks_{AgCl} \approx 10^{-10} \quad \text{et} \quad Ks_{AgBr} \approx 10^{-12})$$

Lorsque le potentiel est suffisamment positif, les courbes présentent un palier de courant anodique : la vitesse d'oxydation de l'électrode d'argent en halogénure d'argent est limitée par la vitesse d'arrivée des ions halogénure à l'électrode :

$$Ag + X^- \longrightarrow AgX + e^-$$

Lorsque l'oxydation de l'argent en ion $Ag^+$ non précipité devient thermodynamiquement possible, celle-ci vient s'ajouter à la précédente, et le courant d'oxydation croît à nouveau.

## 1.5. PASSIVATION ANODIQUE

L'enregistrement de la branche anodique de la courbe intensité-potentiel de métaux passivables permet de montrer la passivation de ceux-ci.

## ■ EXPERIENCE 4.1/7

### Passivation du fer et du chrome

**Produits et matériel**

*– solution 1,2 mol.l⁻¹ en nitrate de potassium, ajustée à pH = 2,5 à 3 à l'aide d'acide nitrique ; acide sulfurique 2 mol.l⁻¹.*

*– cellule d'électroanalyse ou équivalent ; électrode auxiliaire de platine ; électrodes de travail en fer (clous : cf. figure E4.9) et en chrome métallique ; électrode au calomel saturé.*

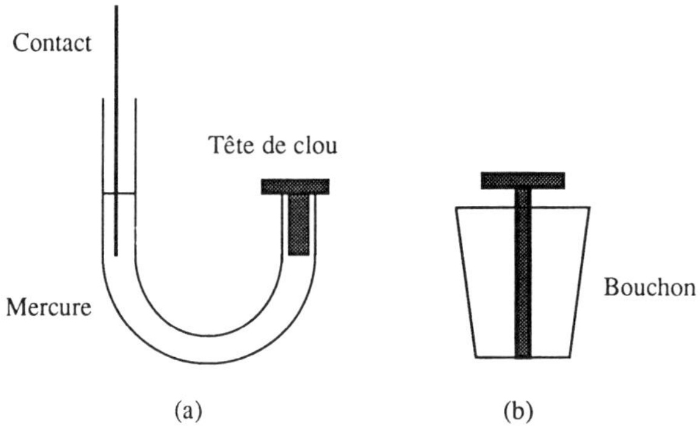


Figure E4.9

*– appareil d'électroanalyse potentiostatique de type polarographe avec enregistreur ; à défaut, alimentation continue réglable, milliampèremètre possédant une gamme 100 µA, voltmètre électronique, lame de zinc.*

**Mode opératoire**

*– Passivation du fer : placer la solution nitrique dans la cellule, y introduire les électrodes ; l'électrode de travail est en fer. Fixer la valeur initiale du potentiel imposé à l'électrode de fer vers -0,8V/ECS. Faire défiler vers les potentiels positifs (5 mVs$^{-1}$).*

*– Passivation du chrome : opérer de même en utilisant du chrome comme électrode de travail et la solution d'acide sulfurique comme électrolyte.*

*– En l'absence de générateur potentiostatique, réaliser le montage électrique de la figure E4.10. La cathode est une lame de zinc, l'anode est la pointe limée d'un clou en fer. La surface de l'électrode de fer doit être très petite par rapport à celle de l'électrode de zinc. Augmenter progressivement la tension aux bornes du générateur et enregistrer les variations de l'intensité en fonction de la différence de potentiel entre l'électrode de fer et l'ECS.*

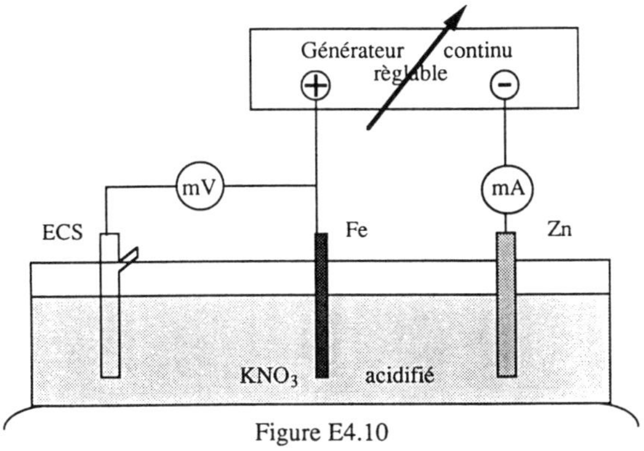


Figure E4.10

☐ DISCUSSION

L'examen du diagramme potentiel-pH du fer (cf. chapitre 2) permet de prévoir, dans les conditions de pH de l'expérience, l'oxydation du fer en $Fe^{2+}$ lorsque l'on augmente le potentiel, puis l'obtention de fer(III) à l'état de précipité.

La courbe intensité-potentiel (figure E4.11) présente une première partie d'intensité croissante, correspondant à l'obtention de $Fe^{2+}$. L'intensité tombe brusquement presque à zéro au delà d'une certaine valeur du potentiel dite potentiel de Flade : le fer est alors recouvert d'un film qui empêche son oxydation ultérieure ; il est passivé. Au delà, l'intensité croît à nouveau car il y a oxydation de l'eau en oxygène à la surface du film passivant.

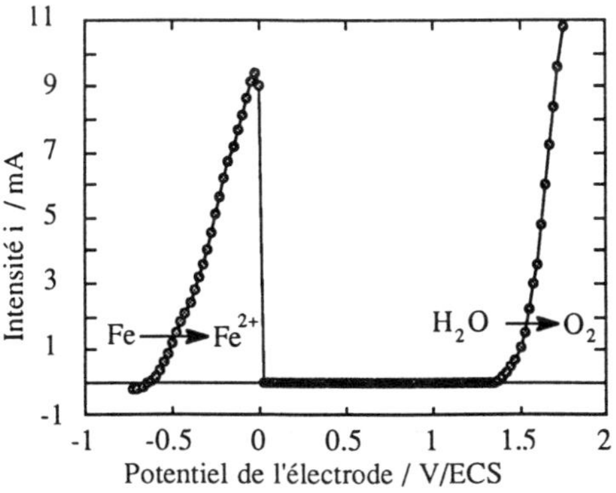


Figure E4.11 : potentiel de Flade

Le tracé de la courbe de polarisation sans potentiostat nécessite l'utilisation d'une contre-électrode dont le potentiel soit bien défini à courant nul, et peu sensible à l'intensité qui la traverse. Le choix du zinc comme matériau répond à la première condition à cause de l'existence d'un potentiel mixte zinc / eau ; la seconde condition est remplie si l'on utilise une lame de zinc de surface très grande comparativement à celle de l'électrode de fer. Cependant, le potentiel de la contre électrode varie lorsque l'intensité passe de la valeur maximale à pratiquement zéro, au potentiel de Flade pour l'électrode de fer ; il en résulte qu'un domaine de potentiel au dessus du potentiel de Flade n'est pas accessible à l'expérience dans ces conditions. En effet (cf. figure E4.12), en augmentant progressivement la tension d'alimentation U, on arrive à un régime de fonctionnement représenté pour l'anode par le point A, pour la cathode par le point C. Une légère augmentation de U, δU, fait alors chuter l'intensité. Le point de fonctionnement de la cathode devient C' et celui de l'anode A'.

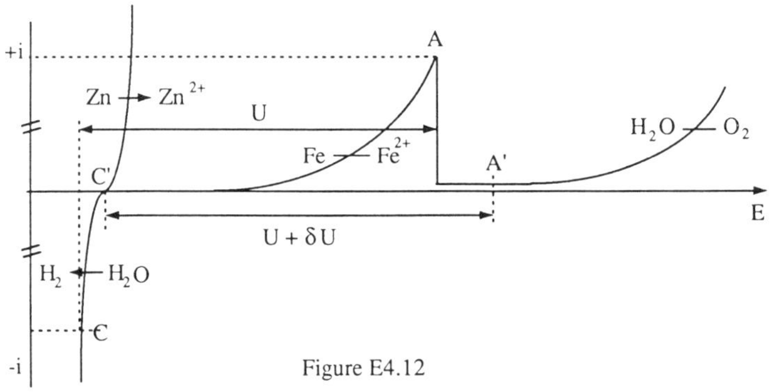

Figure E4.12

Dans le cas du chrome, le potentiel de Flade a une valeur de l'ordre de - 0,2V/ENH, plus faible que dans le cas du fer. Cette valeur est également celle pour laquelle on observe la passivation des alliages fer-chrome contenant au moins 18% de chrome, ce qui explique l'utilisation de tels alliages comme aciers inoxydables.

# 2. ELECTROLYSE

## 2.1. DISTRIBUTION DES POTENTIELS DANS UNE CELLULE D'ELECTROLYSE

La différence de potentiel U aux bornes d'une cellule d'électrolyse est la somme de trois termes de nature différente : thermodynamique, cinétique et ohmique :

$$U = E_a - E_c + \eta_a - \eta_c + Ri$$

Pour une tension U donnée, la valeur relative de la composante ohmique et de la composante cinétique peut dépendre des points considérés sur chaque électrode ; ceci est fonction de la géométrie de la cellule, de la forme et de la disposition des électrodes.

### ■ EXPERIENCE 4.2/1

**Mesure de la chute ohmique entre deux points d'une solution (topographie du potentiel interne)**

**Produits et matériel**

*– solutions 0,5 mol.l$^{-1}$ de sulfate cuivrique et d'acide sulfurique.*

*– deux morceaux de fil électrique rigide gainé ; deux lames de cuivre ; deux électrodes de platine ; deux électrodes au calomel saturées, cristallisoir*

*(diamètre 10 cm).*
*– générateur de tension continue ; millivoltmètre électronique.*

**Modes opératoires**

*Variante 1 :*

*Placer les deux électrodes de platine face à face à une dizaine de cm l'une de l'autre dans la solution sulfurique. Placer entre ces électrodes de platine, à quelques cm l'une de l'autre, les deux électrodes au calomel. Réaliser le branchement électrique de la figure E4.13.*

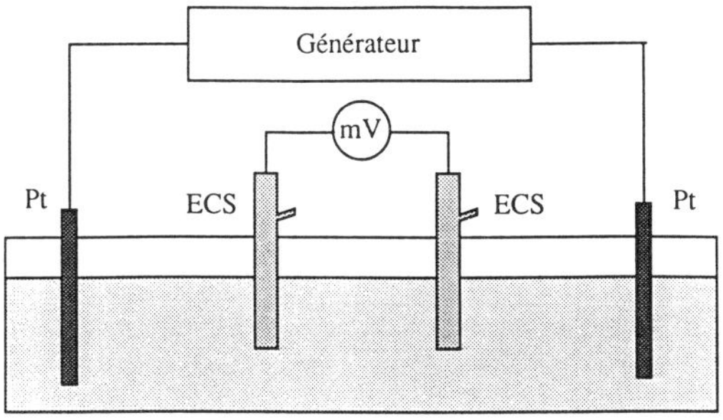


Figure E4.13

*Vérifier que lorsque l'intensité d'électrolyse est nulle, le millivoltmètre indique une différence de potentiel nulle entre les deux ECS. Dans le cas contraire, l'une au moins des deux ECS ne mérite pas ce nom : vérifier son conditionnement. En tout état de cause, noter la différence de potentiel lue à courant nul entre les deux électrodes de référence. Au moyen du générateur, faire passer le courant dans les électrodes de platine. Il faut atteindre une différence de potentiel appliquée de l'ordre de 1,8 V pour que du courant passe. Les deux électrodes de référence « ne sont plus au même potentiel ».*

*Variante 2 :*

*Une expérience analogue peut être conduite à l'aide d'une anode et d'une cathode de cuivre et d'une solution cuivrique. Les deux électrodes - sondes peuvent être des électrodes au calomel saturées ou simplement des électrodes de cuivre : on peut utiliser du fil électrique gainé de matière plastique isolante. Seule la section n'est pas recouverte d'isolant ce qui permet d'atteindre une mesure de la différence de potentiel relativement bien localisée à l'extrémité des fils (figure E4.14) :*

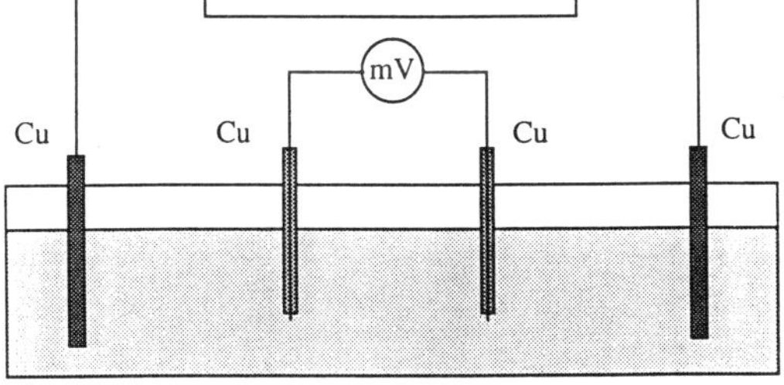


Figure E4.14

## ■ EXPERIENCE 4.2/2

**Gradient de potentiel en solution : électrode bipolaire**

**Produits et matériel**

*– acide sulfurique 0,5 mol.l$^{-1}$.*
*– cristallisoir (diamètre 10 cm) ; deux électrodes de platine ; fil de platine*

*(quelques cm).*

*– générateur de tension continue (0-15V).*

### Mode opératoire

*Disposer les deux électrodes de platine face à face à une dizaine de cm l'une de l'autre dans la solution sulfurique, de telle sorte que leur extrémité inférieure soit au fond du récipient. Laisser tomber le fil de platine entre les deux électrodes, en prenant garde qu'il ne touche aucune de ces dernières (figure E4.15). Mettre en route l'électrolyse : des dégagements gazeux se produisent à l'anode et à la cathode. Augmenter la tension d'alimentation : lorsque celle-ci est suffisante (12-15V) des dégagements gazeux apparaissent aux deux extrémités du fil de platine.*

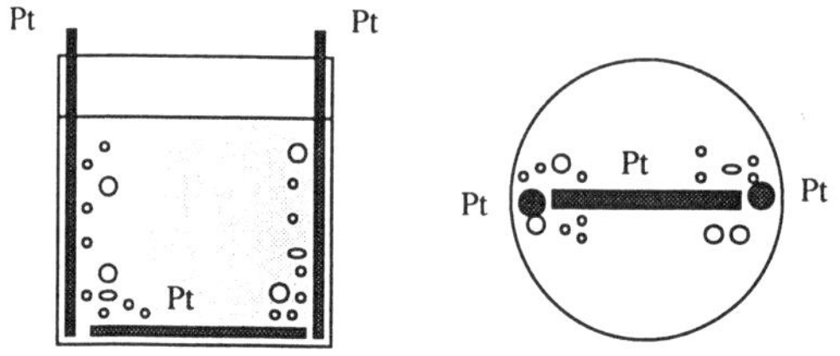


Figure E4.15 : dégagement gazeux sur une électrode bipolaire

## ■ EXPERIENCE 4.2/3

## Potentiel de travail des électrodes

### Produits et matériel

*– solution de sulfate cuivrique 0,5 mol.l$^{-1}$ ; sulfate cuivrique 0,5 mol.l$^{-1}$ acidifié ($H_2SO_4$ 0,5 mol.l$^{-1}$).*

*– cuve pour l'électrolyse de dimension adaptée (cristallisoir pour disposition horizontale ou éprouvette à pied de 250 cm$^3$ pour disposition verticale) ; cathode : fil de cuivre, dégainé sur 4 cm ; anode : plaque de cuivre pour* ***circuit imprimé (largeur 4 cm, longueur 20 cm ) + contacts.***

*– électrode-sonde de cuivre : fil électrique sectionné non dégainé.*

*– générateur de tension continue ; milliampèremètre ; voltmètre électronique.*

### Mode opératoire

*L'anode est pourvue de deux fils collecteurs de courant, situés à chaque extrémité (soudure sur cuivre recouverte d'un vernis isolant). Elle est graduée sur sa longueur par quelques traits latéraux. Placer l'anode au fond de la cuve, la face cuivrée tournée vers le haut. Disposer la cathode à 2 cm environ au dessus de l'une des extrémités de l'anode, parallèlement à celle-ci et perpendiculairement à sa plus grande dimension. Introduire la solution cuivrique en quantité telle que les deux électrodes soient recouvertes. Régler la tension du générateur à une valeur telle que l'intensité soit de l'ordre de 300 mA (figure E4.16).*

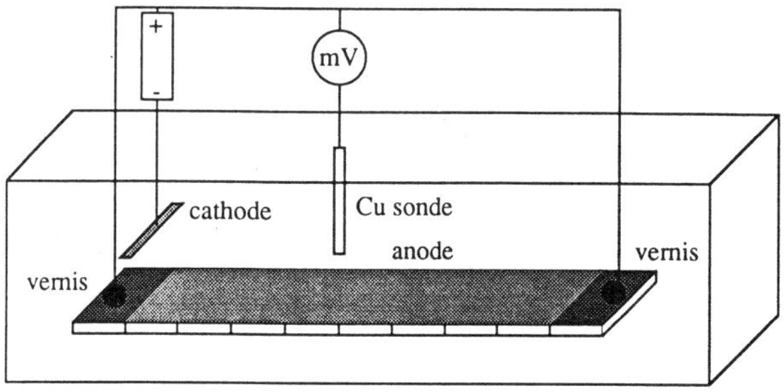


Figure E4.16

*Positionner l'extrémité de l'électrode-sonde de cuivre aussi près que possible de la plaque anodique, sans qu'il y ait contact. Déplacer la sonde le long de la plaque, et mesurer la différence de potentiel entre l'anode et la sonde pour les différentes positions : on vérifie la variation de la valeur de la surtension anodique en fonction de l'abscisse du point de l'anode considéré.*

*Laisser l'électrolyse se poursuivre. Observer la répartition de l'attaque de la plaque de cuivre. Recommencer l'expérience avec la solution cuivrique acidifiée qui est plus conductrice. Comparer les résultats avec ceux de l'expérience précédente.*

□ DISCUSSION

### Chute ohmique en solution

La différence de potentiel mesurée entre les terminaisons métalliques de deux électrodes de références identiques est égale à la différence de potentiel entre les deux points de la solution où sont placées leurs extrémités. En effet, les potentiels Galvani métal — solution (cf. chapitre 1, §1.1) ainsi que les éventuels potentiels de jonction liquide sont identiques pour les deux électrodes. La figure E4.17 représente schématiquement les niveaux des potentiels internes des phases à courant nul et non nul.

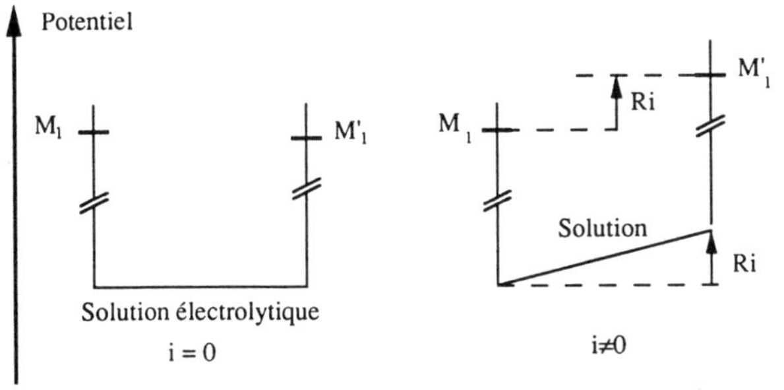


Figure E4.17 : Gradient de potentiel en solution à courant nul et non nul

Dans le cas d'une électrode de cuivre, le potentiel de Nernst ne dépend que de la concentration en ion cuivrique : si cette dernière est uniforme, une électrode-sonde de cuivre permet d'établir la topographie du potentiel interne de la solution cuivrique.

■ Remarque : Des dispositifs à quatre électrodes, tels que ceux de l'expérience 4.2/1 sont utilisés en métrologie pour la détermination de la conductivité des solutions électrolytiques ou d'autres conducteurs ioniques (1). La géométrie cylindrique de la cellule assure alors une densité de courant uniforme ; les électrodes sont des disques de surface parfaitement connue ; on mesure la différence de potentiel U, la distance L entre les deux électrodes-sondes et l'intensité i du courant qui traverse la cellule. On en déduit la résistance R de la colonne d'électrolyte comprise entre les électrodes-sondes :

$$U = RI$$

d'où l'on tire la conductivité :

$$\chi = (1/R)\,(L\ /\ S)$$

### Gradient de potentiel interne

Si l'on place une pièce métallique dans une solution au sein de laquelle il existe un gradient de potentiel, du fait de la circulation d'un courant ionique, étant donné que le métal est pratiquement équipotentiel car très conducteur, la différence de potentiel métal-solution dépend du point considéré de la pièce métallique (figure E4.18).

Si la chute ohmique entre A et B est suffisamment importante, le métal au voisinage de B est à un potentiel assez bas par rapport à la solution en B et le métal au voisinage de A à un potentiel assez élevé par rapport à la solution en A. On peut alors observer un dégagement d'hydrogène en B et un dégagement d'oxygène en A. L'électroneutralité de la pièce métallique est évidemment conservée, les électrons captés en A étant cédés en B.

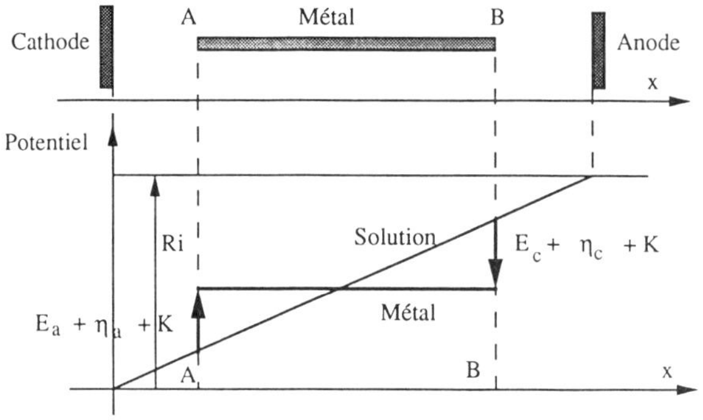


Figure E4.18 : gradient de potentiel interne et électrode bipolaire

### Variation de la surtension anodique

Lorsque, dans une cellule d'électrolyse, anode et cathode ne sont pas identiques et placées parallèlement l'une à l'autre, le potentiel de travail des électrodes n'est pas uniforme. L'expérience 4.2/3 permet de le vérifier. La différence de potentiel entre l'anode et la sonde n'est autre que la surtension à laquelle travaille le point de l'anode situé à proximité de la sonde. Elle varie en fonction de l'abscisse du point. En effet, la distance entre la cathode et A est plus faible que celle qui sépare la cathode de B, et la chute ohmique dans la solution entre les points proches de la cathode et A est plus faible qu'entre ces mêmes points et B. Il en résulte que la surtension anodique est plus élevée en A qu'en B. Au cours de l'électrolyse, la plaque de cuivre est très attaquée en A (figure E4.19).

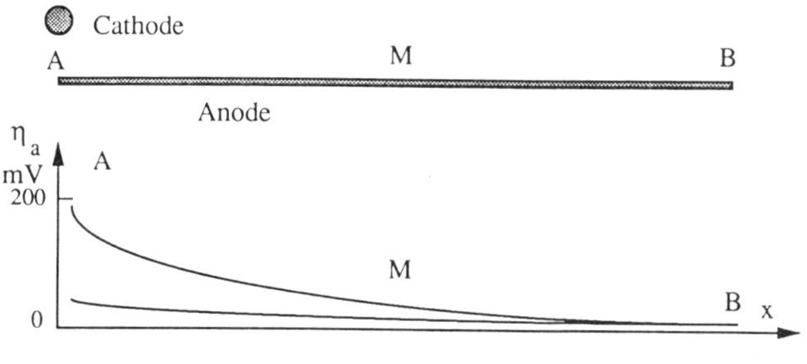


Figure E4.19

Lorsque la conductivité de la solution est augmentée, l'écart entre les chutes ohmiques observées pour A et B est plus faible. Il en est donc de même pour les surtensions : l'attaque de la plaque de cuivre est plus uniforme.

## 2.2. MISE EN EVIDENCE DES REACTIONS AUX ELECTRODES

Les réactions électrochimiques qui se déroulent aux électrodes dépendent des conditions d'électrolyse ; elles sont fonction en particulier de la nature de la solution électrolytique et de celle des électrodes. Les réactions qui se produisent sont celles qui demandent le moins d'énergie tant du point de vue thermodynamique que cinétique (*i.e.* pour une valeur de $|E_{éq} + \eta|$ minimale).

La caractérisation des produits formés peut être visuelle ou analytique. Dans ce dernier cas, les réactions de caractérisation doivent être choisies de telle sorte que les autres espèces présentes n'interviennent pas.

## EXPERIENCE 4.2/4

### Electrolyse du chlorure cuivrique

**Produits et matériel**

*– solution de chlorure cuivrique ≈ 1 mol.l$^{-1}$ ; solution de bromure de potassium à 50g.l$^{-1}$ ; acide nitrique ≈ 4 mol.l$^{-1}$.*

*– papier ioduré amidonné.*

*– tube en U ; deux électrodes de carbone graphite.*

***– ampèremètre, voltmètre ; générateur de tension continue réglable.***

**Mode opératoire**

*Remplir le tube en U avec la solution et placer une électrode dans chaque branche (cf. figure E4.20).*

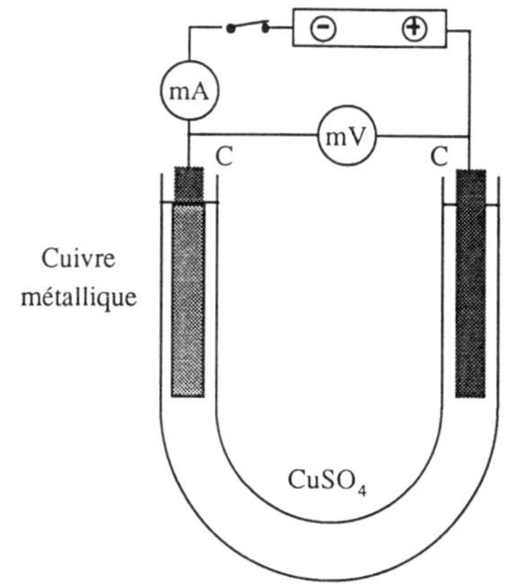


Figure E4.20 : électrolyse

*Effectuer l'électrolyse pendant quelques minutes. La cathode se recouvre d'une couche de cuivre, rouge. Eventuellement, après rinçage, tremper l'électrode dans de l'acide nitrique au tiers. Prélever quelques gouttes de la solution obtenue et les placer dans un tube à essais. Ajouter une solution d'ammoniaque au tiers : coloration bleu foncé due au complexe* ***{$Cu(NH_3)_4$}$^{2+}$***. *A l'anode, il se forme du chlore : prélever quelques cm$^3$ de la solution anodique et en placer dans deux tubes à essais. Dans le premier, ajouter une solution de bromure ; la coloration rouge-brun du brome apparaît. Placer un papier ioduré-amidonné à l'extrémité du second tube et chauffer ; la coloration bleue du complexe iode-amidon apparaît.*

## EXPERIENCE 4.2/5

### Electrolyse du bromure de zinc

**Produits et matériel**

*– solutions de bromure de zinc ≈ 1 mol.l$^{-1}$, d'iodure de potassium à 50g.l$^{-1}$, de sulfate cuivrique à 1%, de mercurithiocyanate d'ammonium ; solution de fluoresceïne ; acide nitrique ≈ 4 mol.l$^{-1}$.*

*– matériel identique à celui de l'expérience 4.2/4.*

**Mode opératoire**

*Effectuer l'électrolyse de la solution de bromure de zinc pendant quelques minutes. La cathode se recouvre de zinc noirâtre. Après rinçage, dissoudre le zinc par attaque dans un peu d'acide nitrique au tiers. Placer quelques gouttes de la solution ainsi obtenue dans un tube à essais ; ajouter 1 goutte de la solution de sulfate de cuivre et quelques gouttes de solution de mercurithiocyanate* *d'ammonium. Il se forme un précipité violet d'une solution solide de mercurithiocyanates de zinc et de cuivre, dont la couleur varie en fonction de la proportion de zinc. A l'anode, le brome formé a une coloration brune et il tombe au fond du tube en U, à cause de sa densité élevée. Prélever de la solution anodique et en placer un cm$^3$ dans deux tubes à essais. Ajouter une solution d'iodure de potassium au premier ; la coloration brune de l'iode est alors visible. Placer à l'extrémité du second un papier imbibé de solution de fluoresceïne et chauffer ; la coloration rose de la tétrabromofluoresceïne (éosine) apparaît.*

## ■ EXPERIENCE 4.2/6

### Electrolyse du bromure de potassium

**Produits et matériel**

*– solutions de bromure de potassium 1 mol.l$^{-1}$, d'iodure de potassium à 50 g.l$^{-1}$ et de chlorure ferrique 0,1 mol.l$^{-1}$ ; solutions de fluoresceïne et de phénolphtaléïne.*

*– matériel identique à celui de l'expérience 4.2/4.*

**Mode opératoire**

*Electrolyser la solution de bromure de potassium pendant quelques minutes. Il se forme du brome à l'anode ; voir la caractérisation en expérience 4.2/5. A la cathode, on observe un dégagement gazeux d'hydrogène et la solution devient basique. Prélever un peu de la solution cathodique. En ajouter à la solution de chlorure ferrique ; un précipité rouille d'hydroxyde ferrique se forme. Ajouter au reste du prélèvement une goutte de phénolphtaléïne ; le milieu prend une couleur violacée.*

## ■ EXPERIENCE 4.2/7

### Electrolyse de l'iodure de potassium

**Produits et matériel**

*– solutions d'iodure de potassium 1 mol.l$^{-1}$, de thiosulfate de potassium 0,1 mol.l$^{-1}$ et de chlorure ferrique ; empois d'amidon ; phénolphtaléïne.*

*– tétrachlorure de carbone.*

*– matériel identique à celui de l'expérience 4.2/4.*

**Mode opératoire**

*Electrolyser la solution d'iodure de potassium pendant quelques minutes. A la cathode, on observe un dégagement gazeux d'hydrogène et la solution devient basique (pour la caractérisation, cf. expérience 4.2/6). A l'anode, la solution devient brune par suite de la formation d'iode. Prélever trois cm$^3$ de la solution anodique et en placer un cm$^3$ dans trois tubes à essais. Dans le premier, ajouter un cm$^3$ de tétrachlorure de carbone et agiter ; la phase organique devient violette. Dans le second, ajouter une quantité suffisante de thiosulfate ; la solution se décolore. Dans le troisième, ajouter 2 ou 3 gouttes d'empois d'amidon ; la coloration bleue du complexe iode-amidon apparaît.*

## ■ EXPERIENCE 4.2/8

### Electrolyse du chlorure ferrique

**Produits et matériel**

*– solutions de chlorure ferrique à 100 g.l$^{-1}$ et de ferricyanure de potassium à 50 g.l$^{-1}$.*

*– matériel identique à celui de l'expérience 4.2/4.*

**Mode opératoire**

*Effectuer l'électrolyse de la solution de chlorure ferrique pendant quelques minutes. A l'anode, il y a formation de chlore qui est caractérisé comme dans l'expérience 4.2/4. A la cathode, on obtient des ions ferreux. Prélever un peu de la solution cathodique et ajouter de la solution de ferricyanure de potassium ; la couleur du bleu de Prusse apparaît.*

## ■ EXPERIENCE 4.2/9

**Electrolyse du sulfate de sodium** (voir aussi (2))

**Produits et matériel**

– *solution de sulfate de sodium à 50 g.l$^{-1}$.*

– *cuve à électrolyse avec électrodes de platine ; tubes pour recueillir les gaz et dispositif de fixation ; bec Bunsen, bûchette de bois.*

– *générateur de tension continue réglable ; ampèremètre ; fils électriques ; interrupteur.*

**Mode opératoire**

*Placer la solution de sulfate de sodium dans la cuve à électrolyse (cf. figure E4.21b). Remplir à ras-bord, avec la même solution, le tube destiné à recueillir le gaz et déposer à la surface un petit morceau de papier filtre, en évitant de laisser de bulle d'air entre le papier et le ménisque. Le tube peut alors être retourné sans que le liquide ne s'écoule. Placer le tube dans la solution à électrolyser au dessus d'une électrode. Opérer de la même manière pour le tube à placer au dessus de l'autre électrode. Electrolyser quelques minutes. Lorsque les tubes sont remplis de gaz, caractériser l'oxygène formé à l'anode par l'inflammation d'une bûchette sur laquelle il ne reste qu'un point incandescent. L'hydrogène obtenu à la cathode peut être mis en évidence en portant rapidement l'extrémité du tube à la flamme : inflammation avec un petit bruit sec (voir également la référence 2).*

### □ DISCUSSION

Le tableau E4.1 regroupe les potentiels normaux des couples oxydoréducteurs qui sont susceptibles d'être mis en jeu dans les électrolyses précédentes.

Tableau E4.1

| Couple | $Cl_2/Cl^-$ | $O_2/H_2O$ | $Br_2/Br^-$ | $Fe^{3+}/Fe^{2+}$ | $I_3^-/I^-$ | $Cu^{2+}/Cu$ | $H^+/H_2$ | $Zn^{2+}/Zn$ | $K^+/K$ |
|---|---|---|---|---|---|---|---|---|---|
| E°(V) | 1,36 | 1,23 | 1,09 | 0,77 | 0,54 | 0,34 | 0,00 | -0,76 | -2,9 |

A la cathode, sont envisageables soit la réduction du cation de l'électrolyte, soit celle de l'eau. On observe généralement la réduction de l'espèce correspondant à la plus haute valeur de potentiel (obtention du produit thermodynamique). Cependant, dans le cas du zinc(II), on peut obtenir un dépôt de zinc notable avec faible dégagement d'hydrogène, à cause de la surtension assez élevée de la réduction de l'eau sur ce métal. Dans le cas du fer(III), si la tension d'électrolyse est assez grande, on peut obtenir la réduction du fer(III) en fer métallique ; on observe alors un dégagement d'hydrogène simultané.

A l'anode, on observe l'oxydation des halogénures. Celles de l'iodure et du bromure sont thermodynamiquement favorables. Dans le cas du chlorure, on a à la fois dégagement de chlore et d'oxygène. Cependant, du fait de la lenteur du système $O_2/H_2O$ sur carbone, la formation de chlore est prépondérante (cf. 4.2/3). Pour des raisons cinétiques également, les ions sulfate ne sont ni oxydés, ni réduits dans les solutions diluées utilisées.

Plusieurs dispositifs expérimentaux voisins peuvent en outre être mis en oeuvre pour permettre la caractérisation des gaz produits aux électrodes lorsque l'électrolyse est conduite dans un tube en U. Un bouchon équipé d'un tube de verre effilé (fig. E4.21a) permet, si le débit est suffisant, de recueillir de l'hydrogène dans un petit tube et de le caractériser en le présentant à la flamme. Un bouchon muni d'une sortie latérale permet l'élimination de gaz toxiques par barbotage ou la caractérisation de gaz. Lorsque des gaz sont obtenus aux deux électrodes, on peut également employer un voltamètre classique ou tout dispositif où les deux électrodes sont situées dans la partie inférieure par exemple : un gros tube fermé par un bouchon à deux trous dans lesquels sont enfilées les électrodes (cf. figure E4.21b). La position des deux tubes de verre destinés à recueillir les gaz est importante. Si les tubes sont placés trop haut au dessus des électrodes, les gaz se mélangent. S'ils sont trop bas (posés au fond de la cuve, par exemple), ou qu'ils coiffent les électrodes, la présence de parois de verre augmente la résistance électrique, l'intensité est faible et le dégagement gazeux trop lent pour que l'expérience soit exploitable rapidement.

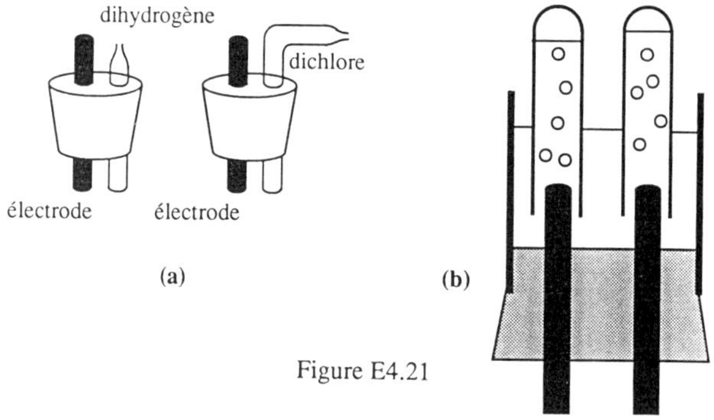


Figure E4.21

Le volume de gaz dégagé ne correspond pas toujours au volume attendu. Ainsi, sur électrode de graphite, les gaz s'adsorbent dans l'électrode et le dégagement gazeux n'est visible que quelques instants après la fermeture du circuit. La solubilité dans l'eau, assez importante pour des gaz comme l'oxygène ou le chlore, peut également être la cause de cet écart par rapport au volume attendu. Dans certaines conditions cependant la mesure du volume gazeux dégagé par électrolyse permet de vérifier les lois de Faraday [(3)].

L'emploi d'indicateurs colorés permet également la mise en évidence de certaines réactions aux électrodes ; par exemple, voir [(4)]. De nombreuses autres expériences d'électrolyse ont été décrites ; par exemple, voir [(5)].

## 2.3. ELECTROLYSES DES SOLUTIONS AQUEUSES DE CHLORURE DE SODIUM

Le chlore et la soude sont préparés industriellement par électrolyse de solutions aqueuses de chlorure de sodium [(6)]. C'est une industrie de fort tonnage qui est l'un des plus gros consommateurs d'énergie électrique. Deux procédés traditionnels sont employés industriellement : le procédé à cathode de mercure et le procédé à diaphragme (cathode de fer et compartiments séparés).

## ■ EXPERIENCE 4.2/10

### Etude qualitative du procédé à cathode de fer

**Produits et matériel**

*– solution de chlorure de sodium ≈ 1 mol.l$^{-1}$ ; solutions d'indigo et de phénolphtaléïne.*

*– matériel identique à celui de l'expérience 4.2/4 et cathode de fer (gros clou).*

**Mode opératoire**

*Effectuer l'électrolyse pendant quelques minutes. Sur la cathode de fer se dégage de l'hydrogène. Prélever un peu de la solution cathodique et ajouter de la phénolphtaléïne : le rosissement indique la présence des ions $OH^-$. A l'anode de graphite, il se forme du chlore. Ajouter un $cm^3$ d'indigo à quelques $cm^3$ de solution anodique ; celui-ci est décoloré par le chlore.*

## EXPERIENCE 4.2/11

### Etude quantitative du procédé à cathode de fer (7)

**Produits et matériel**

*– solutions de chlorure de sodium à 30% en masse (préparée à partir de gros sel et filtrée) et à 15% ; solutions d'iodure de potassium à 10% et de thiosulfate de sodium 0,1 $mol.l^{-1}$; acide sulfurique 0,5 $mol.l^{-1}$; solution de phénolphtaléïne et empois d'amidon.*

*– bouteille d'azote.*

*– éprouvettes graduées, pipettes jaugées, burettes, béchers, flacons laveurs, agitateur magnétique.*

*– cellule d'électrolyse à deux compartiments. Le compartiment cathodique est muni d'une cathode de fer ; le séparateur est un verre fritté ; le compartiment anodique est étanche et équipé d'une entrée et d'une sortie de gaz. L'anode est un disque de graphite de 4 cm de diamètre ; générateur de courant continu 0,5 A ; ampèremètre ; coulomètre.*

**Mode opératoire**

*– Electrolyse :*

*Réaliser les montages schématisés sur la figure E4.22. La cellule d'électrolyse est posée sur un agitateur magnétique. Placer dans le compartiment anodique 200 $cm^3$, mesurés exactement, d'une solution de chlorure de sodium à 30% et dans le compartiment cathodique 20 $cm^3$, mesurés exactement, d'une solution de chlorure de sodium à 15%. Adapter sur la cellule l'arrivée d'azote et un tube à dégagement plongeant dans 100 $cm^3$, mesurés exactement, d'une solution d'iodure de potassium à 10%. Un second flacon peut permettre de contrôler que l'absorption du chlore entraîné dans le premier flacon a été totale. Maintenir le courant d'azote à un faible débit (≈ une bulle par seconde). Brancher les électrodes sur la source de tension (un ampèremètre et un intégrateur de courant placés en série dans le circuit d'électrolyse permettent de mesurer respectivement l'intensité du courant et la quantité d'électricité mise en jeu). Choisir la gamme 1 A sur l'ampèremètre et l'intégrateur et remettre*

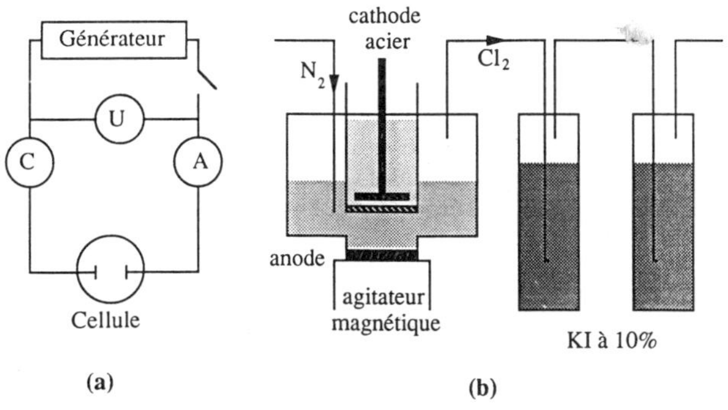


Figure E4.22 : électrolyse de NaCl ; a) montage électrique ; b) disposition des éléments de la cellule *le compteur de l'intégrateur au zéro. Mettre ensuite sous tension à l'aide de l'alimentation et imposer une tension suffisante pour obtenir un courant d'électrolyse de 0,5 A ; maintenir sous tension pendant 45 minutes environ. Après arrêt de l'alimentation, maintenir le débit d'azote pendant une dizaine de minutes pour finir d'entraîner le chlore formé.*

*– Dosages :*

*Pour doser les ions hydroxyde formés à la cathode, mesurer le volume de solution contenue dans le compartiment cathodique. Prélever 10 $cm^3$ de cette solution et les doser par la solution titrée d'acide sulfurique (0,5 $mol.l^{-1}$).*

*Pour doser le chlore formé à l'anode et entraîné par le courant d'azote, on dose le diiode formé dans le flacon laveur: effectuer une prise d'essai de 10 $cm^3$ dans ce flacon et doser par la solution titrée de thiosulfate de sodium (0,1 $mol.l^{-1}$). Pour doser le chlore dissous et l'hypochlorite dans l'anolyte, effectuer une prise d'essai de 20 $cm^3$ dans le compartiment anodique. La verser dans un mélange de 10 $cm^3$ environ d'une solution d'iodure de potassium à 10% et de 10 $cm^3$ environ de solution d'acide sulfurique. Doser l'iode formé par la solution titrée de thiosulfate de sodium.*

## ■ EXPERIENCE 4.2/12

## Etude qualitative du procédé à cathode de mercure

### Produits et matériel

*– solution de chlorure de sodium ≈ 3 $mol.l^{-1}$ environ.*

*– tige de fer ; mercure.*

*– bécher ; creuset en terre et support ; électrode contact de platine ; électrode de graphite.*

*– générateur de tension réglable.*

### Mode opératoire

*Placer du mercure au fond du bécher (cf. figure E4.23) ; établir un contact électrique de telle sorte que le platine soit entièrement dans le mercure. Ajouter la solution, disposer le creuset, le remplir de solution puis placer l'anode et réaliser le branchement électrique. Ajuster la tension d'alimentation de sorte que la densité de courant soit de l'ordre de 0,2 $mA/cm^2$. Du chlore est obtenu à l'anode. Il n'est pas observé de dégagement gazeux à la cathode. Laisser l'électrolyse se poursuivre un quart d'heure environ. Débrancher, enlever les accessoires pour ne conserver que la solution et le mercure dans le bécher. Introduire la tige de fer qui doit se trouver au contact du mercure et de la solution. Un abondant dégagement d'hydrogène est visible sur la partie de la tige située dans la solution.*

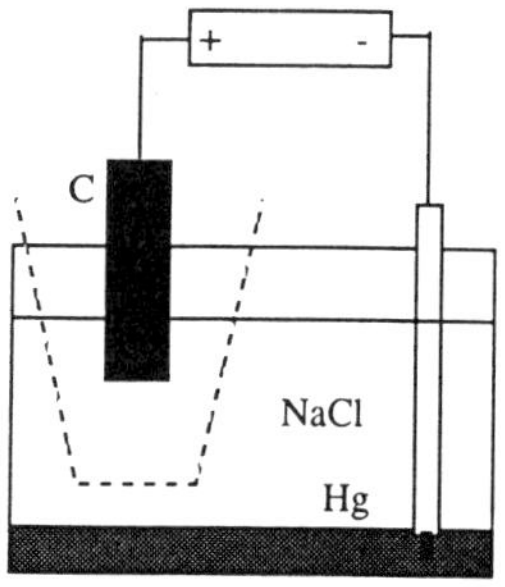


Figure E4.23

## ■ EXPERIENCE 4.2/13

### Préparation de l'eau de Javel

**Produits et matériel**

*– solution de chlorure de sodium saturée.*

*– aniline.*

*– cellule d'électrolyse : bécher ; électrode de graphite ; électrode de fer ; agitateur magnétique + barreau aimanté ; cristallisoir et glace.*

*– source de tension continue, millivoltmètre, interrupteur ; pour la variante quantitative : milliampèremètre et chronomètre.*

**Mode opératoire**

*Variante qualitative :*

*Réaliser l'électrolyse de la solution de chlorure de sodium agitée, l'anode étant en graphite et la cathode en fer, avec une tension d'alimentation de l'ordre de 6 V ; la température est maintenue assez basse par immersion de la cellule d'électrolyse dans un bain d'eau glacée. Après un quart d'heure environ, prélever un cm$^3$ de solution et le placer dans un tube à essais. Ajouter quelques gouttes d'aniline, secouer. Une coloration violette apparaît.*

*Variante quantitative : dosage de l'eau de javel et calcul du rendement :*

*Même mode opératoire ; opérer à intensité constante, pendant un temps exactement mesuré au chronomètre ; calculer le nombre de coulombs ayant traversé le circuit à l'aide de l'intensité et du temps mesurés. Mesurer exactement le volume de la solution de chlorure de sodium ; prélever 10 cm$^3$ ; doser l'eau de Javel, comme dans l'expérience 4.2/12.*

## □ DISCUSSION

### Réactions aux électrodes

Le matériau constituant l'anode est tel qu'à sa surface l'oxydation de l'eau est lente alors que celle des chlorures est rapide : la courbe intensité-potentiel d'oxydation de l'eau est déplacée vers les potentiels positifs. Bien que la réaction soit thermodynamiquement moins favorable, pour un potentiel $E_A$ (figure E4.24), on observe essentiellement l'oxydation des chlorures et le dégagement de chlore.

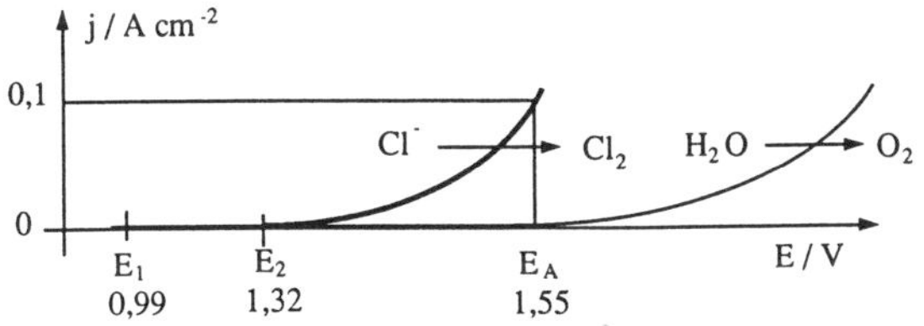


Figure E4.24

La réaction cathodique dépend de la nature de la cathode. La réduction de l'eau, assez rapide sur platine, s'effectue à vitesse moyenne sur des métaux comme le fer et est très lente sur mercure (cf. expérience 4.1/3). Les courbes de polarisation relatives à la réduction de l'eau en milieu basique sur cathode de fer ou de mercure sont représentées sur la figure E4.25 ; y sont également portées la courbe théorique afférente à l'obtention du sodium métallique, ainsi que la courbe correspondant à la formation de l'amalgame de sodium par réduction des ions $Na^+$ sur mercure. La figure montre que l'utilisation d'une cathode de fer conduit à un dégagement d'hydrogène. En revanche, avec une cathode de mercure, l'obtention de sodium est thermodynamiquement favorisée par la dissolution de ce dernier à l'état d'amalgame dans le mercure et la formation d'hydrogène est cinétiquement défavorisée ; on obtient alors majoritairement la réduction des ions $Na^+$ en amalgame de sodium.

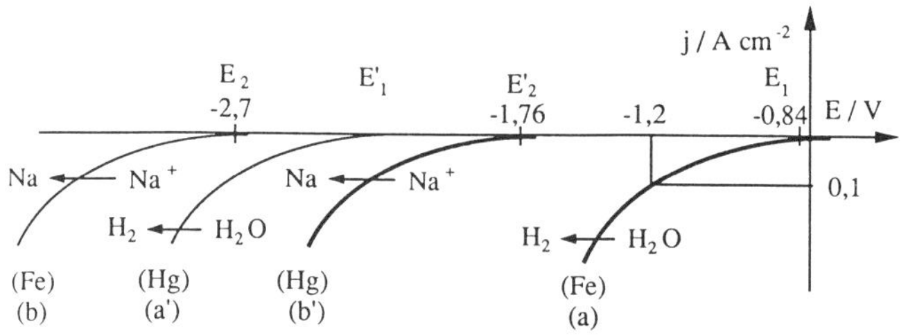


Figure E4.25 : réduction du chlorure de sodium en milieu basique

a) Dégagement de $H_2$ sur fer et a') sur mercure (hypothétique)

b) Obtention de sodium sur fer (hypothétique) et b') amalgamé sur mercure

## Réactions des produits primaires formés aux électrodes

La décomposition de l'amalgame de sodium peut s'effectuer par court - circuit avec une tige de fer parce que la surtension de dégagement d'hydrogène est plus faible sur ce métal que sur le mercure (cf. figure E4.25). Le système fonctionne comme une pile court-circuitée : l'oxydation du sodium intervient à la surface du mercure et la réduction de l'eau s'effectue à la surface du fer (cf. figure E4.26).

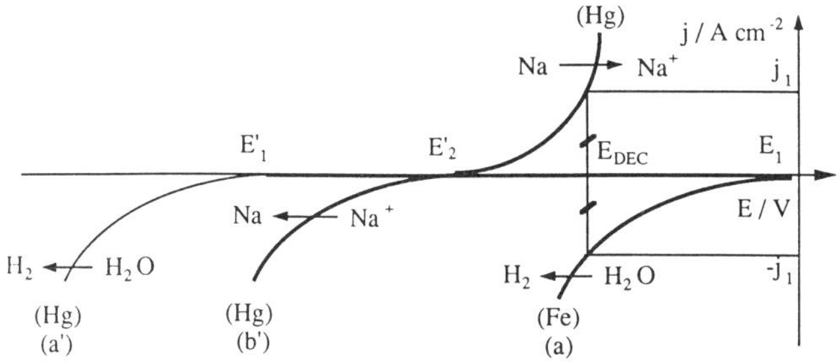


Figure E4.26 : décomposition de l'amalgame de sodium

Lorsque la cellule d'électrolyse ne comporte qu'un compartiment et que la solution est agitée, les ions hydroxyde formés à la cathode réagissent sur le chlore obtenu à l'anode :

$$Cl_2 + 2OH^- \longrightarrow Cl^- + ClO^- + H_2O$$

L'électrolyse est en outre conduite à basse température de façon à ralentir la dismutation de l'acide hypochloreux en chlorure et chlorate :

$$2HClO + ClO^- \longrightarrow ClO_3^- + 2Cl^- + 2H^+$$

La solution est très concentrée en chlorure pour limiter l'oxydation anodique de l'ion chlorate en perchlorate.

## Rendements

Dans une cellule à cathode de fer, pour chaque électron transféré aux électrodes, il se forme :

– à la cathode : $H_2O + e^- \longrightarrow 1/2H_2 + OH^-$

– à l'anode : $Cl^- \longrightarrow 1/2Cl_2 + e^-$

L'électroneutralité de chaque compartiment est assurée par la migration d'anions et de cations ; la contribution de chacun à l'intensité totale s'exprime par son nombre de transport. Un transfert d'eau peut également se produire à travers la séparation par électroosmose. La connaissance de la quantité d'électricité Q ayant circulé au cours de l'expérience permet de déterminer les quantités d'ions $OH^-$ et de dichlore que l'on peut théoriquement attendre :

$$nOH^- = Q / F \qquad nCl_2 = Q / 2F$$

La mesure du volume de solution cathodique et la détermination de la concentration des ions $OH^-$ dans le compartiment cathodique, par dosage acido-basique à l'aide de la phénolphtaléïne, conduit à la quantité d'ions $OH^-$ effectivement présente dans le compartiment cathodique. Elle est très proche de la quantité attendue d'après le résultat coulométrique de l'électrolyse. La concentration des solutions en chlorure de sodium est importante et la migration des ions $OH^-$ reste négligeable tant que la concentration de ces derniers reste faible ; il est donc nécessaire de ne pas poursuivre l'électrolyse trop longtemps.

Le chlore dégagé à l'anode reste pour une part dissous dans la solution anodique ; pour l'autre part, il est entraîné. Il réagit sur les iodures selon :

$$Cl_2 + 2I^- \longrightarrow I_2 + 2Cl^-$$

Les prélèvements pour dosage représentent un dixième des solutions obtenues ; la quantité de chlore totale recueillie dans le flacon laveur et dans le compartiment anodique est donc dix fois la quantité d'iode dosée ; la réaction de dosage s'écrit :

$$2S_2O_3^{2-} + I_2 \longrightarrow S_4O_6^{2-} + 2I^-$$

Aussi, connaissant la molarité m du thiosulfate, la somme V des volumes nécessaires aux dosages des prélèvements, on en déduit la quantité de chlore totale recueillie : $n'Cl_2 = 10 \cdot m \cdot V/2$. Le rendement en courant, $n'Cl_2 / nCl_2$, est généralement voisin de 0,90 ; cette valeur rend compte de l'existence de réactions secondaires (formation parallèle d'oxygène, évolutions chimiques du chlore...).

## 2.4. AUTRES PROCEDES ELECTROLYTIQUES NON METALLURGIQUES

L'oxydation anodique est un moyen de choix pour l'obtention d'espèces de degré d'oxydation élevé. L'anode peut en effet être considérée comme un oxydant dont la force peut être ajustée par le choix du potentiel appliqué.

### ■ EXPERIENCE 4.2/14

**Obtention de tétraoxoferrate(VI)**

**Produits et matériel**

*– soude concentrée (≈ 10 mol.l$^{-1}$).*

*– tube en U ; clou ; électrode de graphite.*

*– source de tension continue ; ampèremètre.*

**Mode opératoire**

*Electrolyser quelques minutes la solution de soude avec anode de fer (cf. figure E4.27) avec une densité de courant environ 3 mA/cm$^2$. La cathode est*

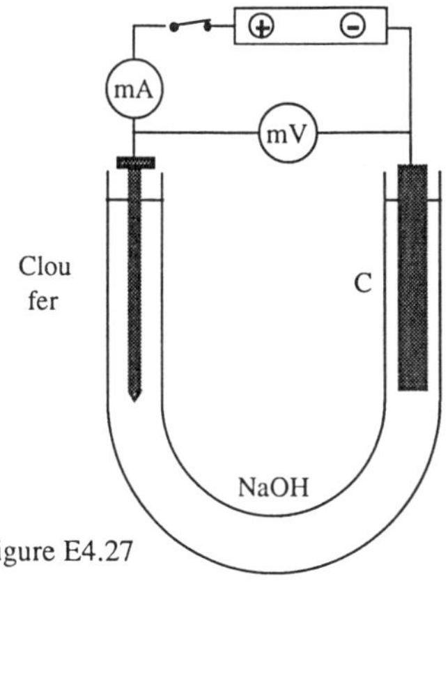


Figure E4.27

*en graphite. Il se produit un dégagement gazeux sur chaque électrode (électrolyse de l'eau) et il apparait également une coloration rouge autour de l'anode, due à la présence d'ions ferrate, $FeO_4^{2-}$, ou tétraoxoferrate(VI).*

## ■ EXPERIENCE 4.2/15

### Préparation de peroxodisulfate

**Produits et matériel**

*– solutions d'iodure de potassium 0,1 mol.l$^{-1}$ et d'acide sulfurique 6 mol.l$^{-1}$.*
*– tube en U ; électrodes de platine.*
*– source de tension continue (20V) ; ampèremètre.*

**Mode opératoire**

*Electrolyser la solution d'acide sulfurique avec des électrodes de platine, sous forte densité de courant (10 A/cm$^2$). Un abondant dégagement gazeux se produit aux deux électrodes.*

*Pour caractériser la présence de peroxodisulfate dans le compartiment anodique, prélever un cm$^3$ de cette solution et l'ajouter à un cm$^3$ d'iodure de potassium dans un tube à essai. La couleur jaune de l'iode apparaît.*

## □ DISCUSSION

### Obtention de tétraoxoferrate(VI)

Dans l'ion ferrate, le fer est au degré d'oxydation +VI. $Na_2FeO_4$ est obtenu par oxydation anodique du fer en solution alcaline selon un mécanisme qui n'est pas encore établi [8].

### Préparation de peroxodisulfate

L'oxydation du sulfate en peroxodisulfate n'est possible qu'à une valeur de potentiel assez élevée, pour laquelle on ne peut éviter l'oxydation simultanée de l'eau ($E°_{S_2O_8^{2-}/SO_4^{2-}} = 2V$).

Au potentiel E, étant donné la disposition des courbes de polarisation (cf. figure E4.28), le peroxodisulfate est obtenu avec une vitesse proportionnelle à $i_1$ tandis que l'oxygène se dégage à une vitesse proportionnelle à $i_2$ ; l'intensité totale vaut alors :

$$i_t = i_1 + i_2$$

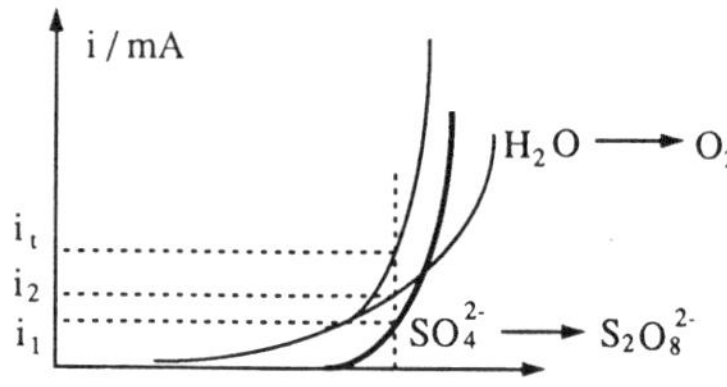

Figure E4.28 : oxydation des sulfates en peroxodisulfates

## 2.5. ELECTROLYSE IGNEE

L'élaboration des métaux très électropositifs ne peut être envisagée par électrolyse de solutions aqueuses, à cause de la réduction de l'eau qui est beaucoup plus facile que celle des cations correspondant. On a alors recours à l'électrolyse en sel fondu. Cependant, les températures de fusion des composés ioniques sont généralement très élevées ; aussi utilise-t-on souvent des mélanges avec d'autres composés ioniques, ce qui permet d'abaisser la température de fusion par formation d'eutectiques.

## ■ EXPERIENCE 4.2/16

### Electrolyse du chlorure de sodium fondu (9)

**Produits et matériel**

*– chlorure de sodium, chlorure de baryum, chlorure de calcium.*

*– creuset métallique ; cathode : clou en fer ; bec Mecker et support pour creuset ; miroir pour observation latérale.*

*– source de tension continue réglable permettant d'atteindre 20V et ≈ 10 A.*

**Mode opératoire**

*Placer dans le creuset (cf. figure E4.29) un mélange de NaCl (19%), $CaCl_2$ (45%) et $BaCl_2$ (35%). Sans mettre sous tension, réaliser le montage électrique. Par chauffage au bec Mecker, porter le mélange à fusion. Mettre en route le générateur et augmenter progressivement la tension jusqu'à l'observation de l'inflammation à l'air du sodium liquide formé à la cathode (rougeoiement, étincelles). L'intensité est alors de 7 à 8 ampères.*

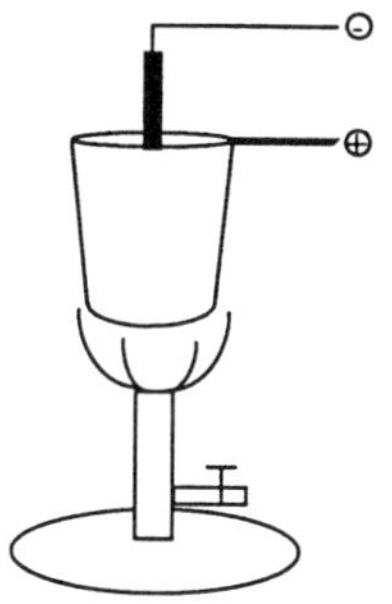

Figure E4.29

□ DISCUSSION

Le dégagement de chlore à l'anode est difficile à caractériser eu égard à la température élevée. D'autres fondants peuvent donner avec NaCl un eutectique (cf. tableau E4.2).

Tableau E4.2

**Eutectiques entre NaCl et d'autres composés ioniques** (10)

| Nature du mélange | Température de fusion (°C) | Composition % mole NaCl | Composition % masse NaCl | Référence Volume | Référence Page |
|---|---|---|---|---|---|
| NaCl-$Na_2CO_3$ sec | 636 | 59 | 44,2 | II | 894 |
| NaCl-$Na_2SO_4$ sec | 623 | 54 | 34,5 | II | 523 |
| NaCl-$CaCl_2$ sec | 494 | 46,8 | 31,6 | IV | 320 |
| NaCl-$CaCl_2$-$BaCl_2$ | 454 | 36,75 | 18,9 | IV | 321 |
| | | 46,75 $CaCl_2$ | 45,6 | | |
| | | 16,5$BaCl_2$,$2H_2O$ | 35,5 | | |

Pour pouvoir être employé comme fondant en électrolyse ignée, un composé doit satisfaire en outre aux critères suivants :

– il ne doit pas être électrolysé ni contenir d'impureté plus facile à réduire que le cation ($Na^+$).

– il ne doit pas réagir avec les produits d'électrolyse.

– la conductivité électrique doit être élevée, la tension de vapeur faible.

## 2.6. ELECTRODEPOSITION DE METAUX : HYDROELECTROMETALLURGIE

Les procédés électrométallurgiques avec dépôt de métal mis en œuvre en milieu aqueux concernent trois types d'applications : la préparation de métaux, leur raffinage électrolytique, la galvanotechnique, relative au dépôt d'une mince couche métallique à la surface d'un autre matériau.

### ■ EXPERIENCE 4.2/17

**Préparation électrolytique d'un amalgame de cuivre** (11)

**Produits et matériel**

*– acide nitrique 1 mol.$l^{-1}$ ; acide nitrique concentré ≈ 11 mol.$l^{-1}$.*

*– solution ≈ $10^{-2}$ à $10^{-3}$ mol.$l^{-1}$en nitrate mercureux et 1 mol.$l^{-1}$ en acide nitrique POISON!*

*– acétone technique.*

*– cellule d'électrolyse : bécher ; électrode au calomel saturée munie d'une allonge remplie de $KNO_3$ saturée ; contre électrode de platine ; plaque ou grille de cuivre.*

*– générateur potentiostatique ; milliampèremètre ; coulomètre.*

**Mode opératoire**

*L'électrode de cuivre est nettoyée par trempage (une seconde) dans l'acide nitrique concentré, puis par rinçages successifs à l'eau et à l'acétone, et enfin séchée. Réaliser le montage électrique, mettre la cellule sous tension, en fixant le potentiel de travail vers - 0,2 à - 0,3 V/ECS avant le remplissage par la solution mercureuse. Remplir la cellule avec la solution mercureuse acidifiée. Poursuivre l'électrolyse jusqu'à ce que la quantité de mercure déposée, déterminée d'après les données coulométriques, soit la quantité désirée. Retirer de la solution l'électrode amalgamée.*

### ■ EXPERIENCE 4.2/18

**Dépôt de nickel sur cuivre** (12)

**Produits et matériel**

*– solution 0,2 mol.$l^{-1}$ en $Na_2SO_4$ et 0,4 mol.$l^{-1}$ en $H_3BO_3$ ; solution 0,2 mol.$l^{-1}$ en $Na_2SO_4$ et 0,2 mol.$l^{-1}$ en $NiSO_4$ ; solution 0,2 mol.$l^{-1}$ en $Na_2SO_4$ et 0,4 mol.$l^{-1}$ en $H_3BO_3$ et 0,2 mol.$l^{-1}$ en $NiSO_4$.*

*– acide sulfurique.*

*– cellule d'électrolyse : bécher de 100 $cm^3$ ; cathode : lame de cuivre (1x1cm) ; anode : lame de platine (1x1cm) ; électrode au calomel saturé.*

*– source de tension : potentiostat ; ampèremètre dans le circuit de l'électrode auxiliaire (anode de platine) ; millivoltmètre ; pH mètre équipé d'électrodes et des solutions tampons d'étalonnage.*

**Mode opératoire**

*A partir de la solution mère ne contenant pas d'ion nickel(II), par addition d'acide sulfurique, préparer des solutions à pH = 1,2 ; 1,5 et 3,5. Préparer de même deux solutions contenant de l'acide borique et des ions nickel(II) à pH = 1,5 et 3,5. Ajuster à 3,5 le pH de la solution de nickel(II) ne contenant pas d'acide borique. Placer les différentes électrodes sur leur support : l'anode et la cathode sont disposées parallèlement à la même hauteur, l'extrémité de l'électrode de référence doit être le plus près possible de la surface de la cathode face à l'anode (cf. figure E4.30). Brancher les différentes électrodes aux bornes correspondantes et verser environ 50 cm³ d'électrolyte dans le bécher. Maintenir une agitation constante de la solution dans toutes les expériences. Plonger les électrodes dans la solution, mettre sous tension et imposer le potentiel de travail (cathodique) à la valeur désirée en agissant sur le potentiomètre de réglage.*

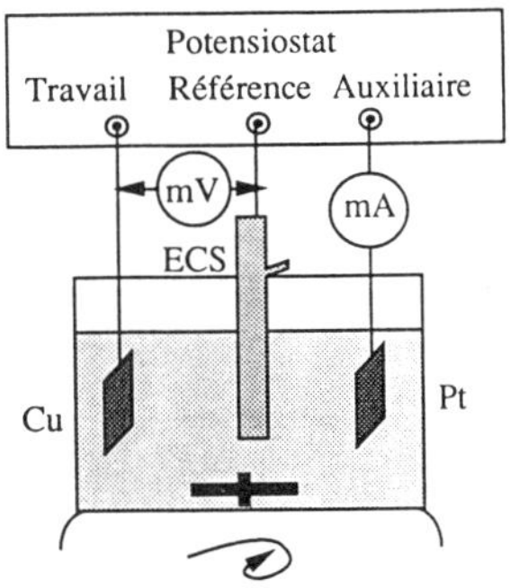


Figure E4.30

*Tracé des courbes de polarisation*

*Pour réduire le nombre de modifications à apporter au montage, on opérera dans l'ordre indiqué dans le tableau E4.3. Une même lame de cuivre est ainsi utilisée pour les expériences 1 à 5.*

Tableau E4.3

| Expérience | pH | Electrolyte |
|---|---|---|
| n° 1 | 1,2 | sans $Ni^{2+}$ |
| n° 2 | 1,5 | sans $Ni^{2+}$ |
| n° 3 | 1,5 | avec $Ni^{2+}$ |
| n° 4 | 3,5 | sans $Ni^{2+}$ |
| n° 5 | 3,5 | avec $Ni^{2+}$ |

■ Remarque : Les différentes solutions seront conservées et replacées dans les flacons correspondants.

*Imposer dans chaque cas un potentiel de travail initial de -0,5 V/ECS puis des potentiels de plus en plus négatifs, par sauts de 0,05 V et noter les intensités du courant correspondantes en se limitant à |i| < 150 mA. Observer, pendant chaque expérience, les dégagements gazeux éventuels et examiner la surface de la cathode, après chaque expérience en présence d'ions $Ni^{2+}$, pour observer la présence éventuelle de nickel.*

*Observation de la qualité des dépôts de nickel :*

*Dans une seconde série de deux expériences, on observera les dépôts de nickel obtenus sur une cathode de cuivre, en utilisant une cathode différente pour chaque expérience, après électrolyse en régime stationnaire : l'intensité est maintenue à 10 mA pendant environ 5 minutes, le pH étant fixé à 3,5 avec $H_3BO_3$ et sans $H_3BO_3$.*

## ■ EXPERIENCE 4.2/19

### Dépôt de nickel sur cuivre

**Produits et matériel**

– *solution de sulfate de nickel « ammoniacal » : dissoudre 100 g de $NiSO_4$*

*dans 500 $cm^3$ d'eau et ajouter 50 $cm^3$ d'ammoniaque concentrée d = 0,88 ; acide nitrique 4 $mol.l^{-1}$.*

*– cellule d'électrolyse ; bécher ; deux plaques de cuivre.*

*– source de tension (6V) ; ampèremètre.*

**Mode opératoire**

*Les plaques de cuivre sont décapées par une brève immersion dans l'acide nitrique et rincées à l'eau. Placer les deux plaques en vis à vis dans la cellule, distantes de quelques centimètres. Réaliser l'électrolyse avec une densité de courant de quelques $A/dm^2$. Noter l'aspect du dépôt cathodique.*

## ■ EXPERIENCE 4.2/20

### Dépôt d'argent sur cuivre (13)

**Produits et matériel**

*– solution de nitrate de dicyanoargentate(I) : à une solution de nitrate d'argent à 200 g $l^{-1}$, ajouter du cyanure de potassium solide (POISON!) jusqu'à obtention d'une solution limpide ; solution de nitrate d'argent « ammoniacal » ou diamminoargent(I) : à la solution de nitrate d'argent, ajouter de l'ammoniac concentrée jusqu'à la dissolution du précipité brun d'oxyde d'argent $Ag_2O$.*

*– pour le reste, identique à l'expérience 4.2/19.*

*– plaques de cuivre.*

**Mode opératoire**

*Opérer comme dans l'expérience 4.2/19, la solution d'électrolyse étant celle du complexe $\{Ag(CN)_2^-\}$. L'électrolyse est poursuivie une dizaine de minutes. Comparer l'argenture ainsi obtenue à celle que l'on observe en laissant tremper une plaque de cuivre dans chacune des trois solutions d'ion argent (I) : $Ag^+$, $\{Ag(NH_3)_2^+\}$, $\{Ag(CN)_2^-\}$.*

## ■ EXPERIENCE 4.2/21

### Raffinage électrolytique du cuivre

**Produits et matériel**

*– solution de sulfate cuivrique 0,3 $mol.l^{-1}$.*

*– cellule d'électrolyse : boîte de Pétri (diamètre ≈ 8 cm) ; fils de cuivre fin (diamètre = 0,5 mm).*

*– source de tension, ampèremètre ; lampe de projection.*

**Mode opératoire**

*Placer les deux fils parallèlement l'un à l'autre dans la cuve et recouvrir de sulfate cuivrique (cf. figure E4.31). Réaliser l'électrolyse avec une intensité de quelques 100 mA. On peut voir l'anode se désagréger en deux minutes. Une projection permet l'observation aisée par une classe.*

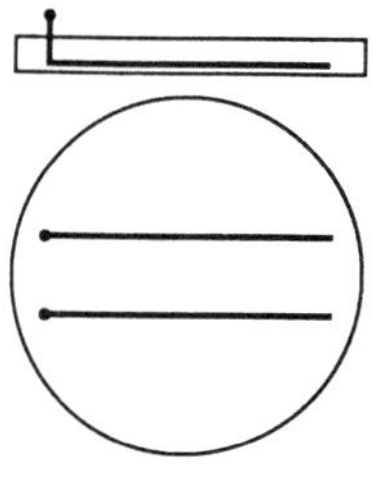

Figure E4.31

## ■ EXPERIENCE 4.2/22

### Electrolyse du chlorure stanneux (14)

**Produits et matériel**

*– solution de chlorure stanneux $SnCl_2$ à 12 $g.l^{-1}$, acidifiée par de l'acide chlorhydrique, jusqu'à disparition complète du louche. Pour conserver la solution, placer des grains d'étain au fond du récipient bien bouché.*

*– cellule d'électrolyse : bécher, ou boîte de Pétri si l'on désire projeter l'expérience ; électrodes de graphite.*

*– lampe de projection.*

**Mode opératoire**

*Les deux électrodes de graphite sont distantes de quelques centimètres. Electrolyser pendant quelques minutes avec une intensité de 0,2 à 0,4 A et observer le dégagement gazeux à l'anode et les arborescences d'étain à la cathode (veiller à ne pas laisser croître les arborescences jusqu'au court-circuit entre les deux électrodes). Inverser ensuite le sens du courant. Les arborescences régressent ou sont coupées à la nouvelle anode tandis qu'il en pousse à la nouvelle cathode.*

## ■ EXPERIENCE 4.2/23

### Electrolyse de l'acétate de plomb

**Produits et matériel**

*– électrodes : deux lames de plomb.*

*– solution électrolytique : acétate de plomb saturé acidifié par un peu d'acide nitrique.*

*– pour le reste, identique au cas de l'expérience 4.2/21.*

**Mode opératoire**

*Electrolyser pendant quelques minutes, l'intensité du courant étant de l'ordre de 0,1 A. A la cathode, il se forme des arborescences de plomb (cf. figure E4.32), tandis que du plomb se dissout à l'anode.*

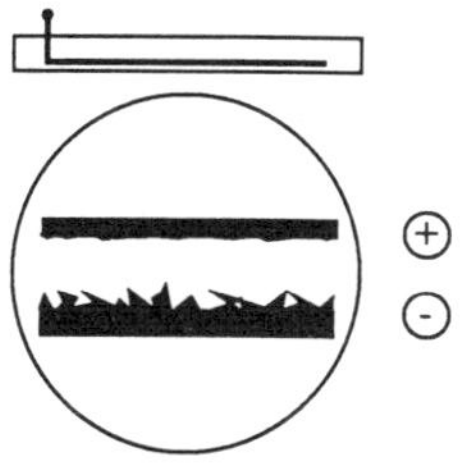


Figure E4.32

## ■ EXPERIENCE 4.2/24

### Préparation de zinc en poudre (15)

**Produits et matériel**

*– soude concentrée ≈ 10 $mol.l^{-1}$.*

*– sulfate de zinc.*

*– tube en U ; électrodes de graphite.*

*– source de tension continue ; ampèremètre.*

**Mode opératoire**

*Dissoudre le sulfate de zinc dans de l'eau (20 $g.l^{-1}$). Ajouter à un volume de la* *solution précédente un volume de soude concentrée ; l'hydroxyde de zinc amphotère est redissous à l'état de zincate. Electrolyser la solution obtenue avec deux électrodes de graphite, sous une densité de courant élevée ≈ 15A/dm². Noter les dégagements gazeux aux électrodes (électrolyse de l'eau). Après une dizaine de minutes, examiner la cathode : le zinc est déposé en une masse spongieuse peu adhérente que l'on détache facilement et que l'on peut faire tomber au fond du tube en U.*

□ DISCUSSION

**Réactions cathodiques**

Les potentiels normaux des couples cation métallique/métal mis en jeu lors des électrolyses sont indiqués dans le tableau E4.4 :

Tableau E4.4
**Potentiels normaux des couples d'oxydoréduction**

| Couple | $O_2/H_2O$ | $Ag^+/Ag$ | $Hg_2^{2+}/Hg$ | $Cu^{2+}/Cu$ | $H^+/H_2$ | $Pb^{2+}/Pb$ | $Sn^{2+}/Sn$ | $Ni^{2+}/Ni$ | $Zn^{2+}/Zn$ |
|---|---|---|---|---|---|---|---|---|---|
| E°(V) | 1,23 | 0,80 | 0,79 | 0,34 | 0,00 | -0,13 | -0,14 | -0,25 | -0,760 |

Le dépôt cathodique du métal est possible si la réduction du cation métallique est plus facile que celle de l'eau. Aussi l'obtention d'un métal appartenant à un couple de potentiel supérieur à -0,06 pH peut être obtenu en l'absence de toute réduction de l'eau (Cu, Hg, Ag). Au contraire, l'électrodéposition de métaux correspondant à des couples de potentiels inférieurs à celui de réduction de l'eau ne peut être envisagée sans le dégagement simultané d'hydrogène. Un tel dégagement est à proscrire, d'une part parce qu'il correspond à une dépense énergétique inutile, d'autre part parce que la présence d'hydrogène fragilise de nombreux métaux. Ainsi, seuls sont préparés par réduction cathodique dans des conditions thermodynamiques de réduction de l'eau, les métaux qui présentent une surtension d'hydrogène assez grande (préparation industrielle du zinc). Le pH de la solution électrolytique est l'un des facteurs affectant la cinétique de la réduction de l'eau. Son rôle est illustré dans le cas de l'obtention du nickel. Les courbes intensité potentiel sont alors disposées comme dans la figure E4.33.

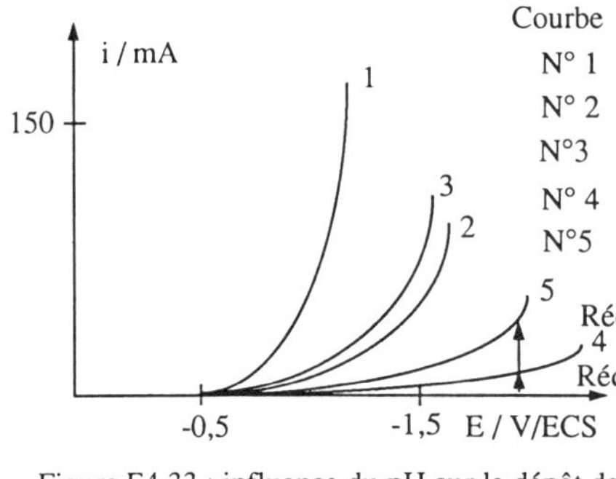


| Courbe | pH | Electrolyte |
|---|---|---|
| N° 1 | 1,2 | sans Ni |
| N° 2 | 1,5 | sans Ni |
| N°3 | 1,5 | avec Ni |
| N° 4 | 3,5 | sans Ni |
| N°5 | 3,5 | avec Ni |

Figure E4.33 : influence du pH sur le dépôt de nickel métallique

La courbe 1 correspond à l'obtention d'hydrogène seulement, comme on peut le constater en observant l'électrode. Les couples de courbes 2, 3 et 4, 5 permettent de mettre en évidence l'accroissement de courant lié à l'addition de cations $Ni^{2+}$ à une solution. A pH = 1,5 l'essentiel du courant est utilisé pour le dégagement d'hydrogène et la fraction correspondant au dépôt de nickel est faible. A pH = 3,5, une proportion bien plus élevée du courant est affectée à la réduction du cation métallique. Des trois valeurs de pH utilisées, cette dernière est la plus appropriée pour le dépôt électrolytique du nickel. Il convient de plus que le milieu soit tamponné pour que le pH reste effectivement à cette valeur à la surface même de l'électrode ; ainsi, à partir d'une solution de pH = 3,5 contenant de l'acide borique, le dépôt métallique est bien adhérent et brillant. En l'absence d'acide borique, à cause de la réduction partielle de l'eau, le pH à la surface est élevé et l'on obtient un dépôt noirâtre dû à la précipitation simultanée d'hydroxyde $Ni(OH)_2$.

**Réactions anodiques**

A l'anode, il se produit l'oxydation de l'espèce la plus facilement oxydable. Sur graphite et sur platine, il s'agit généralement de l'oxydation de l'eau ou de celle d'un constituant de la solution (voir la discussion pour l'oxydation des ions chlorure au paragraphe 2.3). Si l'anode est constituée de cuivre, d'étain ou de plomb, le métal est oxydé et on qualifie l'anode de « soluble ».

**Application au raffinage électrolytique**

Les métaux qui peuvent constituer une anode soluble et dont l'électrodéposition peut être réalisée en milieu aqueux se prêtent au raffinage par électrolyse avec un bain électrolytique aqueux. On peut classer les impuretés du métal M à raffiner en deux catégories. Celles qui sont plus difficilement oxydables que M, telles que $M_2$, correspondent aux courbes situées à droite de celle de M (fig. E4.34).

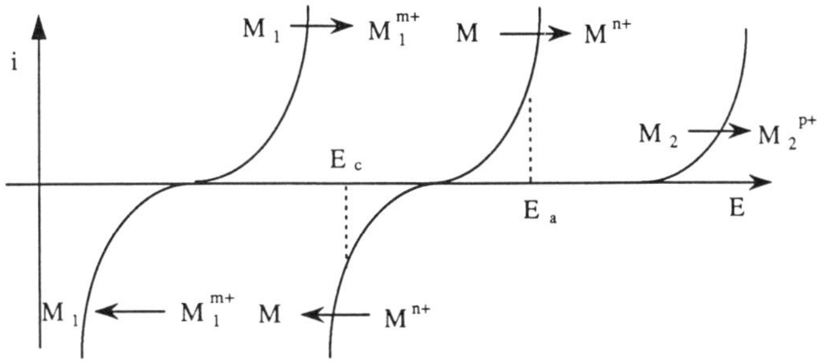


Figure E4.34

On utilise une pièce du métal impur comme anode en la portant au potentiel $E_a$. Les impuretés de type $M_2$ ne sont pas oxydées et tombent au fond de la cuve sous forme de boue. En revanche, celles de type $M_1$ sont oxydées en même temps que M, à l'état de cation $M_1^{m+}$ en solution. Si l'on fait en sorte de réduire $M^{n+}$ en M sans réduire simultanément $M_1^{m+}$, la cathode est constituée de M pur. Ceci peut être réalisé si l'on impose une très faible différence de potentiel entre anode et cathode (industriellement, on piège en outre ces cations par addition, dans le bain électrolytique, d'anions donnant des précipités). Seules les impuretés pour lesquelles la courbe de polarisation couperait l'axe horizontal entre $E_a$ et $E_c$ ne pourraient pas être éliminées par cette méthode.

**Qualité du dépôt métallique**

La qualité du dépôt métallique est liée à l'ordonnancement des atomes électrodéposés. Ainsi, la préparation de l'amalgame de cuivre par électrolyse est préférable à la réduction chimique du cation mercureux par le cuivre (l'électrode est placée sous tension avant l'addition du nitrate mercureux pour éviter cette réaction). Il n'y a pas désagrégation du cuivre et l'intensité du courant est limitée par la diffusion du mercure, formé en surface, à l'intérieur du cuivre ; la teneur en mercure maximale obtenue est de 24% en masse. De même le dépôt d'un métal pur à l'état cristallin fait intervenir une étape de croissance des cristaux, et le processus global comporte au moins trois étapes :

– le transfert de masse, pour l'apport du cation métallique à la surface.

– le transfert d'électron pour l'obtention d'un atome en surface.

– la diffusion de cet atome vers une position du réseau puisque la croissance se développe à partir de certains germes.

La structure de la couche qui croît est très liée à la vitesse relative de ces étapes, aussi la qualité du dépôt peut être influencée par des paramètres (16) comme la concentration et la nature des ions, l'agitation du bain, la température et la densité de courant. Aux faibles densités de courant, la diffusion des atomes en surface est beaucoup plus rapide que le transfert d'électron et les atomes déposés peuvent trouver une place favorable dans le réseau. Aux densités de courant plus élevées, la diffusion n'est plus suffisamment rapide pour que les atomes se rangent, d'autres germes de cristallisation se forment et la couche est moins ordonnée. Aux faibles densités de courant, on obtient des blocs bien formés, et si l'on élève progressivement la densité de courant, on peut obtenir un métal polycristallin, puis des dendrites et même des poudres. L'addition d'agents complexants est très souvent mise en oeuvre car elle ralentit la réduction, la réaction électrochimique impliquant une dissociation chimique préalable :

$$\{Ag(CN)_2\}^- \rightleftharpoons Ag^+ + 2CN^-$$

$$Ag^+ + e^- \rightleftharpoons Ag$$

Enfin, dans le cas de la galvanoplastie, se pose le problème de l'accrochage d'un métal à la surface d'un autre métal et de l'adhérence de la couche obtenue. Les premiers instants correspondent à des nucléations en surface et à la croissance des cristaux, avant que le recouvrement ne soit complet. Dans le cas de pièces en fer ou en acier, le dépôt direct de cuivre est exclu ; une couche intermédiaire de nickel, même de faible épaisseur, permet l'accrochage. De même, suspendre une goutte de mercure à un petit disque de platine n'est possible qu'après dépôt électrolytique de cuivre pendant quelques secondes sur le platine.

## BIBLIOGRAPHIE DU CHAPITRE E4


1 – J. SARRAZIN, Résistance électrique de membranes échangeuses d'ions en solvant organique, *Electrochimica Acta*, 1987, **32** (3), 525 et références incluses.

2 – M. COLLIGNON, Electrolyse du sulfate de sodium, *Bull. Union Phys.*, 1970, **521**, 379 .

3 – J. FULLSACK, Montage pour la vérification des lois de Faraday, *Bull. Union Phys.*, 1974, **562**, 585.

4 – L. J. HENDRIX, J. T. WILLIAMS, A. R. BURKETT, Demonstration of Electrochemical Cell Properties by a Simple, Colorful Oxidation-reduction Experiment, *J. Chem. Educ.*, 1982, **59** (7), 586.

5 – Modern experiments, H.A. Neidig et W.F. Kieffer éditeurs, *J. Chem. Educ.*, Easton, 1967.

6 – J. SARRAZIN, A. TALLEC, Electrolyses « chlore-soude », *Bull. Union Phys.*, 1987, **698**, 1101.

7 – J. BESSON, J. GUITTON, Manipulations d'électrochimie, Masson, Paris, 1972, p. 100.

8 – A. MICHEL, Nouveau traité de chimie minérale, P. Pascal éd, tome XVII, p. 753, Masson, Paris, 1967.

9 – (a) A. COLOMBO, Electrolyse du chlorure de sodium fondu, *Bull. Union Phys.*, 1981, **635**, 1215 .
(b) S. ROUAULT éd., Electrolyse du chlorure de sodium fondu, *Bull. Union Phys.*,1978, **606**, 1295 ; A. VIVIAN, *Bull. Union Phys.* , 1980, **629**, 324.

10 – A. CHRETIEN, R. KOHLMULLER, Nouveau traité de chimie minérale, P. Pascal éd., tome II, p. 326, Masson, Paris, 1966.

11 – H. J. LANDAEZ-MACHADO, Thèse, Université de Rennes, 1978.
12 – Réf. 7, p. 131.
13 – J. LUNEAU, Expériences simples d'oxydation anodique et de réduction cathodique, *Bull. Union Phys.*, 1989, **714**, 676 ; *ibid*, 1966, **488**, 384.
14 – A. ARON, Electrolyse du chlorure stanneux, *Bull. Union Phys.*, 1969, **514**, 885.
15 – J. JOUSSOT- DUBIEN, Nouveau traité de chimie minérale, P. Pascal éd., tome V, p. 44, Masson, Paris, 1962.
16 – R. PARISOT, R. BOUQUEMONT, *Bull. Union Phys.*, 1985, **670**, 487.

CHAPITRE 5

# PILES, ACCUMULATEURS, PHENOMENES DE CORROSION

Nous abordons dans ce chapitre 5, deux applications particulièrement importantes de l'oxydoréduction :

– la première application est celle de la production d'énergie, grâce à la transformation de l'énergie chimique libérée par les réactions d'oxydoréduction en énergie électrique, dans les piles et dans les accumulateurs. C'est un domaine en pleine expansion, tant au niveau de la recherche que de la production industrielle, en particulier dans le cadre de la miniaturisation des sources d'énergie portables (appareils photographiques, radiophoniques, etc...).

– la deuxième application est relative au phénomène de corrosion. La corrosion est un phénomène extrêmement répandu, qui tend à ramener les métaux purs vers l'état ionique, à un degré d'oxydation élevé, celui que l'on rencontre généralement dans les minerais de l'élément. Contrairement à la production d'énergie, il s'agit d'un phénomène nuisible et extrêmement dispendieux, à éviter. Nous traitons donc à la fois de la corrosion et des moyens de la combattre.

## 1. GENERATEURS ELECTROCHIMIQUES : PILES ET ACCUMULATEURS

### 1.1. GENERALITES

Les générateurs électrochimiques sont des dispositifs capables de transformer de l'énergie chimique en énergie électrique. Ils comportent deux électrodes et au moins un électrolyte. Ils mettent en jeu deux couples oxydoréducteurs $Ox_1 / R_1$ et $Ox_2 / R_2$ caractérisés par les potentiels normaux $E°_1$ et $E°_2$, dans des conditions d'utilisation où les potentiels d'électrode sont $E_1$ et $E_2$ donnés par la loi de Nernst.

La réaction chimique qui se produit lorsque le dispositif fonctionne en générateur doit présenter une enthalpie libre de réaction négative ($\Delta_rG < 0$). Ainsi, si $E_2$ est supérieur à $E_1$, on observe la réduction de $Ox_2$ à la cathode et l'oxydation de $R_1$ à l'anode. Les courbes intensité-potentiel correspondantes ont la disposition relative indiquée sur la figure 5.1.

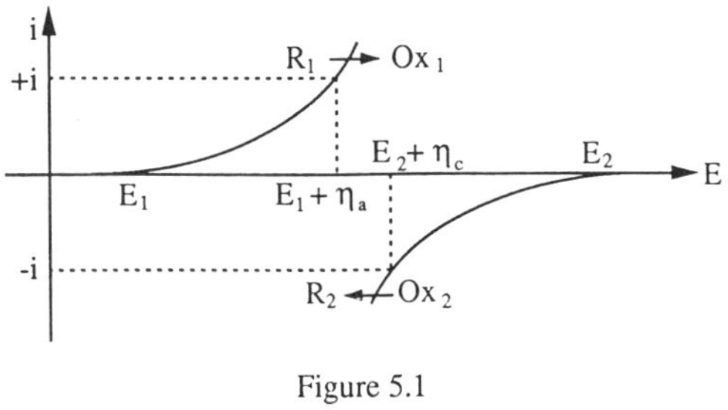


Figure 5.1

Lorsque le dispositif ne débite aucun courant, la différence de potentiel entre les deux électrodes est la force électromotrice E du générateur (cf. figure 5.2) et vaut :

$$E = E_2 - E_1$$

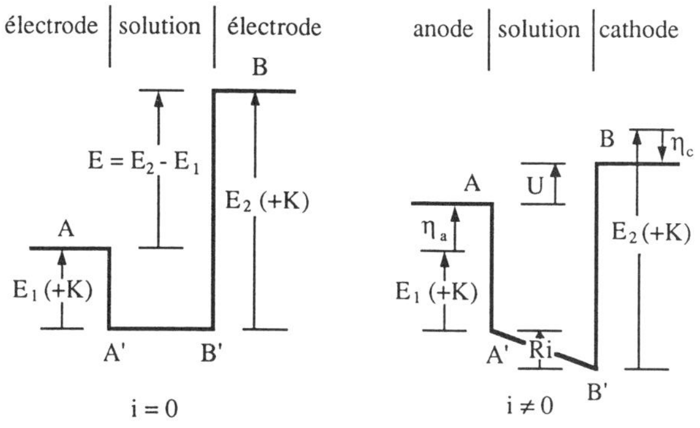


Figure 5.2

Lorsque le générateur débite un courant d'intensité i, l'anode est portée à un potentiel supérieur au potentiel d'équilibre $E_1$ et la différence de potentiel entre l'anode A et un point A' de la solution à son voisinage s'exprime en fonction de la surtension anodique $\eta_a$ ; la cathode est alors portée à un potentiel inférieur au potentiel d'équilibre $E_2$ et la différence de potentiel entre la cathode B et un point B' de la solution à son voisinage s'exprime en fonction de la surtension cathodique $\eta_c$. En tenant compte de la constante K qui entre dans la définition des potentiels d'électrode absolus (cf. chapitre 1, § 2.2) :

$$\Phi_A - \Phi_{A'} = E_1 + \eta_a \; (+ K)$$

$$\Phi_B - \Phi_{B'} = E_2 + \eta_c \; (+ K) \qquad (\eta_c < 0)$$

Par ailleurs, entre les points A' et B', la solution présente une résistance électrique R. Par conséquent A' et B' ne sont pas équipotentiels lorsqu'un courant d'intensité i circule :

$$\Phi_{A'} - \Phi_{B'} = Ri$$

La différence de potentiel U aux bornes du générateur vaut donc (cf. figure 5.2) :

$$U = \Phi_B - \Phi_A = E_2 - E_1 - \eta_a + \eta_c - Ri$$

U est la somme d'un terme thermodynamique ($E_2 - E_1$), d'un terme cinétique ($\eta_a - \eta_c$) et d'un terme ohmique.

La figure 5.2 montre que la différence de potentiel U aux bornes lorsque le générateur débite est d'autant plus grande que :

– la force électromotrice est plus élevée : il convient d'utiliser un oxydant $Ox_2$ et un réducteur $R_1$ puissants *i.e.* dont les potentiels standard soient aussi éloignés que possible.

– les surtensions sont plus faibles : il convient d'utiliser des systèmes rapides et d'éviter la limitation par le transfert de masse.

– la chute ohmique dans l'électrolyte est plus petite : pour un courant donné, la résistance doit être la plus faible possible ; les dispositifs ne nécessitant pas de diaphragme sont avantageux de ce point de vue.

## 1.2. CLASSIFICATION

Les générateurs électrochimiques sont généralement classés en trois catégories, selon des critères relatifs à leur épuisement et à la possibilité de les régénérer.

Dans une **pile à combustible**, on fournit l'oxydant et le réducteur au fur et à mesure de leur consommation. Le générateur peut fonctionner indéfiniment pourvu que l'approvisionnement soit assuré.

Un **accumulateur** est un système que l'on peut recharger : cela nécessite que les deux systèmes électrochimiques mis en jeu soient réversibles (renversables). Il comporte en effet deux phases de fonctionnement :

– une phase de charge, où on accumule l'énergie en imposant aux bornes de la cellule une différence de potentiel U' supérieure à la force électromotrice (cf. figure 5.3) :

$$U' = E_2 - E_1 + \eta_{2a} - \eta_{1c} + Ri$$

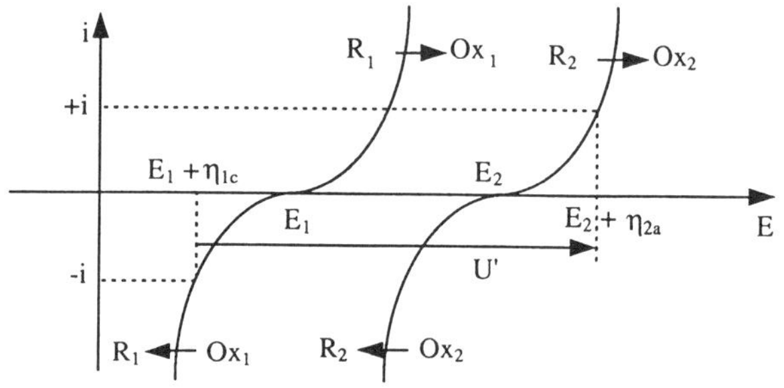


Figure 5.3

– une phase de décharge, où le système fournit de l'énergie ; son fonctionnement est alors celui de la figure 5.1.

Une **pile** fournit de l'énergie, mais n'est pas rechargeable : un, au moins, des systèmes électrochimiques n'est pas réversible : l'oxydation de $R_2$ ou la réduction de $Ox_1$ ne peut pas s'effectuer parce qu'une autre réaction se produit préférentiellement.

Ainsi, dans l'exemple de la pile $Ox_2$ / $R_1$ représentée sur la figure 5.4, l'oxydation de $R_2$ en $Ox_2$ est empêchée par l'oxydation du solvant.

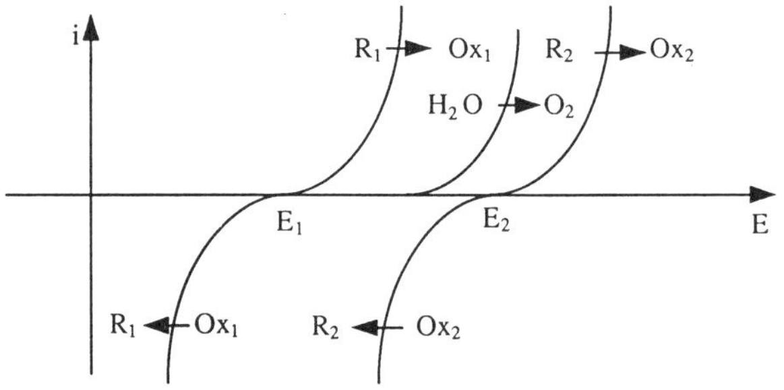


Figure 5.4

Les appellations commerciales respectent cette classification entre piles et accumulateurs. En revanche, les autres mots qui qualifient un produit commercialisé ne reflètent que rarement la composition physicochimique de manière explicite. De telles appellations ne se comprennent que si l'on connait l'évolution historique des procédés mis en oeuvre. Ainsi, deux appellations qui semblent parallèles, pile au lithium, pile au manganèse, recouvrent des réalités chimiques très différentes : la première comporte une anode de lithium métallique, la seconde contient du dioxyde de manganèse qui est réduit à la cathode ! De même, les noms propres sont insuffisants pour caractériser une pile car ils correspondent souvent au nom de l'inventeur d'une pile dont le développement a conduit à une industrie qui fabrique des piles de tous genres ! Ainsi des piles de type Leclanché sont commercialisées sous la marque Mallory...

Les paragraphes suivants ont pour objectif d'apporter quelques éclaircissements sur l'aspect électrochimique de quelques piles et accumulateurs usuels. Pour les autres aspects (technologie, utilisation...) le lecteur se reportera à des articles ou ouvrages plus spécialisés. [1,2]

## 1.3. PILES USUELLES

### 1.3.1. PILES LECLANCHE

La pile Leclanché peut être symbolisée par :

$$\ominus \; Zn \,/\, Electrolyte \,/\, MnO_2 \,/\, C \; \oplus$$

Les réactions primaires dans une telle pile sont l'oxydation du zinc selon :

$$Zn \longrightarrow Zn^{2+} + 2\,e^-$$

et la réduction du bioxyde de manganèse $MnO_2$, le manganèse passant du degré d'oxydation (IV) au degré (III) selon :

$$MnO_2 + e^- + H_2O \longrightarrow MnOOH + OH^-$$

Le carbone ne donne pas de réaction chimique. Conducteur électronique, il joue seulement le rôle de collecteur de courant.

A l'origine, la pile était constituée d'un bocal de verre contenant une solution aqueuse de chlorure d'ammonium dans laquelle étaient immergées une lame de zinc et une masse de bioxyde de manganèse agglomérée autour d'un bâton de carbone. Plusieurs améliorations ont été apportées successivement au dispositif pour le rendre d'utilisation plus aisée. Tout d'abord, l'anode fut emboutie sous forme d'un godet de zinc qui contient l'électrolyte. L'électrolyte devint plus tard du chlorure de zinc, auquel on doit l'appellation « pile saline ». Le chlorure de zinc présente l'avantage de diminuer la corrosion du zinc et assure une meilleure conductivité de la solution. Afin de limiter les écoulements de liquide, l'électrolyte fut ensuite gélifié, notamment au moyen d'amidon, d'où l'appellation « pile sèche ». On construit également aujourd'hui des piles dont l'électrolyte est une solution de potasse gélifiée (« piles alcalines »). Enfin, la séparation entre les réactifs anodique et cathodique, plutôt que d'être assurée par une couche d'électrolyte gélifié de 1 à 2 mm d'épaisseur, peut être réalisée au moyen d'un mince papier, épais de 3 à 10 µm, ce qui permet d'utiliser davantage de réactif.

Les réactifs ont également évolué au cours du temps. Dans les piles alcalines, l'anode est généralement du zinc en poudre et l'ensemble est encapsulé dans une gaine d'acier. A la cathode, plusieurs variétés de $MnO_2$ peuvent être utilisées (naturel, électrolytique...). $MnO_2$ peut être aggloméré à de la poudre de carbone, ce qui permet un débit à intensité supérieure.

Selon la nature de l'électrolyte employé, les espèces formées aux électrodes dans les réactions primaires peuvent conduire à des précipités.

Avec le chlorure de zinc, la réaction globale dans la pile est :

$$4MnO_2 + 4H_2O + 2Zn + 2Cl^- \longrightarrow 4MnOOH + ZnCl_2{,}Zn(OH)_2 + 2OH^-$$

Avec le chlorure d'ammonium, elle s'écrit :

$$2\,MnO_2 + 2\,NH_4Cl + Zn \longrightarrow 2\,MnOOH + Zn(NH_3)_2Cl_2\downarrow$$

Dans le cas des piles alcalines, intervient la réduction ultérieure du manganèse du degré (III) au degré (II) selon :

$$MnOOH + e^- + H_2O \longrightarrow Mn(OH)_2 + OH^-$$

### 1.3.2. PILE A L'OXYDE MERCURIQUE

Elle peut être schématisée par :

$$\ominus \; Zn\ amalgamé \,/\, KOH\ à\ 40\ \%\ saturé\ de\ Zn(OH)_4^{2-} \,/\, HgO \,/\, C \; \oplus$$

A la cathode se produit la réduction de l'oxyde mercurique :

$$HgO + 2\,e^- + H_2O \longrightarrow Hg + 2\,OH^-$$

et à l'anode l'oxydation du zinc :

$$Zn + 4\,OH^- \longrightarrow Zn(OH)_4^{2-} + 2\,e^-$$

#### 1.3.3. PILES AU LITHIUM

L'utilisation d'un métal alcalin en tant qu'anode doit permettre de constituer des systèmes de force électromotrice élevée puisque ces métaux sont très réducteurs. Le lithium présente en outre une masse volumique très faible, ce qui le rend très intéressant pour toutes les applications où la pile doit être mobile. Il s'oxyde à l'état de lithium(I) :

$$Li \longrightarrow Li^+ + e^-$$

L'eau ne peut évidemment pas être utilisée comme solvant puisqu'elle oxyde le lithium. On fait appel à des solvants non aqueux, tels que le tétrahydrofuranne (THF) ou d'autres éthers organiques, ou à des composés comme le dioxyde de soufre liquide ou les chlorures de thionyle $SOCl_2$ ou de sulfuryle $SO_2Cl_2$.

On rencontre des piles à oxydant solide, tel que les oxydes de cuivre ou de manganèse, du type :

$$\ominus \; Li\,/\,LiClO_4 \text{ dans } THF\,/\,CuO\,/\,C \; \oplus$$

ainsi que des piles dites à oxydant liquide pour lesquelles le solvant sert d'oxydant :

$$\ominus \; Li\,/\,LiBr,\,SO_2\,/\,Al\,/\,acier \; \oplus$$

Dans le dernier cas, les réactions primaires sont :

$$Li \longrightarrow Li^+ + e^-$$

$$SO_2 + e^- \longrightarrow SO_2^-$$

suivie de : $2\,SO_2^- \longrightarrow S_2O_4^{2-}$

La cinétique électrochimique joue un grand rôle dans la mise au point de tels systèmes puisque la réduction du solvant ne doit pas intervenir à la surface du lithium mais au contact de l'autre électrode.

Ces générateurs sont l'objet de recherches très actives (3).

### 1.4. ACCUMULATEURS USUELS

Dans un accumulateur, les deux systèmes électrochimiques sont réversibles et les réactions mises en jeu pendant la charge sont les réactions inverses de celles qui se produisent à la décharge. Les accumulateurs usuels sont les « accumulateurs au plomb » et les « accumulateurs alcalins ».

#### 1.4.1. ACCUMULATEURS AU PLOMB

Un accumulateur au plomb peut être symbolisé par :

$$\ominus \; Pb\,/\,PbSO_4\,/\,H_2SO_4\,/\,PbSO_4\,/\,PbO_2\,/\,Pb \; \oplus$$

La borne négative est anode à la décharge et cathode à la charge. Le couple oxydoréducteur est $PbSO_{4\,(solide)}$ / Pb correspondant aux degrés d'oxydation respectifs (II) et (0) du plomb. Les réactions électrochimiques s'écrivent :

$$Pb + HSO_4^- \underset{\text{charge}}{\overset{\text{décharge}}{\rightleftharpoons}} PbSO_{4\,(solide)} + H^+ + 2\,e^-$$

Le sulfate de plomb solide constitue une couche à la surface du plomb, couche dans laquelle la conduction est assurée essentiellement par les ions $Pb^{2+}$. Les phénomènes qui se produisent à la charge et à la décharge sont représentés sur la figure 5.5 sous la forme de schémas dans lesquels les réactifs initiaux sont encadrés et les produits entourés d'un trait ovale.

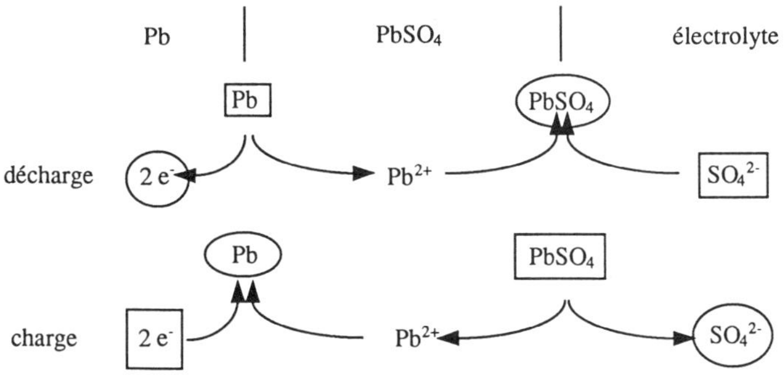


Figure 5.5 : schémas des réactions lors de la charge et de la décharge sur l'électrode négative d'un accumulateur au plomb

La borne positive est cathode à la décharge et anode à la charge. Le couple oxydoréducteur est $PbO_2$ / $PbSO_4$, qui implique les degrés (IV) et (II) du plomb et la réaction électrochimique s'écrit :

$$PbO_2 + 2\,e^- + 3\,H^+ + HSO_4^- \underset{\text{charge}}{\overset{\text{décharge}}{\rightleftharpoons}} PbSO_4 + 2\,H_2O$$

Le plomb métallique de cette électrode n'est pas un réactif mais joue le rôle de collecteur de courant. Les solides $PbO_2$ et $PbSO_4$ sont agglomérés autour de l'électrode. Il existe des possibilités de réaction entre Pb et $PbO_2$, et plusieurs couches d'oxydes, présentant une conductibilité électronique suffisante, sont présentes à l'interface entre le plomb et le dioxyde, vraisemblablement PbO et $Pb_3O_4$. L'ensemble est schématisé sur la figure 5.6.

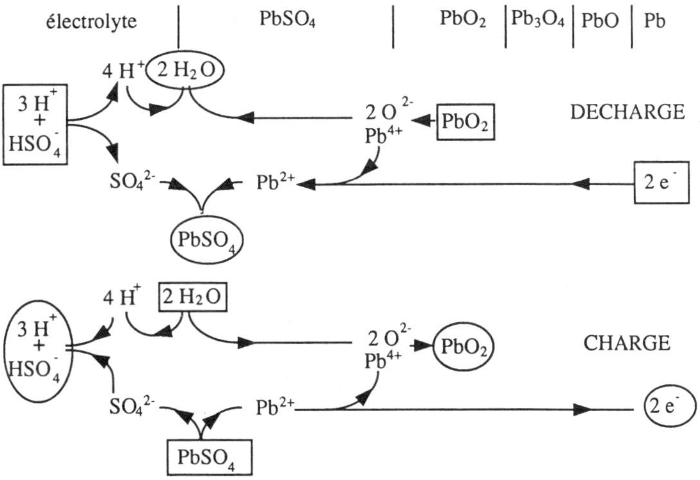


Figure 5.6 : schéma des réactions lors de la charge et de la décharge sur l'électrode positive d'un accumulateur au plomb.

La réaction globale qui se produit dans l'accumulateur est donc :

$$PbO_2 + Pb + 2\,H^+ + 2\,HSO_4^- \underset{\text{charge}}{\overset{\text{décharge}}{\rightleftharpoons}} 2\,PbSO_4 + 2\,H_2O$$

ce qui correspond :

– à la décharge, à la réaction de réduction du plomb(IV) de la cathode et l'oxydation du plomb(0) de l'anode, dans l'un et l'autre cas avec formation de Pb(II)$SO_4$.

– à la charge, à la dismutation du sulfate de plomb en Pb et $PbO_2$.

La durée de vie d'un accumulateur est liée à la qualité des granules de $PbSO_4$ qui se forment. Si elles ne restent pas accrochées à la surface de l'électrode, elles peuvent tomber au fond du bac et ne plus se redissoudre. Si elles grossissent trop, elles peuvent établir un court-circuit entre deux plaques voisines.

La force électromotrice est voisine de 2 V et la cinétique des réactions électrochimiques joue un rôle primordial dans le fonctionnement de l'accumulateur. En effet, des réactions autres que les réactions primaires indiquées ci-dessus sont thermodynamiquement permises. Ainsi, une décharge spontanée peut se produire selon les réactions suivantes :

– amphotérisation directe entre Pb et $PbO_2$ constitutifs de l'électrode positive :

$$Pb + PbO_2 + 2\,H_2SO_4 \longrightarrow 2\,PbSO_4 + 2\,H_2O$$

– réduction des protons par le plomb à la borne négative :

$$Pb + 2\,H^+ + SO_4^{2-} \longrightarrow PbSO_4 + H_2$$

– dégagement d'oxygène à la borne positive :

$$PbO_2 + SO_4^{2-} + 2\,H^+ \longrightarrow PbSO_4 + H_2O + 1/2\,O_2$$

Les deux dernières réactions correspondent simplement à la décomposition de l'eau.

De même, pendant la charge, peuvent se produire l'oxydation du plomb et celle de l'eau à l'anode ainsi que la réduction de l'eau à la cathode. Le dégagement gazeux observé en fin de charge est dû à l'électrolyse de l'eau, avec dégagement de $H_2$ et de $O_2$ lorsqu'il n'y a plus de $PbSO_4$ au contact des électrodes. Il résulte de l'existence de ces réactions parasites que la quantité d'électricité et l'énergie fournies à la charge sont supérieures à celles que l'on récupère à la décharge. Cet aspect est étudié quantitativement dans la partie expérimentale.

### 1.4.2. ACCUMULATEURS ALCALINS

Ils doivent leur nom à l'électrolyte basique qu'ils contiennent. Le plus répandu est l'accumulateur nickel-cadmium que l'on peut schématiser ainsi :

$$\ominus\ Cd\,/\,Cd(OH)_2\,/\,KOH_{aq}\,/\,NiOOH\,/\,Ni(OH)_2\,/\,Ni\ \oplus$$

Au pôle positif, les degrés d'oxydation (II) et (III) du nickel sont mis en jeu, le nickel métallique jouant le rôle de collecteur de courant :

$$NiOOH + e^- + H_2O \underset{\text{charge}}{\overset{\text{décharge}}{\rightleftharpoons}} Ni(OH)_2 + OH^-$$

Au pôle négatif, les réactions électrochimiques sont :

$$Cd + 2\,OH^- \underset{\text{charge}}{\overset{\text{décharge}}{\rightleftharpoons}} Cd(OH)_2 + 2e^-$$

Un élément d'accumulateur nickel-cadmium présente une force électromotrice voisine de 1,3 V.

D'autres accumulateurs sont constitués par d'autres systèmes électrochimiques à la borne négative et fonctionnent sur le même principe. Ainsi, les accumulateurs nickel-fer font intervenir le couple $Fe(OH)_2\,/\,Fe$ et présentent une force électromotrice voisine de 1,4 V ; les accumulateurs nickel-zinc font appel au couple $Zn(OH)_2\,/\,Zn$ et leur force électromotrice est 1,7 V environ.

# 2. CORROSION

La corrosion est le phénomène par lequel les métaux et alliages subissent de leur environnement une attaque qui les fait retourner à l'état d'ion métallique, état qu'ils avaient sous leur forme originelle dans les minerais. Il s'agit de réactions d'oxydoréduction :

$$M + Ox \longrightarrow M^{n+} + R$$

Les phénomènes de corrosion sont importants lorsque le métal est placé au contact de solutions aqueuses. Cette corrosion humide est dans la plupart des cas de nature électrochimique : elle se manifeste lorsque le métal et l'électrolyte sont en présence et qu'il existe une hétérogénéité soit dans le métal, soit dans la solution. Elle résulte de l'établissement de courants locaux dus à l'existence de piles locales, la réduction cathodique et l'oxydation anodique étant localisées en deux zones distinctes :

$$M \longrightarrow M^{n+} + n\,e^-$$
$$Ox + n\,e^- \longrightarrow R$$

Il s'agit d'un phénomène très général, qui affecte de nombreux domaines d'activité (4).

## 2.1. TYPES DE PILES DE CORROSION

De façon générale, les piles de corrosion qui peuvent être rencontrées correspondent à différents types que nous décrivons ci-dessous.

### 2.1.1. PILES A ELECTRODES DISSEMBLABLES

Différents cas peuvent se présenter.

Tout d'abord, de telles piles peuvent être constituées de deux pièces métalliques de nature différente. La pile débite lorsque les métaux sont placés au contact l'un de l'autre : tuyauteries de fer et raccords de cuivre ; hélices de bateau en bronze (Cu + Sn, 3 à 20 %) et coque en acier...

Le rôle d'électrodes dissemblables peut être également joué par des cristaux d'orientations différentes, obtenus à la surface d'un même métal lorsque toutes les parties de la pièce métallique n'ont pas été travaillées de la même manière : influence de la trempe et du recuit et fragilité des zones écrouies.

La présence d'impuretés à la surface d'un métal peut également être la cause de piles de corrosion. La résistance à la corrosion est généralement d'autant meilleure que le métal est plus pur.

Des situations analogues peuvent être rencontrées à la surface d'alliages. Les traitements thermiques subis antérieurement sont de la plus haute importance. Par exemple (5), un acier inox 18-8 (18% Cr ; 8% Ni) est soumis à une hypertrempe depuis 1100°C ; le carbone, dissous à haute température, reste en solution solide sursaturée ; l'alliage est monophasé et résiste bien à la corrosion. Cependant, lorsque le refroidissement n'est pas assez rapide ou lorsque l'alliage est chauffé vers 700-800°C après hypertrempe, le carbone précipite à l'état de carbure $Cr_{23}C_6$ et des globules de carbure se forment aux joints de cristaux. Au centre du cristal se trouve l'alliage initial tandis que la périphérie du cristal est appauvrie en chrome : cette dernière se comporte en anode et la corrosion se localise au voisinage des joints de grains.

### 2.1.2. PILES DE CONCENTRATION

Elles apparaissent lorsqu'une pièce métallique homogène est immergée dans une solution au sein de laquelle la concentration de l'oxydant n'est pas uniforme.

* L'exemple d'école est la pile de concentration ionique représentée sur la figure 5.7 :

$$\ominus \; Cu \; / \; CuSO_4 \text{ dilué} \; / \; CuSO_4 \text{ concentré} \; / \; Cu \; \oplus$$

Pour la borne de droite : $E_d = E°_{Cu^{2+}/Cu} + 0{,}03 \lg [Cu^{2+}]_d$ $\oplus$

Pour la borne de gauche : $E_g = E°_{Cu^{2+}/Cu} + 0{,}03 \lg [Cu^{2+}]_g$ $\ominus$

La pile débite dans le sens tendant à ramener le système à l'équilibre, donc les concentrations à égalité.

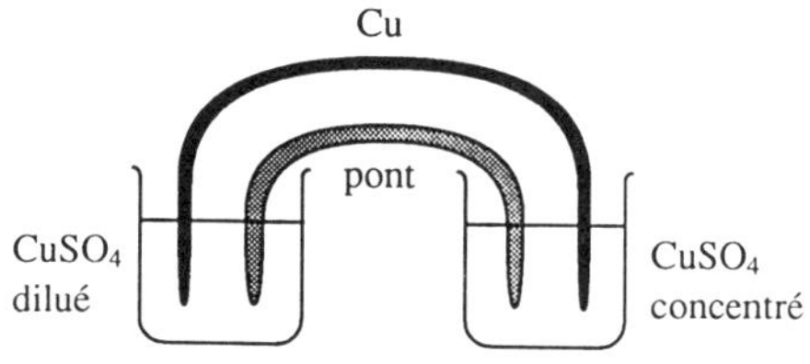

Figure 5.7

* La pile de concentration la plus célèbre est la pile d'aération différentielle (ou pile d'Evans).

Soient deux électrodes de fer dans une solution diluée de chlorure de sodium, l'une en présence de dioxygène, à droite, l'autre en l'absence d'oxygène, à gauche (cf. figure 5.8).

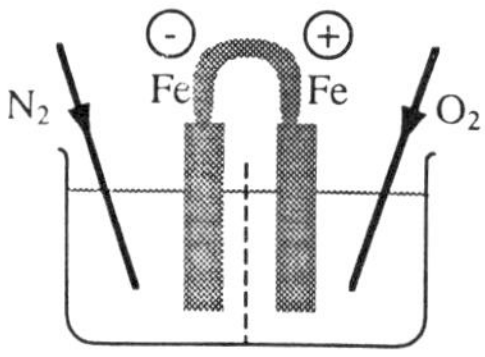


$\oplus$ $1/2\, O_2 + 2e^- + H_2O \longrightarrow 2\, OH^-$

$\ominus$ $Fe \longrightarrow Fe^{2+} + 2\, e^-$

Figure 5.8

Lorsque un contact électrique est établi entre les deux pièces de fer, la réduction de dioxygène à l'état d'ion hydroxyde se produit à la surface de l'électrode représentée à droite, et c'est l'électrode de fer représentée à gauche qui est attaquée. Dans le cas d'une pièce unique de fer dans une solution dont l'aération n'est pas homogène, la réduction du dioxygène se produit sur le fer à l'emplacement le plus riche en oxygène tandis que l'oxydation simultanée du métal se produit dans la zone peu oxygénée.

Les exemples de piles d'aération différentielle sont nombreux et importants :

– Ainsi, dans le cas d'une pièce métallique partiellement immergée dans une solution dont la surface est au contact de l'air, la partie profonde est anodique et corrodée alors que la région voisine de la surface est cathodique et protégée (figure 5.9).

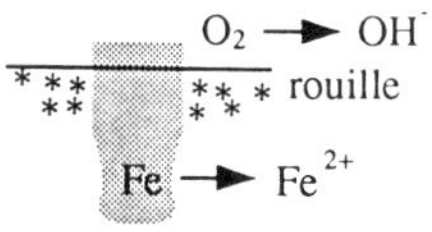

Figure 5.9

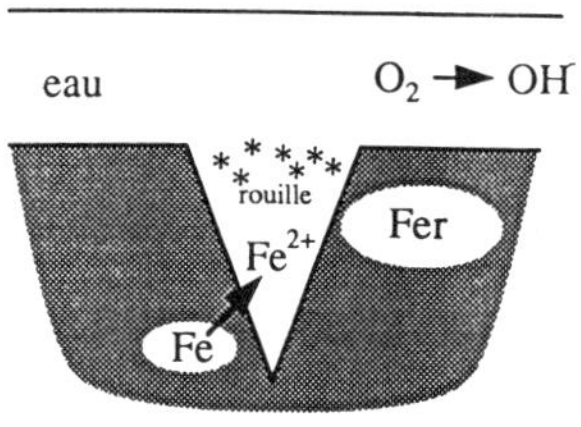

Figure 5.10

– Ainsi également dans le cas de rayures ou de piqûres, l'attaque s'effectue en profondeur plutôt qu'en largeur (figure 5.10) : le fond est corrodé par l'oxygène présent à la surface. Les cations métalliques formés donnent généralement des précipités d'hydroxyde avec les ions $OH^-$ formés à la cathode, et ces précipités superficiels peuvent dissimuler des piqûres profondes fragilisant dangereusement une pièce métallique.

#### 2.1.3. PILES DE TEMPERATURE DIFFERENTIELLE

Le phénomène de pile peut également apparaître lorsque deux électrodes identiques se trouvent à des températures différentes. Ces piles ne sont généralement importantes que si la différence de température est élevée.

### 2.2. TYPES DE CORROSION

**Attaque uniforme**

Il se forme, dans ce cas, une couche uniforme d'espèce oxydée à la surface du métal attaqué. Entrent dans cette catégorie la rouille du fer et le ternissement de l'argent. La vitesse des attaques de ce type peut être mesurée par l'étude de la variation d'épaisseur de l'échantillon par unité de temps.

**Piqûres**

Elles correspondent à une attaque préférentielle de certains sites de la surface. Si la surface d'attaque est petite, les piqûres qui apparaissent sont dites profondes (cf. aération différentielle). Elles sont souvent difficilement discernables car obstruées par les débris d'oxydes ou d'hydroxydes métalliques résultant de l'oxydation. Elles sont fréquentes dans les pièces en acier nickelé ou chromé.

**Corrosion sélective**

Dans certains alliages métalliques, le métal le moins noble peut être corrodé sélectivement. L'alliage ainsi corrodé conserve souvent sa forme initiale. Il peut apparaître intact mais ses propriétés mécaniques sont sérieusement diminuées. Par exemple, l'attaque du zinc d'un laiton (alliage cuivre-zinc) laisse un résidu poreux de cuivre et de produits de corrosion sélective du zinc. De même, dans les bronzes d'aluminium (alliages cuivre-aluminium), l'aluminium est attaqué préférentiellement. Avec les alliages de métaux « nobles » tels que l'or, par exemple Au-Cu ou Au-Ag, on peut observer une attaque sélective du cuivre ou de l'argent : ainsi, un milieu nitrique laisse un résidu poreux ou même de la poudre d'or pur.

**Corrosion intergranulaire (ou intercristalline)**

Ce type d'attaque localisée aux joints de grains du métal conduit à une perte de résistance mécanique et de ductilité. Le joint de grain se comporte comme anode au contact de grandes surfaces de grains agissant comme cathode. L'attaque peut pénétrer profondément dans la pièce métallique et être la cause de ruptures ; elle résulte le plus souvent de traitements thermiques antérieurs non appropriés.

**Fissuration**

Des efforts de traction répétés ou alternés dans certains milieux corrosifs conduisent à une rupture rapide par fissuration appelée « fatigue-corrosion ». La contrainte peut être résiduelle dans le métal, comme dans les zones écrouies, ou résulter de l'application d'un effort externe.

### 2.3. SUSCEPTIBILITE A LA CORROSION, POTENTIEL D'ELECTRODE, PASSIVITE

La **possibilité thermodynamique** de corrosion d'un métal dans un milieu donné peut être estimée d'après le **potentiel d'électrode** donné par la loi de Nernst. Si l'on impose à une électrode métallique, soit par un moyen électrique, soit par la présence d'un oxydant de force et de concentration suffisantes, un potentiel supérieur à son potentiel d'équilibre thermodynamique, une corrosion peut être attendue.

Certains métaux ou alliages, placés dans des conditions où les données thermodynamiques prévoient une possibilité d'oxydation, ne se corrodent qu'à très faible vitesse (aluminium, aciers inoxydables au chrome, titane...). L'oxydation initiale du métal le recouvre d'une couche très fine, souvent invisible à l'oeil nu, qui fait écran entre le métal et le réactif, empêchant l'oxydation ultérieure. Il est vraisemblable que ces films sont constitués d'oxydes métalliques.

Les diagrammes potentiel-pH permettent de rendre compte des domaines de potentiel et de pH pour lesquels on peut observer l'immunité du métal, la corrosion (oxydation en une espèce soluble) ou la passivation (oxydation en solide protecteur) ; ces diagrammes sont alors tracés avec une concentration faible pour les ions en solution (par exemple $10^{-6}$ mol.l$^{-1}$) et en faisant intervenir les espèces solides qui sont effectivement protectrices. Quelques exemples sont donnés sur la figure 5.11 ; pour des données plus complètes, voir les ouvrages de M. POURBAIX [6].

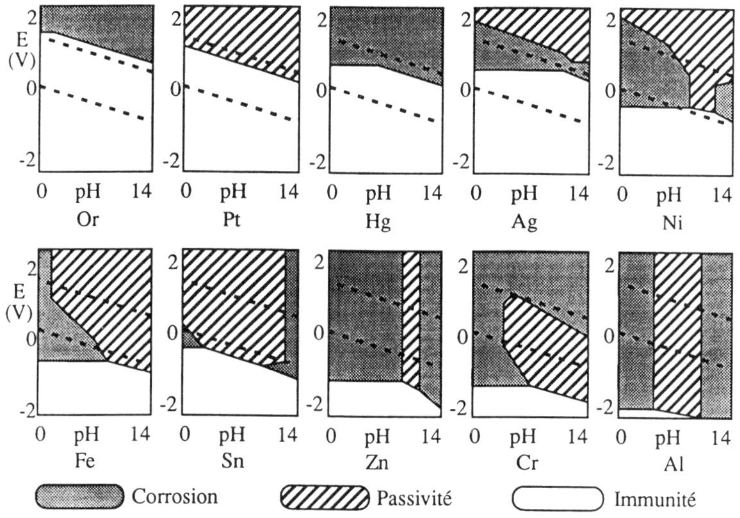


Figure 5.11 : diagrammes potentiel-pH

## 2.4. POLARISATION ET VITESSE DE CORROSION

La vitesse de corrosion peut être déduite de la connaissance des courbes intensité-potentiel (cf. figures 5.12 et 5.13), correspondant d'une part à l'oxydation du métal, d'équation $M \longrightarrow M^{n+} + n\,e^-$, dont la courbe est repérée par PQRS sur les figures 5.13, 5.18, 5.20 et 5.21, et d'autre part, à la réduction de l'oxydant responsable de l'attaque du métal, d'équation $Ox + ne^- \longrightarrow R$, repérée par les lettres TUVW.

Le métal prend un potentiel tel que le nombre d'électrons cédés par M soit égal au nombre d'électrons captés par Ox ; c'est le potentiel de corrosion. Le nombre d'électrons échangés par unité de temps correspond à la vitesse de corrosion et peut être mesuré par l'intensité correspondante sur chaque courbe, appelée intensité de corrosion et notée ici $i_{corr}$.

Les valeurs de potentiel mis en jeu dans les phénomènes de corrosion correspondent souvent au domaine où l'approximation de Tafel est vérifiée. Les courbes intensité-potentiel sont alors généralement des exponentielles et les variations de E en fonction de lg |i| sont linéaires :

$$E = a + b \lg |i|$$

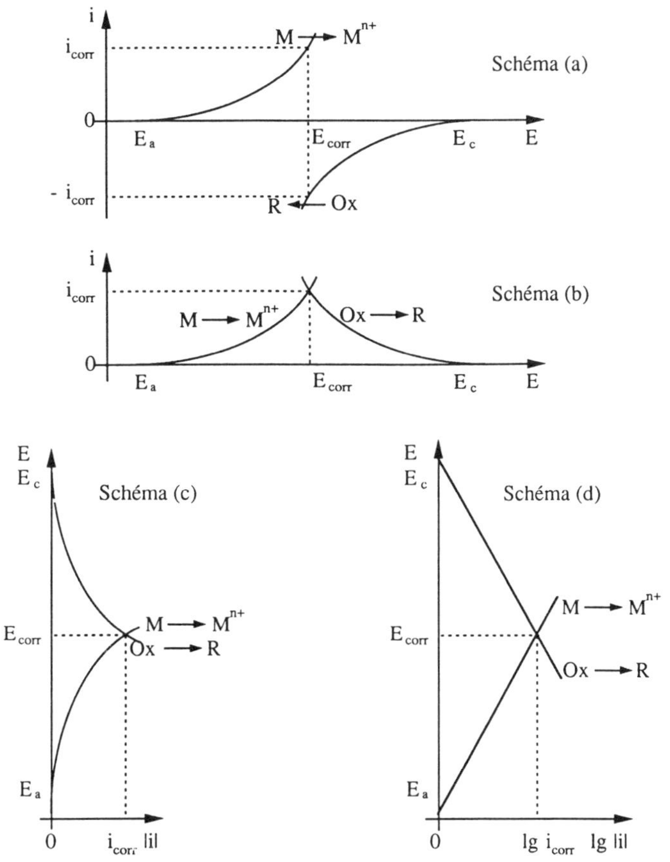


Figure 5.12

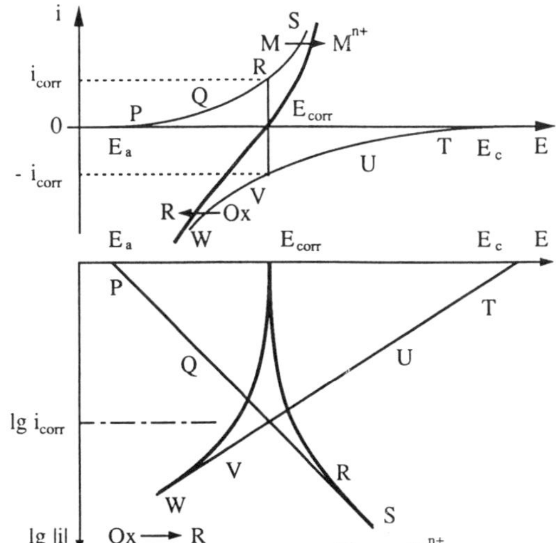


Figure 5.13

Plusieurs représentations sont utilisées dans les études relatives à la corrosion pour décrire le comportement d'un même système, comme le montre la figure 5.12. Sur le schéma (a), la convention électrochimique est utilisée pour l'intensité des courants ; sur le schéma (b) seule est considérée la valeur absolue de ces intensités. Le schéma (c) est déduit du schéma (b) par une rotation de 90° et réflexion par rapport au plan OEz, perpendiculaire à l'axe O|i|. Enfin, le schéma (d) ne diffère du schéma (c) que par la grandeur portée sur l'axe horizontal, où lg |i| remplace |i|.

La figure 5.13 donne également deux représentations différentes des courbes PQRS et TUVW ainsi que de la courbe intensité-potentiel, tracée en trait plus épais, correspondant à la somme algébrique des intensités d'oxydation du métal et de réduction de l'oxydant.

La pente des courbes intensité-potentiel est représentative de la rapidité des réactions électrochimiques concernées ; le système est d'autant plus lent que l'angle entre la courbe et l'axe des potentiels est plus petit. Lorsque la pente de la courbe cathodique $i_c = f(E)$ ($Ox \longrightarrow R$) est faible, c'est le processus de réduction de Ox qui limite la vitesse de corrosion ; la corrosion est sous contrôle cathodique (figure 5.14, schéma a). Inversement, lorsque la pente de la courbe anodique $i_a = f(E)$ ($M \longrightarrow M^{n+}$) est faible, le processus limitant est l'oxydation de M ; la corrosion est contrôlée anodiquement (figure 5.14, schéma b). Lorsque les deux pentes sont voisines, on a un contrôle mixte (figure 5.14, schéma c).

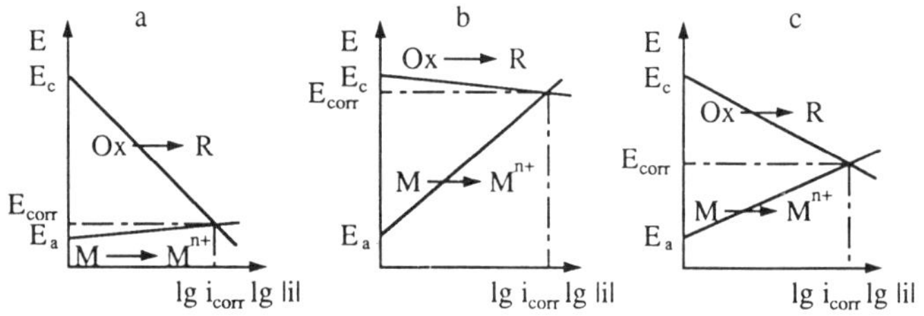


Figure 5.14

## 2.5. PROTECTION CONTRE LA CORROSION

### 2.5.1. PROTECTION PAR REVETEMENT

Certaines applications permettent une protection par revêtement total (gaines plastiques, porcelaines...) qui tend à isoler la pièce métallique du milieu corrosif. Le cas du revêtement par un autre métal mérite une attention particulière car le revêtement peut se faire par un métal plus « noble » ou par un métal moins noble que le métal à protéger.

La couche protectrice constituée d'un métal difficilement oxydable résiste mieux à la corrosion que le métal à protéger. Aussi la protection est-elle efficace lorsque le revêtement n'est écaillé par aucune action mécanique. Mais si le métal à protéger, plus facilement oxydable, est mis à nu en un point, il se produit en ce point une piqûre, qui peut devenir profonde, comme dans le cas des aciers nickelés ou chromés.

En revanche, le revêtement par un métal moins noble que le métal à protéger présente l'inconvénient de mettre en oeuvre une couche protectrice qui se corrode assez rapidement mais une zone accidentellement mise à nu n'est pas corrodée puisqu'elle subit une protection cathodique. C'est le cas de la galvanisation du fer, où le fer est recouvert de zinc (voir infra).

### 2.5.2. PROTECTION ELECTROCHIMIQUE

Elle peut être cathodique ou anodique, selon la nature du métal et les conditions de corrosion. La protection cathodique consiste à placer le métal dans son domaine d'immunité ; la protection anodique est réservée aux métaux passivables que l'on porte alors dans leur domaine de passivité.

### Protection cathodique par anode sacrificielle

On couple électriquement le métal à protéger à un métal plus facilement oxydable. Par exemple, on assure la protection du fer dans l'eau par du zinc. La disposition des courbes intensité potentiel des réactions électrochimiques mises en jeu est donnée sur la figure 5.15. Nous n'indiquons pas la réduction de l'eau sur le zinc car la réaction est plus lente que sur le fer.

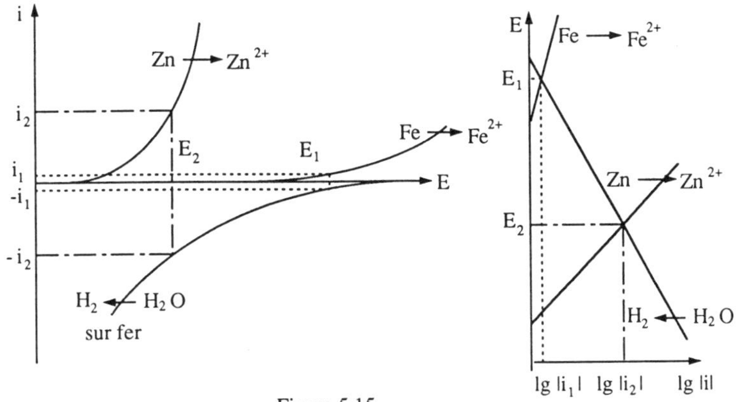


Figure 5.15

En présence de fer seul, non protégé, le potentiel est $E_1$ et la corrosion du fer a lieu avec une vitesse proportionnelle à $i_1$. Lorsque l'on court-circuite fer et zinc, l'ensemble prend le potentiel $E_2$, où seul le zinc est attaqué, avec une vitesse proportionnelle à $i_2$, alors que le fer se comporte en cathode à la surface de laquelle il y a réduction de l'eau.

### Protection cathodique par courant imposé

On relie le métal à protéger au pôle ⊖ d'un générateur de tension continue, le pôle ⊕ étant relié à une autre électrode, sacrificielle ou inerte, placée dans le même milieu électrolytique (cf. figure 5.16). La tension est fixée à une valeur telle que le potentiel du métal à protéger corresponde au domaine d'immunité du métal ($E < E_a$, cf. figure 5.17). La connaissance des courbes intensité-potentiel des deux électrodes permet de connaître l'intensité minimale $i_m$ qui doit alors traverser le circuit, comme l'indique la figure 5.17.

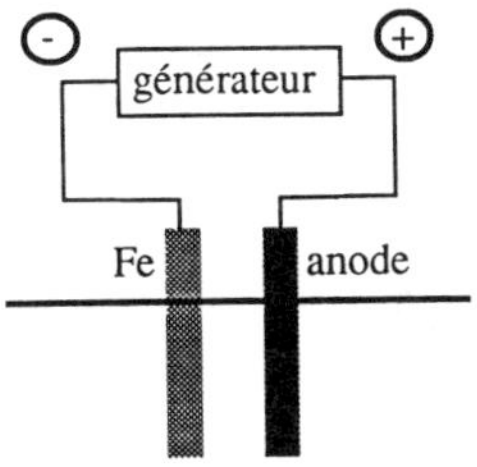


Figure 5.16

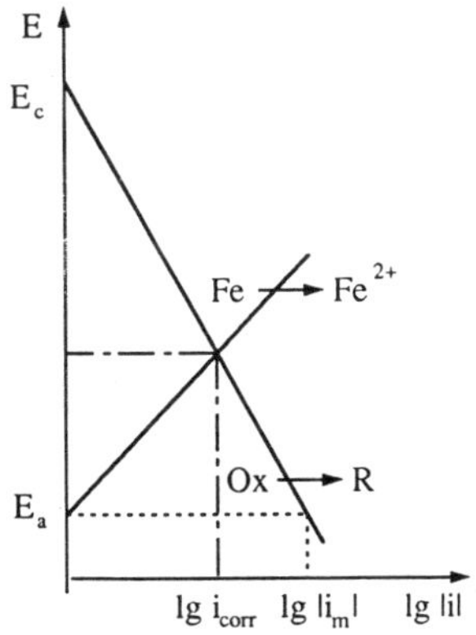


Figure 5.17

### Protection anodique

On porte le métal à un potentiel correspondant à son domaine de passivation. Ceci peut être réalisé par courant imposé, le métal étant relié au pôle positif d'un générateur dont le pôle négatif est branché à une autre électrode placée dans la solution ; le générateur débite le courant d'entretien de la couche passivante.

Une passivation peut également être obtenue par addition à la solution d'un oxydant chimique donné. Cette situation est parfois atteinte également spontanément.

## 2.6. METHODES ELECTROCHIMIQUES D'ETUDE DE LA CORROSION

Les méthodes d'étude de la corrosion sont nombreuses et font appel à différentes propriétés physicochimiques des échantillons concernés. Il est souvent important de porter une appréciation qualitative sur le type de corrosion qui se produit ; ceci requiert une simple observation visuelle, éventuellement à l'aide de microscopes. Selon le type de corrosion mis en jeu, en fonction des conditions d'utilisation de l'échantillon, l'évaluation quantitative de la corrosion peut mettre en œuvre différentes méthodes. Citons :

– des mesures d'épaisseur ou des pesées.

– des mesures de résistance mécanique (traction, compression, torsion, dureté...).

– l'analyse chimique du milieu corrodant, notamment par les méthodes électrochimiques d'analyse des solutions, telles que les polarographies.

Cependant, puisque la corrosion en milieu humide est de nature électrochimique, les méthodes électrochimiques sont des méthodes de choix pour l'étude de ce phénomène. La vitesse de corrosion peut être déduite de l'enregistrement de courbes intensité-potentiel relatives au comportement de l'échantillon dans le milieu corrodant.

On peut en effet représenter les variations des intensités qui correspondent à la réduction cathodique de l'oxydant et à l'oxydation anodique du métal. L'allure de ces courbes théoriques est donnée sur les figures 5.12 et 5.13.

### 2.6.1. METHODE D'EVANS

Lorsque les réactions anodique et cathodique interviennent sur deux pièces métalliques différentes, la vitesse peut être mesurée par la méthode d'Evans. Les deux pièces sont reliées par une résistance électrique réglable et l'on mesure l'intensité qui traverse cette dernière ainsi que le potentiel de chaque électrode (cf. figure 5.18). En circuit ouvert (résistance infinie), l'intensité est nulle et les potentiels sont $E_a$ et $E_c$. Lorsque l'on diminue progressivement la résistance, l'intensité augmente et l'on peut ainsi tracer un segment des courbes de polarisation des électrodes. Le prolongement de ces courbes jusqu'à leur point d'intersection donne les caractéristiques de fonctionnement du système en court circuit : le potentiel et l'intensité de corrosion lorsque les métaux sont en contact.

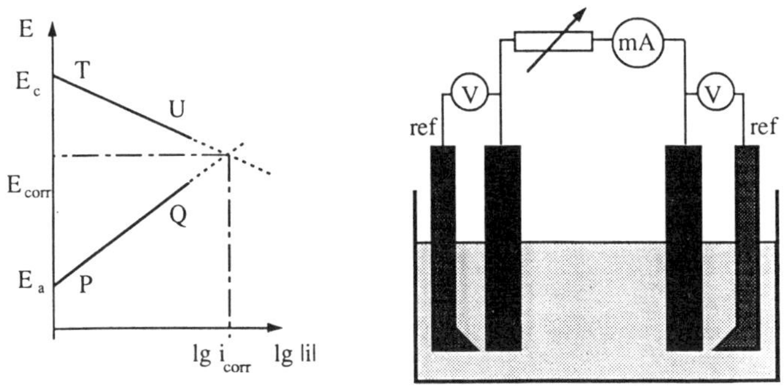


Figure 5.18 : évaluation de la vitesse de corrosion par la méthode d'Evans

2.6.2. AUTRES METHODES

Lorsque anode et cathode sont deux zones d'un même métal et ne sont pas séparables, on peut encore faire appel à l'enregistrement des courbes intensité-potentiel. La pièce dont on étudie la corrosion est utilisée comme électrode de travail dans un dispositif potentiostatique (cf. figure 5.19) et l'on enregistre les variations de l'intensité qui traverse cette électrode en fonction du potentiel qu'on lui impose. La courbe ainsi tracée est la résultante de la superposition des courbes théoriques (figure 5.20).

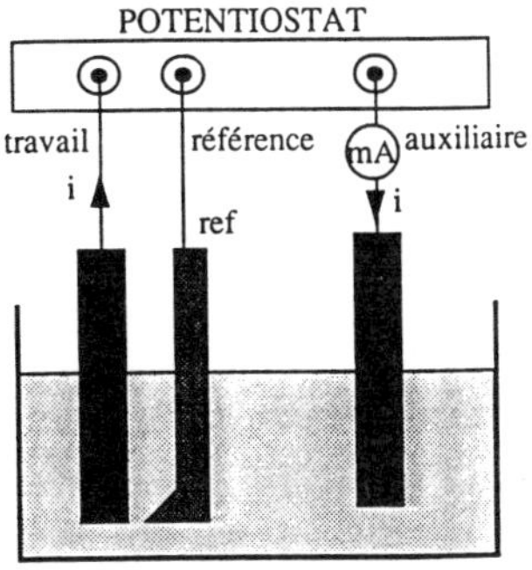


Figure 5.19

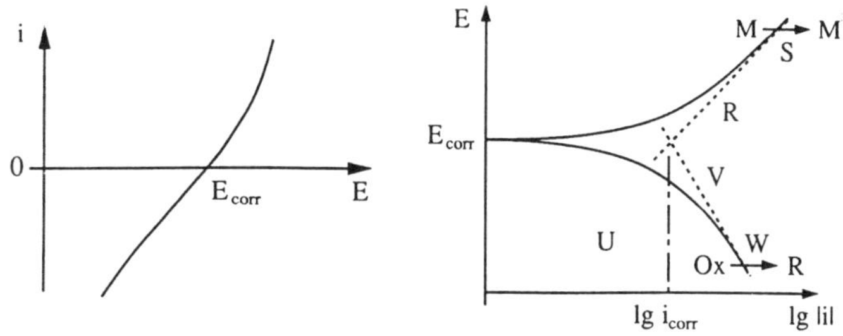


Figure 5.20

Au potentiel de corrosion $E_{corr}$, l'intensité est nulle car la vitesse d'oxydation du métal est opposée à celle de la réduction de l'oxydant. Plus on augmente le potentiel appliqué, plus la vitesse d'oxydation du métal est élevée et plus la réduction de l'oxydant est lente. Ainsi, pour des valeurs suffisamment élevées du potentiel, la courbe expérimentale se confond pratiquement avec celle que l'on pourrait tracer si la réduction de l'oxydant était absente (segment RS). Inversement, pour des potentiels suffisamment faibles, la branche cathodique de la courbe expérimentale est pratiquement représentative de la seule réduction de l'oxydant (segment VW). Le prolongement des segments RS et VW, qui correspond à une extrapolation linéaire sur la représentation en lg |i|, permet donc de déterminer l'intensité du courant de corrosion qui circule entre zone cathodique et zone anodique dans la pièce métallique abandonnée dans la solution (cf. figure 5.20).

Il est enfin possible de faire une analyse des courbes intensité-potentiel en partant de l'expression générale de l'équation de ces courbes. Une telle exploitation a d'abord été introduite par Stern et Geary puis complétée par Mansfeld (7) et permet un traitement automatisé des données. Elle repose sur l'hypothèse, déjà utilisée ci-dessus, que dans les conditions de corrosion, les intensités des deux réactions électrochimiques varient exponentiellement avec le potentiel (domaine de Tafel, cf. figure 5.21).

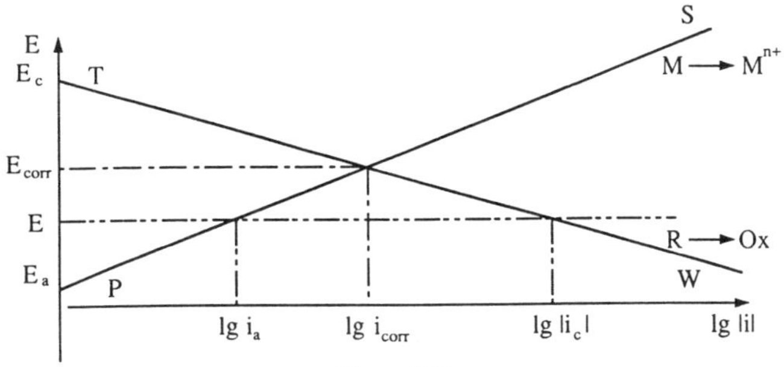


Figure 5.21

L'équation de la droite PS, de pente $b_a$, peut s'écrire :

$$b_a = \frac{E_{corr} - E}{\lg i_{corr} - \lg i_a} \qquad (b_a > 0)$$

Celle de la droite TW, de pente $b_c$ est :

$$b_c = \frac{E_{corr} - E}{\lg i_{corr} - \lg |i_c|} \qquad (b_c < 0)$$

D'où l'on tire :

$$i_a = i_{corr}.10^{(E - E_{corr}) / b_a} \quad \text{et} \quad i_c = - i_{corr}.10^{(E - E_{corr}) / b_c}$$

et l'intensité totale :

$$i = i_a + i_c$$

L'équation de la courbe i = f(E) enregistrée est donc :

$$i = i_{corr} . \{10^{(E - E_{corr}) / b_a} - 10^{(E - E_{corr}) / b_c}\}$$

$E_{corr}$ est connu : $b_a$, $b_c$ et $i_{corr}$ sont déterminés par calcul à l'aide de programmes informatiques de moindres carrés, de type Simplex ou gradient, pour obtenir la meilleure adéquation possible entre la courbe intensité-potentiel expérimentale et la courbe calculée avec ces valeurs.

## BIBLIOGRAPHIE DU CHAPITRE 5

1 – C. DUBOC, *Bull.Union Phys.*, 1981, **633**, 921.
2 – J. O'M BOCKRIS, Comprehensive Treatise of Electrochemistry, Vol. 3, Electrochemical Energy Conversion and Storage, Plenum Press, New York, 1981.
3 – K.M. ABRAHAM, S. B. BRUMMER, Lithium batteries, chapitre 14, J.P. Gabano éditeur, Academic Press, Londres, 1983.
4 – (a) Corrosion : A Waste of Energy, J. Chem. Educ. Staff, *J. Chem. Educ.*, 1979, **56** (10), 673.
(b) R. S. TREPTOW, Dental Filling Discomforts Illustrate Electrochemical Potential of Metals, *J. Chem. Educ.*, 1978, **55** (3), 189.
(c) R. WALKER, The Corrosion and Preservation of Iron Antiques, *J. Chem. Educ.*, 1976, **59** (11), 943.
5 – J. TALBOT, *L'actualité chimique*, **1975**, (7), 18.
6 – M. POURBAIX,
– Atlas d'équilibres électrochimiques, Gauthier-Villars, Paris, 1963 ;
– Leçons en corrosion électrochimique, p. 57, Cebelcor, Bruxelles 1975.
7 – F. MANSFELD, K.B. OLDHAM :
(a) *Corrosion*, 1971, **27**, 434 ; 1973, **29**, 397.
(b) *Corros. Sci.*, 1971, **11**, 787.
(c) *J. Electrochem. Soc.*, 1973, **120**, 515.

CHAPITRE E5

# PILES, ACCUMULATEURS, CORROSION : EXPERIENCES

## 1. PILES ET ACCUMULATEURS

### 1.1. PILE ET ELECTROLYSE

■ EXPERIENCE 5.1/1

**Electrolyse de l'acide chlorhydrique sur électrodes de carbone** (1)

**Produits et matériel**

*– acide chlorhydrique 6 mol.l⁻¹.*

*– tube en U ; électrodes de graphite.*

*– milliampèremètre ; millivoltmètre ; générateur de tension continue ; rhéostat.*

**Mode opératoire**

*Verser la solution chlorhydrique dans le tube en U et placer les électrodes dans chaque branche du tube. Réaliser le montage électrique schématisé sur la figure E5.1. Fermer le circuit sur le générateur pour qu'il y ait électrolyse de la solution chlorhydrique ; observer les dégagements gazeux et noter le sens du courant. Après quelques minutes, ouvrir le circuit d'électrolyse : mesurer la différence de potentiel entre les électrodes. Fermer le circuit sur la résistance ; noter le sens de passage du courant.*

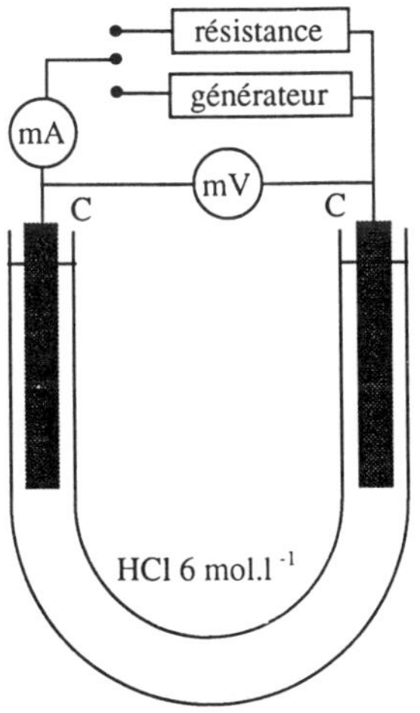


Figure E5.1

□ DISCUSSION

Lors de l'électrolyse de la solution chlorhydrique, il se forme du dihydrogène à la cathode et du dichlore, essentiellement, à l'anode. La circulation d'un courant d'intensité i implique (cf. figure E5.2) que la différence de potentiel U aux bornes de la cellule soit :

$$U = E_2 - E_1 + \eta_{2a} - \eta_{1c} + R'i$$

R' désigne la résistance interne de la cellule, $E_1$ et $E_2$ sont respectivement les potentiels d'équilibre des couple $H^+ / H_2$ et $Cl_2 / Cl^-$ dans les conditions opératoires, $\eta_{2a}$ et $\eta_{1c}$ sont respectivement les surtensions anodique de dégagement du dichlore et cathodique de dégagement du dihydrogène.

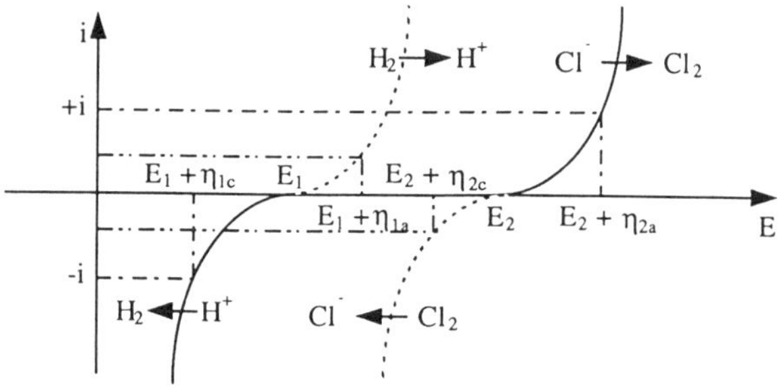


Figure E5.2

Lorsque l'électrolyse est arrêtée, l'intensité est nulle et la différence de potentiel entre les électrodes vaut $E_2 - E_1$.

Lorsque l'on ferme le circuit sur la résistance, la cellule électrochimique fonctionne en générateur et le courant dans l'ampèremètre circule dans le sens opposé à celui de l'électrolyse. Les branches des courbes intensité-potentiel impliquées lorsque la cellule fonctionne en pile sont celles représentées en pointillé sur la figure E5.2. L'anode est au potentiel $E_1 + \eta_{1a}$ et la cathode au potentiel $E_2 + \eta_{2c}$. La pile peut débiter quelques instants car une partie des gaz formés lors de l'électrolyse a été retenue par adsorption dans le graphite.

On trouvera une étude détaillée de l'électrolyse d'une solution de chlorure d'hydrogène sur électrode de graphite, avec tracé expérimental des courbes intensité potentiel dans la référence (2).

## 1.2. ETUDE DE L'ACCUMULATEUR AU PLOMB

## ■ EXPERIENCE 5.1/2

### Accumulateur au plomb (3)

**Produits et matériel**

*– solution d'acide sulfurique à 15 % (≈1,7 mol.l⁻¹).* 

*– bécher ; deux plaques de plomb d'une dizaine de cm² (2x5 cm) ; électrode au calomel saturée.*

*– générateur de courant continu ; milliampèremètre ; millivoltmètre électronique.*

*– facultativement, un second millivoltmètre et deux tables traçantes comportant une base de temps (X - T).*

**Mode opératoire**

*Placer les deux plaques de plomb parallèlement l'une à l'autre à une distance de l'ordre de 1 cm, puis les plonger dans de l'acide sulfurique (partie immer-*

*gée 2 x 3 cm environ). Introduire dans la solution, entre ces plaques, l'extrémité de l'électrode au calomel saturée.*

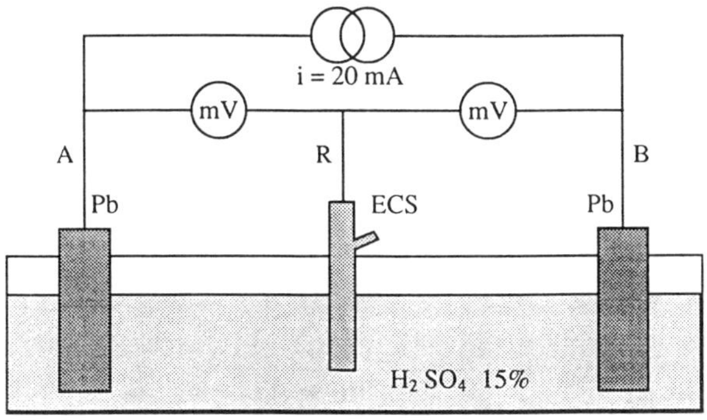


Figure E5.3

*Réaliser le montage électrique intensiostatique représenté schématiquement sur la figure E5.3. L'intensité de charge $i_c$ est fixée à une valeur voisine de 20 mA. Charger l'accumulateur pendant 10 minutes environ. Changer ensuite le sens de circulation du courant et fixer l'intensité de décharge $i_d$ à 20mA environ. Lorsque le potentiel de l'électrode positive commence à diminuer, repasser en charge. Après deux cycles de charge et de décharge, les électrodes sont stabilisées. Effectuer un troisième cycle pendant lequel les tensions $E_A$ - $E_R$ et $E_B$ - $E_R$ sont enregistrées au cours du temps (durée de la charge de l'ordre de 10 minutes) ; selon le matériel dont on dispose, l'acquisition des données $E_A$ - $E_R$ et $E_B$ - $E_R$ peut être manuelle, automatisée avec tracé direct sur table traçante X-Y ou informatisée avec acquisition d'un fichier de valeurs. Tracer les caractéristiques de charge et de décharge pour chaque électrode.*

*Calculer les rendements en courant et en énergie de l'accumulateur au cours du cycle.*

*Une variante simple pour manipulation de travaux pratiques peut être trouvée dans la référence [4].*

□ DISCUSSION

L'allure des caractéristiques de charge et de décharge est donnée sur la figure E5.4.

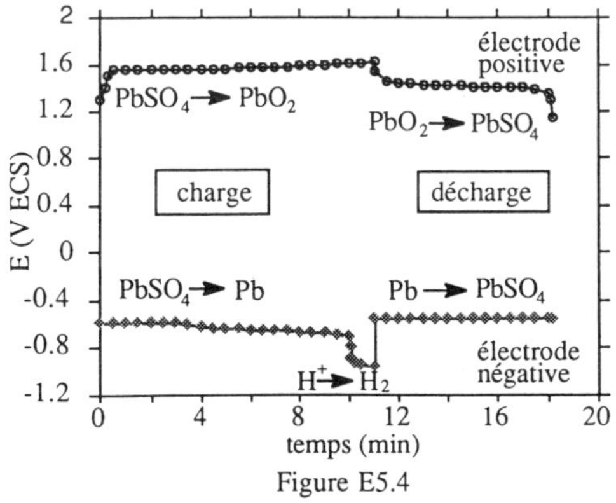


Figure E5.4

Pendant la charge, le potentiel de la borne positive est voisin de 1,6 V ECS, potentiel nécessaire pour oxyder $PbSO_4$ en $PbO_2$ à la vitesse imposée. La variation du potentiel de la borne négative fait apparaître l'intervention de deux systèmes. Au début de la charge, il y a réduction de $PbSO_4$ en Pb, qui se produit à un potentiel de l'ordre de - 0,6 V ECS. Lorsque la quantité de $PbSO_4$ réductible est épuisée, pour que l'accumulateur soit toujours parcouru par un courant de même intensité, le potentiel devient plus négatif et l'on observe alors la réduction des protons à la surface du plomb, qui se produit vers - 1 V ECS pour la vitesse imposée. La durée de la première phase dépend du fonctionnement antérieur de l'accumulateur ; aussi, pour observer la réduction des protons, est-il nécessaire de charger l'accumulateur suffisamment longtemps.

A la décharge, le potentiel de la borne négative (anode) reste remarquablement constant vers - 0,55 V ECS ; ceci est dû au fait que l'oxydant et le réducteur du couple sont deux solides ($PbSO_4$ et Pb) et que l'activité des ions sulfate dans la solution change très peu au cours de la décharge. Le potentiel de la borne positive est légèrement supérieur à 1,4 V ECS. La fin de la décharge, qui correspond à la situation d'un accumulateur déchargé, « à plat », est indiquée par une diminution rapide du potentiel de la cathode (électrode positive), qui correspond à l'épuisement de $PbO_2$ réductible à la surface de l'électrode.

Deux grandeurs rendent compte de la qualité d'un accumulateur : le « rendement en courant » et le « rendement énergétique ».

Le « **rendement en courant** » $R_q$ est le rapport de la quantité d'électricité $Q_d$ qui circule dans l'accumulateur pendant la décharge à la quantité d'électricité $Q_c$ qui a circulé pendant la charge :

$$R_q = Q_d / Q_c = \frac{\int_{\text{décharge}} i_d \, dt}{\int_{\text{charge}} i_c \, dt}$$

Si la charge et la décharge sont effectuées à une même intensité constante, $R_q$ est mesuré simplement par le rapport de la durée de la décharge à celle de la charge.

$R_q$ rend compte de l'existence des réactions secondaires et de l'adhérence des solides $PbO_2$ et $PbSO_4$ aux électrodes. Dans les conditions opératoires proposées, $R_q$ est de l'ordre de 80 %.

Le **rendement énergétique** $R_w$ est le rapport de l'énergie $W_d$ que restitue l'accumulateur pendant la décharge à l'énergie $W_c$ qui lui a été fournie pendant la charge. Il peut s'exprimer en fonction des intensités et de la tension U aux bornes :

$$R_w = W_d / W_c = \frac{\int_{\text{décharge}} U_d i_d \, dt}{\int_{\text{charge}} U_c i_c \, dt}$$

$R_w$ rend compte à la fois des facteurs qui influencent $R_q$ et de la cinétique des réactions électrochimiques puisqu'il comprend les termes de surtension dans $U_d$ et dans $U_c$, ainsi que la chute ohmique dans l'accumulateur. $R_w$ est donc nécessairement inférieur à $R_q$. $R_w$ est de l'ordre de 60% à 70 % dans les conditions expérimentales proposées.

## 1.3. LA PILE DANIELL EN FONCTIONNEMENT

### ■ EXPERIENCE 5.1/3

### Caractéristiques électriques et électrochimiques d'une pile Daniell

**Produits et matériel**

*– deux électrodes au calomel saturées ($ECS_1$ et $ECS_2$, de même potentiel) ; pile Daniell pouvant débiter quelques dixièmes d'ampère, par exemple : lame de zinc de 100 à 200 $cm^2$, sulfate de zinc à 100 $g.l^{-1}$ ; électrode de cuivre (tube) de quelques dizaines de $cm^2$ ; sulfate de cuivre à 100 $g.l^{-1}$ ; solutions séparées par un creuset en terre cuite poreuse de type creuset à combustion.*

*– générateur de tension continue réglable pouvant être parcouru par un courant dans les deux sens (alimentation stabilisée à zéro central, accumulateur,*

*potentiostat Tacussel utilisé en fonctionnement à deux électrodes...) ; milliampèremètre ; un, ou trois, millivoltmètre(s) électronique(s).*

**Mode opératoire**

*Introduire l'extrémité d'une électrode au calomel saturée dans chaque compartiment de la pile Daniell constituée des deux solutions à 100 g.l$^{-1}$ de sulfate cuivrique et de sulfate de zinc, séparées par un vase poreux dans lesquelles plongent le tube de cuivre et la lame de zinc.*

*Réaliser le montage électrique correspondant au schéma de principe de la figure E5.5.*

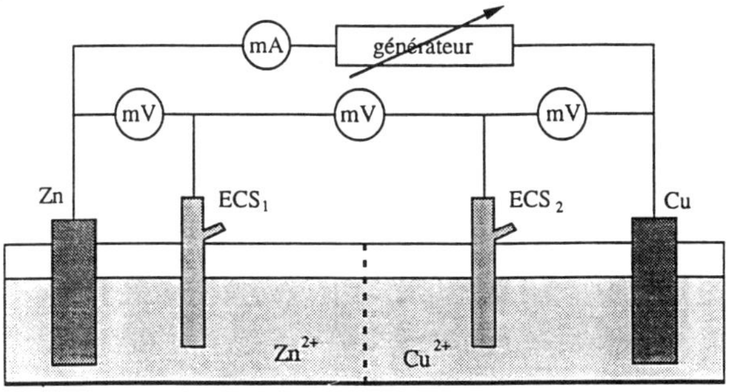


Figure E5.5

*Pour une valeur donnée de la tension délivrée par le générateur, mesurer algébriquement l'intensité circulant dans le circuit, puis successivement les différences de potentiel,* $E_{Cu} - E_{ECS_2}$, $E_{ECS_2} - E_{ECS_1}$ *et* $E_{ECS_1} - E_{Zn}$.

*Effectuer une vingtaine de mesures pour des valeurs de la tension délivrée par le générateur de - 5 V environ à + 5 V environ.*

*Tracer la droite représentant les variations de l'intensité en fonction de la différence de potentiel* $E_{ECS_2} - E_{ECS_1}$. *En déduire la valeur de la résistance interne de la pile étudiée.*

*Tracer les courbes représentant les variations de l'intensité i avec la différence de potentiel* $E_{Cu} - E_{ECS_2}$, *puis avec la d.d.p.* $E_{Zn} - E_{ECS_1}$. *Indiquer sur chaque branche de courbe la nature de la réaction électrochimique qui se déroule dans les conditions correspondantes sur l'électrode considérée.*

□ DISCUSSION

Les deux ECS permettent de mesurer la différence de potentiel entre les deux points des solutions de cuivre(II) et de zinc(II) où sont placées leurs extrémités. Les potentiels de jonction liquide étant négligeables, on peut ainsi déduire de la mesure de $E_{ECS_2} - E_{ECS_1}$ la chute ohmique entre ces deux points :

$$E_{ECS_2} - E_{ECS_1} = Ri$$

La figure E5.6 montre que $E_{ECS_2} - E_{ECS_1}$ varie bien linéairement avec i. La pente est égale à la valeur de la résistance interne de la pile.

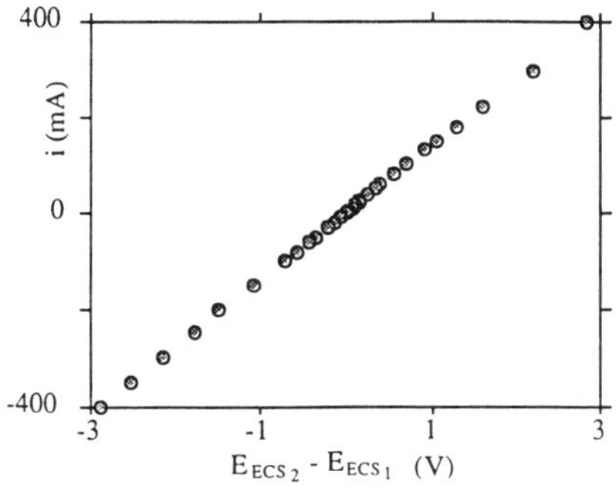


Figure E5.6

■ Remarque : La chute ohmique est essentiellement localisée à la traversée du diaphragme poreux séparant les deux compartiments ; il s'ensuit que le résultat de la mesure de R dépend peu de la position des ECS qui, en toute rigueur, devraient être placées le plus près possible des électrodes métalliques.

Les courbes représentant les variations de l'intensité avec les différences de potentiel $E_{Cu} - E_{ECS_2}$ et $E_{Zn} - E_{ECS_1}$ (cf. figure E5.7) ne sont autres que les courbes intensité potentiel des électrodes de cuivre et de zinc. Pour tracer ces courbes, il convient de prendre garde aux conventions pour le signe de l'intensité du courant. La convention électrochimique impose de prendre i positif lorsqu'une oxydation se produit à l'électrode étudiée, ce qui correspond aux valeurs de potentiel supérieures à la valeur du potentiel à l'équilibre, c'est-à-dire à intensité nulle. Il en résulte que quelle que soit la convention électrique choisie pour la mesure expérimentale de l'intensité, c'est-à-dire quel que soit le sens de branchement de l'ampèremètre, une même valeur expérimentale doit être utilisée avec un signe pour le tracé d'une des deux courbes et avec le signe contraire pour l'autre courbe.

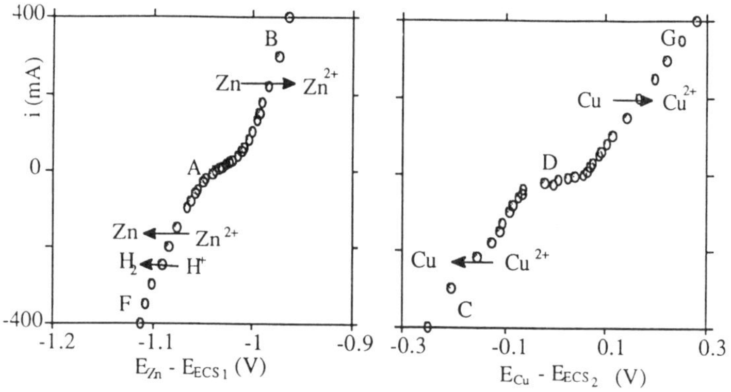


Figure E5.7

Les branches AB et DC correspondent au fonctionnement de la pile Daniell en générateur. AF et DG correspondent au fonctionnement en récepteur ; sur la branche AF, la réduction simultanée de l'eau et des ions $Zn^{2+}$ empêche la recharge du dispositif.

Lorsque l'on trace la caractéristique électrique de la pile (cf. figure E5.8), représentant les variations de l'intensité en fonction de la tension aux bornes $E_{Cu}$ - $E_{Zn}$, on vérifie que la différence de potentiel à courant nul, la force électromotrice de la pile, est bien proche de 1,1 V, résultat bien connu. On constate également que la caractéristique n'est pas linéaire, contrairement à ce que l'on avance souvent dans une première approche de la notion de générateur électrique : l'écart à la linéarité est dû aux surtensions, c'est-à-dire à la cinétique des réactions électrochimiques aux électrodes.

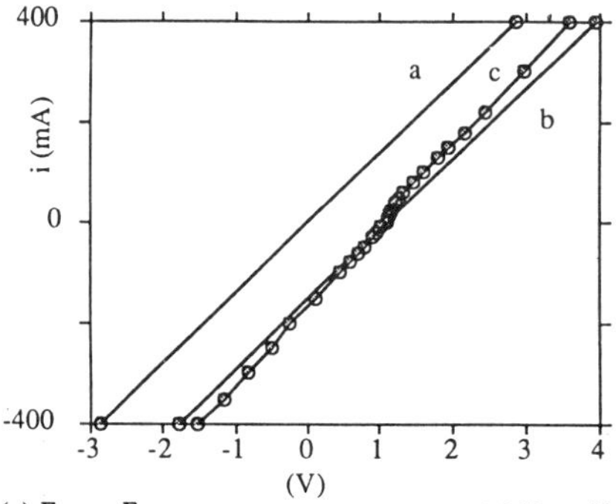


(a) $E_{ECS_2} - E_{ECS_1}$ (b) parallèle à (a) (c) $E_{Cu} - E_{Zn}$

Figure E5.8 : caractéristique d'une pile Daniell

■ Remarque : Lorsqu'on effectue une expérience analogue avec une pile Daniell constituée par deux demi-piles reliées par un pont à KCl saturé, avec des électrodes de plus petite taille, les intensités sont de l'ordre du milliampère et la résistance interne est beaucoup plus élevée (plusieurs kΩ). Dans un tel dispositif, le terme cinétique, $\eta_a - \eta_c$, est négligeable par rapport au terme ohmique Ri et la caractéristique de la pile apparait linéaire.

## 1.4. PILES A COMBUSTIBLE

### ■ EXPERIENCE 5.1/4

**Pile hydrogène-oxygène**

**Produits et matériel**

*– potasse concentrée (10 mol.l$^{-1}$).*

*– bouteille d'hydrogène ; bouteille d'oxygène.*

*– pont électrolytique à KCl ; 2 fioles à vide (100 cm$^3$) ; électrodes : pointes de platine ; tubes de verre.*

*– voltmètre électronique.*

**Mode opératoire**

*Réaliser le montage représenté sur la figure E5.9. Faire barboter le dihydrogène et le dioxygène pendant une ou deux minutes, à raison d'une bulle par seconde environ. Mesurer la différence de potentiel aux bornes du dispositif.*

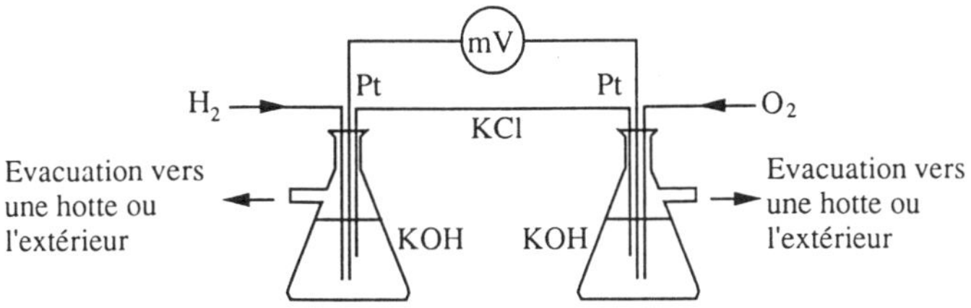


Figure E5.9

### ■ EXPERIENCE 5.1/5

**Pile eau oxygénée-méthanol**

**Produits et matériel**

*– eau oxygénée à 10 volumes ; potasse 3 mol.l$^{-1}$ ; méthanol.*

*– tube en U séparé en deux compartiments par un verre fritté soudé à l'extrémité inférieure ; électrodes : grilles de platine ou grilles de nickel recouvert de platine ; ampoule à brome.*

*– ampèremètre ; rhéostat ; voltmètre électronique.*

**Mode opératoire**

Remplir le tube en U avec la solution de potasse. Plonger les deux électrodes dans chaque branche du tube. Placer en série, aux bornes de la pile, un interrupteur, un ampèremètre et un rhéostat (cf. figure E5.10). Ajouter quelques cm$^3$ de méthanol dans l'une des branches du tube. Dans l'autre branche, ajouter un peu d'eau oxygénée. Mesurer la différence de potentiel aux bornes lorsque le circuit extérieur est ouvert. Fermer le circuit et suivre l'évolution de l'intensité lorsque la pile débite.

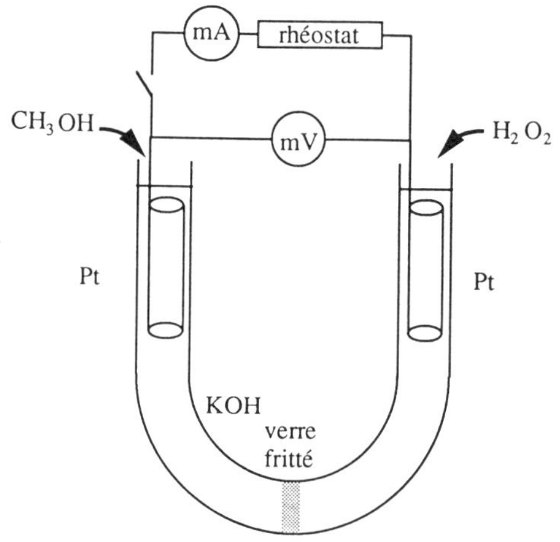


Figure E5.10

□ DISCUSSION

Dans la pile à combustible hydrogène-oxygène, les réactions électrochimiques qui interviennent sont celles des couples de l'eau, $O_2$ / $H_2O$ et $H_2O$ / $H_2$, étudiés au chapitre 2, § 1.3 : il se produit la réduction de $O_2$ et l'oxydation de $H_2$ selon les demi-réactions :

$$1/2\ O_2 + H_2O + 2\ e^- \longrightarrow 2\ OH^-$$
$$H_2 + 2\ OH^- \longrightarrow 2\ H_2O + 2\ e^-$$

L'équation bilan des réactions dans la pile est simplement la synthèse de l'eau :

$$H_2 + 1/2\ O_2 \longrightarrow H_2O$$

La différence de potentiel mesurée est proche de la valeur théorique 1,23 V.

On ne peut exploiter davantage la pile ainsi fabriquée car la dimension des électrodes et surtout la valeur élevée de la résistance électrique du pont salin ne permettent pas l'obtention de courants d'intensité satisfaisante : i est de l'ordre de quelques dixièmes de milliampère.

En revanche, le dispositif employé pour la pile méthanol-eau oxygénée permet une circulation de courant de quelques dizaines de milliampères car la surface des électrodes est assez grande et le diaphragme en verre fritté présente une résistance électrique peu élevée.

A l'anode, se produit l'oxydation du méthanol en carbonate selon :

$$CH_3OH + 8\ OH^- \longrightarrow CO_3^{2-} + 6\ H_2O + 6\ e^-$$

A la cathode intervient la réduction du peroxyde d'hydrogène

$$H_2O_2 + 2\ e^- \longrightarrow 2\ OH^-$$

On observe en outre, à la surface du platine, un dégagement gazeux dû à la décomposition en milieu basique de l'eau oxygénée, dismutation en eau et oxygène selon :

$$H_2O_2 \longrightarrow H_2O + 1/2\ O_2$$

Aussi, le fonctionnement de la pile implique également à la surface de la cathode, la réduction de l'oxygène selon :

$$1/2\ O_2 + H_2O + 2\ e^- \longrightarrow 2\ OH^-$$

D'autres dispositifs peuvent être employés. Par exemple, dans la pile étudiée en E5.1/5, l'hydrazine peut remplacer le méthanol et l'oxygène gazeux peut être mis en œuvre à la place de l'eau oxygénée (5).

# 2. CORROSION (6)

## 2.1. VITESSE D'ATTAQUE DE METAUX PAR LES ACIDES ET LES BASES

### ■ EXPERIENCES 5.2/1

**Cinétique de l'attaque des métaux par un acide** (7)

**Produits et matériel**

*– solution d'acide chlorhydrique de bonne pureté environ 1,5 mol.l$^{-1}$ ; solution de sulfate de cuivre 1 mol.l$^{-1}$.*

*– lame de plomb ; aiguilles de zinc ; clous de fer ; fil ou électrode de platine.*

*– verres à pied ou boîtes de Pétri.*

*– pinces crocodiles et fil électrique ; rétroprojecteur.*

**Mode opératoire**

*Introduire une aiguille de zinc dans l'acide chlorhydrique placé dans un verre à pied. Quelques bulles d'oxygène apparaissent à la surface du métal. Tremper dans la même solution le clou de fer sans que les métaux entrent en contact ; on observe un faible dégagement gazeux à la surface du fer. Relier les deux métaux par un fil conducteur (cf. figure E5.11) ou établir un contact direct dans la solution. Un dégagement gazeux abondant apparaît sur le clou de fer, cependant que cesse la formation d'hydrogène à la surface du zinc.*

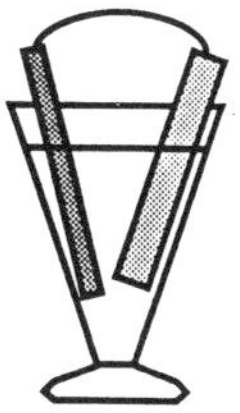


Figure E5.11

*Une expérience analogue peut être conduite à l'aide de fer et de platine. Lorsque les métaux ne sont pas en contact, un peu d'hydrogène se dégage sur le fer et le platine n'est le siège d'aucune réaction. Lorsque le contact est établi, le dégagement gazeux est plus important et il se produit à la surface du platine. Le phénomène est analogue lorsqu'un fil de cuivre, convenablement dégainé, est placé au contact de zinc.*

*Dans le cas où l'on emploie du plomb et du platine, on n'observe pas de dégagement tant que les métaux ne sont pas en contact. Lorsque le contact est établi, on observe la formation d'hydrogène à la surface du platine.*

*Ces diverses expériences peuvent être adaptées pour projection devant une classe : placer les métaux et la solution chlorhydrique dans des boites de Pétri sur un rétroprojecteur. Tenir les fils ou pièces métalliques horizontalement et mettre au point sur le dégagement gazeux.*

### ■ EXPERIENCE 5.2/2

**Corrosion de l'aluminium** (8)

**Produits et matériel**

*– acide chlorhydrique 3 à 4 mol.l$^{-1}$ ; soude concentrée (10 mol.l$^{-1}$) ; chlorure mercurique dilué.*

*– plaques d'aluminium ; papier de verre ou toile émeri.*

**Mode opératoire**

*Tremper une plaque d'aluminium non décapée dans la solution chlorhydrique. L'attaque est très lente. Décaper la lame à l'aide de papier de verre puis la plonger dans l'acide : on observe une attaque un peu moins faible.*

*Tremper une plaque d'aluminium dans la soude. Observer l'abondant dégagement gazeux.*

*Tremper quelques secondes une lame d'aluminium dans la solution de chlorure mercurique. Rincer. Plonger la lame dans un bécher d'eau chaude : l'aluminium est attaqué par l'eau au dessous du niveau où l'aluminium a été trempé dans la solution mercurique. Dégagement de bulles de dihydrogène, qui se forment lentement à la surface de l'aluminium.*

*La lame abandonnée immobile à l'air humide —fichée sur un bouchon par exemple— au lieu d'être trempée dans l'eau, donne naissance à des arborescences d'alumine hydratée.*

□ DISCUSSION

Les potentiels normaux des couples cation métallique / métal sont : $E°_{Pb^{2+}/Pb} = -0{,}14$ V, $E°_{Fe^{2+}/Fe} = -0{,}44$ V, $E°_{Zn^{2+}/Zn} = -0{,}76$ V. Thermodynamiquement, on prévoit que les métaux plomb, fer et zinc peuvent être attaqués en milieu acide ; cependant, la cinétique de réduction des protons en dihydrogène est lente sur les trois métaux. Les couples de métaux ont été choisis de telle sorte que la surtension de dégagement de dihydrogène soit plus élevée sur le métal le plus réducteur. Ainsi, ce dernier est oxydé et le dihydrogène se dégage sur le métal où la surtension de dégagement de dihydrogène est la plus faible, selon les équations :

$$Zn \longrightarrow Zn^{2+} + 2\,e^-$$
$$2\,H^+ + 2\,e^- \longrightarrow H_2 \text{ (sur fer ou sur cuivre)}$$
et :
$$Fe \longrightarrow Fe^{2+} + 2\,e^-$$
ou :
$$Pb \longrightarrow Pb^{2+} + 2\,e^-$$
$$2\,H^+ + 2\,e^- \longrightarrow H_2 \text{ (sur platine)}$$

Les expériences peuvent être interprétées au moyen des courbes intensité-potentiel représentées sur la figure E5.12, grâce à l'examen des positions relatives des courbes anodiques d'oxydation des métaux et des courbes cathodiques correspondant à la réduction de l'eau sur les différents métaux.

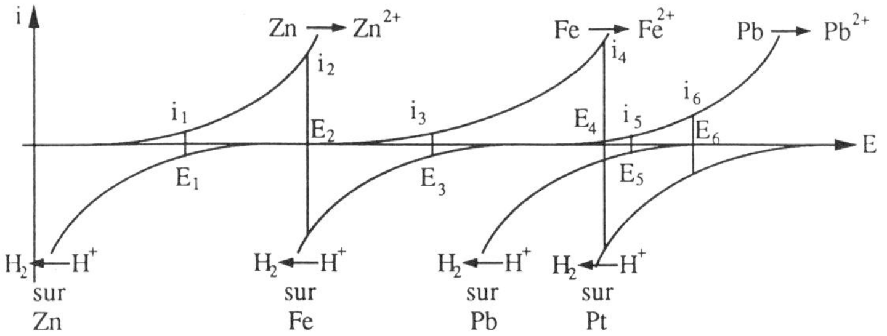


Figure E5.12

Ainsi, le zinc abandonné dans la solution prend le potentiel de corrosion $E_1$ et la vitesse d'attaque est proportionnelle à $i_1$ ; de même, le fer abandonné dans la solution est au potentiel mixte $E_3$ et le métal est corrodé avec une vitesse proportionnelle à $i_3$ ; lorsque les deux métaux sont court-circuités, ils prennent un même potentiel, $E_2$ : le zinc est attaqué avec une vitesse proportionnelle à $i_2$ et le dégagement de dihydrogène a bien lieu sur le fer.

De la même façon, on peut rendre compte des deux autres expériences proposées : le potentiel du fer passera de $E_3$ à $E_4$ et le potentiel du plomb de $E_5$ à $E_6$ par court-circuit avec le platine, l'intensité de corrosion augmentant respectivement de $i_3$ à $i_4$ et de $i_5$ à $i_6$.

■ Remarque : Les expériences E5.2/1 et E5.2/2 doivent être conduites avec des réactifs de bonne pureté, pour que les résultats soient concluants.

L'aluminium qui n'a pas été décapé est protégé par une couche d'alumine qui recouvre le métal et qui n'est pas très rapidement soluble dans l'acide chlorhydrique.

Sur la figure E5.13 sont représentées les courbes intensité-potentiel relatives au comportement de l'aluminium. Lorsque le métal est décapé, il est attaqué par l'acide chlorhydrique : l'aluminium prend le potentiel $E_1$ et la vitesse de corrosion en milieu acide est proportionnelle à $i_1$. L'équation de la réaction est :

$$Al + 3H^+ \longrightarrow Al^{3+} + 3/2\ H_2$$

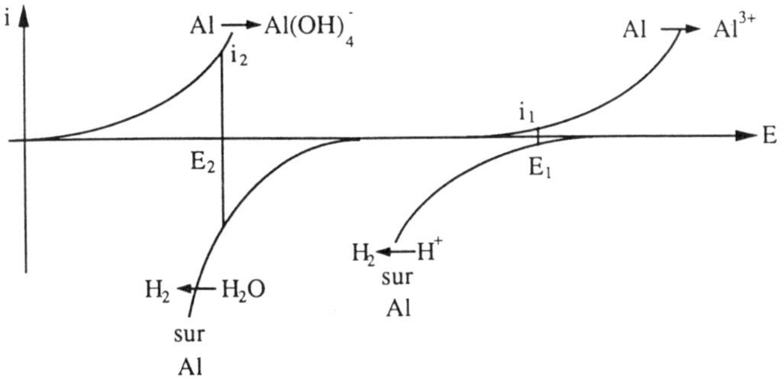


Figure E5.13

En milieu basique, les potentiels thermodynamiques des couples mis en jeu sont tous deux abaissés (cf chapitre 2, § 1) et le potentiel pris par le métal est $E_2$ ; d'autre part, les pentes des courbes intensité-potentiel sont plus importantes et l'intensité de corrosion $i_2$ est supérieure à $i_1$. L'équation de la réaction est :

$$Al + 3\ H_2O + OH^- \longrightarrow 3/2\ H_2 + Al(OH)_4^-$$

L'expérience de corrosion dans l'eau, après immersion de la couche d'alumine dans le chlorure mercurique, correspond à la destruction de la couche d'alumine par les ions mercuriques, réduits à l'état de mercure. L'aluminium, n'étant plus protégé, réagit au simple contact avec l'eau. L'eau chaude permet de rendre rapidement visible le phénomène. La variante à l'air met en évidence la formation lente d'ions aluminium(III) sous forme d'alumine hydratée, provenant de l'attaque de l'aluminium par la vapeur d'eau et par l'oxygène de l'air ambiant. Il faut laisser la lame immobile, de préférence sous cloche, pour avoir l'effet le plus spectaculaire.

## 2.2. MECANISME DE LA CORROSION ELECTROCHIMIQUE

### ■ EXPERIENCE 5.2/3

**Rôle des impuretés**

**Produits et matériel**

*– solution de sulfate de cuivre(II) 1 mol.l$^{-1}$ ; acide sulfurique environ 2 mol.l$^{-1}$ ; acide chlorhydrique environ 2 mol.l$^{-1}$.*

*– zinc pur en grenaille ou en aiguille.*

*– boîte de Pétri ; éventuellement lampe de projection ou rétroprojecteur.*

**Mode opératoire**

*Placer une aiguille de zinc dans la boîte de Pétri, recouvrir d'acide sulfurique.*

*Pas d'attaque. Ajouter quelques gouttes de la solution cuivrique ; le dégagement d'hydrogène se déclenche.*

*Avec de l'acide chlorhydrique de même concentration, il y a d'abord un dégagement gazeux faible, puis une augmentation importante du dégagement lors de l'addition de cuivre(II).*

## ■ EXPERIENCE 5.2/4

### Zones d'écrouissage

**Produits et matériel**

*– solution aqueuse de chlorure de sodium à 3% ; solution éthanolique de phénolphtaléïne à 1% ; solution aqueuse de ferricyanure de potassium à 1%.*

*– clous en fer ; agar-agar.*

*– boîtes de Pétri (6 à 8 cm de diamètre).*

**Mode opératoire**

*On nettoie deux clous, comme indiqué au chapitre 1, § E1.1. L'un des clous est placé au fond d'une boîte de Pétri. L'autre clou est tordu plusieurs fois au même endroit, puis déposé au fond d'une boîte de Pétri.*

*On prépare par ailleurs un gel d'agar-agar de la façon suivante : on porte à ébullition 100 cm$^3$ de la solution de chlorure de sodium et on ajoute 3 g d'agar-agar en poursuivant l'ébullition pendant une dizaine de minutes, sous agitation vigoureuse. Puis on ajoute 1 cm$^3$ de la solution de phénolphtaléïne et 2 cm$^3$ de la solution de ferricyanure.*

*Laisser refroidir. Quand le gel commence à prendre, verser le mélange dans les boîtes de Pétri de façon à ce que chaque clou soit entièrement recouvert (utiliser le gel restant pour les expériences E5.2/6, E5.2/10 et E5.2/11). Après refroidissement, chaque clou est ainsi enfermé dans un gel et l'ensemble est aisément manipulable. Après quelques heures (expériences à préparer la veille du jour de la démonstration), on observe :*

*a) une coloration bleue à la pointe et à la tête du clou et, pour le clou qui a été tordu, aux endroits où il a été tordu et où les pinces ont été placées pour le tordre.*

*b) une coloration rose le long des autres parties du clou.*

*L'expérience est présentable pendant plusieurs jours car la diffusion dans le gel est relativement lente (cf. figure E5.14).*

Figure E5.14

## ■ EXPERIENCE 5.2/5

### Aération différentielle

**Produits et matériel**

*– solution de ferricyanure de potassium environ 0,5 mol.l$^{-1}$ ; solution aqueuse de chlorure de sodium à 3% ; solution éthanolique de phénolphtaléïne à 1%.*

*– tube en U séparé en deux compartiments par un verre fritté ou par un tampon de laine de verre.*

*– bouteille d'azote ; bouteille d'oxygène et manomètres détendeurs.*

*– milliampèremètre et fils.*

**Mode opératoire**

*Le tube en U est séparé en deux compartiments pour éviter les mouvements de convection du liquide. Dans le compartiment 1 (cf. figure E5.15), on introduit quelques gouttes de ferricyanure de potassium et on fait barboter un courant d'azote afin de désoxygéner la solution. Dans le compartiment 2, on ajoute de la phénolphtaléïne et on fait barboter de l'oxygène. Après une dizaine de minutes, on arrête les barbotages de gaz et l'on introduit dans chaque compartiment un gros clou de fer, les deux clous étant reliés aux bornes d'un milliampèremètre. On constate que le circuit est parcouru par un courant i de l'ordre de quelques centaines de microampère dont le sens montre que le pôle + de la pile est l'électrode 2 et le pôle - l'électrode 1. Après quelques minutes, on peut observer l'apparition d'une coloration bleue dans le compartiment 1 et celle d'une coloration rose dans le compartiment 2.*

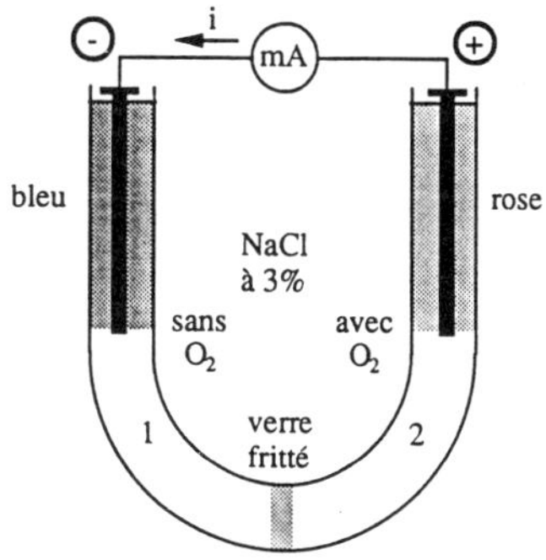


Figure E5.15

## ■ EXPERIENCE 5.2/6

### Aération différentielle

**Produits et matériel**

*– tube à essai.*

*– pour le reste, identique à ceux de l'expérience 5.2/4.*

**Mode opératoire**

*Verser dans le tube le mélange à base d'agar-agar dont la préparation est indiquée ci-dessus (expérience 5.2/4). Introduire ensuite un clou de fer assez long pour que son extrémité supérieure reste à l'air. Maintenir le clou immobile jusqu'à la prise du gel. Après quelques heures, on observe une coloration bleue autour de la partie profonde du clou et une coloration rose autour de celle située près de la surface du gel (cf. figure E5.16).*

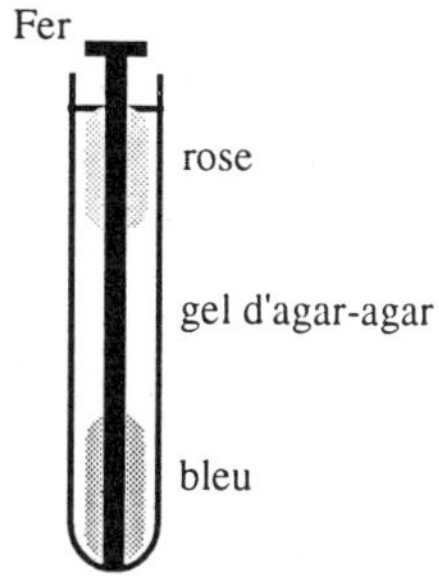


Figure E5.16

*Variante : la cocarde tricolore :*

*Il n'est pas exclu, peu après le bicentenaire de la révolution française de succomber à la tentation cocardière. Cette variante en est un moyen. Sur une plaque de fer de 5 x 5 cm environ, correctement décapée, verser le gel d'agar-agar, préparé dans l'expérience E5.2/4, de manière à obtenir un disque de quelques centimètres de diamètre. Laisser refroidir sans bouger. Après quelques heures, observer la coloration bleue au centre du disque et la coloration rouge à la périphérie. Jouer la Marseillaise.*

☐ DISCUSSION

**Rôle des impuretés**

Lors de l'addition de cation cuivrique, il y a dépôt de cuivre à la surface du zinc. Or la surtension de dégagement de dihydrogène est plus faible sur le cuivre et la réaction, cinétiquement lente sur le zinc, est accélérée :

$$Zn \longrightarrow Zn^{2+} + 2\,e^-$$

$$2\,H^+ + 2\,e^- \longrightarrow H_2$$ (sur cuivre : voir aussi expérience E5.2/1)

Cette réaction illustre le rôle des impuretés à la surface d'un métal vis-à-vis de sa résistance à la corrosion ; l'expérience nécessite évidemment l'emploi de zinc de bonne pureté.

**Zones d'écrouissage**

La phénolphtaléïne permet de visualiser les zones où se produit la réduction de l'eau ou celle de dioxygène car le milieu y devient basique :

$$2\,H_2O + 2\,e^- \rightleftarrows 2\,OH^- + H_2$$

$$H_2O + 1/2\,O_2 + 2\,e^- \rightleftarrows 2\,OH^-$$

Le ferricyanure de potassium est un indicateur de présence d'ion fer(II) résultant de l'oxydation du fer. L'ion fer(II) donne en effet une coloration dite « bleu de Prusse » en présence d'ion hexacyanoferrate(III) (cf. expérience 3.5/1).

Ces indicateurs permettent de montrer que sur une pièce de fer les zones d'écrouissage important se comportent en anodes avec oxydation du fer à l'état de fer(II) et que les autres zones agissent en cathode avec réduction de l'eau et du dioxygène dissous et apparition d'un milieu basique.

**Aération différentielle**

Les mêmes indicateurs permettent également la mise en évidence du phénomène d'aération différentielle : lorsque du fer est dans un milieu où existe un gradient de concentration en dioxygène, la corrosion se produit dans les zones les moins oxygénées (cf. chapitre 5, § 2.1.2). Dans l'expérience 5.2/5, l'attaque a lieu dans le compartiment 1, dans l'expérience 5.2/6, l'attaque a lieu au fond du tube à essai et au centre du disque. Les réactions sont les suivantes :

Zone non aérée : $Fe \longrightarrow Fe^{2+} + 2e^-$

Zone aérée : $H_2O + 1/2O_2 + 2e^- \longrightarrow 2\,OH^-$

Bilan : $Fe + H_2O + 1/2O_2 \longrightarrow Fe^{2+} + 2\,OH^-$

En prolongeant pendant suffisamment longtemps une expérience de corrosion en milieu aqueux, on peut mettre en évidence la formation de rouille, mélange complexe de composés du fer(III), essentiellement de l'oxyde de fer(III) hydraté. La rouille se forme aux endroits où coexistent ion fer(II), ions hydroxyde et dioxygène, ce qui entraîne l'apparition d'hydroxyde de fer(III) qui se transforme spontanément en oxyde hydraté. En général donc, et paradoxalement en apparence, la rouille se forme loin des zones d'attaque effectives du fer (cf. figure 5.10)

$$Fe^{2+} + 2\,OH^- \longrightarrow Fe(OH)_2$$

$$2\,Fe(OH)_2 + H_2O + 1/2\,O_2 \longrightarrow 2\,Fe(OH)_3 \longrightarrow Fe_2O_3{,}3H_2O$$

Diverses manipulations sur la corrosion des métaux sont proposées dans les références [9].

Une expérience différente d'oxydation du fer, à l'air, est proposée par GAUTHIER [10].

## 2.3. MESURE DE LA VITESSE DE CORROSION

### ■ EXPERIENCE 5.2/7

### Diagramme d'Evans

**Produits et matériel**

*– solution de chlorure de sodium à 3% ; solution d'acide chlorhydrique 6 mol.l$^{-1}$.*

*– lame de zinc (2 cm x 10 cm minimum) ; lame de fer (même dimension).*

*– électrode au calomel saturée ; agitateur magnétique ; barreau aimanté ; bécher ; résistance variable (0 à 10 kΩ) ; voltmètre(s) électronique(s) et fils.*

*– milliampèremètre de résistance aussi faible que possible.*

**Mode opératoire**

*On verse dans un bécher reposant sur un agitateur magnétique une solution de chlorure de sodium acidifiée par de l'acide chlorhydrique jusqu'à pH 2 à 3. On y trempe une lame de zinc et une lame de fer, les deux lames métalliques étant placées parallèlement l'une à l'autre et à faible distance (< 0,5 cm) afin que la résistance de l'électrolyte entre les deux lames soit faible. Le circuit électrique est fermé sur un milliampèremètre et une résistance R réglable de 0 à 10 kΩ. On introduit dans la solution, entre les deux lames métalliques, l'extrémité d'une électrode au calomel saturée (cf. figure E5.17). Pour chaque valeur de R, on mesure l'intensité qui traverse le circuit et le potentiel de chacune des électrodes métalliques par rapport à celui de l'électrode de référence. En imposant à R des valeurs progressivement décroissantes, on peut ainsi tracer une partie des courbes de polarisation anodique de l'électrode de zinc, et de polarisation cathodique de l'électrode de fer (cf. figure E5.18). Plus la résistance du milliampèremètre est faible, plus on peut atteindre les points du diagramme correspondant aux grandes intensités.*

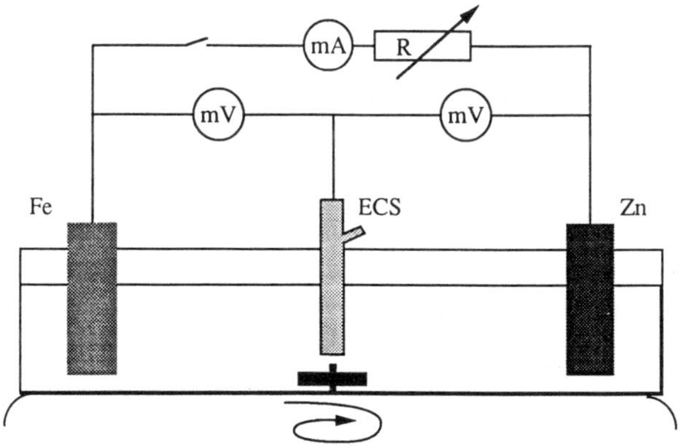


Figure E5.17

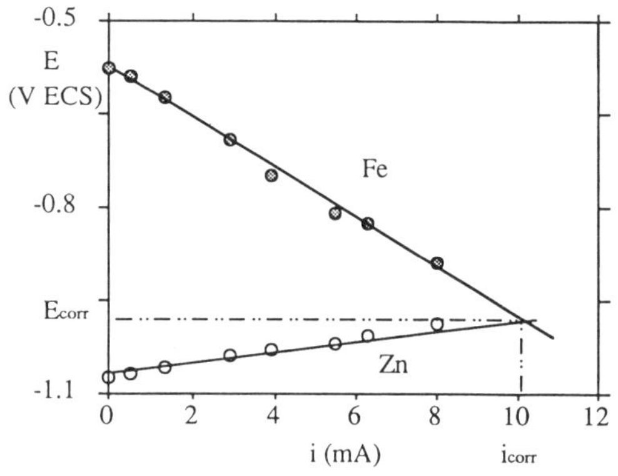


Figure E5.18

## ■ EXPERIENCE 5.2/8

## Mesure d'un courant de corrosion dans l'approximation de Tafel

### Produits et matériel

*– solution de chlorure de sodium à 3%.*

*– bécher ; agitateur magnétique et barreau aimanté ; électrode : plaque de fer (0,5 à 1 cm²) ; électrode de platine ; électrode au calomel saturée.*

*– milliampèremètre ; millivoltmètre ; potentiostat ou, à défaut, alimentation continue réglable.*

### Mode opératoire

*Placer les trois électrodes dans le bécher contenant la solution et réaliser le montage électrique schématisé sur la figure E5.19, la plaque de fer étant l'électrode de travail (selon le matériel disponible, on réalisera l'un des deux montages décrits pour l'expérience 4.1/1 pour le tracé des courbes intensité-potentiel).*

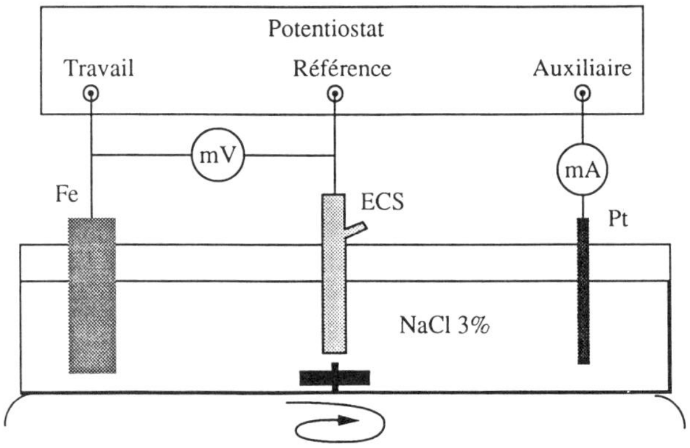


Figure E5.19

*Mesurer le potentiel d'abandon de la plaque de fer dans la solution.*

*Partant de cette valeur, imposer un potentiel de plus en plus négatif à l'électrode de travail et mesurer l'intensité correspondante. On trace ainsi la branche cathodique de la courbe de polarisation de l'électrode (limiter la variation du potentiel à - 0,4 V environ).*

*De la même façon, en imposant un potentiel de moins en moins négatif, tracer la branche anodique de la courbe.*

■ Remarque : Prendre soin de ne faire circuler le courant que pendant la durée nécessaire aux mesures de façon à éviter une altération trop importante de la surface de l'électrode en cours d'expérience.

□ DISCUSSION

L'intensité de corrosion peut être déterminée dans les deux cas par l'extrapolation des courbes de polarisation enregistrées. A cette fin, on trace les courbes représentant le potentiel en fonction de lg |i| . La variation est sensiblement linéaire (cf. figure E5.20), ce qui est en accord avec l'approximation de Tafel.

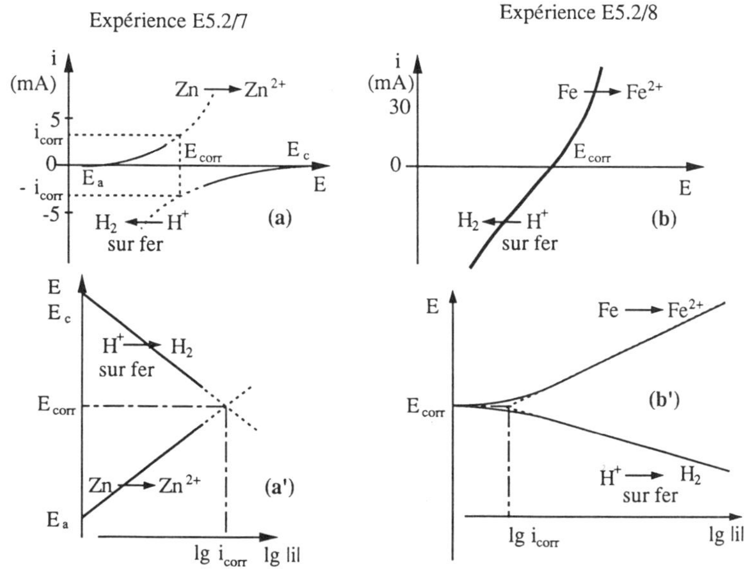


Figure E5.20 : coubes intensité-potentiel, intensité et potentiel de corrosion (a) dans le cas du zinc, (b) dans le cas du fer.
Courbes de Tafel dans le cas du zinc (a') et du fer (b')

Le diagramme d'Evans tracé au cours de l'expérience E5.2/7 donne l'intensité de corrosion de la lame de zinc court-circuitée avec la plaque de fer.

L'expérience E5.2/8 donne accès à la vitesse de corrosion de la plaque de fer abandonnée dans la solution.

## 2.4. PROTECTION CONTRE LA CORROSION

Nous décrivons ci-dessous divers types de protections chimiques et électrochimiques. La protection cathodique consiste à porter le métal à protéger à une valeur de potentiel qui correspond à son domaine d'immunité ; la protection anodique, réservée aux métaux passivables, est une protection par passivation.

## ■ EXPERIENCE 5.2/9

### Protection cathodique par anode sacrificielle (11)

**Produits et matériel**

– *eau du robinet.*

– *lame de fer (2 cm x 10 cm au minimum) ; lame de zinc (idem) ; bécher.*

– *milliampèremètre et fils.*

**Mode opératoire**

*Une lame de zinc et une lame de fer, parallèles et assez proches l'une de l'autre, sont plongées dans de l'eau du robinet (cf. figure E5.21). Chaque lame est reliée à une des bornes d'un milliampèremètre. On constate le passage d'un courant. La densité de courant est de l'ordre de quelques mA/cm² ; le sens de circulation du courant va du fer au zinc, à l'extérieur de la pile.*

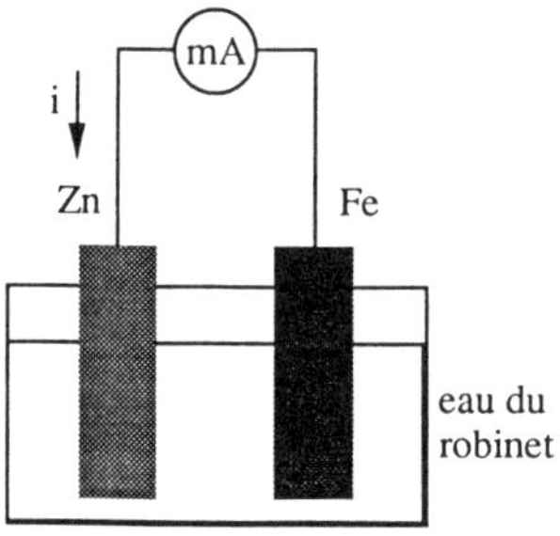


Figure E5.21

## ■ EXPERIENCE 5.2/10

**Protection cathodique par anode sacrificielle**

**Produits et matériel**

*– identique à ceux de l'expérience 5.2/4.*

*– fil ou plaque de zinc.*

**Mode opératoire**

*Un ruban de zinc est partiellement enroulé autour d'un clou, de sorte qu'il y ait un bon contact entre eux. L'ensemble est déposé dans une boîte de Pétri et recouvert du gel d'agar-agar. Après quelques heures, on observe l'absence de coloration bleue (le clou est donc protégé), une coloration rose autour du clou, ainsi qu'un halo blanc autour du zinc.*

## ■ EXPERIENCE 5.2/11

**Protection cathodique par courant imposé** (12)

**Produits et matériel**

*– identique à ceux de l'expérience 5.2/4.*

*– pile 1,5 V.*

*– lames de fer ou clous.*

**Mode opératoire**

*Deux lames de fer sont reliées chacune à l'un des pôles d'une pile 1,5 V et déposées côte à côte dans une boîte de Pétri ; elles sont ensuite recouvertes du gel d'agar-agar. Après quelques minutes, on constate que l'électrode reliée au pôle négatif de la pile est protégée (coloration rose dans le gel) alors que celle qui est reliée à la borne positive est corrodée (coloration bleue).*

## ■ EXPERIENCE 5.2/12

**Comportement du fer dans l'acide nitrique : passivation** (13)

**Produits et matériel**

*– acide nitrique dilué (densité ≈ 1,18 ≈ 6 mol.l$^{-1}$); acide nitrique fumant (d = 1,49 ≈ 21 mol.l$^{-1}$).*

*– fil de cuivre ; verres à pied ou béchers ; clous en fer, pinces.*

*– galvanomètre.*

*– gants, lunettes, hotte bien ventilée.*

**Mode opératoire**

*Tremper un clou dans l'acide nitrique dilué : il est attaqué ; un dégagement gazeux incolore intervient, sur le clou, qui se transforme en vapeurs rousses de dioxyde d'azote au contact de l'air ; une teinte brune se développe à proximité du clou.*

*Tremper le clou dans l'acide nitrique fumant : pas d'attaque ; le clou devient brun sur sa partie immergée.*

*Tremper ensuite le clou dans l'acide nitrique dilué en prenant soin de n'immerger que la partie du clou qui a été trempée dans l'acide fumant : il n'y a pas d'attaque. Le fer est passivé.*

*Relier le clou ainsi passivé laissé dans la solution diluée à une borne du galvanomètre et brancher un fil de cuivre à l'autre borne. Quand on trempe le fil de cuivre dans la solution, le spot du galvanomètre dévie d'abord d'un côté (le fer passivé est le pôle positif de la pile ainsi formée). Puis brutalement, il dévie dans l'autre sens et un nuage de dioxyde d'azote roux apparaît au dessus du bécher.*

■ Remarque : La manipulation de l'acide nitrique est dangereuse [14]. C'est un acide fort, et un oxydant puissant. Au contact de composés combustibles, il peut donner lieu à inflammation et à incendie. Le liquide peut provoquer des brûlures sévères sur la peau ou dans les yeux. Les vapeurs sont irritantes pour les yeux et le système respiratoire. Manipuler sous la hotte, avec des lunettes et des gants, en utilisant des pinces pour tenir les clous au-dessus de la solution. Rincer les clous après immersion dans l'acide. Prévoir un récipient pour les recevoir lorsque l'expérience est terminée. Eliminer l'acide nitrique à l'évier, en le diluant avec une grande quantité d'eau.

## ■ EXPERIENCE 5.2/13

### Comportement du fer dans l'acide nitrique : passivation

**Produits et matériel**

*– acide nitrique fumant (d = 1,49).*

*– clou en fer.*

*– agitateur magnétique ; barreau aimanté ; bécher de 50 $cm^3$ burette et support ; électrode au calomel saturée.*

*– millivoltmètre électronique.*

**Mode opératoire**

*Variante 1 : un petit bécher contient 25 $cm^3$ d'acide nitrique fumant.*

*On y plonge la pointe d'un clou : la passivation est instantanée. On introduit également, dans l'acide nitrique l'extrémité d'une électrode au calomel saturée, et l'on mesure le potentiel pris par le fer par rapport à celui de l'électrode de référence : il est de l'ordre de + 0,8 V.*

*La solution étant doucement agitée à l'aide d'un agitateur magnétique, on verse progressivement de l'eau contenue dans une burette et l'on suit l'évolution du potentiel du clou. Il reste d'abord pratiquement constant ; puis il diminue brusquement de 0,8 V environ, lorsque la concentration de l'acide est devenue suffisamment faible (on a alors ajouté environ 15 $cm^3$ d'eau) et l'on observe simultanément l'attaque du fer avec dégagement de monoxyde d'azote qui se transforme à l'air en dioxyde d'azote.*

*Variante 2 : réaction oscillante.*

*Dans un bécher de 50 $cm^3$ introduire de l'acide nitrique fumant, puis, avec précaution, de l'acide nitrique dilué (6 $mol.l^{-1}$), de manière à obtenir une interface bien visible entre les deux solutions. Introduire alors rapidement un clou suffisamment long pour qu'il plonge à la fois dans les deux phases. Le clou se passive dans l'acide nitrique concentré. Il est attaqué dans l'acide dilué. Il se produit alors, avec une période qui est fonction de la concentration exacte des deux solutions acides, et des hauteurs immergées dans les phases diluée et concentrée, un phénomène oscillant, qui permet d'observer alternativement la formation d'une couche d'oxyde protecteur, au-delà même de la phase concentrée, et sa destruction avec dégagement gazeux. La période des oscillations diminue rapidement et on obtient après quelque temps une attaque continue. Retirer le clou et rincer.*

*Le phénomène est également observé avec une solution d'acide nitrique dont la concentration correspond à l'instabilité du système constatée lors de la variante 1.*

■ Remarques :

– Veiller à ce que la partie du clou qui émerge de la solution de départ ne soit pas protégée par passivation, afin que, lors de la dilution de l'acide, la dépassivation puisse s'amorcer par attaque à la partie supérieure.

– Pour la manipulation de l'acide nitrique : voir expérience 5.2/12.

– Veiller à ne pas laisser l'électrode au calomel trop longtemps immergée dans l'acide. Soigneusement la rincer après l'expérience.

– Ne pas laisser le clou dans l'acide pour éviter la formation abondante de dioxyde d'azote.

## ■ EXPERIENCE 5.2/14

### Anodisation de l'aluminium (15)

#### Produits et matériel

*– acide sulfurique à 15% (≈ 2,7 $mol.l^{-1}$) ; solution aqueuse d'alizarine à 1% ; acétone technique ; soude 10 $mol.l^{-1}$ environ ; acide nitrique à 10% (≈ 1,7 $mol.l^{-1}$) ; ammoniaque diluée (≈ 6 $mol.l^{-1}$).*

*– lame d'aluminium ; électrode de carbone.*

*– bécher.*

*– générateur de courant continu ; milliampèremètre.*

#### Mode opératoire

*Une plaque d'aluminium est décapée par le traitement suivant : dégraissage (acétone, trichloréthylène...), lavage (une minute) dans la soude concentrée, rinçage à l'eau courante, lavage (quelques secondes) dans l'acide nitrique à 10% et enfin nouveau rinçage à l'eau courante.*

*On réalise ensuite une électrolyse : l'anode est la plaque précédemment décapée, la cathode est en graphite et l'électrolyte est une solution d'acide sulfurique à 15%. La densité de courant anodique est fixée à 15 $mA/cm^2$ environ et l'électrolyse maintenue pendant une demi-heure. La lame d'aluminium est ensuite successivement lavée à l'eau, plongée dans de l'ammoniaque diluée pour enlever les traces d'acide et à nouveau rincée à l'eau.*

*On introduit finalement cette lame dans une solution aqueuse à 1% d'alizarine sulfonate de sodium que l'on maintient à ébullition 5 à 10 minutes.*

*On obtient ainsi de l'aluminium anodisé coloré en orange ; on remarquera que la couleur ne se fixe que sur la partie de la lame qui était plongée dans le bain*

*d'électrolyse.*
*Une variante est proposée par LUNEAU* (16).

☐ DISCUSSION

**Protection cathodique**

L'interprétation électrochimique de la protection cathodique a été discutée dans le chapitre introductif.

Dans l'expérience 5.2/9, le sens de circulation du courant indique qu'il y a oxydation de l'électrode de zinc et réduction sur le fer qui est donc protégé lorsqu'il est en contact électrique avec le zinc. Les réactions sont :

$$Zn \longrightarrow Zn^{2+} + 2e^-$$

$$H_2O + 1/2O_2 + 2e^- \longrightarrow 2\,OH^- \text{ (sur le fer)}$$

Bilan : $$Zn + H_2O + 1/2O_2 \longrightarrow Zn^{2+} + 2\,OH^-$$

Dans l'expérience 5.2/10, le milieu basique des zones protégées autour du fer apparait coloré en rose (phénolphtaléïne) tandis que l'oxydation du zinc se manifeste par un précipité blanc, très probablement de ferrocyanure de zinc :

$$2\ Zn^{2+} + [Fe(CN)_6]^{4-} \longrightarrow Zn_2[Fe(CN)_6]$$

**Passivation du fer**

La passivation du fer dans l'acide nitrique fumant est due à la formation d'un film protecteur en surface sur la partie immergée ; il s'agit vraisemblablement d'un film d'un oxyde de fer(III) dont la nature n'a pas encore été déterminée avec certitude.

Le potentiel du clou est alors élevé ; sa valeur est celle du potentiel mixte $E_1$, supérieure à celle du potentiel de Flade, comme le montre la figure E5.22.

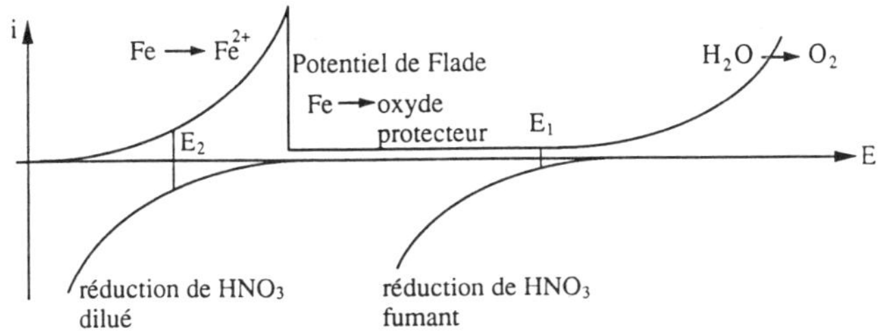


Figure E5.22

La dépassivation en milieu plus dilué, où le métal passe au potentiel $E_2$, peut être obtenue de plusieurs façons, proposées dans les expériences 5.2/12 et /13 :

– la destruction par une action mécanique qui détruit la couche protectrice en un point : grattage, à l'aide d'un agitateur de verre, choc sur les parois du bécher... (qui peut se produire par inadvertance, et être une cause d'« échec » de la démonstration) ;

– l'attaque du métal en un point situé au dessus de la zone protégée par passivation (immersion trop profonde). Ici encore cela peut se produire par inadvertance, lorsque l'on réalise l'expérience en posant les clous dans les béchers, si l'on ne veille pas simplement à ce que le niveau de l'acide fumant dans le premier bécher soit au-dessus de celui de l'acide dilué dans le second bécher.

– la destruction électrochimique de la couche protectrice (réduction par le cuivre).

**Anodisation de l'aluminium**

L'anodisation de l'aluminium est très utilisée industriellement, notamment dans l'industrie du bâtiment. L'épaisseur de la couche protectrice d'alumine est de l'ordre de 2,5 à 25 micromètres.

## 2.5. POUR CONCLURE

### ■ EXPERIENCE 5.2/15

**Le cœur battant** (17)

Nous terminons ce recueil d'expériences par une démonstration spectaculaire, qui utilise quelques uns des très nombreux phénomènes d'oxydoréduction que nous avons étudiés jusqu'alors : oxydation d'un métal par un oxydant fort et par un acide, variation du potentiel en fonction du pH, pile, cinétique, catalyse...

**Produits et matériels**

*– solution de bichromate de potassium 0,1 mol.l$^{-1}$ ; solution d'acide sulfurique 6 mol.l$^{-1}$ ; acide sulfurique concentré 18 mol.l$^{-1}$.*

*– mercure ; épingle ou petit clou de fer.*

*– verre de montre de diamètre 6 à 7 cm ; pipettes à boules.*

*– rétroprojecteur.*

**Mode opératoire**

*Placer au centre du verre de montre une quantité de mercure suffisante pour constituer un disque de diamètre ≈ 2 cm. Fixer solidement l'épingle suivant un rayon du verre de montre, de manière à ce qu'il soit juste au contact du mercure (cf. figure E5.23). Couvrir le mercure d'acide sulfurique 6 mol.l$^{-1}$. Ajouter un cm$^3$ de solution de bichromate de potassium. Frémissement du mercure. Ajouter alors, goutte à goutte, de l'acide sulfurique concentré (de 0,5 à 2 cm$^3$), juste au-dessus du mercure, jusqu'à ce que le mercure se mette à battre. Cesser alors l'addition.*

Figure E5.23 : dispositif expérimental pour le cœur battant

*On peut avoir placé l'ensemble sur un rétroprojecteur, et projeter l'expérience quand elle a démarré. Les battements peuvent durer des heures, si l'épingle est correctement fixée et si les quantités de produit sont suffisantes. On peut alimenter en bichromate, lorsque la solution devient verte.*

*Plusieurs modes de battement sont possibles. Le plus fréquemment obtenu est le mode triangulaire, en forme de cœur qui donne son nom à la manipulation. Il existe aussi un mode de respiration symétrique, et un mode en cigare.*

□ DISCUSSION

L'expérience repose sur les propriétés de tension superficielle du mercure. La courbure du mercure est fonction de la charge qu'il porte et de son état de surface : le mercure métallique forme un disque relativement épais et bombé ; le mercure oxydé, recouvert d'une couche superficielle s'étale en un disque plus plat, de diamètre plus important. Ceci permet de suivre les diverses étapes du phénomène :

– le mercure métallique est oxydé chimiquement par le bichromate en milieu sulfurique à l'état de sulfate mercureux, dès que le potentiel d'oxydoréduction est suffisant. Il perd des électrons, la tension superficielle change et le disque s'aplatit.

– lorsque le mercure touche l'aiguille de fer (elle-même attaquée par l'acide sulfurique, avec dégagement de dihydrogène et à un potentiel inférieur à celui du mercure), il y a transfert d'électron vers le mercure, qui se charge négativement : la couche de sulfate mercureux se réduit à l'état de mercure, qui revient à la tension superficielle initiale. Le disque se contracte, jusqu'à ne plus toucher l'aiguille.

– le processus peut alors recommencer : d'où l'effet de battement qui résulte de l'alternance d'une phase d'oxydation du mercure et d'une phase de réduction du dérivé mercureux formé en surface.

La réaction $Fe(s) + 2H^+ \rightleftharpoons Fe^{2+} + H_2$ n'intervient que sur le fer. Le fer ne joue qu'un rôle de réservoir d'électrons. L'aiguille peut d'ailleurs être remplacée par une électrode inattaquable reliée à une source de potentiel. Il existe une concentration optimale en bichromate : pour une concentration trop faible, les oscillations dépendent de la concentration en $O_2$ et en $H^+$, autres oxydants du milieu ; pour une concentration trop forte, elles sont irrégulières car le film superficiel devient trop épais.

Le phénomène de battement semble en grande partie lié aux constantes de temps différentes des différents phénomènes : très rapide pour le court-circuit ($10^{-6}$-$10^{-7}$s), plus lent pour les réactions chimiques et enfin très lent pour le mouvement du mercure, qui a une grande inertie (après le court-circuit, le mercure continue son mouvement, alors que la courbure de la surface commence à changer après le court-circuit). Pour l'explication de l'effet électrocapillaire, qui détermine la tension superficielle en fonction de la tension appliquée, on peut trouver une explication — qui dépasse le niveau de cet ouvrage —, dans le manuel de BOCKRIS et REDDY par exemple (18).

Le système a été étudié en détail dans la référence (19). Les phénomènes chimiques qui interviennent sont :

– la formation d'un film de sulfate mercureux :

$$2\,Hg(l) + SO_4^{2-} \rightleftharpoons Hg_2SO_4(s) + 2e^-$$
$$Cr_2O_7^{2-} + 14H^+ + 6e^- \rightleftharpoons 2Cr^{3+} + 7H_2O$$
$$Cr_2O_7^{2-} + 6Hg(l) + 14H^+ + 3SO_4^{2-} \rightleftharpoons 2Cr^{3+} + 3Hg_2SO_4(s) + 7H_2O$$

– la réduction du film de sulfate mercureux par le fer :

$$Hg_2SO_4(s) + 2e^- \rightleftharpoons 2\,Hg(l) + SO_4^{2-}$$
$$Fe(s) \rightleftharpoons Fe^{2+} + 2e^-$$
$$Hg_2SO_4(s) + Fe(s) \rightleftharpoons 2\,Hg(l) + SO_4^{2-} + Fe^{2+}$$

Soit au total :

$$Cr_2O_7^{2-} + 14H^+ + 3Fe(s) \rightleftharpoons 2Cr^{3+} + 3Fe^{2+} + 7H_2O$$

Le phénomène peut donc être considéré comme une oxydation du fer par le bichromate, par mercure et ion mercureux interposés, avec un transfert de six électrons (cf. figure E5.24).

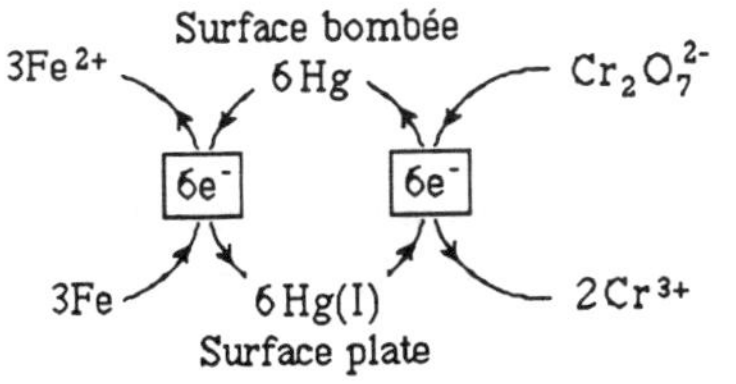


Figure E5.24 : schéma réactionnel du cœur battant

## BIBLIOGRAPHIE DU CHAPITRE E5

1 – V. DANAIRE, C. MOREAU, R. DANION-BOUGOT, A. TALLEC, Expériences sur les piles électrochimiques, *Bull.Union.Phys.*, 1974, **563**, 675.

2 – J. BESSON, J. GUITTON, Manipulations d'électrochimie, Masson, Paris, 1972, Manipulation XIV : électrolyse d'une solution d'acide chlorhydrique,

3 – Réf. 2, Manipulation XIX, Accumulateurs.

4 – Nuffield Chemistry, Collected Experiments, Expérience E17.12, Longman/Penguin Books, Londres, 1967.

5 – J.C. RIVALS, Réalisation d'une pile à combustible de démonstration, *Bull. Union. Phys.*, 1970, **527**, 1067.

6 – a) R. HAZARD, J. SARRAZIN, Expériences sur la corrosion des métaux, *Bull. Union Phys.*, 1981, **635**, 1181.
b) Voir également plusieurs manipulations dans la référence 2.

7 – R. W. RAMETTE, B. OLSEN, Reduction Potentials and Hydrogen Overvoltage/ An Overhead Projector Demonstration, *J. Chem. Educ.*, 1982, **59** (10), 866.

8 – W.H. SLABAUGH, Corrosion, *J. Chem. Educ.*, 1974, **51**, 218.

9 – a) S. ROUAULT, Corrosion et protection du fer, *Bull. Union Phys.*, 1980, **629**, 335.
b) C. KAPPENSTEIN, *Bull. Union Phys.*, 1981, **635**, 1213.
c) R. PARISOT, Etude de la corrosion du fer, *Bull. Union Phys.*, 1974, **698**, 1173.

10 – F. GAUTHIER, Oxydation du fer : intervention de l'air et d'ions non oxydants par eux-mêmes, *Bull. Union Phys.*, 1974, **566**, 1101.

11 – a) Chemical Education Material Study, Chemistry, an Experimental Science, Laboratory manual, L.E. Malm éditeur, Expérience 38, Freeman, San Francisco, 1963.
b) C. R. WARD, T. J. GREENBOWE, W. L. Smith, Cathodic Protection: An Overhead Projector Demonstration, *J. Chem. Educ.*, 1981, **58** (6), 505.

12 – a) R. CELDRAN, P. GONZALO, W. L. FELTY, Cathodic Protection by Impressed Current, *J. Chem. Educ.*, 1985, **62**, 531.
b) P.M. LAUREN, Cathodic protection using a photovoltaïc source *J. Chem. Educ.*, 1978, **55**, 319.

13 – a) F. LE CAMUS, Passivation du fer par l'acide nitrique fumant, *Bull. Union Phys.*, **573**, 789.
b) P. PROVOST, *Bull. Union Phys.*, **455**, 265.

14 – a) Merck Index, M. Windholz éditeur, 9ème éd., article 6393, Rahway, 1976.
b) Hazards in the chemical laboratory, L. Bretherick éditeur, 3ème éd., p. 408, Londres, Royal Society of Chemistry, 1981.

15 – a) Réf. 2, Manipulation XVII : anodisation de l'aluminium.
b) R. G. BLATT, Anodizing Aluminum, *J. Chem. Educ.*, 1979, **56**, 268.

16 – J. LUNEAU, Quelques expériences simples d'oxydation anodique et de réduction cathodique, *Bull. Union Phys.*, 1989, **714**, 676 ; *ibid*, **606**, 1295.

17 – a) R.H. ADAMS, *J. Chem. Educ.*, 1957, **34**, A105.
b) J.A. CAMPBELL, *J. Chem. Educ.*, 1957, **34**, 362.
c) Tested Overhead Projections Series, H.N Alyea éditeur, p. 110, Journal of Chemical Education, Easton, 1967.
d) Tested Demonstrations, H.N. Alyea et F.B. Dutton éditeurs, p. 123, 138, 143, Journal of Chemical Education, Easton, 1969.
e) J.C. ROUX, Y. MOTTOT, Le cœur de mercure, *Pour la Science*, 1981, Juin, 128.
f) D. AVNIR, Chemically induced pulsations of interfaces : the mercury beating heart, *J. Chem. Educ.*, 1989, **66**, 211.

18 – J.O'M. BOCKRIS, A.K.N. REDDY, Modern electrochemistry, Vol. 2, p. 698 *sq*, Plenum, 1981.

19 – a) J. KEIZER, P.A. ROCK, S.W. LIN, *J. Am. Chem. Soc.*, 1979, **101**, 5637.
b) S.W. LIN, J. KEIZER, P.A. ROCK, H. STENSCHKE, *Proc. Natl Acad. Sci. U.S.A.*, 1974, **71**, 4477.

# ANNEXE : TABLEAUX

## CONSTANTES PHYSIQUES FONDAMENTALES[1]

Les valeurs suivantes ont été recommandées par le groupe de travail CODATA ("Comittee on Data for Science and Technology") en 1986[2]. Pour chaque constante, l'écart type sur les derniers chiffres significatifs est indiqué entre parenthèses.

| *Grandeurs* | *Symbole* | *Valeur* |
|---|---|---|
| Perméabilité du vide | $\mu_0$ | $4\pi \cdot 10^{-7}$ H $m^{-1}$ exactement |
| Célérité de la lumière dans le vide | c | 299 792 458 m $s^{-1}$ exactement |
| Permittivité du vide[a] | $\varepsilon_0 = 1 / \mu_0 c^2$ | 8,854 187 816... • $10^{-12}$ F $m^{-1}$ |
| Constante de Planck | h | 6,626 075 5 (40) • $10^{-34}$ J $Hz^{-1}$ |
| Charge élémentaire | e | 1,602 177 33 (49) • $10^{-19}$ C |
| Masse de l'électron au repos | $m_e$ | 9,109 389 7 (54) • $10^{-31}$ kg |
| Masse du proton au repos | $m_p$ | 1,672 623 1 (10) • $10^{-27}$ kg |
| Masse du neutron au repos | $m_n$ | 1,674 928 6 (10) • $10^{-27}$ kg |
| Unité de masse atomique | $m_n = 1u$ | 1,660 540 2 (10) • $10^{-27}$ kg |
| Constante d'Avogadro | L, $N_A$ | 6,022 136 7 (36) • $10^{23}$ $mol^{-1}$ |
| Constante de Boltzman | k | 1,380 658 (12) • $10^{-23}$ J $K^{-1}$ |
| Constante de Faraday | F | 9,648 530 9 (29) • $10^{4}$ C $mol^{-1}$ |
| Constante des gaz | R | 8,314 510 (70) J $K^{-1}$ $mol^{-1}$ |
| Zéro de l'échelle Celsius | | 273,15 K exactement |
| Volume molaire normal de gaz parfait | | |
| p = 1 bar, $\theta = 0°C$ | | 22,411 08 (19) L $mol^{-1}$ |
| Atmosphère normale | atm | 101 325 Pa exactement |
| Constante de structure fine | $\alpha = \mu_0 ce^2/2h$ | 7,297 353 08 (33) • $10^{-3}$ |
| | $\alpha^{-1}$ | 137,035 989 5 (61) |
| Rayon de Bohr | $a_0 = \varepsilon_0 h^2 / \pi m_e e^2$ | 5,291 772 49 (24) • $10^{-11}$ m |
| Energie de Hartree | $E_h = h^2 / 4\pi^2 m_e a^2$ | 4,359 748 2 (26) • $10^{-18}$ J |
| Constante de Rydberg | $R_\infty = E_h / 2hc$ | 1,097 373 153 4 (13) • $10^{7} m^{-1}$ |
| Magnéton de Bohr | $\mu_B = eh/4\pi m_e$ | 9,274 015 4 (31) • $10^{-24}$ J $T^{-1}$ |
| Moment magnétique de l'électron | $\mu_e$ | 9,284 770 1 (31) • $10^{-24}$ J $T^{-1}$ |
| Facteur de Landé de l'électron libre | $g_e = 2\ \mu_e / \mu_B$ | 2,002 319 304 386 (20) |
| Magnéton nucléaire | $\mu_N = (m_e / m_p)\ \mu_B$ | 5,050 786 6 (17) • $10^{-27}$ J $T^{-1}$ |
| Moment magnétique du proton | $\mu_p$ | 1,410 607 61 (47) • $10^{-26}$ J $T^{-1}$ |
| Rapport gyromagnétique du proton | $\gamma_p$ | 2,675 221 28 (81) • $10^{8}$ $s^{-1}$ $T^{-1}$ |
| Moment magnétique des protons dans l'eau, $\mu'_p$ | $\mu'_p / \mu_B$ | 1,520 993 129 (17) • $10^{-3}$ |
| Fréquence de résonance du proton par unité de champ dans l'eau | $\gamma'_p/2\pi$ | 42,576 375 (13) MHz $T^{-1}$ |
| Constante de Stefan-Boltzmann | $\sigma = 2\pi^5 k^4 / 15 h^3 c^2$ | 5,670 51 (19) • $10^{-8}$ W $m^{-2}$ $K^{-4}$ |
| Première constante de radiation | $c_1 = 2\pi hc^2$ | 3,741 774 9 (22) • $10^{-16}$ W $m^2$ |
| Deuxième constante de radiation | $c_2 = hc / k$ | 1,438 769 (12) • $10^{-2}$ m K |
| Constante de gravitation universelle | G | 6,672 59 (85) • $10^{-11}$ $m^3$ $kg^{-1}$ $s^{-2}$ |
| Accélération normale de la pesanteur | $g_n$ | 9,806 65 m $s^{-2}$ exactement |

[a] $\varepsilon_0$ peut être calculé exactement à partir des valeurs exactes de $\mu_0$ et de $c_0$.

(1) I.U.P.A.C. "Quantities, units and symbols in physical chemistry", I. Mills Ed., Blackwell, Oxford, 1988 ; (2) E.R. Cohen, B.N. Taylor, "The 1986 adjustement of the fundamental physical constants", *CODATA Bull.* 1986, 63, 1-49

# TABLE DES POTENTIELS D'IONISATION, DE FIXATION ELECTRONIQUE ET STANDARD D'OXYDOREDUCTION

| Numéro atomique | Nom | Symbole | Poids atomique | Potentiel d'ionisation /V | Potentiel de fixation électronique/V | Electro négativité (Pauling) | Réaction d'oxydoréduction | Potentiel standard d'oxydoréduction /V | lg K° |
|---|---|---|---|---|---|---|---|---|---|
| 1 | Hydrogène | H | 1,008 | 13,60 | 0,75421 | 2,20 | $2H^+ + 2e^- \rightleftarrows H_2(g)$ | 0,000 (par définition) | - |
| | | | | | | | $H_2(g) + 2e^- \rightleftarrows 2H^-$ | -2,25 | -76,1 |
| 2 | Helium | He | 4,003 | 24,59 | | | | | |
| 3 | Lithium | Li | 6,941±2 | 5,392 | 0,620 | 0,98 | $Li^+ + e^- \rightleftarrows Li(s)$ | -3,03 | -51,2 |
| 4 | Beryllium | Be | 9,012 | 9,322 | | 1,57 | $Be^{2+} + 2e^- \rightleftarrows Be(s)$ | -1,85 | -62,5 |
| 5 | Bore | B | 10,81 | 8,298 | 0,28 | 2,04 | $H_3BO_3 + 3H^+ + 3e^- \rightleftarrows B(s) + 3H_2O$ | -0,87 | -44,1 |
| 6 | Carbone | C | 12,01 | 11,26 | 1,2685 | 2,55 | | | |
| 7 | Azote | N | 14,01 | 14,53 | ≤ 0,0 | 3,04 | $N_2(g) + 2H_2O + 4H^+ + 2e^- \rightleftarrows 2H_3NOH^+$ | -1,87 | -63,2 |
| | | | | | | | $N_2O + 2H^+ + 2e^- \rightleftarrows N_2(g) + H_2O$ | 1,77 | 59,8 |
| 8 | Oxygène | O | 16,00 | 13,62 | 1,462 | 3,44 | $O_2(g) + 2H^+ + 2e^- \rightleftarrows H_2O_2$ | 0,69 | 23,3 |
| | | | | | | | $O_2(g) + 4H^+ + 4e^- \rightleftarrows 2\,H_2O$ | 1,229 | 83,10 |
| 9 | Fluor | F | 19,00 | 17,42 | 3,399 | 3,98 | $F_2(g) + 2e^- \rightleftarrows 2F^-$ | 2,87 | 97 |
| 10 | Neon | Ne | 20,18 | 21,56 | | | | | |
| 11 | Sodium | Na | 22,99 | 5,139 | 0,546 | 0,93 | $Na^+ + e^- \rightleftarrows Na(s)$ | -2,713 | -45,859 |
| 12 | Magnésium | Mg | 24,30 | 7,646 | | 1,31 | $Mg^{2+} + 2e^- \rightleftarrows Mg(s)$ | -2,37 | -80,1 |
| 13 | Aluminium | Al | 26,98 | 5,986 (I) | 0,46 | 1,61 | $Al^+ + e^- \rightleftarrows Al(s)$ | -0,55 | -9,3 |
| | | | | 28,447 (III) | | | $Al^{3+} + 3e^- \rightleftarrows Al(s)$ | -1,66 | -84,2 |
| 14 | Silicium | Si | 28,09 | 8,151 | 1,385 | 1,90 | $SiO_2(s) + 4H^+ + 4e^- \rightleftarrows Si(s) + 2\,H_2O$ | -0,86 | -58,1 |
| | | | | | | | $Si(s) + 4H^+ + 4e^- \rightleftarrows SiH_4(g)$ | 0,102 | 6,90 |
| 15 | Phosphore | P | 30,97 | 10,49 | 0,74 | 2,19 | $1/4\,P_4(s) + 3H^+ + 3e^- \rightleftarrows PH_3(g)$ | 0,06 | 3,0 |
| 16 | Soufre | S | 32,07 | 10,36 | 2,0772 | 2,58 | $S(s) + 2e^- \rightleftarrows S^{2-}$ | -0,4763 | -16,102 |
| | | | | | | | $2S(s) + 2e^- \rightleftarrows S_2^{2-}$ | -0,43 | -14,5 |
| | | | | | | | $H_2SO_3 + 4H^+ + 4e^- \rightleftarrows S(s) + 3\,H_2O$ | 0,40 | 30,4 |
| 17 | Chlore | Cl | 35,45 | 12,97 | 3,615 | 3,16 | $Cl_2(g) + 2e^- \rightleftarrows 2Cl^-$ | 1,358 | 45,91 |
| | | | | | | | $2HClO + 2H^+ + 2e^- \rightleftarrows Cl_2(g) + 2\,H_2O$ | 1,63 | 55,1 |
| 18 | Argon | Ar | 39,95 | 15,76 | | | | | |
| 19 | Potassium | K | 39,10 | 4,341 | 0,5012 | 0,82 | $K^+ + e^- \rightleftarrows K(s)$ | -2,925 | -49,44 |

| | | | | | | | | | | |
|---|---|---|---|---|---|---|---|---|---|---|
| 20 | Calcium | Ca | 40,08 | 6,113 (I) | | 1,00 | | $Ca^{2+} + 2e^- \rightleftharpoons Ca(s)$ | -2,87 | -97,0 |
| 21 | Scandium | Sc | 44,96 | 6,54 (I) | | 1,36 | | $Sc^{3+} + 3e^- \rightleftharpoons Sc(s)$ | -2,1 | -106,5 |
| 22 | Titane | Ti | 47,88±3 | 6,82 (I) | 0,2 | 1,54 | (II) | $Ti^{2+} + 2e^- \rightleftharpoons Ti(s)$ | -1,63 | -55,1 |
| | | | | | | | | $Ti(IV) + 4e^- \rightleftharpoons Ti(s)$ | -0,88 | -59,5 |
| 23 | Vanadium | V | 50,94 | 6,74 (I) | 0,5 | 1,63 | (II) | $V^{2+} + 2e^- \rightleftharpoons V(s)$ | ≈-1,2 | ≈-40,6 |
| | | | | | | | | $VO_2^+ + 4H^+ + 5e^- \rightleftharpoons V(s) + 2\ H_2O$ | -0,25 | -21,1 |
| 24 | Chrome | Cr | 52,00 | 6,766(I) | 0,66 | 1,66 | (II) | $Cr^{2+} + 2e^- \rightleftharpoons Cr(s)$ | -0,86 | -29,1 |
| | | | | | | | | $Cr^{3+} + 3e^- \rightleftharpoons Cr(s)$ | -0,74 | -37,5 |
| 25 | Manganese | Mn | 54,94 | 7,435 (I) | | 1,55 | (II) | $Mn^{2+} + 2e^- \rightleftharpoons Mn(s)$ | -1,17 | -39,5 |
| 26 | Fer | Fe | 55,85 | 7,870 (I) | 0,25 | 1,83 | (II) | $Fe^{2+} + 2e^- \rightleftharpoons Fe(s)$ | -0,44 | -14,9 |
| 27 | Cobalt | Co | 58,93 | 7,86 | 0,7 | 1,88 | (II) | $Co^{2+} + 2e^- \rightleftharpoons Co(s)$ | -0,29 | -9,8 |
| 28 | Nickel | Ni | 58,69 | 7,635 | 1,15 | 1,91 | (II) | $Ni^{2+} + 2e^- \rightleftharpoons Ni(s)$ | -0,25 | -8,4 |
| 29 | Cuivre | Cu | 63,55 | 7,726 | 1,23 | 2,0 | (II) | $Cu^{2+} + 2e^- \rightleftharpoons Cu(s)$ | 0,34 | 11,5 |
| | | | | | | | | $Cu^+ + e^- \rightleftharpoons Cu(s)$ | 0,52 | 8,8 |
| 30 | Zinc | Zn | 65,39±2 | 9,394 | | 1,65 | (II) | $Zn^{2+} + 2e^- \rightleftharpoons Zn(s)$ | -0,7628 | -25,788 |
| 31 | Gallium | Ga | 69,72 | 5,999 | 0,3 | 1,81 | (III) | $Ga^+ + e^-$ (acide) $\rightleftharpoons Ga(s)$ | -0,79 | -13,3 |
| | | | | | | | | $Ga^{3+} + 3e^- \rightleftharpoons Ga(s)$ | -0,56 | -28,4 |
| 32 | Germanium | Ge | 72,61±2 | 7,899 | 1,2 | 2,01 | (IV) | $Ge^{2+} + 2e^- \rightleftharpoons Ge(s)$ | 0,23 | 7,8 |
| 33 | Arsenic | As | 74,92 | 9,81 | 0,8 | 2,18 | (III) | $As(s) + 3H^+ + 3e^- \rightleftharpoons AsH_3(g)$ | -0,61 | -30,9 |
| | | | | | | | | $HAsO_2 + 3H^+ + 3e^- \rightleftharpoons As(s) + 2\ H_2O$ | 0,247 | 12,53 |
| 34 | Selenium | Se | 78,96±3 | 9,752 | 2,0206 | 2,55 | | $Se(s) + 2e^- \rightleftharpoons Se^{2-}$ | -0,92 | -31,1 |
| | | | | | | | | $H_2SeO_3 + 4H^+ + 4e^- \rightleftharpoons Se(s) + 3\ H_2O$ | 0,74 | 50 |
| 35 | Brome | Br | 79,90 | 11,81 | 3,364 | 2,96 | | $Br_2 + 2e^- \rightleftharpoons 2Br^-$ | 1,08 | 36,5 |
| 36 | Krypton | Kr | 83,80 | 14,00 | | 2,9 | | | | |

# POTENTIELS STANDARD DE QUELQUES COUPLES OXYDOREDUCTEURS

| Elément | Z | Demi équation électronique | E° (V) ENH |
|---|---|---|---|
| Aluminium | 13 | $Al^{3+} + 3e^- \rightleftharpoons Al\ (s)$ | -1,66 |
| Argent | 47 | $Ag_2O_3\ (s) + 2\ H^+ + 2e^- \rightleftharpoons 2\ AgO\ (s) + H_2O$ | 1,71 |
| | | $2\ AgO\ (s) + 2\ H^+ + 2e^- \rightleftharpoons Ag_2O\ (s) + H_2O$ | 1,40 |
| | | $Ag^+ + e^- \rightleftharpoons Ag\ (s)$ | 0,80 |
| | | $Ag_2O\ (s) + 2\ H^+ + 2e^- \rightleftharpoons 2Ag\ (s) + H_2O$ | 1,17 |
| | | $AgCl\ (s) + e^- \rightleftharpoons Ag\ (s) + Cl^-$ | 0,22 |
| | | $AgBr\ (s) + e^- \rightleftharpoons Ag\ (s) + Br^-$ | 0,07 |
| | | $AgI\ (s) + e^- \rightleftharpoons Ag\ (s) + I^-$ | -0,15 |
| | | $Ag_2S\ (s) + 2e^- \rightleftharpoons 2\ Ag\ (s) + S^{2-}$ | -0,71 |
| | | $Ag_2CrO_4\ (s) + 2e^- \rightleftharpoons 2\ Ag\ (s) + CrO_4^{2-}$ | 0,45 |
| Arsenic | 33 | $H_3AsO_4 + 2\ H^+ + 2e^- \rightleftharpoons HAsO_2 + 2\ H_2O$ | 0,56 |
| | | $HAsO_2 + 3\ H^+ + 3e^- \rightleftharpoons As\ (s) + 2\ H_2O$ | 0,25 |
| Azote | 7 | $2\ NO_3^- + 4\ H^+ + 4e^- \rightleftharpoons N_2O_4\ (g) + 2\ H_2O$ | 0,80 |
| | | $NO_3^- + 3\ H^+ + 2e^- \rightleftharpoons HNO_2 + H_2O$ | 0,94 |
| | | $NO_3^- + 4\ H^+ + 3e^- \rightleftharpoons NO\ (g) + 2\ H_2O$ | 0,96 |
| | | $HNO_2 + H^+ + e^- \rightleftharpoons NO\ (g) + H_2O$ | 0,98 |
| | | $NO^+ + e^- \rightleftharpoons NO\ (g)$ | 1,46 |
| | | $2\ NO\ (g) + 2\ H^+ + 2e^- \rightleftharpoons N_2O\ (g) + H_2O$ | 1,59 |
| | | $N_2O\ (g) + 2\ H^+ + 2e^- \rightleftharpoons N_2\ (g) + H_2O$ | 1,77 |
| | | $N_2\ (g) + 2\ H_2O + 4\ H^+ + 2e^- \rightleftharpoons 2\ NH_3OH^+$ | -1,87 |
| | | $3\ N_2 + 2\ H^+ + 2e^- \rightleftharpoons 2\ HN_3$ | -3,1 |
| | | $N_2\ (g) + 5\ H^+ + 4e^- \rightleftharpoons N_2H_5^+$ | -0,23 |
| | | $2\ NH_3OH^+ + H^+ + 2e^- \rightleftharpoons N_2H_5^+ + 2\ H_2O$ | 1,42 |
| | | $N_2H_5^+ + 3\ H^+ + 2e^- \rightleftharpoons 2\ NH_4^+$ | 1,27 |
| Baryum | 56 | $Ba^{2+} + 2e^- \rightleftharpoons Ba\ (s)$ | -2,91 |
| Beryllium | 4 | $Be^{2+} + 2e^- \rightleftharpoons Be\ (s)$ | -1,85 |
| Bismuth | 83 | $Bi^{3+} + 3e^- \rightleftharpoons Bi\ (s)$ | 0,29 |
| Brome | 35 | $BrO_4^- + 2\ H^+ + 2e^- \rightleftharpoons BrO_3^- + H_2O$ | 1,76 |
| | | $2\ BrO_3^- + 12\ H^+ + 5e^- \rightleftharpoons Br_2 + 6\ H_2O$ | 1,5 |
| | | $2\ HBrO + 2\ H^+ + 2e^- \rightleftharpoons Br_2 + 2\ H_2O$ | 1,6 |
| | | $Br_2 + 2e^- \rightleftharpoons 2\ Br^-$ | 1,08 |
| Cadmium | 48 | $Cd^{2+} + 2e^- \rightleftharpoons Cd\ (s)$ | -0,40 |
| Caesium | 55 | $Cs^+ + e^- \rightleftharpoons Cs\ (s)$ | -2,92 |

| | | | |
|---|---|---|---|
| Calcium | 20 | $Ca^{2+} + 2e^- \rightleftharpoons Ca\ (s)$ | -2,87 |
| Carbone | 6 | $2\ CO_2\ (g) + 2\ H^+ + 2e^- \rightleftharpoons H_2C_2O_4$ | -0,49 |
| | | $CO_2\ (g) + 2\ H^+ + 2e^- \rightleftharpoons CO\ (g) + H_2O$ | -0,12 |
| | | $CO_2\ (g) + 2\ H^+ + 2e^- \rightleftharpoons HCOOH$ | -0,20 |
| Cérium | 58 | $Ce\ (IV) + e^- \rightleftharpoons Ce\ (III)$ (milieu acide) | 1,74 |
| | | $Ce^{3+} + 3e^- \rightleftharpoons Ce\ (s)$ | -2,33 |
| Chlore | 17 | $ClO_4^- + 2\ H^+ + 2e^- \rightleftharpoons ClO_3^- + H_2O$ | 1,19 |
| | | $ClO_3^- + 3\ H^+ + 2e^- \rightleftharpoons HClO_2 + H_2O$ | 1,21 |
| | | $ClO_3^- + 6\ H^+ + 5e^- \rightleftharpoons 1/2\ Cl_2\ (g) + 3\ H_2O$ | 1,47 |
| | | $HClO_2 + 2\ H^+ + 2e^- \rightleftharpoons HClO + H_2O$ | 1,64 |
| | | $2\ HClO + 2\ H^+ + 2e^- \rightleftharpoons Cl_2\ (g) + 2\ H_2O$ | 1,63 |
| | | $Cl_2\ (g) + 2e^- \rightleftharpoons 2\ Cl^-$ | 1,36 |
| Chrome | 24 | $Cr_2O_7^{2-} + 14\ H^+ + 6e^- \rightleftharpoons 2\ Cr^{3+} + 7\ H_2O$ | 1,33 |
| | | $HCrO_4^- + 7\ H^+ + 3e^- \rightleftharpoons Cr^{3+} + 4\ H_2O$ | 1,20 |
| | | $Cr^{3+} + 3e^- \rightleftharpoons Cr\ (s)$ | -0,74 |
| | | $Cr^{2+} + 2e^- \rightleftharpoons Cr\ (s)$ | -0,86 |
| Cobalt | 27 | $Co\ (III) + e^- \rightleftharpoons Co^{2+}$ (milieu acide) | 1,77 |
| | | $Co(NH_3)_6^{3+} + e^- \rightleftharpoons Co(NH_3)_6^{2+}$ | 0,1 |
| | | $Co^{2+} + 2e^- \rightleftharpoons Co\ (s)$ | -0,29 |
| Cuivre | 29 | $Cu^{3+} + e^- \rightleftharpoons Cu^{2+}$ | 2,3 |
| | | $Cu^{2+} + e^- \rightleftharpoons Cu^+$ | 0,17 |
| | | $2\ CuO + 2\ H^+ + 2e^- \rightleftharpoons Cu_2O + H_2O$ | 0,64 |
| | | $Cu^{2+} + 2e^- \rightleftharpoons Cu\ (s)$ | 0,34 |
| | | $Cu^+ + e^- \rightleftharpoons Cu\ (s)$ | 0,52 |
| Etain | 50 | $Sn\ (IV) + 2e^- \rightleftharpoons Sn\ (II)$ (HCl conc.) | 0,14 |
| | | $Sn^{2+} + 2e^- \rightleftharpoons Sn\ (s)$ | -0,14 |
| Fer | 26 | $FeO_4^{2-} + 8\ H^+ + 3e^- \rightleftharpoons Fe^{3+} + 4\ H_2O$ | 2,2 |
| | | $Fe^{3+} + e^- \rightleftharpoons Fe^{2+}$ | 0,77 |
| | | $Fe(CN)_6^{3-} + e^- \rightleftharpoons Fe(CN)_6^{4-}$ | 0,35 |
| | | $Fe(bipy)_3^{3+} + e^- \rightleftharpoons Fe(bipy)_3^{2+}$ | 1,10 |
| | | $Fe(phen)_3^{3+} + e^- \rightleftharpoons Fe(phen)_3^{2+}$ | 1,14 |
| | | $Fe(OH)_3\ (s) + 3\ H^+ + 3e^- \rightleftharpoons Fe^{2+} + 3\ H_2O$ | 0,93 |
| | | $Fe_3O_4\ (s) + 8\ H^+ + 2e^- \rightleftharpoons 3\ Fe^{2+} + 4\ H_2O$ | 1,23 |
| | | $Fe^{2+} + 2e^- \rightleftharpoons Fe\ (s)$ | -0,44 |
| | | $FeCp_2^+ + e^- \rightleftharpoons FeCp_2$ (ferrocène) | 0,40 |
| Fluor | 9 | $F_2\ (g) + 2e^- \rightleftharpoons 2F^-$ | 2,87 |
| Gallium | 31 | $Ga^{3+} + 3e^- \rightleftharpoons Ga\ (s)$ | -0,56 |

| | | | |
|---|---|---|---|
| Germanium | 32 | $Ge^{4+} + 2e^- \rightleftharpoons Ge^{2+}$ | 0,0 |
| | | $Ge^{2+} + 2e^- \rightleftharpoons Ge\ (s)$ | 0,23 |
| Hydrogène | 1 | $2\ H^+_{aq} + 2e^- \rightleftharpoons H_2\ (g)$ | 0 |
| | | $H_2\ (g) + 2e^- \rightleftharpoons 2H^-$ | -2,25 |
| | | $2D^+_{aq} + 2e^- \rightleftharpoons D_2\ (g)$ | 0,03 |
| Iode | 53 | $2IO_3^- + 12\ H^+ + 10e^- \rightleftharpoons I_2\ (s) + 6\ H_2O$ | 1,19 |
| | | $HIO + H^+ + 2e^- \rightleftharpoons I^- + H_2O$ | 0,99 |
| | | $I_2 + 2e^- \rightleftharpoons 2I^-$ | 0,62 |
| | | $I_2\ (s) + 2e^- \rightleftharpoons 2I^-$ | 0,53 |
| | | $I_3^- + 2e^- \rightleftharpoons 3I^-$ | 0,54 |
| Lanthane | 57 | $La^{3+} + 3e^- \rightleftharpoons La\ (s)$ | -2,52 |
| Lithium | 3 | $Li^+ + e^- \rightleftharpoons Li\ (s)$ | -3,03 |
| Magnésium | 12 | $Mg^{2+} + 2e^- \rightleftharpoons Mg\ (s)$ | -2,37 |
| Manganèse | 25 | $MnO_4^- + e^- \rightleftharpoons MnO_4^{2-}$ | 0,57 |
| | | $MnO_4^- + 4\ H^+ + 3e^- \rightleftharpoons MnO_2\ (s) + 2\ H_2O$ | 1,68 |
| | | $MnO_4^- + 8\ H^+ + 5e^- \rightleftharpoons Mn^{2+} + 4\ H_2O$ | 1,51 |
| | | $MnO_4^{2-} + e^- \rightleftharpoons MnO_4^{3-}$ | 0,27 |
| | | $MnO_2\ (s) + 4\ H^+ + 2e^- \rightleftharpoons Mn^{2+} + 2\ H_2O$ | 1,23 |
| | | $Mn^{2+} + 2e^- \rightleftharpoons Mn\ (s)$ | -1,17 |
| Mercure | 80 | $2\ Hg^{2+} + 2e^- \rightleftharpoons Hg_2^{2+}$ | 0,91 |
| | | $HgO\ (s) + 2\ H^+ + 2e^- \rightleftharpoons Hg\ (l) + H_2O$ | 0,93 |
| | | $Hg_2^{2+} + 2e^- \rightleftharpoons 2Hg\ (l)$ | 0,79 |
| | | $Hg_2Cl_2 + 2e^- \rightleftharpoons 2\ Hg\ (l) + 2\ Cl^-$ | 0,27 |
| | | $Hg_2(SO_4)\ (s) + 2e^- \rightleftharpoons 2\ Hg\ (l) + SO_4^{2-}$ | 0,61 |
| Nickel | 28 | $NiO_2\ (s) + 4\ H^+ + 2e^- \rightleftharpoons Ni^{2+} + 2\ H_2O$ | 2,0 |
| | | $Ni^{2+} + 2e^- \rightleftharpoons Ni\ (s)$ | -0,25 |
| Or | 79 | $AuCl_4^- + 2e^- \rightleftharpoons AuCl_2^- + 2\ Cl^-$ | 0,92 |
| | | $AuCl_4^- + 3e^- \rightleftharpoons Au\ (s) + 4\ Cl^-$ | 1,00 |
| | | $AuCl_2^- + e^- \rightleftharpoons Au\ (s) + 2\ Cl^-$ | 1,15 |
| Oxygène | 8 | $O_3\ (g) + 2\ H^+ + 2e^- \rightleftharpoons O_2\ (g) + H_2O$ | 2,07 |
| | | $O_2\ (g) + 2\ H^+ + 2e^- \rightleftharpoons H_2O_2$ | 0,69 |
| | | $O_2\ (g) + 4\ H^+ + 4e^- \rightleftharpoons 2\ H_2O$ | 1,23 |
| | | $H_2O_2 + 2\ H^+ + 2e^- \rightleftharpoons 2\ H_2O$ | 1,77 |
| Palladium | 46 | $PdCl_4^{2-} + 2e^- \rightleftharpoons Pd\ (s) + 4\ Cl^-$ | 0,62 |
| | | $Pd^{2+} + 2e^- \rightleftharpoons Pd\ (s)$ | 0,92 |
| Phosphore | 15 | $H_3PO_4 + 2\ H^+ + 2e^- \rightleftharpoons H_3PO_3 + H_2O$ | -0,28 |
| | | $H_3PO_3 + 2\ H^+ + 2e^- \rightleftharpoons H_3PO_2 + H_2O$ | -0,50 |

| | | | |
|---|---|---|---|
| | | $H_3PO_2 + H^+ + e^- \rightleftharpoons 1/4\ P_4\ (s) + 2\ H_2O$ | -0,51 |
| Platine | 78 | $PtCl_6^{2-} + 2e^- \rightleftharpoons PtCl_4^{2-} + 2\ Cl^-$ | 0,73 |
| | | $PtCl_4^{2-} + 2e^- \rightleftharpoons Pt\ (s) + 4\ Cl^-$ | 0,73 |
| | | $Pt^{2+} + 2e^- \rightleftharpoons Pt\ (s)$ | 1,2 |
| Plomb | 82 | $Pb^{4+} + 2e^- \rightleftharpoons Pb^{2+}$ | 1,8 |
| | | $PbO_2\ (s) + SO_4^{2-} + 4\ H^+ + 2e^- \rightleftharpoons PbSO_4\ (s) + 2\ H_2O$ | 1,69 |
| | | $PbO_2\ (s) + 4\ H^+ + 2e^- \rightleftharpoons Pb^{2+} + 2\ H_2O$ | 1,45 |
| | | $Pb^{2+} + 2e^- \rightleftharpoons Pb\ (s)$ | -0,13 |
| | | $PbSO_4\ (s) + 2e^- \rightleftharpoons Pb\ (s) + SO_4^{2-}$ | -0,36 |
| Potassium | 19 | $K^+ + e^- \rightleftharpoons K\ (s)$ | -2,92 |
| Silicium | 14 | $SiO_2\ (s) + 4\ H^+ + 4e^- \rightleftharpoons Si\ (s) + 2\ H_2O$ | -0,86 |
| Sodium | 11 | $Na^+ + e^- \rightleftharpoons Na\ (s)$ | -2,71 |
| Soufre | 16 | $S_2O_8^{2-} + 2e^- \rightleftharpoons 2\ SO_4^{2-}$ | 2,00 |
| | | $2\ SO_4^{2} + 4\ H^+ + 2e^- \rightleftharpoons S_2O_6^{2-} + 2\ H_2O$ | -0,2 |
| | | $SO_4^{2} + 4\ H^+ + 2e^- \rightleftharpoons H_2SO_3 + H_2O$ | 0,17 |
| | | $2\ H_2SO_3 + 2\ H^+ + 4e^- \rightleftharpoons S_2O_3^{2-} + 3\ H_2O$ | 0,40 |
| | | $H_2SO_3 + 4\ H^+ + 4e^- \rightleftharpoons S\ (s) + 3\ H_2O$ | 0,45 |
| | | $S_2O_3^{2-} + 6\ H^+ + 4e^- \rightleftharpoons 2S\ (s) + 3\ H_2O$ | 0,5 |
| | | $S_4O_6^{2-} + 2e^- \rightleftharpoons 2\ S_2O_3^{2-}$ | 0,09 |
| | | $S\ (s) + 2e^- \rightleftharpoons S^{2-}$ | -0,48 |
| Strontium | 38 | $Sr^{2+} + 2e^- \rightleftharpoons Sr\ (s)$ | -2,89 |
| Titane | 22 | $TiO_2\ (s) + 4\ H^+ + 4e^- \rightleftharpoons Ti\ (s) + 2\ H_2O$ | -0,86 |
| | | $Ti^{3+} + e^- \rightleftharpoons Ti^{2+}$ | -0,37 |
| | | $Ti^{2+} + 2e^- \rightleftharpoons Ti\ (s)$ | -1,63 |
| Tungstène | 74 | $WO_3\ (s) + 6\ H^+ + 6e^- \rightleftharpoons W\ (s) + 3\ H_2O$ | -0,09 |
| | | $WO_2\ (s) + 4\ H^+ + 4e^- \rightleftharpoons W\ (s) + 2\ H_2O$ | -0,12 |
| Uranium | 92 | $UO_2^+ + 4\ H^+ + e^- \rightleftharpoons U^{4+} + 2\ H_2O$ | 0,55 |
| | | $U\ (IV) + e^- \rightleftharpoons U\ (III)\ \ (HClO_4)$ | -0,63 |
| | | $U^{3+} + 3e^- \rightleftharpoons U\ (s)$ | -1,8 |
| Vanadium | 23 | $VO_2^+ + 2\ H^+ + e^- \rightleftharpoons VO^{2+} + H_2O$ | 1,00 |
| | | $VO_2^+ + 4\ H^+ + 5e^- \rightleftharpoons V\ (s) + 2\ H_2O$ | -0,25 |
| | | $VO^{2+} + 2\ H^+ + e^- \rightleftharpoons V^{3+} + H_2O$ | 0,34 |
| | | $V^{3+} + e^- \rightleftharpoons V^{2+}$ | -0,25 |
| | | $V^{2+} + 2e^- \rightleftharpoons V\ (s)$ | -1,2 |
| Zinc | 30 | $Zn^{2+} + 2e^- \rightleftharpoons Zn\ (s)$ | -0,76 |

# TABLE DES POIDS ATOMIQUES A QUATRE CHIFFRES SIGNIFICATIFS[1,2]

## (relatifs à Ar ($^{12}C$) = 12 exactement)

Les valeurs reportées dans cette table sont fiables à ±1 ou mieux sur le quatrième chiffre significatif, sauf pour les cinq éléments où des incertitudes supérieures sont indiquées. Un élément qui ne possède ni un isotope stable ni une composition isotopique naturelle caractéristique est représenté par l'un de ses radioisotopes communément connu, identifié par son nombre de masse (en exposant, précédant le symble chimique), et par sa masse atomique relative dans la colonne poids atomique.

| No atomique | Nom | Symbole | Poids atomique | No atomique | Nom | Symbole | Poids atomique | No atomique | Nom | Symbole | Poids atomique |
|---|---|---|---|---|---|---|---|---|---|---|---|
| 1 | Hydrogène | H | 1,008 | 37 | Rubidium | Rb | 85,47 | 72 | Hafnium | Hf | 178,5 |
| 2 | Helium | He | 4,003 | 38 | Strontium | Sr | 87,62 | 73 | Tantale | Ta | 180,9 |
| 3 | Lithium | Li | 6,941±2 | 39 | Yttrium | Y | 88,91 | 74 | Tungstène | W | 183,8 |
| 4 | Beryllium | Be | 9,012 | 40 | Zirconium | Zr | 91,22 | 75 | Rhenium | Re | 186,2 |
| 5 | Bore | B | 10,81 | 41 | Niobium | Nb | 92,91 | 76 | Osmium | Os | 190,2 |
| 6 | Carbone | C | 12,01 | 42 | Molybdène | Mo | 95,94 | 77 | Iridium | Ir | 192,2 |
| 7 | Azote | N | 14,01 | 43 | Technecium | $^{99}Tc$ | 98,91 | 78 | Platine | Pt | 195,1 |
| 8 | Oxygène | O | 16,00 | 44 | Ruthenium | Ru | 101,1 | 79 | Or | Au | 197,0 |
| 9 | Fluor | F | 19,00 | 45 | Rhodium | Rh | 102,9 | 80 | Mercure | Hg | 200,6 |
| 10 | Neon | Ne | 20,18 | 46 | Palladium | Pd | 106,4 | 81 | Thallium | Tl | 204,4 |
| 11 | Sodium | Na | 22,99 | 47 | Argent | Ag | 107,9 | 82 | Plomb | Pb | 207,2 |
| 12 | Magnésium | Mg | 24,30 | 48 | Cadmium | Cd | 112,4 | 83 | Bismuth | Bi | 209,0 |
| 13 | Aluminium | Al | 26,98 | 49 | Indium | In | 114,8 | 84 | Polonium | $^{210}Po$ | 210,0 |
| 14 | Silicium | Si | 28,09 | 50 | Etain | Sn | 118,7 | 85 | Astate | $^{210}At$ | 210,0 |
| 15 | Phosphore | P | 30,97 | 51 | Antimoine | Sb | 121,8 | 86 | Radon | $^{222}Rn$ | 222,0 |
| 16 | Soufre | S | 32,07 | 52 | Tellure | Te | 127,6 | 87 | Francium | $^{223}Fr$ | 223,0 |
| 17 | Chlore | Cl | 35,45 | 53 | Iode | I | 126,9 | 88 | Radium | $^{226}Ra$ | 226,0 |
| 18 | Argon | Ar | 39,95 | 54 | Xenon | Xe | 131,3 | 89 | Actinium | $^{227}Ac$ | 227,0 |
| 19 | Potassium | K | 39,10 | 55 | Cesium | Cs | 132,9 | 90 | Thorium | Th | 232,0 |
| 20 | Calcium | Ca | 40,08 | 56 | Barium | Ba | 137,3 | 91 | Protoactinium | Pa | 231,0 |
| 21 | Scandium | Sc | 44,96 | 57 | Lanthane | La | 138,9 | 92 | Uranium | U | 238,0 |
| 22 | Titane | Ti | 47,88±3 | 58 | Cerium | Ce | 140,1 | 93 | Neptunium | $^{237}Np$ | 237,0 |
| 23 | Vanadium | V | 50,94 | 59 | Praseodyme | Pr | 140,9 | 94 | Plutonium | $^{239}Pu$ | 239,1 |
| 24 | Chrome | Cr | 52,00 | 60 | Neodyme | Nd | 144,2 | 95 | Americium | $^{243}Am$ | 243,1 |
| 25 | Manganese | Mn | 54,94 | 61 | Promethium | $^{145}Pm$ | 144,9 | 96 | Curium | $^{247}Cm$ | 247,1 |
| 26 | Fer | Fe | 55,85 | 62 | Samarium | Sm | 150,4 | 97 | Berkelium | $^{247}Bk$ | 247,1 |
| 27 | Cobalt | Co | 58,93 | 63 | Europium | Eu | 152,0 | 98 | Californium | $^{252}Cf$ | 252,1 |
| 28 | Nickel | Ni | 58,69 | 64 | Gadolinium | Gd | 157,2 | 99 | Einsteinium | $^{252}Es$ | 252,1 |
| 29 | Cuivre | Cu | 63,55 | 65 | Terbium | Tb | 158,9 | 100 | Fermium | $^{257}Fm$ | 257,1 |
| 30 | Zinc | Zn | 65,39±2 | 66 | Dysprosium | Dy | 162,5 | 101 | Mendelevium | $^{256}Md$ | 256,1 |
| 31 | Gallium | Ga | 69,72 | 67 | Holmium | Ho | 164,9 | 102 | Nobelium | $^{259}No$ | 259,1 |
| 32 | Germanium | Ge | 72,61±2 | 68 | Erbium | Er | 167,3 | 103 | Lawrencium | $^{260}Lr$ | 260,1 |
| 33 | Arsenic | As | 74,92 | 69 | Thulium | Tm | 168,9 | | | | |
| 34 | Selenium | Se | 78,96±3 | 70 | Ytterbium | Yb | 173,0 | | | | |
| 35 | Brome | Br | 79,90 | 71 | Lutetium | Lu | 175,0 | | | | |
| 36 | Krypton | Kr | 83,80 | | | | | | | | |



NB : Les valeurs ci-dessus ne sont pas modifiées par la publication des poids atomiques des éléments 1987[3]

(1) *International Newsletter on Chemical Education*, **1983**, 20, 18

(2) *Chemistry International*, **1988**, 10, 94

(3) *Pure and applied chemistry*, **1988**, 60, 842

# LISTE DES EXPERIENCES

## CHAPITRE 0 : INTRODUCTION



## CHAPITRE E1 : ASPECTS THERMODYNAMIQUES FONDAMENTAUX

## CHAPITRE E2 : INFLUENCE DE DIFFERENTS FACTEURS



## CHAPITRE E3 : CINETIQUE CHIMIQUE DE L'OXYDOREDUCTION

## CHAPITRE E4 : REACTIONS ELECTROCHIMIQUES ET ELECTROLYSE

## CHAPITRE E5 : PILES, ACCUMULATEURS, CORROSION

# INDEX

## A



## B



## C

## D



## E

# F



# G

*Aubin Imprimeur*
LIGUGÉ, POITIERS

Achevé d'imprimer en décembre 1997
N° d'impression L 55223
Dépôt légal décembre 1997 / Imprimé en France